高职高专国家“双高”建设院校课改教材

电工电子技术

(第二版)

主　编　雷建龙　徐　鑫
副主编　邓香生　王明洋
主　审　冯常奇

西安电子科技大学出版社

内 容 简 介

根据不同专业的需要，本书将教学内容分为六个模块。模块一的主要内容是直流电路的计算与电路的基本定律；模块二的主要内容是正弦交流电路及三相交流电；模块三的主要内容是电动机与变压器；模块四的主要内容是电机控制；模块五的主要内容是数字电路；模块六的主要内容是模拟电路。书中通过十个教学情境引出相应的教学内容。通过对这六个模块及十个教学情境的学习，读者可逐步掌握电工技术及电子技术的主要知识，具备操作电子仪器设备、搭建电子电路的技能。

本书可作为应用型本科、高等职业技术学院非电类专业及中等职业技术学校、技工学校电工电子技术课程的教材，也可作为相关工程技术人员及对电工电子技术感兴趣者的学习参考书。

图书在版编目(CIP)数据

电工电子技术/雷建龙，徐鑫主编. —2 版. —西安：西安电子科技大学出版社，2021.9(2024.7 重印)
ISBN 978－7－5606－6154－4

Ⅰ.①电…　Ⅱ.①雷…　②徐…　Ⅲ.①电工技术—教材
②电子技术—教材　Ⅳ.①TM　②TN

中国版本图书馆 CIP 数据核字(2021)第 161650 号

策　　划　杨丕勇
责任编辑　阎　彬
出版发行　西安电子科技大学出版社(西安市太白南路 2 号)
电　　话　(029)88202421　88201467　　邮　　编　710071
网　　址　www.xduph.com　　电子邮箱　xdupfxb001@163.com
经　　销　新华书店
印　　刷　陕西天意印务有限责任公司
版　　次　2021 年 9 月第 2 版　2024 年 7 月第 4 次印刷
开　　本　787 毫米×1092 毫米　1/16　印张　17.5
字　　数　408 千字
定　　价　44.00 元
ISBN 978－7－5606－6154－4

XDUP 6456002－4

＊＊＊如有印装问题可调换＊＊＊

前　　言

为适应当今教学的需要，我们结合教材第一版多年来的使用情况和读者的反馈意见，在保持第一版教材特点的基础上，进行了此次修订。

修订的具体内容：一是对教材体系进行了调整，将数字电路部分提前到模拟电路部分之前，这主要是考虑到数字电路的学习难度小于模拟电路，符合从易到难的学习习惯，而且数字电路部分并不太多涉及电路的构成，学习者不需要具备模拟电路基础方面的知识；二是为了适应网络教学的需要，对习题部分作了一些修改，增加了选择题，删除了部分难度过大的习题；三是与时俱进，删除了部分过时的内容；四是在每一章的开始，从学习者的角度给出了学习引导，帮助学习者先行了解本章的学习目标，重点、难点内容，掌握预备知识和学习方法，以期获得更好的学习效果。书中带星号的内容难度较大，可作为选学内容。

本教材由雷建龙、徐鑫任主编，邓香生、王明洋任副主编。具体的编写分工是：模块一、二由邓香生编写，模块三、四由徐鑫编写，模块五由雷建龙编写，模块六由王明洋编写。全书由雷建龙统稿。冯常奇审阅了全书。

限于编者水平，书中疏漏和不妥之处在所难免，望广大读者批评指正。

编　者

2021年4月

第一版前言

一、编写指导思想

让教师容易教，学生容易自学。本教材每章开始部分都有教学建议，让老师和学生一开始就对本章的重点和难点内容做到心中有数。本教材所选取的内容都是最基础也是最重要的，通过对本教材的学习，可掌握现代电工电子技术的主要知识与技能。本教材每章后面都有大量的习题，帮助学生巩固所学知识。

将职业资格证书要求和职业技能升学考试要求融入教材。在编写本教材时，充分考虑了维修电工、电子装配工职业资格证书的要求，还考虑了中等职业教育与高等职业教育的有效衔接及中职升学技能考试的要求。本书收录了 2012 年湖北省高校招收中职毕业生技能操作考试维修电工技能测试 A（见附录 A）及电子装配项目考题 A（见附录 B）的全部试题。

二、教材特点

教材内容做到模块化和情境化。考虑到非电类不同专业的需要，本教材对电工电子技术的内容进行了重新组合与重构，分为六个教学模块。每一专业可根据需要调整教学模块与学时。以往，电工电子技术被当作纯理论性知识教授，这一做法被证明不利于知识与技能的掌握。本教材以 10 个生动的教学情境引入教学内容，牵引教与学的过程，让学生在头脑中建立实际的模型，获得更多的感性认识。

满足各种数学基础及学习能力不同的人的需要。为适应数学基础较差者，本教材在计算交流电路时，并未引入相量法。同时为适应其他数学基础较差者的需要，本教材中并未运用微积分。在模拟电子技术部分，也未引入微变等效电路及其分析方法。因此，只要具备初等数学基础的读者就可以使用本教材。

全面满足各层次各方面教学需要。本教材不仅可满足在校生学习的需要，也可满足自学者的需要；本教材不仅可作为广大高职、中职学生学习的教材，也可满足应用型本科生或者是对现代电子知识有需求的其他专业的各种层次学生的需要。

三、教学建议

通过“在做中学，边学边做，边做边学”的学习方法来学习。电工电子技术是应用性及实用性非常强的一门课程，只有通过不断实践，才能更好地掌握这门课程。

根据实际需要选取学习内容。本教材充分考虑了非电类各专业的不同需要。因此，在实际教学时，请根据需要选取教学模块及学时（可参考下表）。

专　业	模块一	模块二	模块三	模块四	模块五	模块六
数控技术	少	少	多	多	多	多
机械设计与制造	少	多	多	多	少	少
模具设计与制造	少	多	多	多	少	少
激光加工技术	少	多	多	多	少	少
轮机工程技术(船舶内燃机)	多	多	多	少	少	少
轮机工程技术(舰船动力)	多	多	多	少	少	少
轮机工程技术(轮机管理)	多	多	多	少	少	少
汽车检测与维修	少	少	少	无	多	多
汽车技术服务与营销	少	少	少	无	多	多
供热通风与空调工程	少	多	无	无	多	多
船舶焊接技术	少	多	无	无	多	多
建筑工程技术	少	多	无	无	中	中
船舶工程技术(船舶舾装)	少	多	无	无	中	中
船舶工程技术(游艇设计与制造)	少	多	无	无	中	中

注：表中“多”表示多学时；“少”表示少学时；“中”表示学时介于多学时与少学时之间；“无”表示可不安排学时。

学习过程中可参考武汉船舶职业技术学院的“电工电子技术”精品课程网站(http://219.140.188.180:1128/course/model_2/index.html? courseId=4028e48e2f8fc8b8013071e7d2eb0596)，其内容更丰富，并提供了全部习题的参考答案。

本书由雷建龙、冯常奇策划并主编，由王明慧主审。邓香生编写了第一、二、三章；雷建龙编写了第四、五章和第九章(部分)；冯常奇也参与了第一至六章的编写工作；王明洋编写了第六、七、八章；李汉玲、邓欢编写了第九章(部分)。李秉玉、熊再荣、卢冬梅为本书的编写提供了大量的资料。在编写过程中，作者得到了武汉船舶职业技术学院领导、电气与电子工程学院领导及同事的大力支持，在此表示感谢。

由于本书涉及的内容较多，加之作者对新的职业教育理论的理解能力及水平有限，尽管对本书中的内容一再推敲与检查，仍有可能出现疏漏，希望广大读者批评指正。

作　者

2012 年 2 月

目　录

模块一　直流电路的计算与电路的基本定律

模块二 正弦交流电路及三相交流电

模块三 电动机与变压器

模块四 电机控制

模块五 数 字 电 路

模块六 模 拟 电 路

模块一　直流电路的计算与电路的基本定律

本模块涉及安全用电知识、电路基本定理、直流电路的计算方法等内容。

第一章 安全用电

特别提示：本章所讲的触电情况切勿在真实情境下进行训练或模仿。

学习引导(课堂学时：2～4 学时)

学习目标	掌握安全用电知识，掌握电气安全运行知识；了解电的应用情况，特别要注意安全用电。 具备初步的触电急救技能，能应对人体触电情况。 强化对触电危害的认识
重点	1. 触电急救知识及技能 2. 接地及电气安全知识 3. 安全用电意识的建立
难点	触电急救技能；对电的各方面知识的掌握
预备知识	电学知识及日常用电常识
学习方法	通过模拟触电抢救练习，掌握触电急救的基本技能，并建立安全用电的意识；通过记忆，初步了解安全用电的相关知识，对于还不能理解的电方面的知识，留待以后逐步掌握

教学情境一 触电急救

情境描述：以假人模型或以同学为假设的触电人体，对其进行急救，然后送往医院。要求全体参与。

情境分析：如何急救，要采取哪些方法？怎样用电才是安全的，要注意些什么？用电设备的安全运行又要注意些什么？这些问题是本章要讨论的问题，也是在日常生活及工作中要引起注意的问题。

1.1 触电急救

1.1.1 触电急救方法

触电急救的要点是要动作迅速、救护得法，切不可惊慌失措、束手无策。

1. 使触电者脱离电源

人触电以后，可能由于痉挛或失去知觉等原因而紧抓带电体，不能自行摆脱电源。这时，使触电者尽快脱离电源是救活触电者的首要因素。

(1) 低压触电事故。对于低压触电事故，可采用下列方法使触电者脱离电源：

① 触电地点附近有电源开关或插头，可立即断开开关或拔掉电源插头，切断电源。

② 电源开关远离触电地点时，可用带有绝缘柄的电工钳或带有干燥木柄的斧头分相切断电线，断开电源；或用干木板等绝缘物插入触电者身下，隔断电流。

③ 电线搭落在触电者身上或被压在身下时，可用干燥的衣服、手套、绳索、木板、木棒等绝缘物作为工具，拉开触电者或挑开电线，使触电者脱离电源。

(2) 高压触电事故。对于高压触电事故，可以采用下列方法使触电者脱离电源：

① 立即通知有关部门停电。

② 戴上绝缘手套，穿上绝缘靴，用相应电压等级的绝缘工具断开开关。

③ 抛掷裸金属线使线路短路接地，迫使保护装置动作，断开电源。注意在抛掷金属线前，应将金属线的一端可靠接地，然后抛掷另一端。

(3) 脱离电源的注意事项。

① 救护人员不可以直接用手或其他金属及潮湿的物件作为救护工具，而必须采用适当的绝缘工具且单手操作，以防止自身触电。

② 防止触电者脱离电源后可能造成的摔伤。

③ 如果触电事故发生在夜间，应当迅速解决临时照明问题，以利于抢救，并避免扩大事故。

2. 现场急救方法

当触电者脱离电源后，应当根据触电者的具体情况，迅速地对症进行救护。现场应用的主要救护方法是人工呼吸法和胸外心脏挤压法。

(1) 对症进行救护。触电者需要救治时，大体上按照以下三种情况分别处理：

① 如果触电者伤势不重、神志清醒，但是有些心慌、四肢发麻、全身无力，或者触电者在触电的过程中曾经一度昏迷，但已经恢复清醒，在这种情况下，应当使触电者安静休息，不要走动，严密观察，并请医生前来诊治或送往医院。

② 如果触电者伤势比较严重，已经失去知觉，但仍有心跳和呼吸，这时应当使触电者舒适、安静地仰卧，保持空气流通，同时揭开他的衣服，以利于呼吸。如果天气寒冷，要注意保温，并要立即请医生诊治或送往医院。

③ 如果触电者伤势严重，呼吸停止或心脏停止跳动或两者都已停止，则应立即实行人工呼吸和胸外挤压，并迅速请医生诊治或送往医院。应当注意，急救要尽快进行，不能等候医生的到来，在送往医院的途中，也不能中止急救。

(2) 口对口人工呼吸法。此方法是在触电者呼吸停止后应用的急救方法。具体步骤如下：

① 使触电者仰卧，迅速解开其衣领和腰带。

② 使触电者头偏向一侧，清除口腔中的异物，使其呼吸畅通，必要时可用金属匙柄由口角伸入，使口张开。

③ 救护者一只手捏紧触电者的鼻子，另一只手托在触电者颈后，使触电者颈部上抬，头部后仰，然后救护者深吸一口气，用嘴紧贴触电者的嘴，大口吹气，接着放松触电者的鼻子，让气体从触电者肺部排出，每 5 秒钟吹气一次，不断重复地进行，直到触电者苏醒为止。

口对口人工呼吸法的示意图如图 1.1 所示。

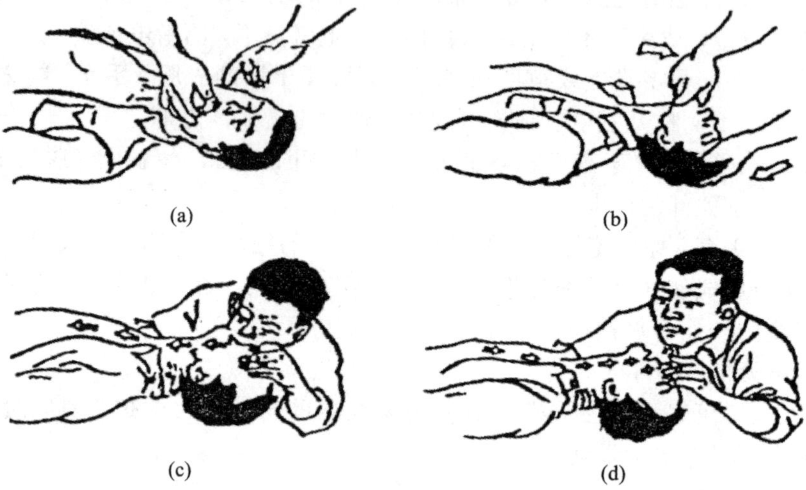

图 1.1 口对口人工呼吸法

(a) 清理口腔中异物；(b) 鼻朝天，头后仰；(c) 捏鼻贴嘴吹气；(d) 放开喉鼻换气

对儿童施行此法时，不必捏鼻。开口困难时，可以使其嘴唇紧闭，对准鼻孔吹气(即口对鼻人工呼吸)，效果相似。

(3) 胸外心脏挤压法。此方法是触电者心脏跳动停止后采用的急救方法。具体操作步骤如图 1.2 所示。

① 使触电者仰卧在结实的平地或木板上，松开其衣领和腰带，使其头部稍后仰(颈部可枕垫软物)，抢救者跪跨在触电者腰部两侧。

② 抢救者将右手掌放在触电者胸骨处，中指指尖对准其颈部凹陷的下端(如图 1.2(a)所示)，左手掌复压在右手背上(对儿童可用一只手)，如图 1.2(b)所示。

③ 抢救者借身体重量向下用力挤压，压下 3～5 cm，突然松开，如图 1.2(c)所示。挤压和放松动作要有节奏，每一秒钟进行一次，每分钟宜挤压 60 次左右，不可中断，直至触电者苏醒为止。要求挤压定位要准确，用力要适当，防止用力过猛给触电者造成内伤和用力过小挤压无效。对儿童用力要适当小些。

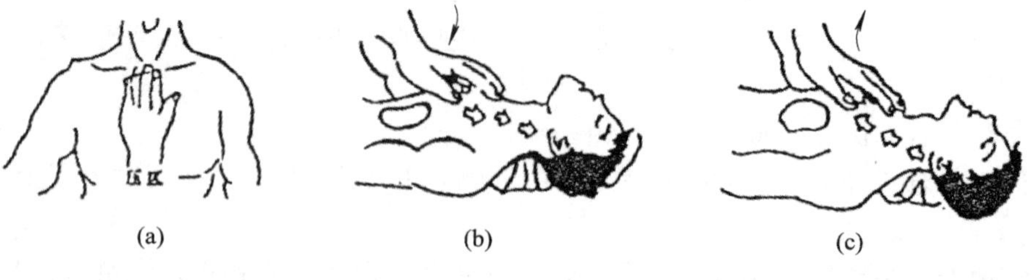

图 1.2 胸外心脏挤压法

(a) 中指对准颈部凹陷的下端；(b) 向下挤压 3～5 cm，迫使血液流出心房；

(c) 突然松手复原，使血液返流到心脏

(4) 触电者呼吸和心跳都停止时，允许同时采用口对口人工呼吸法和胸外心脏挤压法。单人救护时，可先吹气 2～3 次，再挤压 10～15 次，交替进行。双人救护时，每 5 秒钟吹气一次，每一秒钟挤压一次，两人同时进行操作，如图 1.3 所示。

图 1.3 两人同时抢救触电者
(a) 单人救护；(b) 双人救护

抢救既要迅速又要有耐心，即使在送往医院途中也不能停止急救。此外要注意，不能给触电者打强心针、泼冷水或压木板等。

1.1.2 触电的种类

人体是导电体，一旦有电流通过，将会受到不同程度的伤害。由于触电的种类、方式及条件不同，受伤害的后果也不一样。

人体触电后受到的伤害分为电击和电伤两类。

(1) 电击是指电流通过人体时所造成的内伤。电击可能使肌肉抽搐，内部组织损伤，造成身体发热发麻、神经麻痹等，严重时将引起昏迷、窒息，甚至因心脏停止跳动而死亡。通常说的触电就是电击。触电死亡大部分是由电击造成的。

(2) 电伤是指电流的热效应、化学效应、机械效应以及电流本身作用下造成的人体外伤。常见的有灼伤、烙伤和皮肤金属化等电伤现象。

1.1.3 触电方式

1. 单相触电

单相触电是常见的触电方式。人体的某一部位接触带电体的同时，另一部位又与大地或中性线相接，电流从带电体流经人体到大地(或中性线)形成回路，如图 1.4 所示。

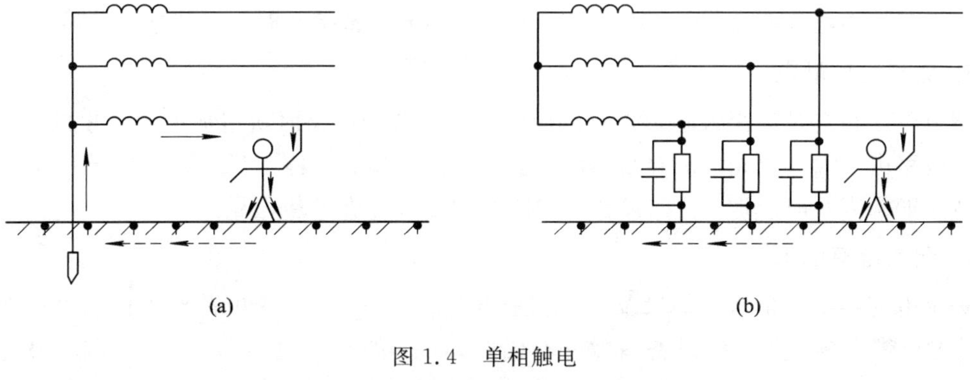

图 1.4 单相触电
(a) 中性点直接接地；(b) 中性点不直接接地

2. 两相触电

两相触电是指人体的不同部位同时接触两相电源时造成的触电。对于这种情况，无论电网中性点是否接地，人体所承受的线电压都将比单相触电时的电压高，危险更大。

3. 跨步电压触电

雷电流入地或电力线(特别是高压线)断散到地时，会在导线接地点及周围形成强电场。当人畜跨进这个区域时，两脚之间出现的电位差称为跨步电压 U_{st}。在这种电压作用下，电流从接触高电位的脚流进，从接触低电位的脚流出，从而形成触电，如图 1.5(a)所示。

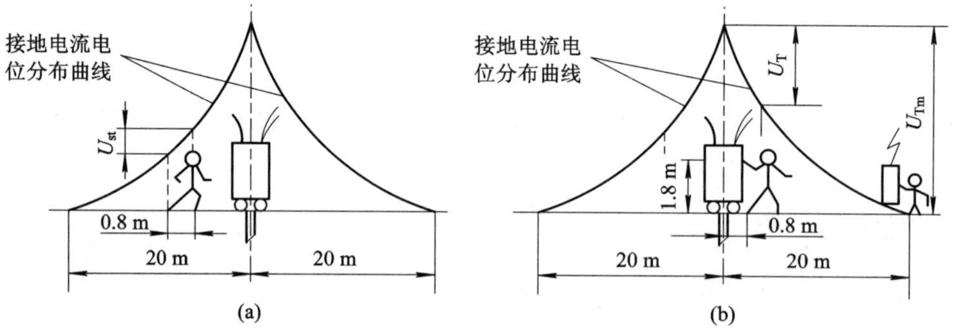

图 1.5 跨步电压触电和接触电压触电
(a) 跨步电压触电；(b) 接触电压触电

跨步电压的大小取决于人体站立点与接地点的距离，距离越小，其跨步电压越大。当距离超过 20 m(理论上为无穷远处)时，可认为跨步电压为零，不会发生触电危险。

4. 接触电压触电

电气设备由于绝缘损坏或其他原因造成接地故障时，若人体两个部位(手和脚)同时接触设备外壳和地面，人体两部位会处于不同的电位，其电位差即为接触电压。由接触电压造成的触电事故称为接触电压触电。在电气安全技术中，接触电压是以站立在距漏电设备接地点水平距离为 0.8 m 处的人，当其手触及的漏电设备外壳距地 1.8 m 高时，手脚间的电位差 U_T 作为衡量基准的，如图 1.5(b)所示。接触电压值的大小取决于人体站立点与接地点的距离，距离越远，则接触电压值越大；当距离超过 20 m 时，接触电压值最大，即等于漏电设备上的电压 U_{Tm}；当人体站在接地点与漏电设备接触时，接触电压为零。

5. 感应电压触电

感应电压触电是指当人触及带有感应电压的设备和线路时所造成的触电事故。一些不带电的线路由于大气变化(如雷电活动)，会产生感应电荷；停电后一些可能感应电压的设备和线路如果未及时接地，这些设备和线路对地也会存在感应电压。

6. 剩余电荷触电

剩余电荷触电是指当人体触及带有剩余电荷的设备时，剩余电荷对人体放电所造成的触电事故。带有剩余电荷的设备通常含有储能元件，如并联电容器、电力电缆、电力变压器及大容量电动机等，在退出运行和对其进行类似摇表测量等检修后，它们会带上剩余电荷，因此要及时对其放电。

1.1.4 影响电流对人体危害程度的主要因素

电流对人体危害的严重程度与通过人体电流的大小、频率、通电时间、通过路径等多种因素有关。

1. 电流大小

通过人体的电流越大，人体的生理反应就越明显，感应越强烈，引起心室颤动所需的时间越短，致命的危险越大。

对于工频交流电，按照通过人体电流的大小和人体所呈现的不同状态，电流大致分为下列三种：

(1) 感觉电流：引起人体感觉的最小电流。实验表明，成年男性的平均感觉电流约为1.1 mA，成年女性为0.7 mA。感觉电流不会对人体造成伤害，但当电流增大时，人体反应变得更强烈，可能造成坠落等间接事故。

(2) 摆脱电流：人体触电后能自主摆脱电源的最大电流。实验表明，成年男性的平均摆脱电流约为16 mA，成年女性约为10 mA。

(3) 致命电流：在较短的时间内危及生命的最小电流。实验表明，当通过人体的电流达到50 mA以上时，心脏会停止跳动，可能导致死亡。

2. 电流频率

一般认为40～60 Hz的交流电对人体最危险。随着频率的增高，危险性将降低。高频电流不仅不伤害人体，还能用于医疗。

3. 通电时间

通电时的电流使人体发热，并使人体组织的电解液成分增加，导致人体电阻降低，反过来又使通过人体的电流增加。通电时间越长，触电的危险性越大。

4. 电流通过路径

电流通过头部可能使人昏迷；通过脊髓可能导致瘫痪；通过心脏会造成心跳停止，血液循环中断；通过呼吸系统会造成窒息。因此，从左手到胸部是最危险的电流路径，从手到手和从手到脚也是很危险的电流路径，从脚到脚是危险性较小的电流路径。

1.2 安全用电知识

在用电过程中，必须特别注意电气安全，如果稍有麻痹或疏忽，就可能造成严重的人身触电事故，或者引起火灾和爆炸，给国家和人民财产带来极大的损失。

1.2.1 安全电压

对于交流工频电，在任何情况下，两导体间或任一导体与地之间的安全电压值都不得超过50 V。我国的安全电压的额定值为42 V、36 V、24 V、12 V、6 V。如手提照明灯、危险环境的携带式电动工具，应采用36 V安全电压；金属容器内、隧道内、矿井内等工作场合，狭窄、行动不便及周围有大面积接地导体的环境，应采用24 V或12 V安全电压，以防止因触电造成的人身伤害。

1.2.2 安全距离

为了保证电气工作人员在电气设备运行操作、维护检修时不致误碰带电体，国家规定了工作人员离带电体的安全距离；为了保证电气设备在正常运行时不会出现击穿短路事故，国家规定了带电体离附近接地物体和不同相带电体之间的最小距离。安全距离主要有以下几方面：

(1) 设备带电部分到接地部分和设备不同相部分之间的距离；

(2) 设备带电部分到各种遮栏间的安全距离；

(3) 无遮栏裸导体到地面间的安全距离；

(4) 电气工作人员在设备维修时与设备带电部分间的安全距离。

这些数据可通过查找电工相关手册获得。

1.2.3 绝缘安全用具

绝缘安全用具是保证作业人员安全操作带电体及人体与带电体安全距离不够时所采取的绝缘防护工具。绝缘安全用具按使用功能可分为以下几种。

1. 绝缘操作用具

绝缘操作用具主要用来进行带电操作、测量和其他需要直接接触电气设备的特定工作。常用的绝缘操作用具有绝缘操作杆、绝缘夹钳等，分别如图 1.6、图 1.7 所示。这些操作用具均由绝缘材料制成。

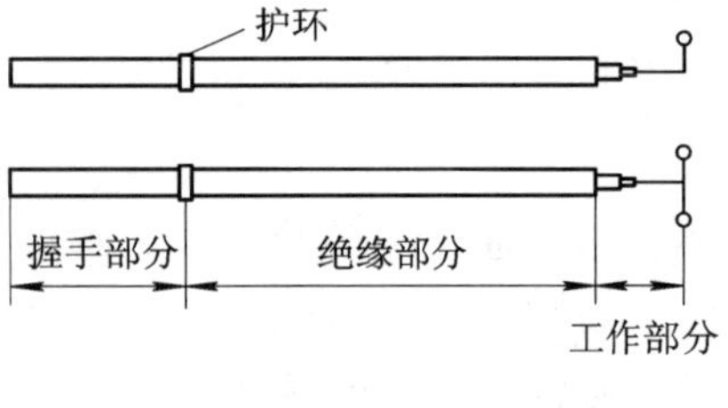

图 1.6 绝缘操作杆

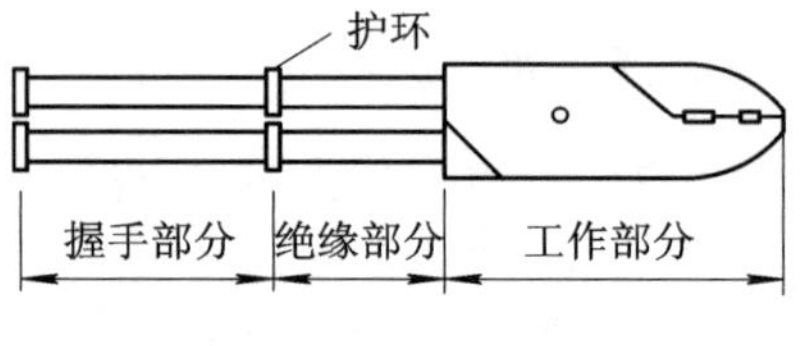

图 1.7 绝缘夹钳

正确使用绝缘操作用具，应注意以下两点：

(1) 绝缘操作用具本身必须具备合格的绝缘性能和机械强度。

(2) 只能在和其绝缘性能相适应的电气设备上使用。

2. 绝缘防护用具

绝缘防护用具对可能发生的有关电气伤害可起到防护作用，主要用于对泄漏电流、接触电压、跨步电压和其他接近电气设备存在的危险等进行防护。常用的绝缘防护用具有绝缘手套、绝缘靴、绝缘垫、绝缘站台等，如图 1.8 所示。当绝缘防护用具的绝缘强度足以承受设备的运行电压时，才可以用来直接接触运行的电气设备，一般不直接触及带电设备。使用绝缘防护用具时，必须做到使用合格的绝缘用具，并掌握正确的使用方法。

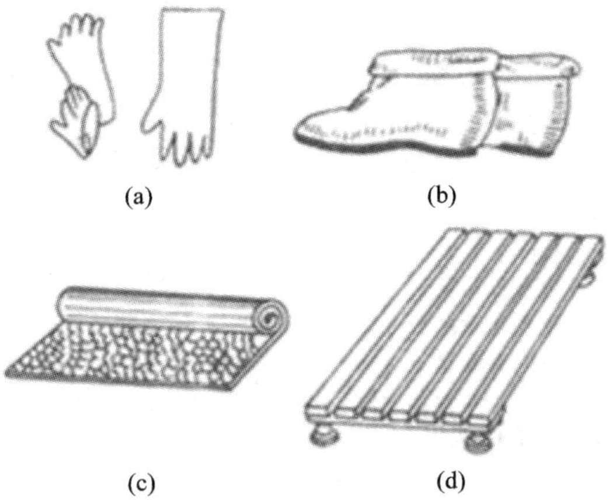

图 1.8　绝缘防护用具

(a) 绝缘手套；(b) 绝缘靴；(c) 绝缘垫；(d) 绝缘站台

1.2.4　电工安全操作知识

电工安全操作知识主要包括：

(1) 在进行电工安装与维修操作时，必须严格遵守各种安全操作规程，不得玩忽失职。

(2) 进行电工操作时，要严格遵守停、送电操作规定，确实做好突然送电的各项安全措施，不准进行约时送电。

(3) 在邻近带电部分进行电工操作时，一定要保持可靠的安全距离。

(4) 严禁采用一线一地、两线一地、三线一地(指大地)的方式安装用电设备和器具。

(5) 在插座或灯座上不可引接功率过大的用电器具。

(6) 不可用潮湿的手去触及开关、插座和灯座等用电装置，更不可用湿抹布去揩抹电气装置和用电器具。

(7) 操作工具的绝缘手柄、绝缘靴和绝缘手套的绝缘性能必须良好，并作定期检查。登高工具必须牢固可靠，也应作定期检查。

(8) 在潮湿环境中使用移动电器时，一定要采用 36 V 安全低压电源。在金属容器内(如锅炉、蒸发器或管道内)使用移动电器时，必须采用 12 V 安全电源，并应有人在容器外监护。

(9) 发现有人触电时，应立即断开电源，采取正确的抢救措施抢救触电者。

1.3　电气设备安全运行知识

1.3.1　接地

1. 接地的基本概念

接地是将电气设备或装置的某一点(接地端)与大地之间做符合技术要求的电气连接，目的是利用大地为正常运行、绝缘损坏或遭受雷击等情况下的电气设备提供对地电流流通回路，保证电气设备和人身的安全。

2. 接地装置

接地装置由接地体和接地线两部分组成，如图 1.9 所示。接地体是埋入大地中并和大地直接接触的导体组，它分为自然接地体和人工接地体。自然接地体是指利用与大地有可靠连接的金属构件、金属管道、钢筋混凝土建筑物的基础等作为接地体。人工接地体是用型钢(如角钢、钢管、扁钢、圆钢)制成的。人工接地体一般有水平敷设和垂直敷设两种。电气设备或装置的接地端与接地体相连的金属导线称为接地线。

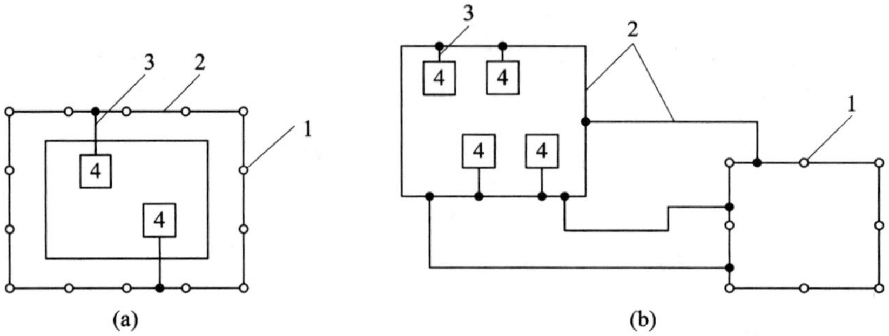

1—接地体；2—接地干线；3—接地支线；4—电气设备

图 1.9 接地装置示意图
(a) 回路式；(b) 外引式

3. 中性点与中性线

星形连接的三相电路中，三相电源或负载连在一起的点称为三相电路的中性点。由中性点引出的线称为中性线，用 N 表示，如图 1.10(a)所示。

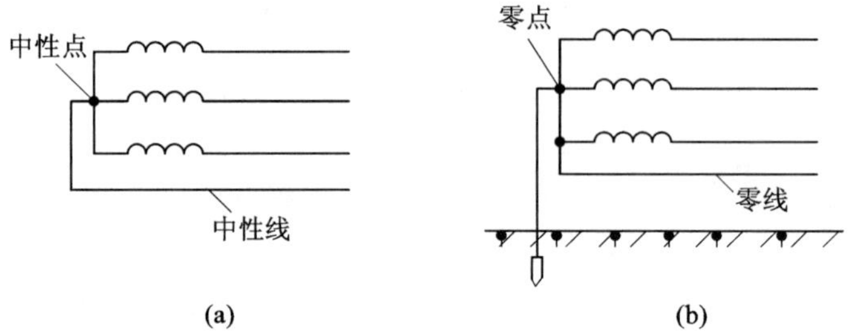

图 1.10 中性点、中性线和零点、零线
(a) 中性点和中性线；(b) 零点和零线

4. 零点与零线

当三相电路中性点接地时，该中性点称为零点。由零点引出的线称为零线，如图 1.10 (b)所示。

1.3.2 电气设备接地的种类

1. 工作接地

为了保证电气设备的正常工作，将电路中的某一点通过接地装置与大地可靠地连接，称为工作接地，如变压器低压侧的中性点、电压互感器和电流互感器的二次侧某一点接地等，其作用是为了降低人体的接触电阻。

供电系统中电源变压器中性点的接地称为中性点直接接地系统；中性点不接地的称为中性点不接地系统。中性点接地系统中，一相短路，其他两相的对地电压为相电压。中性点不接地系统中，一相短路，其他两相的对地电压接近线电压。

2. 保护接地

保护接地是指将电气设备正常情况下不带电的金属外壳通过接地装置与大地可靠连接。其原理如图 1.11 所示。当电气设备不接地时，如图 1.11(a)所示，若设备绝缘损坏，一相电源碰壳，电流经人体电阻 R_r、大地和线路对地绝缘电阻 R_j 构成的回路，若线路绝缘电阻损坏，电阻 R_j 变小，流过人体的电流增大，便会触电；当电气设备接地时，如图 1.11(b)所示，虽有一相电源碰壳，但由于人体电阻 R_r 远大于接地电阻 R_b（一般为几欧），所以通过人体的电流 I_r 极小，流过接地装置的电流 I_d 则很大，从而保证了人体安全。

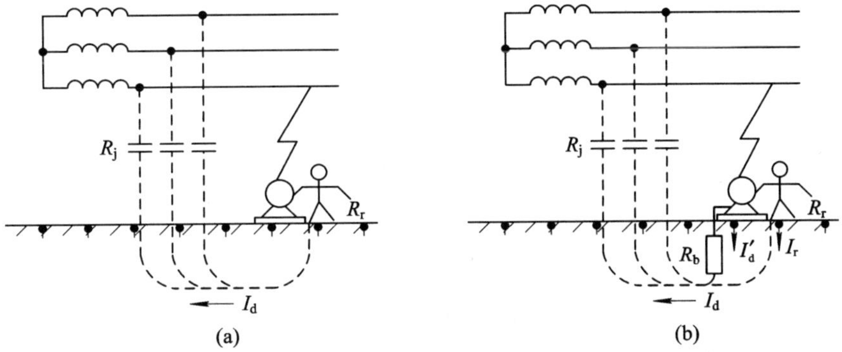

图 1.11 保护接地原理

(a) 未加保护接地；(b) 有保护接地

保护接地适用于中性点不接地或不直接接地的电网系统。

3. 保护接零

在中性点直接接地系统中，把电气设备金属外壳等与电网中的零线作可靠的电气连接，称为保护接零。保护接零可以起到保护人身和设备安全的作用，其原理如图 1.12(b)所示。当一相绝缘损坏碰壳时，由于外壳与零线连通，形成该相对零线的单相短路，短路

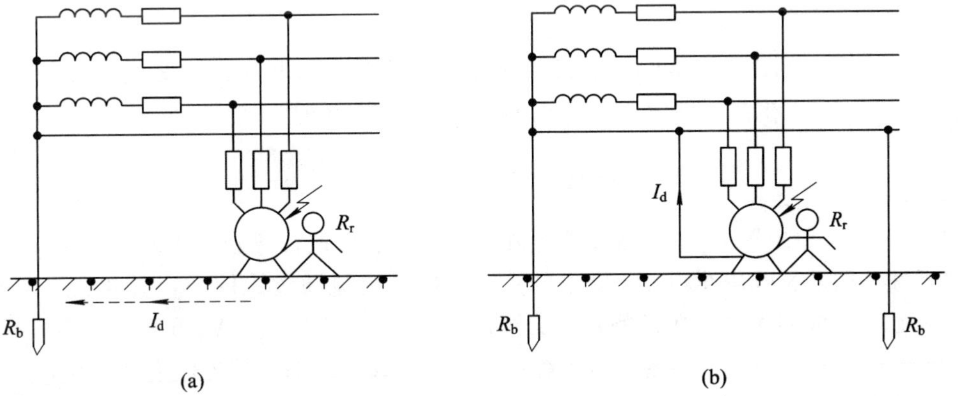

图 1.12 保护接零原理

(a) 未接零；(b) 接零后

电流使线路上的保护装置(如熔断器、低压断路器等)迅速动作，切断电源，消除触电危险。对未接零设备，对地短路电流不一定能使线路保护装置迅速可靠动作，如图1.12(a)所示。

4. 重复接地

三相四线制的零线在多于一处经接地装置与大地再次连接的情况称为重复接地。在1 kV以下的接零系统中，重复接地的接地电阻不应大于10 Ω。重复接地的作用是：降低三相不平衡电路中零线上可能出现的危险电压，减轻单相接地或高压串入低压的危险。

5. 其他保护接地

(1) 过电压保护接地：为了消除雷击或过电压的危险影响而设置的接地。

(2) 防静电接地：为了消除生产过程中产生的静电而设置的接地。

(3) 屏蔽接地：为了防止电磁感应而对电力设备的金属外壳、屏蔽罩、屏蔽线的外皮或建筑物金属屏蔽体等进行的接地。

1.3.3 电气设备安全运行措施

电气设备安全运行措施主要有：

(1) 必须严格遵守操作规程。合上电流开关时，应先合隔离开关，再合负荷开关；分断电流时，先断负荷开关，再断隔离开关。

(2) 电气设备一般不能受潮，在潮湿场合使用时，要有防雨水和防潮措施。电气设备工作时会发热，应有良好的通风散热条件和防火措施。

(3) 所有电气设备的金属外壳应有可靠的保护接地。电气设备运行时可能会出现故障，所以应有短路保护、过载保护、欠压和失压保护等保护措施。

(4) 凡有可能被雷击的电气设备，都要安装防雷措施。

(5) 对电气设备要做好安全运行检查工作，对出现故障的电气设备和线路应及时检修。

本 章 小 结

通过本章的学习，应掌握触电急救的技能，熟悉安全用电的相关知识，对电气设备的安全运行也能采取相应的措施。这些都是学习与使用电的必要条件与前提，因为安全第一。

本章重点内容是：

(1) 触电急救技能。对触电者要能先除去电源，然后进行急救，并送往医院。

(2) 触电的危害及安全电压。触电的主要危害是电流通过人体一定时间会引起身体伤害甚至死亡。我国的安全电压的额定值为42 V、36 V、24 V、12 V、6 V。

(3) 电气设备接地种类，主要有工作接地、保护接地、保护接零、重复接地。保护接地一般用于中性点不接地的系统，而保护接零一般用于中性点接地的系统。

国标规定：

L——相线；

N——中性线；

PE——保护接地线；

PEN——保护中性线，兼有保护线和中性线的作用。

习 题 一

一、填空题

1. 触电事故根据伤害性质可分为______和______两种。

2. 如果通过人体的电流在______以上，就有生命危险。

3. 为人身安全和电力系统工作的需要，要求电气设备采取接地措施。按接地目的的不同，主要可分为______、______、______、______四种。

4. 电击引起的伤害程度与下列因素有关：(1)________，(2)________，(3)________，(4)________。

5. 在同一供电线路上，不允许一部分电气设备用______，而另一部分采用______。

二、选择题

1. 人触电以后，救护中最紧迫的是(　　)。

A) 使触电者脱离电源　　B) 拨打 110　　C) 拨打 120　　D) 人工呼吸

2. 对于低压触电事故，不可采用下列哪种方法使触电者脱离电源(　　)。

A) 触电地点附近有电源开关或插头，可立即断开开关或拔掉电源插头，切断电源

B) 电源开关远离触电地点，可用有绝缘柄的电工钳或干燥木柄的斧头分相切断电线，断开电源；或用干木板等绝缘物插入触电者身下，以隔断电流

C) 电线搭落在触电者身上或被压在身下时，可用干燥的衣服、手套、绳索、木板、木棒等绝缘物作为工具，拉开触电者或挑开电线，使触电者脱离电源

D) 用手直接拉触电者，使其脱离电源

3. 如果触电者伤势严重，呼吸停止或心脏停止跳动或两者都已停止时，应(　　)。

A) 请医生诊治或送往医院

B) 立即实行人工呼吸和胸外挤压

C) 停止抢救

D) 拨打 110 或 120

4. 下列不属于电击触电方式的是(　　)。

A) 接触电压触电　　B) 感应电压触电

C) 剩余电荷触电　　D) 电伤

5. 交流电对人体最危险的频率是(　　)。

A) 高频　　B) 低频　　C) 中频　　D) 40～60 Hz

6. 关于电工安全操作，下列选项中错误的是(　　)。

A) 在邻近带电部分进行电工操作时，一定要保持可靠的安全距离

B) 在一个插座或灯座上不可引接功率过大的用电器具

C）可进行约时送电

D）不可用潮湿的手去触及开关、插座和灯座等用电装置，更不可用湿抹布去揩抹电气装置和用电器具

7. 下列关于零线的说法，错误的是(　　)。

A）由零点引出的线称为零线

B）中性点接地时，由中性点引出的线称为零线

C）中性线就是零线

D）零线是相对相线而言的

8. 关于保护接零，错误的说法是(　　)。

A）在中性点直接接地系统中，把电气设备金属外壳等与电网中的零线作可靠的电气连接，称为保护接零

B）保护接零可以起到保护人身和设备安全的作用

C）保护接零设备的对地短路电流不一定能使线路保护装置迅速可靠动作

D）当一相绝缘损坏碰壳时，短路电流使线路上的保护装置(如熔断器、低压断路器等)迅速动作，切断电源，消除触电危险

9. 为了保证电气设备安全运行，下列选项中错误的是(　　)。

A）凡有可能被雷击的电气设备，都要安装防雷措施

B）必须严格遵守操作规程操作

C）只需采用短路保护、过载保护、欠压和失压保护等保护措施中的一种

D）对电气设备要做好安全运行检查工作，对出现故障的电气设备和线路应及时检修

三、问答题

1. 我国规定的安全电压为多少？

2. 人体触电有哪些方式？

3. 接地保护与接零保护有什么区别？家用电器一般采用哪种保护方式？

4. 图 1.13 所示的两种情况，哪种对人体危害大？

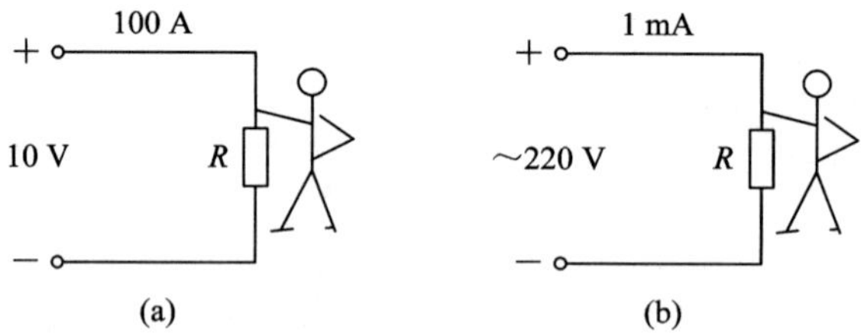

图 1.13　题 4 图

5. 简述口对口人工呼吸的基本步骤。

6. 简述胸外心脏挤压法的基本步骤。

第二章　直流电路的计算

学习引导(课堂学时：10～14学时)

学习目标	掌握电路的基本概念，掌握解电路的基本方法。 能将日常生活及工作中的问题转化为电路计算；能运用解电路的方法计算工程问题 提高学习电知识及电路计算的兴趣，善于用新方法处理问题
重点	1. 参考方向 2. 欧姆定律、基尔霍夫定律 3. 电源变换法、支路电流法、叠加定律法
难点	参考方向的运用；改变总是用原来已掌握的方法去处理电路问题的习惯；运用解电路的各种方法计算电路
预备知识	物理电学知识及欧姆定律
学习方法	通过实验认识直流电路的基本问题。通过多练习、多比较来掌握解电路的各种方法，克服对新方法的抵触心理。根据各自的实际情况，重点掌握1～2种方法。对于实际物体、电路及理论电路模型，建立双向转换的能力

教学情境二　电阻器及灯泡的伏安特性的测定

情境描述：

(1) 测定线性电阻器的伏安特性。按图2.1接线，调节稳压电源的输出电压U，使其从0 V开始缓慢地增加，一直到10 V，记下相应的电压表和电流表的读数U_R、I，填入表2.1中。

(2) 测定非线性白炽灯泡的伏安特性。将图2.1中的R换成一只12 V，0.1 A的灯泡，重复(1)中的操作，将结果记入表2.2中。U_L为灯泡的端电压。

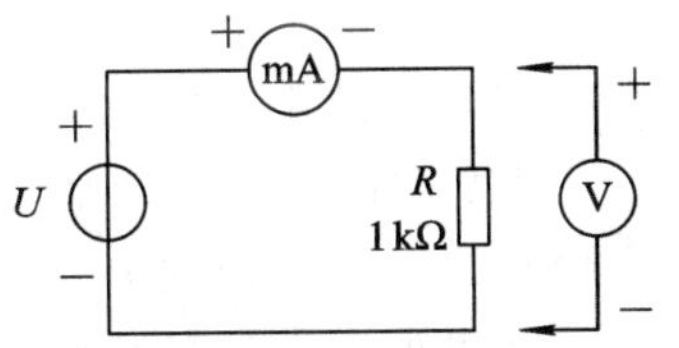

图2.1　测定电阻伏安特性

表2.1

U/V	0	2	4	6	8	10
U_R/V						
I/mA						

表 2.2

U_L/V	0.1	0.5	1	2	3	4	5
I/mA							

情境分析：从上面的实验可得到什么结论？能将现实中的问题转化为电路模型吗？实际情况有时比实验复杂得多，相应的电路模型也很复杂，这些复杂电路如何处理，如何计算？有哪些定理、法则、方法？计算电路中的电流、电压、功率是本章要讨论的主要问题。

2.1 电路和电路模型

手电筒是大家所熟悉的一种用来照明的最简单的用电器具，其结构如图 2.2 所示。

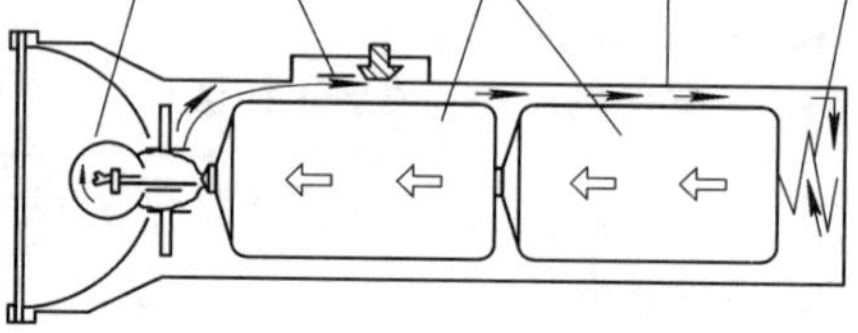

图 2.2 手电筒结构

手电筒由四部分组成：

(1) 干电池，它将化学能转换为电能；

(2) 小电珠，它将电能转换为光能；

(3) 开关，通过它的闭合与断开，能够控制小电珠的发光情况；

(4) 金属容器、连接弹簧，它们相当于传输电能的金属导线，提供了手电筒中其他元件之间的连接。

2.1.1 电路

电路是由若干电气设备或元器件按一定方式用导线连接而成的电流通路，通常由电源、负载及中间环节等三部分组成。

电源是将其他形式的能量转换为电能的装置，如发电机、干电池、蓄电池等。

负载是取用电能的装置，通常也称为用电器，如白炽灯、电炉、电视机、电动机等。

中间环节是传输、控制电能的装置，如连接导线、变压器、开关、保护电器等。

实际电路的结构形式多种多样，但就其功能而言，可以划分为电力电路(强电电路)、电子电路(弱电电路)两大类。电力电路主要是实现电能的传输和转换。电子电路主要是实现信号的传递和处理。

2.1.2 电路模型

1. 电路模型

由电路元件构成的电路，称为电路模型。电路元件一般用理想电路元件代替，并用国标规定的图形符号及文字符号表示。今后本书中未加特殊说明时，我们所研究的电路均为电路模型。图 2.2 所示的手电筒电路，其电路模型如图 2.3 所示。

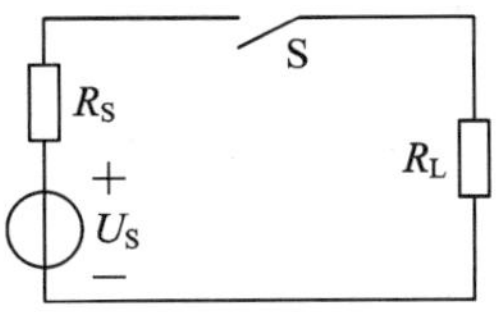

图 2.3　手电筒电路模型

2. 电路元件

实际电路中的元器件品种繁多，有的元器件主要是消耗电能，如各种电阻器、电灯、电烙铁等；有的元器件主要是储存磁场能量，如各种电感线圈；有的元器件主要是储存电场能量，如各种类型的电容器；有的元器件主要是提供电能，如电池、发电机等。

对某一个元器件而言，其电磁性能并不是单一的。例如，实验室用的滑线电阻器，它由导线绕制而成，主要具有消耗电能的性质，即具有电阻的性质；同时由于电压和电流会产生电场和磁场，它又具有储存电场能量和磁场能量的性质，即具有电容和电感的性质。上述性质总是交织在一起的，当电压、电流的性质不同时，其表现程度也不一样。

为了便于对电路进行分析和计算，将实际元器件近似化、理想化，使每一种元器件只集中表现一种主要的电或磁的性能，这种理想化元器件就是实际元器件的模型。理想化元器件简称电路元件。

实际元器件可用一种或几种电路元件的组合来近似地表示。例如，上面提到的滑线电阻器可用电阻元件来表示；若考虑磁场的作用，则可用电阻元件和电感元件的组合来表示。同时，对电磁性能相近的元器件，也可用同一种电路元件近似地表示。例如，各种电阻器、电灯、电烙铁、电熨斗等，都可用电阻元件来近似表示。

3. 短路与开路

如果图 2.3 中的负载电阻 R_L 两端用导线直接相接，则电路的这种状态称为短路。短路时电路中的电流极大，容易损坏电源及电路中的其他器件。如果负载电阻 R_L 断开，电路的这种状态称为开路或断路。开路时，电路中的电流为 0。

开路与短路是电路的两种极限状态，在实际用电中是不允许出现的，特别是短路的危害特别大。通常为了防止出现短路情况，电路中要连接保险丝及空断开关来保护电路。

2.2　电路的基本物理量及相互关系

电路的功能，无论是能量的输送和分配，还是信号的传输和处理，都要通过电压、电流和电功率来实现。因此，在电路分析中，人们所关心的物理量是电流、电压和电功率，在分析和计算电路之前，首先要建立并深刻理解这些物理量及其相互关系的基本概念。

2.2.1　电流

1. 电流的大小

电荷的有规则的定向运动就形成了电流。长期以来，人们习惯规定以正电荷运动的方向作为电流的实际方向。

电流的大小用电流强度(简称电流)来表示。电流强度在数值上等于单位时间内通过导线某一截面的电荷量。

大小和方向都不随时间变化的电流称为恒定电流，简称直流电流，采用大写字母 I 表示，则

$$I = \frac{Q}{t} \tag{2.1}$$

式中 Q 为时间 t 内通过导线某一截面的电荷量。

电流的单位是安培(简称安)，用符号 A 表示；电荷量的单位为库仑(简称库)，用符号 C 表示；时间的单位为秒，用符号 s 表示。当电流很小时，常用单位为毫安(mA)或微安(μA)；当电流很大时，常用单位为千安(kA)。它们之间的换算关系为

$$1\ \text{A} = 1000\ \text{mA} = 10^3\ \text{mA}$$

$$1\ \text{A} = 1\ 000\ 000\ \mu\text{A} = 10^6\ \mu\text{A}$$

$$1\ \text{kA} = 1000\ \text{A} = 10^3\ \text{A}$$

2. 电流的实际方向与参考方向

电流不但有大小，而且还有方向。在简单电路中，如图 2.4 所示，可以直接判断电流的方向。即在电源内部电流由负极流向正极，而在电源外部电流则由正极流向负极，以形成一闭合回路。但在较为复杂的电路中，如图 2.5 所示的桥式电路中，电阻 R_5 的电流实际方向有时难以判定。

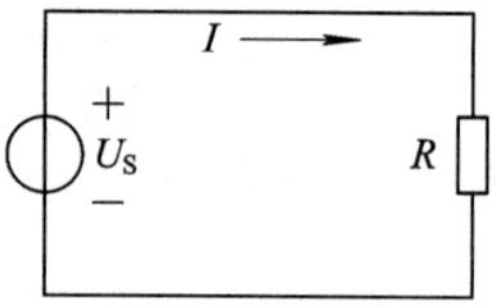

图 2.4 简单电路

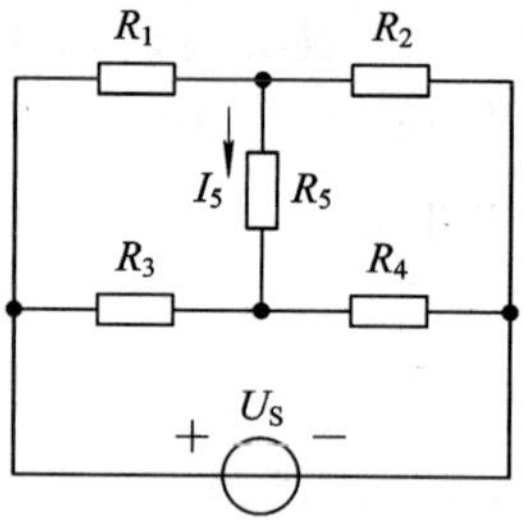

图 2.5 复杂电路

由此可见，在分析、计算电路时，电流的实际方向很难预先判断出来，交流电路中的电流实际方向还在不断地随时间而改变，很难也没有必要在电路图中标示其实际方向。为了分析、计算的需要，引入了电流的参考方向。

在电路分析中，任意选定一个方向作为电流的方向，这个方向就称为电流的参考方向(如图 2.5 中用实箭头线表示的 I_5)，有时又称为电流的正方向。当然，所选定的参考方向并不一定就是电流的实际方向。当电流的参考方向与实际方向相同时，电流为正值；当电流的参考方向与实际方向相反时，电流为负值。这样，电流的值就有正有负，它是一个代数量，其正负可以反映电流的实际方向与参考方向的关系。因此电流的正负只有在选定了参考方向以后才有意义。

电流的参考方向一般用实箭头线表示，既可以画在线上，如图 2.6(a)所示；也可以画在线外，如图 2.6(b)所示；还可以用双下标表示，如图 2.6(c)所示，其中，I_{ab} 表示电流的参考方向是由 a 点指向 b 点。

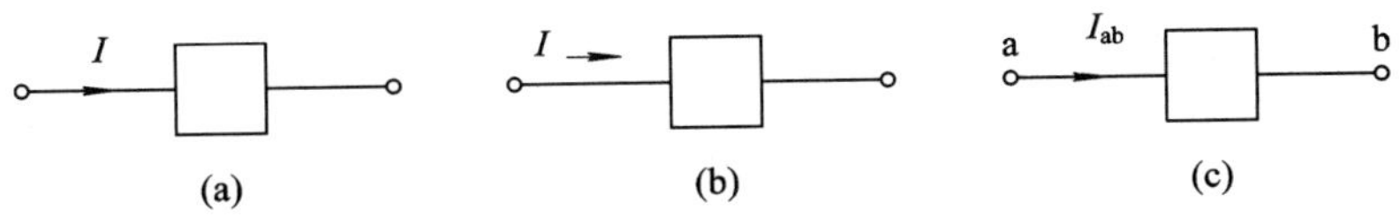

图 2.6　电流参考方向的标注法

2.2.2　电压

1. 电压的大小

电路中 a、b 两点间的电压在数值上等于将单位正电荷从电路中 a 点移到电路中 b 点时电场力所作的功。

大小和方向都不随时间变化的电压称为恒定电压，简称直流电压，采用大写字母 U 表示，如 a、b 两点间的直流电压为

$$U_{ab} = \frac{W_{ab}}{Q} \tag{2.2}$$

式中 W_{ab} 为电场力把正电荷 Q 从电路中 a 点移到电路中 b 点时所作的功。

电压的单位为伏特(V)，常用的单位为千伏(kV)、毫伏(mV)、微伏(μV)。它们之间的换算关系为

$$1\ \text{V} = 1000\ \text{mV} = 10^3\ \text{mV}$$
$$1\ \text{V} = 1\ 000\ 000\ \mu\text{V} = 10^6\ \mu\text{V}$$
$$1\ \text{kV} = 1000\ \text{V} = 10^3\ \text{V}$$

2. 电位与电压

如果选取电路中某点为零参考点(经常是接地点)，则电路中任意一点的电位或电势就是这点相对于零参考点的电位差(电压)。

电位与电压的关系是：

$$U_{ab} = V_a - V_b$$

式中，U_{ab}为 a、b 两点的电压，V_a、V_b分别为 a 点和 b 点的电位。

虽然在电路中零参考点的选取是任意的，但一般在同一电路中只能选取一个零参考点。显然某点的电位与零参考点的选取有关，零参考点选取得不同，某点的电位就不同。但无论零参考点如何选取，任意两点之间的电压却与零参考点的选取无关，正如水位与水平面的选取有关而水位差却与水平面的选取无关一样。

3. 电压的实际方向与参考方向

与电流类似，分析、计算电路时，也要预先设定电压的参考方向。同样，所设定的参考方向并不一定就是电压的实际方向。当电压的参考方向与实际方向相同时，电压为正值；当电压的参考方向与实际方向相反时，电压为负值。这样，电压的值有正有负，它也是一个代数量，其正负表示电压的实际方向与参考方向的关系。

电压的参考方向既可以用实箭头线表示，如图 2.7(a)所示；也可以用正(＋)、负(－)极性表示，如图 2.7(b)所示，正极性指向负极性的方向就是电压的参考方向；还可以用双下标表示，如图 2.7(c)所示，其中，U_{ab}表示 a、b 两点间的电压参考方向由 a 指向 b。

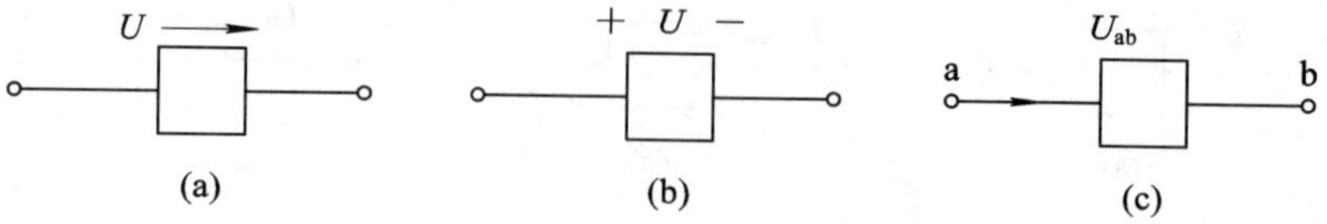

图 2.7 电压参考方向的标注

进行电路分析时，对于一个元件，我们既要对流过元件的电流选取参考方向，又要对元件两端的电压选取参考方向，两者是相互独立的，可以任意选取。也就是说，它们的参考方向可以一致，也可以不一致。如果电流的参考方向与电压的参考方向一致，则称之为关联参考方向，如图 2.8(a)所示；如果电流的参考方向与电压的参考方向不一致，则称之为非关联参考方向，如图 2.8(b)所示。

当选取电压、电流方向为关联参考方向时，电路图上只需标出电流的参考方向或电压的参考方向，如图 2.9 所示的是两种等效的表示方法。

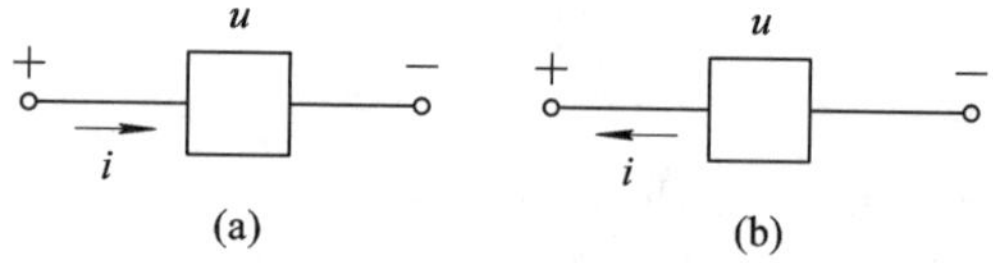

图 2.8 电压、电流参考方向

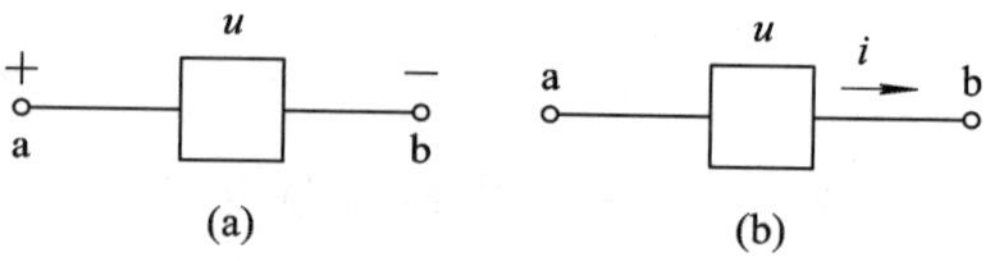

图 2.9 关联参考方向的简单标注

2.3 电　　阻

2.3.1 电阻元件及欧姆定律

1. 电阻元件的图形、文字符号

电阻器是具有一定电阻值的元器件，在电路中用于控制电流、电压和控制放大了的信号等。电阻器通常就叫电阻，在电路图中用字母“R”或“r”表示，电路图中常用电阻器的符号如图 2.10 所示。

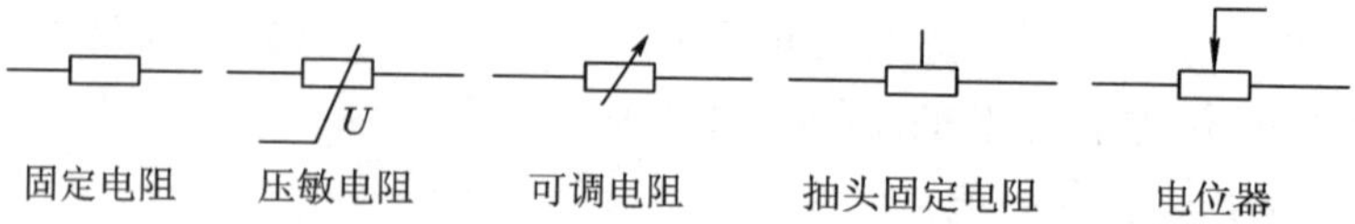

图 2.10 电阻的图形符号

电阻器的 SI(国际单位制)单位是欧姆，简称欧，通常用符号“Ω”表示。常用的单位还有“kΩ”“MΩ”，它们的换算关系如下：

$$1\ \text{M}\Omega = 1000\ \text{k}\Omega = 1\ 000\ 000\ \Omega$$

电阻元件是从实际电阻器抽象出来的理想化模型，是代表电路中消耗电能这一物理现象的理想二端元件。如电灯泡、电炉、电烙铁等这类实际电阻器，当忽略其电感等作用时，可将它们抽象为仅具有消耗电能的电阻元件。

电阻元件的倒数称为电导，用字母 G 表示，即

$$G=\frac{1}{R} \tag{2.3}$$

电导的 SI 单位为西门子，简称西，通常用符号“S”表示。电导也是表征电阻元件特性的参数，它反映的是电阻元件的导电能力。

2. 电阻元件的特性

电阻元件的伏安特性可以用横坐标为电流、纵坐标为电压的直角坐标平面上的曲线来表示，称为电阻元件的伏安特性曲线。如果伏安特性曲线是一条过原点的直线，如图 2.11(a)所示，这样的电阻元件称为线性电阻元件，线性电阻元件在电路图中用图 2.11(b)所示的图形符号表示。

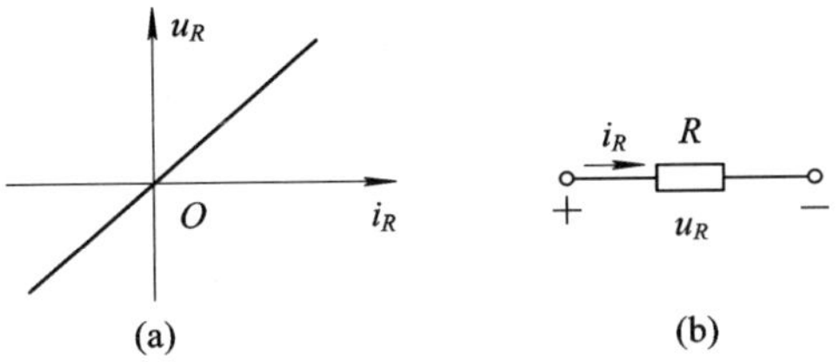

图 2.11　线性电阻元件的伏安特性及图形符号

(a) 线性电阻元件的伏安特性；(b) 图形符号

3. 欧姆定律

欧姆定律是电路分析中的重要定律之一，它说明流过线性电阻的电流与该电阻两端电压之间的关系，反映了电阻元件的特性。

欧姆定律指出：在电阻电路中，当电压与电流为关联参考方向时，电流的大小与电阻两端的电压成正比，与电阻值成反比。欧姆定律可用下式表示：

$$I=\frac{U}{R} \tag{2.4}$$

当选定电压与电流为非关联方向时，欧姆定律可用下式表示：

$$I=\frac{-U}{R} \tag{2.5}$$

若电路两端的电压为 1 V，通过的电流为 1 A，则该段电路的电阻为 1 Ω。

欧姆定律表达了电路中电压、电流和电阻的关系，它说明：

(1) 如果电阻保持不变，当电压增加时，电流与电压成正比例地增加；当电压减小时，电流与电压成正比例地减小。

(2) 如果电压保持不变，当电阻增加时，电流与电阻成反比例地减小；当电阻减小时，电流与电阻成反比例地增加。

根据欧姆定律所表示的电压、电流与电阻三者之间的相互关系，可以从两个已知的量中求解出另一个未知量。因此欧姆定律可以有三种不同的表示形式。

(1) 已知电压、电阻求电流：

$$I=\pm\frac{U}{R}$$

(2) 已知电流、电阻求电压：

$$U=\pm RI$$

(3) 已知电压、电流求电阻：

$$R=\pm\frac{U}{I}$$

无论电压、电流为关联参考方向还是非关联参考方向，电阻元件的功率都为

$$P=I_R^2R=\frac{U_R^2}{R} \tag{2.6}$$

上式表明，电阻元件吸收的功率恒为正值，而与电压、电流的参考方向无关。因此，电阻元件又称为耗能元件。

例 2.1 如图 2.12 所示，应用欧姆定律求电阻 R。

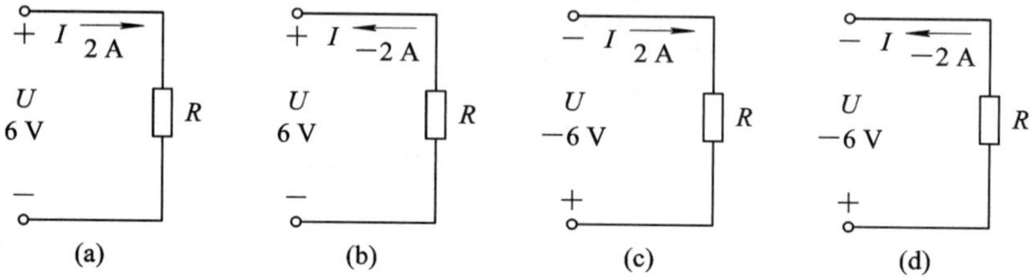

图 2.12 例 2.1 电路图

解：

(a) $R=\frac{U}{I}=\frac{6}{2}\ \Omega=3\ \Omega$

(b) $R=-\frac{U}{I}=-\frac{6}{-2}\ \Omega=3\ \Omega$

(c) $R=-\frac{U}{I}=-\frac{-6}{2}\ \Omega=3\ \Omega$

(d) $R=\frac{U}{I}=\frac{-6}{-2}\ \Omega=3\ \Omega$

2.3.2 电路的串、并联等效变换

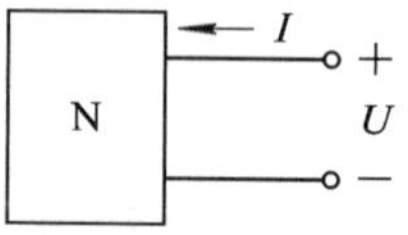

图 2.13 二端网络

具有两个端钮的部分电路，就称为二端网络，如图 2.13 所示。

如果电路结构、元件参数完全不同的两个二端网络具有相同的电压、电流关系，即相同的伏安关系时，则这两个二端网络称为等效网络。等效网络在电路中可以相互代换。

内部没有独立源的二端网络，称为无源二端网络，它可用一个电阻元件与之等效。这个电阻元件的电阻值称为该网络的等效电阻或输入电阻，也称为总电阻，用 R_i 表示。

1. 电阻的串联

电压表的表头所能测量的最大电压就是其量程，通常它都较小。而实际用于测量电压的多量程的电压表(例如 C30-V 型磁电系电压表)是由表头与电阻串联的电路组成的，如图 2.14 所示。其中，R_g 为表头的内阻，I_g 为流过表头的电流，U_g 为表头两端的电压，R_1、R_2、R_3、R_4 为电压表各挡的分压电阻。对应每一个电阻挡位，电压表都有一个量程。

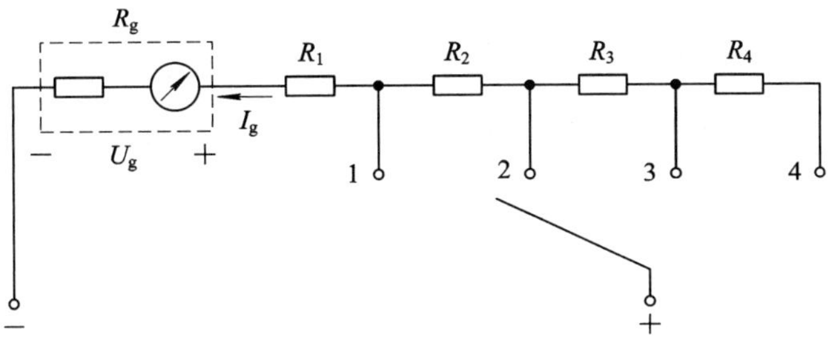

图 2.14　C30-V 型磁电系电压表电路图

以上就是利用了串联电阻的“分压”作用来扩大电压表量程的电路。

各电阻元件顺次连接起来所构成的二端网络称为电阻的串联网络，如图 2.15(a)所示。

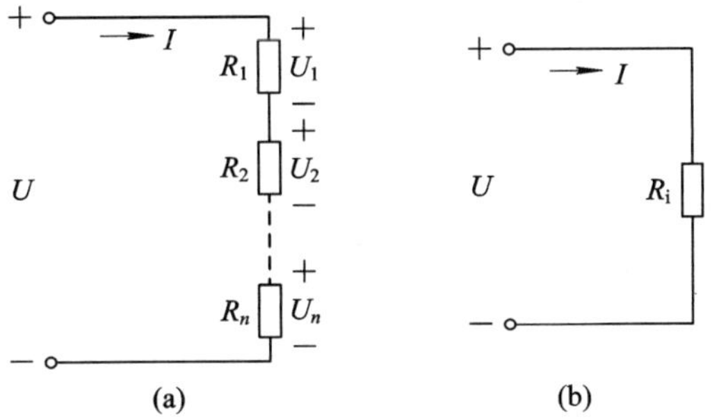

图 2.15　电阻串联及等效电路

(a) 电阻串联；(b) 等效电路

在图 2.15(a)中，串联的各个电阻的电流相等，均等于 I，而电压为各部分之和：

$$U = U_1 + U_2 + \cdots + U_n \tag{2.7}$$

即：电阻的串联网络的端口电压等于各电阻电压之和。

又由欧姆定律可得：

$$U_1 = R_1 I,\ U_2 = R_2 I,\ \cdots,\ U_n = R_n I$$

于是

$$U = R_1 I + R_2 I + \cdots + R_n I = (R_1 + R_2 + \cdots + R_n) I$$

图 2.15(b)是图 2.15(a)的等效网络，根据等效的概念，在图 2.15(b)中有：$U = R_i I$，因此：

$$R_i = R_1 + R_2 + \cdots + R_n \tag{2.8}$$

即：电阻的串联网络的等效电阻等于各串联电阻之和。

串联电阻的等效电阻比每个串联电阻都大，在端口电压一定时，串联电阻越多，电流则越小，因此串联电阻有“限流”作用。

串联电阻的电流相等，所以各电阻的电压之比等于它们的电阻之比，即：

$$U_1 : U_2 : \cdots : U_n = R_1 : R_2 : \cdots : R_n$$

各电阻的电压与端电压 U 的关系为

$$\frac{U_1}{U}=\frac{R_1 I}{R_i I}=\frac{R_1}{R_i}=\frac{R_1}{R_1+R_2+\cdots+R_n}$$

$$\frac{U_2}{U}=\frac{R_2 I}{R_i I}=\frac{R_2}{R_i}=\frac{R_2}{R_1+R_2+\cdots+R_n}$$

$$\vdots$$

$$\frac{U_n}{U}=\frac{R_n I}{R_i I}=\frac{R_n}{R_i}=\frac{R_n}{R_1+R_2+\cdots+R_n}$$

即：电阻的串联网络的每个电阻的电压与端口电压的比等于该电阻与等效电阻的比，这个比值称为“分压比”。在端口电压一定时，适当选择串联电阻，可使每个电阻得到所需要的电压，因此串联电阻有“分压”作用。

同理，串联的每个电阻的功率也与它们的电阻成正比，即：

$$P_1 : P_2 : \cdots : P_n = R_1 : R_2 : \cdots : R_n$$

例 2.2 如图 2.14 所示的 C30-V 型磁电系电压表，其表头的内阻 $R_g=29.28\ \Omega$，各挡分压电阻分别为 $R_1=970.72\ \Omega$，$R_2=1.5\ k\Omega$，$R_3=2.5\ k\Omega$，$R_4=5\ k\Omega$。这个电压表的最大量程为 30 V。试计算表头所允许通过的最大电流值 I_{gm}、表头所能测量的最大电压值 U_{gm} 以及扩展后的各量程的电压值 U_1、U_2、U_3、U_4。

解：当开关在“4”挡时，电压表的总电阻 R_i 为

$$\begin{aligned}R_i &= R_g+R_1+R_2+R_3+R_4\\&=(29.28+970.72+1500+2500+5000)\Omega\\&=10\ 000\ \Omega=10\ k\Omega\end{aligned}$$

通过表头的最大电流值 I_{gm} 为

$$I=\frac{U_4}{R_i}=\frac{30}{10}\ mA=3\ mA$$

当开关在“1”挡时，电压表的量程 U_1 为

$$U_1=(R_g+R_1)I=(29.28+970.72)\times 3\ mV=3\ V$$

当开关在“2”挡时，电压表的量程 U_2 为

$$U_2=(R_g+R_1+R_2)I=(29.28+970.72+1500)\times 3\ mV=7.5\ V$$

当开关在“3”挡时，电压表的量程 U_3 为

$$U_3=(R_g+R_1+R_2+R_3)I=(29.28+970.72+1500+2500)\times 3\ mV=15\ V$$

表头所能测量的最大电压 U_{gm} 为

$$U_{gm}=R_g I=29.28\times 3\ mV=87.84\ mV$$

由此可见，直接利用表头测量电压时，它只能测量 87.84 mV 以下的电压，而串联了分压电阻 R_1、R_2、R_3、R_4 后，它就有 3 V、7.5 V、15 V、30 V 四个量程，实现了电压表的量程扩展。

2. 电阻的并联

实际用于测量电流的多量程的电流表(例如 C41-μA 型磁电系电流表)是由表头与电阻串、并联的电路组成的，如图 2.16 所示。其中，R_g 为表头的内阻，I_g 为流过表头的电流，U_g 为表头两端的电压，R_1、R_2、R_3、R_4 为电流表各挡的分流电阻。对应每一个电阻挡位，电流表都有一个量程。

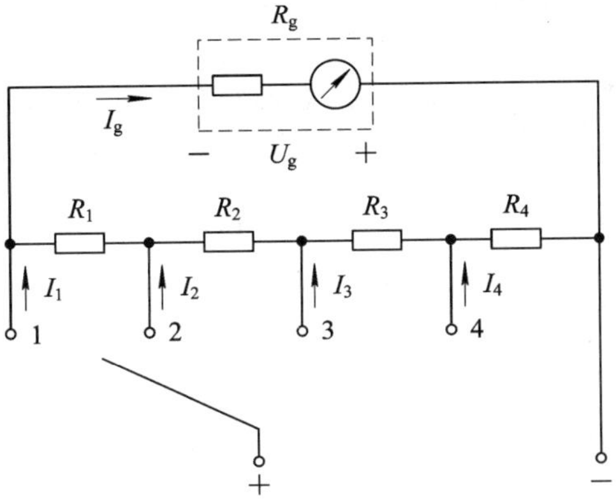

图 2.16 C41-μA 型磁电系电流表

图 2.16 所示电路就是利用并联电阻的“分流”作用来扩大电流表量程的电路。

各电阻元件的两端钮分别连接起来所构成的二端网络称为电阻的并联网络，如图 2.17(a)所示。

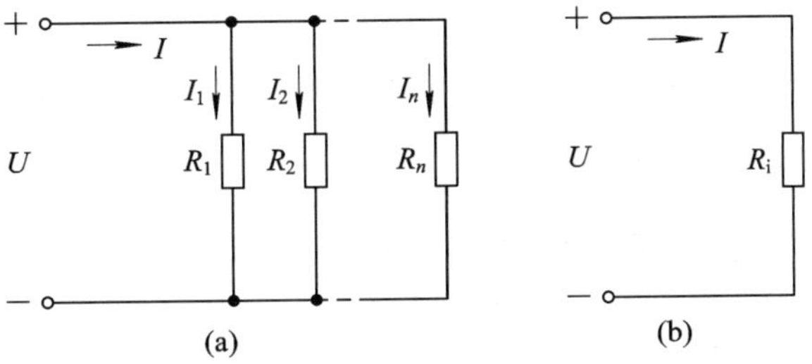

图 2.17 电阻并联及等效电路

(a) 并联电路；(b) 等效电路

在图 2.17(a)中，并联的各个电阻的电压相等，均等于 U，而总电流为各部分电流之和：

$$I = I_1 + I_2 + \cdots + I_n \tag{2.9}$$

即：电阻的并联网络的端电流等于各电阻电流之和。

又由欧姆定律可得：

$$I_1 = \frac{U}{R_1},\ I_2 = \frac{U}{R_2},\ \cdots,\ I_n = \frac{U}{R_n}$$

于是

$$I = I_1 + I_2 + \cdots + I_n = \frac{U}{R_1} + \frac{U}{R_2} + \cdots + \frac{U}{R_n} = \left(\frac{1}{R_1} + \frac{1}{R_2} + \cdots + \frac{1}{R_n}\right)U$$

图 2.17(b)是图 2.17(a)的等效网络，根据等效的概念，在图 2.17(b)中有

$$I = \frac{1}{R_i}U$$

因此

$$\frac{1}{R_i} = \frac{1}{R_1} + \frac{1}{R_2} + \cdots + \frac{1}{R_n} \quad 或 \quad G_i = G_1 + G_2 + \cdots + G_n \tag{2.10}$$

即：电阻的并联网络的等效电阻的倒数等于各电阻倒数之和，或电阻的并联网络的等效电导等于各电阻的电导之和。且并联电阻的等效电阻比每个电阻都小。

并联电阻的电压相等，则各电阻的电流与它们的电导成正比，与它们的电阻成反比，即：

$$I_1 : I_2 : \cdots : I_n = \frac{1}{R_1} : \frac{1}{R_2} : \cdots : \frac{1}{R_n} = G_1 : G_2 : \cdots : G_n$$

各电阻的电流与端电流 I 的关系为

$$\frac{I_1}{1} = \frac{G_1 U}{G_i U} = \frac{G_1}{G_i} = \frac{G_1}{G_1 + G_2 + \cdots + G_n}$$

$$\frac{I_2}{1} = \frac{G_2 U}{G_i U} = \frac{G_2}{G_i} = \frac{G_2}{G_1 + G_2 + \cdots + G_n}$$

$$\vdots$$

$$\frac{I_n}{1} = \frac{G_n U}{G_i U} = \frac{G_n}{G_i} = \frac{G_n}{G_1 + G_2 + \cdots + G_n}$$

即：电阻的并联网络的每个电阻的电流与端电流的比等于该电阻的电导与等效电导的比，这个比值称为“分流比”。在端电流一定时，适当选择并联电阻，可使每个电阻得到所需要的电流，因此并联电阻有“分流”作用。

同理，并联的每个电阻的功率也与它们的电导成正比，与它们的电阻成反比。即

$$P_1 : P_2 : \cdots : P_n = \frac{1}{R_1} : \frac{1}{R_2} : \cdots : \frac{1}{R_n} = G_1 : G_2 : \cdots : G_n$$

若只有 R_1、R_2 两个电阻并联，如图 2.18 所示，由

$$\frac{1}{R_i} = \frac{1}{R_1} + \frac{1}{R_2} = \frac{R_1 + R_2}{R_1 R_2}$$

可得等效电阻 R_i 为

$$R_i = \frac{R_1 R_2}{R_1 + R_2}$$

两个电阻的电流分别为

$$I_1 = \frac{U}{R_1} = \frac{R_i I}{R_1} = \frac{R_2}{R_1 + R_2} I$$

$$I_2 = \frac{U}{R_2} = \frac{R_i I}{R_2} = \frac{R_1}{R_1 + R_2} I$$

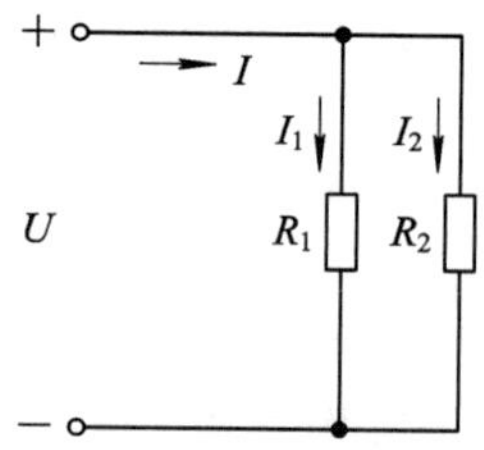

图 2.18 两电阻的并联

如果 $R_1 = R_2 = R$，则有

$$R_i = \frac{R}{2}, \quad I_1 = I_2 = \frac{I}{2}$$

由串联和并联电阻组合而成的二端电阻网络称为电阻的混联网络，分析混联电阻网络的一般步骤如下：

(1) 计算各串联电阻、并联电阻的等效电阻，再计算总的等效电阻。

(2) 由端口激励计算出端口响应。

(3) 根据串联电阻的分压关系、并联电阻的分流关系逐步计算各部分的电压、电流。

例 2.3 图 2.19(a)所示是一个常用的利用滑线变阻器组成的简单分压器电路。电阻分压器的固定端 a、b 接到直流电压源上。固定端 b 与活动端 c 分别接负载两端。利用分压

器上滑动触头 c 的滑动可在负载电阻上输出 0～U_S的可变电压。已知直流理想电压源电压 U_S=9 V，负载电阻 R_L=800 Ω，滑线变阻器的总电阻 R=1000 Ω，滑动触头 c 的位置是 R_1=200 Ω，R_2=800 Ω。

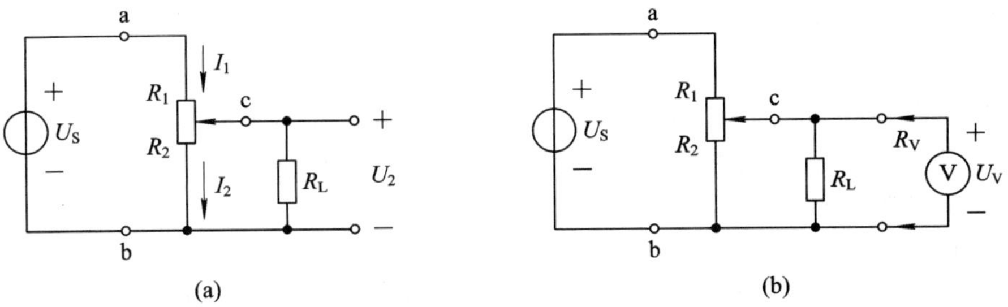

图 2.19　例 2.3 电路图

(a) 电路图；(b) 测量电路图

(1) 求输出电压 U_2及滑线变阻器两段电阻中的电流 I_1、I_2；

(2) 若用内阻为 R_{V1}=1200 Ω 的电压表去测量此电压，求电压表的读数；

(3) 若用内阻为 R_{V2}=3600 Ω 的电压表再测量此电压，求这时电压表的读数。

解：

(1) 图 2.19(a)中，电阻 R_2与 R_L并联后再与 R_1串联。

$$R_i = R_1 + \frac{R_2 R_L}{R_2 + R_L} = 200 + \frac{800 \times 800}{800 + 800} = 600\ \Omega$$

$$I_1 = \frac{U_S}{R_i} = \frac{9}{600} = 0.015\ \text{A}$$

$$I_2 = \frac{R_L}{R_2 + R_L} I_1 = \frac{800}{800 + 800} \times 0.015 = 0.0075\ \text{A}$$

$$U_2 = R_2 I_2 = 800 \times 0.0075 = 6\ \text{V}$$

(2) 图 2.19(b)中，电阻 R_2、R_L与电压表内阻 R_{V1}并联后再与 R₁串联。

$$R_{i1} = R_1 + \frac{1}{\frac{1}{R_2} + \frac{1}{R_L} + \frac{1}{R_{V1}}} = 200 + \frac{1}{\frac{1}{800} + \frac{1}{800} + \frac{1}{1200}} = 500\ \Omega$$

$$U_{V1} = \frac{U_S}{R_{i1}} \times \frac{1}{\frac{1}{R_2} + \frac{1}{R_L} + \frac{1}{R_{V1}}} = \frac{9}{500} \times \frac{1}{\frac{1}{800} + \frac{1}{800} + \frac{1}{1200}} = 5.4\ \text{V}$$

(3) 图 2.19(b)中，电阻 R_2、R_L与电压表内阻 R_{V2}并联后再与 R_1串联。

$$R_{i2} = R_1 + \frac{1}{\frac{1}{R_2} + \frac{1}{R_L} + \frac{1}{R_{V2}}} = 200 + \frac{1}{\frac{1}{800} + \frac{1}{800} + \frac{1}{3600}} = 560\ \Omega$$

$$U_{V2} = \frac{U_S}{R_{i2}} \times \frac{1}{\frac{1}{R_2} + \frac{1}{R_L} + \frac{1}{R_{V2}}} = \frac{9}{560} \times \frac{1}{\frac{1}{800} + \frac{1}{800} + \frac{1}{3600}} = 5.79\ \text{V}$$

由此可见，由于实际电压表都有一定的内阻，将电压表并联在电路中测量电压时，对被测试电路会有一定的影响。电压表内阻越大，对测试电路的影响越小。理想电压表的内阻为无穷大，对测试电路才无影响，但实际中并不存在。

2.3.3 电阻元件的识别与应用

1. 电阻元件的识别

1）电阻的分类、特点及用途

电阻的种类较多，按制作的材料不同，可分为绕线电阻和非绕线电阻两大类。非绕线电阻因制造材料的不同，又分为碳膜电阻、金属膜电阻、金属氧化膜电阻、实心碳质电阻等。另外还有一类特殊用途的电阻，如热敏电阻、压敏电阻等。

热敏电阻的阻值是随着环境和电路工作温度的变化而改变的。它有两种类型：一种是随着温度增加而阻值增加的正温度系数热敏电阻；另一种是随着温度增加而阻值减小的负温度系数热敏电阻。在电信设备和其他设备中，热敏电阻用于正或负温度补偿，或用于测量和调节温度。

在各种自动化技术和保护电路的交直流及脉冲电路中，压敏电阻起过压保护、稳压、调幅、非线性补偿作用，特别是对各种电感性电路的熄灭火花和过压保护有良好作用。

2）电阻的类别和型号

随着电子工业的迅速发展，电阻的种类也越来越多，为了区别电阻的类别，在电阻上可用字母符号来标明，如图 2.20 所示。

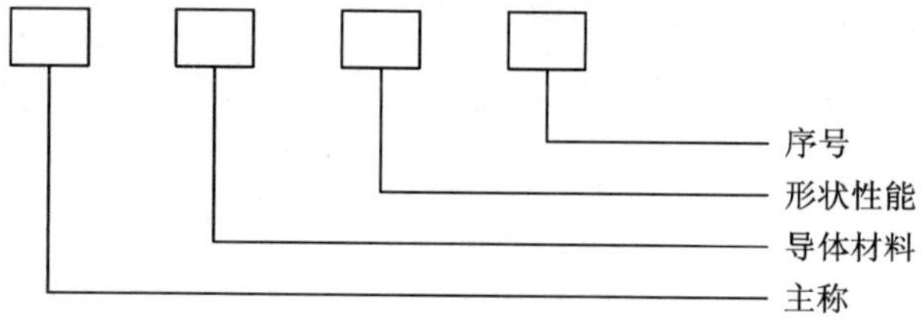

图 2.20 电阻类别及型号表示

电阻类别的字母符号有各自的意义，如“RT”表示碳膜电阻，“RJJ”表示精密金属膜电阻。

3）电阻的主要参数

电阻的主要参数是指电阻标称阻值、误差和额定功率。前者是指电阻元件外表面上标注的电阻值(热敏电阻则指 25℃时的阻值)；后者是指电阻元件在直流或交流电路中，在一定大气压力和产品标准中规定的温度下(－55℃～125℃)，长期连续工作所允许承受的最大功率。在实际应用中，根据电路图的要求选用电阻时，必须了解电阻的主要参数。

(1) 标称阻值和误差。使用电阻，首先要考虑的是它的阻值是多少。为了满足不同的需要，必须生产出不同大小阻值的电阻。但是，绝不可能也没有必要做到要什么阻值的电阻就有什么样的成品电阻。

为了便于大量生产，同时也让使用者在一定的允许误差范围内选用电阻，国家规定出一系列的阻值作为产品的标准，这一系列阻值就叫作电阻的标称阻值。另外，电阻的实际阻值也不可能做到与它的标称阻值完全一样，两者之间总存在一些偏差。最大允许偏差值除以该电阻的标称值所得的百分数就叫作电阻的误差。对于误差，国家也规定出一个系列。普通电阻的误差有±5%、±10%、±20%三种，在标志上分别以Ⅰ、Ⅱ和Ⅲ表示。例如一只电阻上印有“47kⅡ”的字样，我们就知道它是一只标称阻值为 47 kΩ，最大误差不超过±10%的电阻。误差为±2%、±1%、±0.5%……的电阻称为精密电阻。

(2) 电阻的额定功率。当电流通过电阻时，电阻因消耗功率而发热。如果电阻发热的功率大于它所能承受的功率，电阻就会被烧坏。所以电阻发热而消耗的功率不得超过某一数值。这个不至于将电阻烧坏的最大功率值就称为电阻的额定功率。

与电阻元件的标称阻值一样，电阻的额定功率也有标称值，通常有 1/8 瓦、1/4 瓦、1/2 瓦、1 瓦、2 瓦、3 瓦、5 瓦、10 瓦、20 瓦等。“瓦”在电路中用字母“W”表示。图 2.21 画出了不同瓦数的电阻符号。

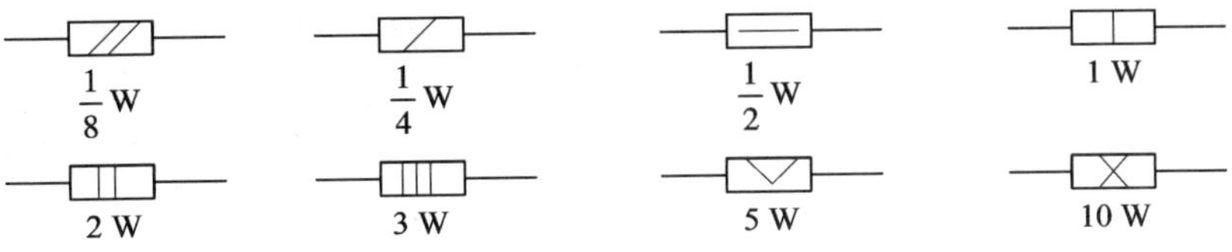

图 2.21　电阻的瓦数符号

当有的电阻上没有瓦数标志时，我们就要根据电阻的体积大小来判断其功率。常用的碳膜电阻与金属膜电阻，它们的额定功率和体积大小有关系。

4) 电阻的规格标注方法

电阻的类别、标称阻值及误差、额定功率一般都标注在电阻元件的外表面上，目前常用的标注方法有两种：

(1) 直标法。直标法是将电阻的类别及主要技术参数直接标注在它的表面上，如图 2.22(a)所示。有的国家或厂家用一些文字符号标明单位，例如 3.3 kΩ 标为 3k3，这样可以避免因小数点面积小，不易看清的缺点。

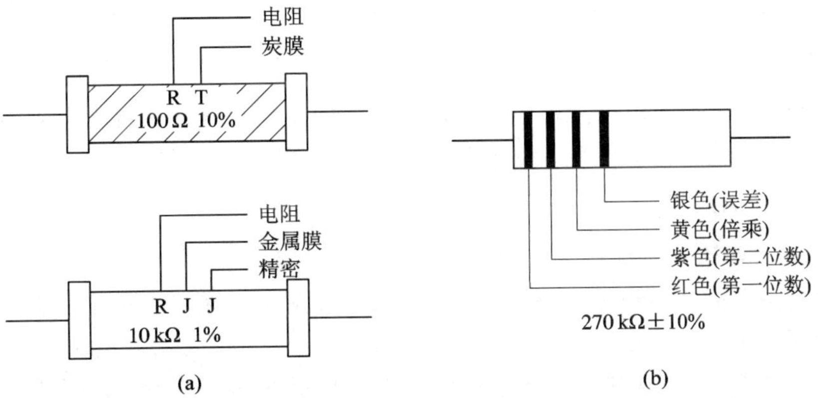

图 2.22　电阻规格标注法

(a) 直标法；(b) 色标法

(2) 色标法。色标法是将电阻的类别及主要技术参数用颜色(色环或色点)标注在它的表面上，如图 2.22(b)所示。碳质电阻和一些小碳膜电阻的阻值和误差，一般用色环来表示(个别电阻也有用色点表示的)。

色标法是在电阻元件的一端上画有三道或四道色环，紧靠电阻引脚端的为第一色环，其余依次为第二、三、四色环。第一道色环表示阻值第一位数字，第二道色环表示阻值第二位数字，第三道色环表示阻值倍率的数字，第四道色环表示阻值的允许误差。

色环所代表的数字及数字意义见表 2.3。例如有一只电阻的四个色环颜色依次为红、紫、黄、银。这个电阻的阻值为 270 000 Ω，误差为±10%(即 270 kΩ±10%)；另有一只电阻标有棕，绿、黑三道色环，显然其阻值为 15 Ω，误差为±20%(即 15 Ω±20%)；还有一只电阻的四个色环颜色依次为绿、棕、金、金，其阻值为 5.1 Ω，误差为±5%(即5.1Ω±5%)。

用色点表示的电阻，其识别方法与色环表示法相同，这里不再重复。

表 2.3 色环所代表的数及数字意义

色 别	第一色环 第一位数	第二色环 第二位数	第三色环 应乘位数	第四色环 允许误差
棕色	1	1	10^1	—
红色	2	2	10^2	—
橙色	3	3	10^3	—
黄色	4	4	10^4	—
绿色	5	5	10^5	—
蓝色	6	6	10^6	—
紫色	7	7	10^7	—
灰色	8	8	10^8	—
白色	9	9	10^9	—
黑色	0	0	10^0	—
金色	—	—	10^{-1}	±5%
银色	—	—	10^{-2}	±10%
无色	—	—	—	±20%

顺便指出，目前市售电阻元件中，碳膜电阻器的外层漆皮多为绿色和蓝灰色，也有的为米黄色；金属膜电阻为深红色；绕线电阻则为黑色。

2. 电阻元件的应用

1）电阻器、电位器的检测

电阻器的主要故障是过流烧毁、变值、断裂、引脚脱焊等。电位器还经常发生滑动触头与电阻片接触不良等情况。

(1) 外观检查。对于电阻器，通过目测可以看出引线是否松动、折断或电阻体烧坏等外观故障。对于电位器，应检查引出端子是否松动，接触是否良好，转动转轴时应感觉平滑，不应有过松或过紧等情况。

(2) 阻值测量。通常可用万用表欧姆挡对电阻器进行测量，需要精确测量阻值时可以通过电桥进行。值得注意的是，测量时不能用双手同时捏住电阻或测试笔，否则，人体电阻与被测电阻器并联，影响测量精度。电位器也可先用万用表欧姆挡测量总阻值，然后将表笔接于活动端子和引出端子，反复慢慢旋转电位器转轴，看万用表指针是否连续均匀变化，如指针平稳移动而无跳跃、抖动现象，则说明电位器正常。

2）电阻器和电位器的选用方法

（1）电阻器的选用。

类型选择：对于一般的电子线路，若没有特殊要求，可选用普通的碳膜电阻器，以降低成本；对于高品质的收录机和电视机等，应选用较好的碳膜电阻器、金属膜电阻器或绕线电阻器；对于测量电路或仪器仪表电路，应选用精密电阻器；在高频电路中，应选用表面型电阻器或无感电阻器，不宜使用合成电阻器或普通的绕线电阻器；对于工作频率低，功率大，且对耐热性能要求较高的电路，可选用绕线电阻器。

阻值及误差选择：阻值应按标称系列选取。有时需要的阻值不在标称系列，此时可以选择最接近这个阻值的标称值电阻。当然我们也可以用两个或两个以上的电阻器的串/并联来代替所需的电阻器。

误差选择：应根据电阻器在电路中所起的作用，除一些对精度有特别要求的电路（如仪器仪表、测量电路等）外，一般电子线路中所需电阻器的误差可选用Ⅰ、Ⅱ、Ⅲ级误差即可。

额定功率的选取：电阻器在电路中实际消耗的功率不得超过其额定功率。为了保证电阻器长期使用不会损坏，通常要求选用的电阻器的额定功率高于实际消耗功率的两倍以上。

（2）电位器的选用。

电位器结构和尺寸的选择：选用电位器时应注意尺寸大小和旋转轴柄的长短，轴端式样和轴上是否需要锁紧装置等。经常调节的电位器，应选用轴端铣成平面的，以便安装旋钮，不经常调节的，可选用轴端带刻槽的；一经调好就不再变动的，可选择带锁紧装置的电位器。

阻值变化规律的选择：分压器或示波器的聚焦电位器和万用表的调零电位器，应选用直线式电位器；收音机的音量调节电位器应选用反转对数式，也可以用直线式代替；音调调节电位器和电视机的黑白对比度调节电位器应选用对数式。

2.4 电路中的独立电源

蓄电池是一种常见的电源，它多用于汽车、电力机车、应急灯等。图 2.23 是汽车照明灯的电气原理图。其中，R_A、R_B是一对汽车照明灯；S 是开关；U_S是 12 V 的蓄电池。

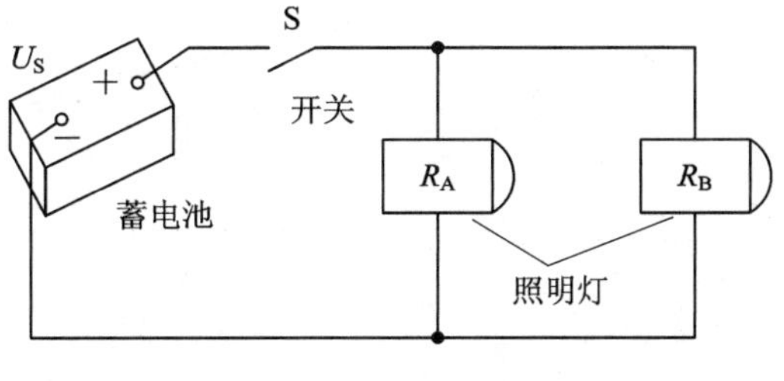

图 2.23 汽车照明灯电气原理图

常见的电源还有发电机、干电池和各种信号源。凡是向电路提供能量或信号的设备均称为电源。电源有两种类型，其一为电压源，其二为电流源。电压源的电压不随其外电路而变化，电流源的电流不随其外电路而变化，因此，电压源和电流源总称为独立电源，简称独立源。

2.4.1 电压源

1. 理想电压源

理想电压源简称电压源，是一个二端元件，它有两个基本特点：

(1) 无论它的外电路如何变化，它两端的输出电压为恒定值U_S。

(2) 通过电压源的电流虽是任意的，但仅由它本身是不能决定的，还取决于与之相连接的外部电路，有时甚至完全取决于外部电路。

电压源在电路图中的符号如图 2.24(a)所示，其电压用u_s表示。若$u_s(t)$的大小和方向都不随时间变化，则称其为直流电压源，其电压用U_S表示。图 2.24(b)是直流电压源的另一种符号，且长线表示参考正极性，短线表示参考负极性。

直流电压源的伏安特性如图 2.25 所示，它是一条以I为横坐标且平行于I轴的直线，表明其电流由外电路决定，不论电流为何值，直流电压源端电压总为U_S。

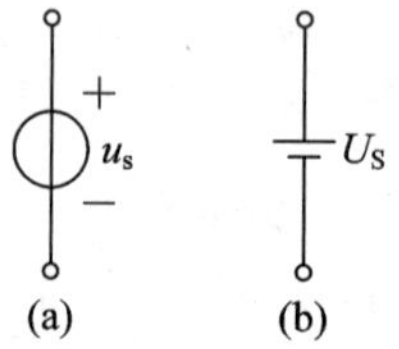

图 2.24 电压源符号

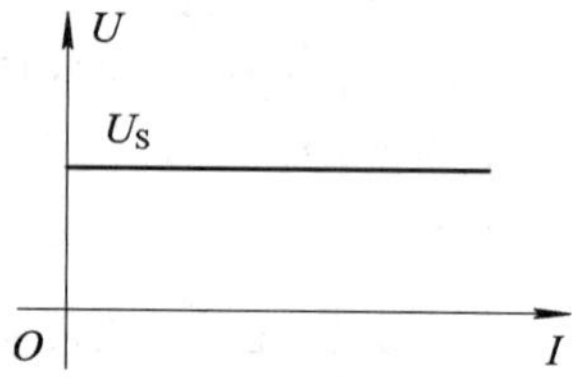

图 2.25 电压源伏安特性

在实际应用中，不能将$u_s(t)$不相等的电压源并联，也不能将$u_s(t)\neq 0$的电压源短路。

2. 实际电压源

电压源这种理想二端元件实际上是不存在的。实际的电压源，其端电压都是随着电流的变化而变化的。例如，当电池接通负载后，其电压就会降低，这是因为电池内部存在电阻的缘故。由此可见，实际的直流电压源可用数值等于U_S的理想电压源和一个内阻R_i相串联的模型来表示，如图 2.26(a)所示。

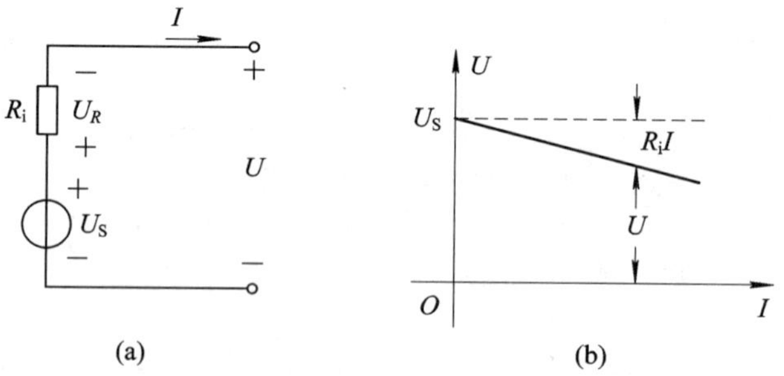

图 2.26 实际电压源及伏安特性

(a) 实际电压源；(b) 伏安特性

于是，实际直流电压源的端电压为

$$U = U_S - U_R = U_S - IR_i \tag{2.11}$$

式中，U_S的参考方向与U的参考方向一致时取正号；U_R的参考方向与U的参考方向相反时取负号。式(2.11)所描述的U与I的关系，即实际直流电压源的伏安特性，如图 2.26(b)所示。

例 2.4　图 2.27 所示电路中，直流电压源的电压 $U_S=10$ V。求：

(1) $R=\infty$时的电压 U、电流 I；

(2) $R=10\ \Omega$ 时的电压 U、电流 I；

(3) $R\to 0\ \Omega$ 时的电压 U、电流 I。

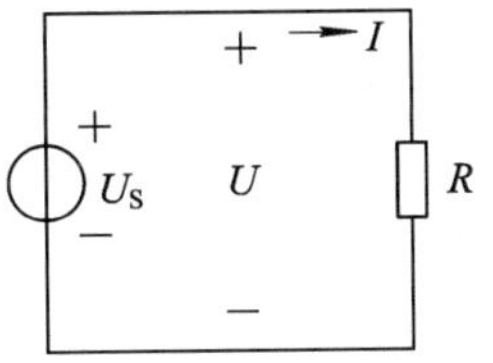

图 2.27　例 2.4 电路图

解：(1) $R=\infty$时即外电路开路，U_S为理想电压源，故 $U=U_S=10$ V，则

$$I=\frac{U}{R}=\frac{U_S}{R}=0\ \text{A}$$

(2) $R=10\ \Omega$ 时，$U=U_S=10$ V，则

$$I=\frac{U}{R}=\frac{U_S}{R}=\frac{10}{10}\ \text{A}=1\ \text{A}$$

(3) $R\to 0\ \Omega$ 时，$U=U_S=10$ V，则

$$I=\frac{U}{R}=\frac{U_S}{R}\to\infty$$

2.4.2　电流源

1. 理想电流源

理想电流源简称为电流源，是一个二端元件，它有两个基本特点：

(1) 无论它的外电路如何变化，它的输出电流为恒定值 I_S。

(2) 电流源两端的电压虽是任意的，但仅由它本身是不能决定的，还取决于与之相连接的外部电路，有时甚至完全取决于外部电路。

电流源在电路图中的符号如图 2.28 所示，其中电流源的电流用 i_s表示，电流源的端电压为 u_s。若 $i_s(t)$的大小和方向都不随时间变化，则称其为直流电流源，其电流用 I_S表示。

直流电流源的伏安特性如图 2.29 所示，它是一条以 I 为横坐标且垂直于 I 轴的直线，表明其端电压由外部电路决定，不论其端电压为何值，直流电流源输出电流总为 I_S。

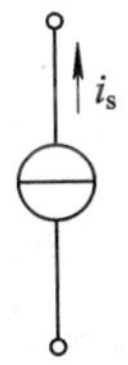

图 2.28　电流源符号

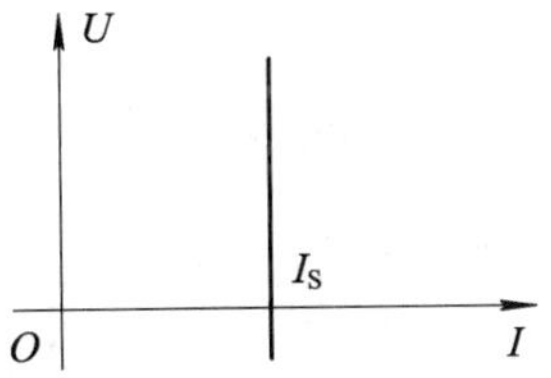

图 2.29　电流源伏安特性

在实际应用中，不能将 $i_s(t)$不相等的电流源串联，也不能将 $i_s(t)\neq 0$ 的电流源开路。

2. 实际电流源

电流源这种理想二端元件实际上是不存在的。实际的电流源，其输出的电流是随着端电压的变化而变化的。例如，光电池在一定照度的光线照射下，被光激发产生的电流，并不能全部外流，其中的一部分将在光电池内部流动。由此可见，实际的直流电流源可用数值等于 I_S的理想电流源和一个内阻 R_i' 相并联的模型来表示，如图 2.30(a)所示。于是，实际直流电流源的输出电流为

$$I = I_S - \frac{U}{R_i'} \tag{2.12}$$

式中，I_S为实际直流电流源产生的恒定电流；$\frac{U}{R_i'}$为其内部分流电流。式(2.12)所描述的U与I的关系，即实际直流电流源的伏安特性，如图2.30(b)所示。

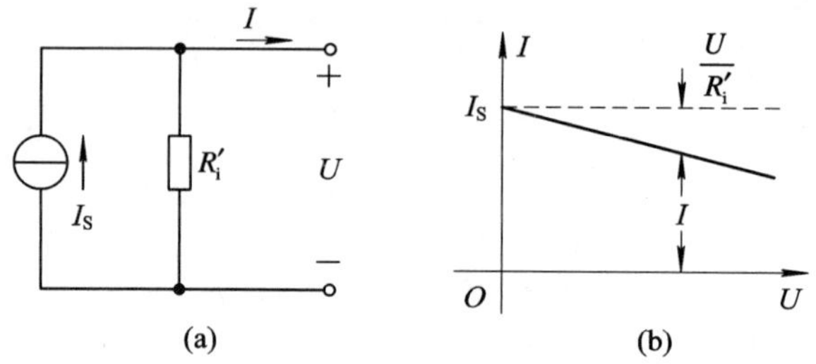

图2.30 实际电流源及伏安特性

(a) 实际电流源；(b) 伏安特性

例2.5 图2.31所示电路中，直流电流源的电流$I_S=1$ A。求：

(1) $R\to\infty$时的电流I、电压U；

(2) $R=10\ \Omega$时的电流I、电压U；

(3) $R=0\ \Omega$时的电流I、电压U。

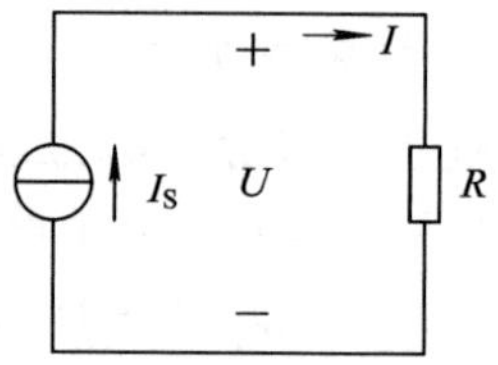

图2.31 例2.5电路图

解：(1) $R\to\infty$时即外电路开路，I_S为理想电流源，故$I=I_S=1$ A，则

$$U = IR \to \infty$$

(2) $R=10\ \Omega$时，$I=I_S=1$ A，则

$$U = IR = I_S R = 1\times 10 = 10\ \text{V}$$

(3) $R=0\ \Omega$时，$I=I_S=1$ A，则

$$U = IR = I_S R = 1\times 0 = 0\ \text{V}$$

2.4.3 电源的等效变换法

任何一个实际电源本身都具有内阻，因而实际电源的电路模型往往由理想电源元件与其内阻组合而成。理想电源元件有电压源和电流源，因此，实际电源的电路模型也相应地有电压源模型和电流源模型，如图2.32所示。

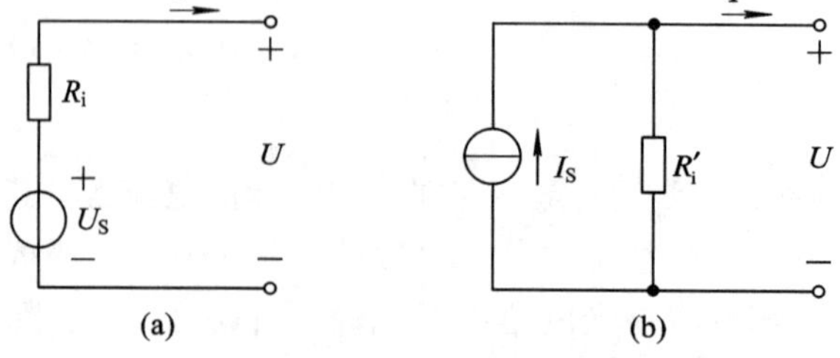

图2.32 实际电源模型

(a) 实际电压源；(b) 实际电流源

在图 2.32(a)电路中，由式(2.11)可知：

$$U = U_S - IR_i$$

式中，U_S为电压源的电压。

在图 2.32(b)电路中，由式(2.12)可知：

$$I = I_S - \frac{U}{R_i'}$$

整理后得：

$$U = I_S R_i' - IR_i'$$

由此可见，实际电压源和实际电流源若要等效互换，其伏安特性方程必相同，则其电路参数必须满足条件：

$$R_i = R_i', \quad U_S = I_S R_i' \tag{2.13}$$

即当实际电压源等效变换成实际电流源时，电流源的电流等于电压源的电压与其内阻的比值，电流源的内阻等于电压源的内阻；当实际电流源等效变换成实际电压源时，电压源的电压等于电流源的电流与其内阻的乘积，电压源的内阻等于电流源的内阻。

在进行等效互换时，必须重视电压源的电压极性与电流源的电流方向之间的关系，即两者的参考方向要求一致，也就是说电压源的正极对应着电流源电流的流出端。

实际电源的两种模型的等效互换只能保证其外部电路的电压、电流和功率相同，对其内部电路并无等效可言。通俗地讲，当电路中某一部分用其等效电路替代后，未被替代部分的电压、电流应保持不变。

应用电源等效互换分析电路时还应注意以下几点：

(1) 电源等效互换是电路等效变换的一种方法。这种等效是对电源输出电流 I、端电压 U 的等效。

(2) 有内阻 R_i的实际电源，它的电压源模型与电流源模型之间可以互换等效；理想的电压源与理想的电流源之间不便互换。

(3) 电源等效互换的方法可以推广运用，如果理想电压源与外接电阻串联，可把外接电阻看作其内阻，则可互换为电流源形式；如果理想电流源与外接电阻并联，可把外接电阻看作其内阻，则可互换为电压源形式。

例 2.6　已知 $U_{S1}=4$ V，$I_{S2}=2$ A，$R_2=12$ Ω，试等效化简图 2.33(a)所示电路。

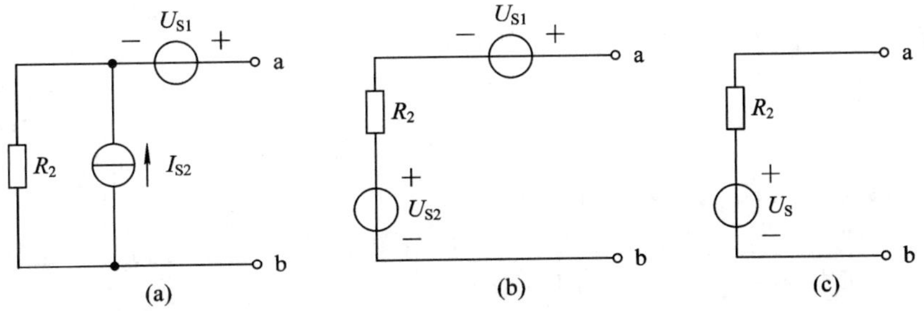

图 2.33　例 2.6 电路图

解：在图 2.33(a)中，把电流源 I_{S2}与电阻 R_2的并联变换为电压源 U_{S2}与电阻 R_2的串联，电路变换如图 2.33(b)所示，其中：

$$U_{S2} = R_2 \times I_{S2} = 12 \times 2 = 24 \text{ V}$$

在图 2.33(b)中，将电压源 U_{S2} 与电压源 U_{S1} 的串联变换为电压源 U_S，电路变换如图 2.33(c)所示，其中：

$$U_S = U_{S2} + U_{S1} = 24 + 4 = 28\ \text{V}$$

例 2.7　电路如图 2.34(a)所示，已知 $U_{S1}=10$ V，$I_{S1}=15$ A，$I_{S2}=5$ A，$R=30\ \Omega$，$R_2=20\ \Omega$，求电流 I。

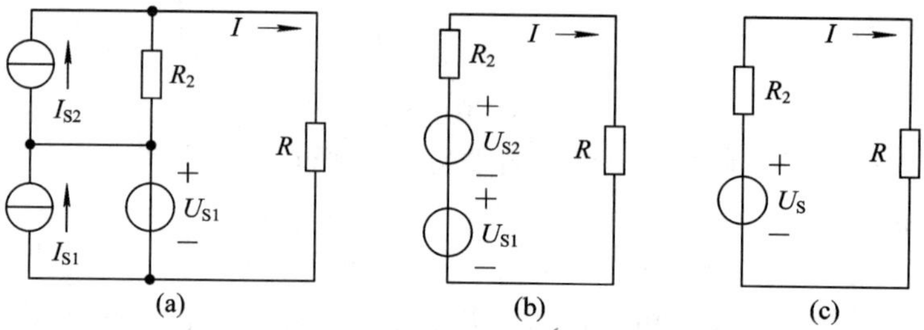

图 2.34　例 2.7 电路图

解：在图 2.34(a)中，电压源 U_{S1} 与电流源 I_{S1} 的并联可等效为该电压源 U_{S1}；电流源 I_{S2} 与电阻 R_2 的并联可等效变换为电压源 U_{S2} 与电阻 R_2 的串联，电路变换如图 2.34(b)所示，其中：

$$U_{S2} = I_{S2}R_2 = 5 \times 20 = 100\ \text{V}$$

在图 2.34(b)中，电压源 U_{S1} 与电压源 U_{S2} 的串联可等效变换为电压源 U_S，电路变换如图 2.34(c)所示，其中：

$$U_S = U_{S2} + U_{S1} = 100 + 10 = 110\ \text{V}$$

在图 2.34(c)中，根据欧姆定律可知：

$$I = \frac{U_S}{R + R_2} = \frac{110}{30 + 20} = 2.2\ \text{A}$$

2.5　基尔霍夫定律

基尔霍夫定律是电路中电压和电流所遵循的基本规律，是分析计算电路的基础。它包括两方面的内容：其一是基尔霍夫电流定律，简写为 KCL 定律；其二是基尔霍夫电压定律，简写为 KVL 定律。它们与构成电路的元件性质无关，仅与电路的连接方式有关。

为了叙述问题方便，在具体讨论基尔霍夫定律之前，首先以图 2.35 为例，介绍电路模型图中的一些常用术语。

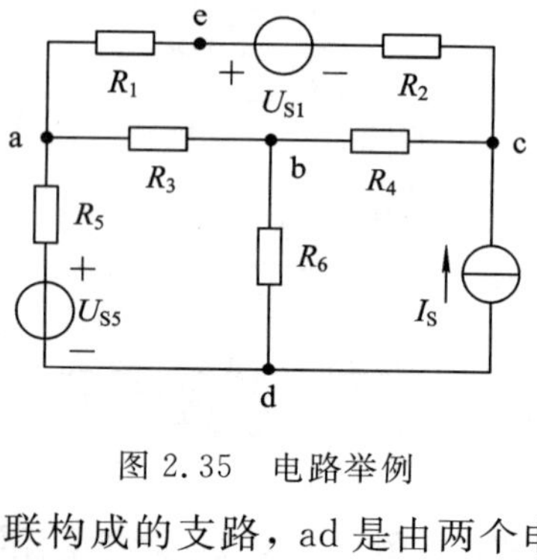

图 2.35　电路举例

1. 支路

将两个或两个以上的二端元件依次连接称为串联。单个电路元件或若干个电路元件的串联，构成电路的一个分支，一个分支上流经的是同一个电流。电路中的每个分支都称作支路。如图 2.35 中 ab、ad、aec、bc、bd、cd 都是支路，其中 aec 是由三个电路元件串联构成的支路，ad 是由两个电路元件串联构成的支路，其余 4 个都是由单个电路元件构成的支路。

2. 节点

电路中 3 条或 3 条以上支路的连接点称为节点。图 2.35 中 a、b、c、d 都是节点。

3. 回路

电路中的任一闭合路径称为回路。图 2.35 中 abda、bcdb、abcda、aecda、aecba 等都是回路。

4. 网孔

平面电路中，如果回路内部不包含其他任何支路，这样的回路称为网孔。因此，网孔一定是回路，但回路不一定是网孔。图 2.35 中的回路 aecba、abda、bcdb 都是网孔，其余的回路则不是网孔。

连接在同一个节点上的各支路的电流，必然受到 KCL 定律的约束；任意一个闭合回路中各元件上的电压，必然受到 KVL 定律的约束。这种约束称为互连约束，亦即元件连接方式的约束。互连约束关系是线性关系。

2.5.1　基尔霍夫电流定律

KCL 定律用于描述电路中任一节点所连接的各支路电流之间的相互约束关系。KCL 定律指出：对电路中的任一节点，在任一瞬间，流出或流入该节点电流的代数和为零，即

$$\sum i(t) = 0 \tag{2.14}$$

在直流的情况下，则有

$$\sum I = 0 \tag{2.15}$$

通常把式(2.14)、式(2.15)称为节点电流方程，简称为 KCL 方程。

应当指出：在列写节点电流方程时，各电流变量前的正、负号取决于各电流的参考方向与该节点的关系(是“流入”还是“流出”)；而各电流值的正、负则反映了该电流的实际方向与参考方向的关系(是相同还是相反)。通常规定，对参考方向背离节点的电流取正号，而对参考方向指向节点的电流取负号。

例如，图 2.36 所示为某电路中的节点 a，连接在节点 a 的支路共有五条，在所选定的参考方向下有：

$$-I_1 + I_2 + I_3 - I_4 + I_5 = 0$$

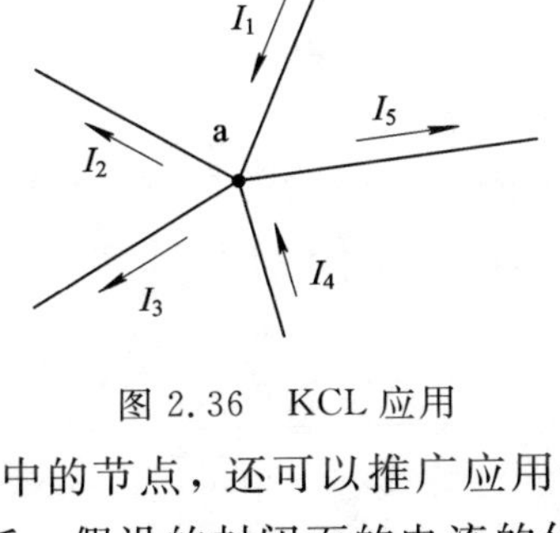

图 2.36　KCL 应用

KCL 定律不仅适用于电路中的节点，还可以推广应用于电路中的任一假设的封闭面。即在任一瞬间，通过电路中的任一假设的封闭面的电流的代数和为零。

例如，图 2.37 所示为某电路中的一部分，选择封闭面如图中虚线所示，在所选定的参

考方向下有：

$$I_1 - I_2 - I_3 - I_5 + I_6 + I_7 = 0$$

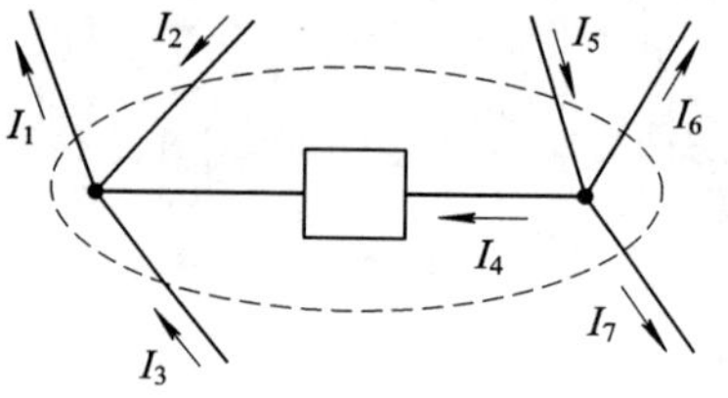

图 2.37 KCL 推广

例 2.8 已知 $I_1=3$ A，$I_2=5$ A，$I_3=-18$ A，$I_5=9$ A，计算图 2.38 所示电路中的电流 I_6及 I_4。

解：对节点 a，根据 KCL 定律可知：

$$-I_1 - I_2 + I_3 + I_4 = 0$$

则

$$I_4 = I_1 + I_2 - I_3 = 3 + 5 + 18 = 26\ \text{A}$$

对节点 b，根据 KCL 定律可知：

$$-I_4 - I_5 - I_6 = 0$$

则

$$I_6 = -I_4 - I_5 = -26 - 9 = -35\ \text{A}$$

负号说明 I_6的实际方向与图示标出的方向相反。

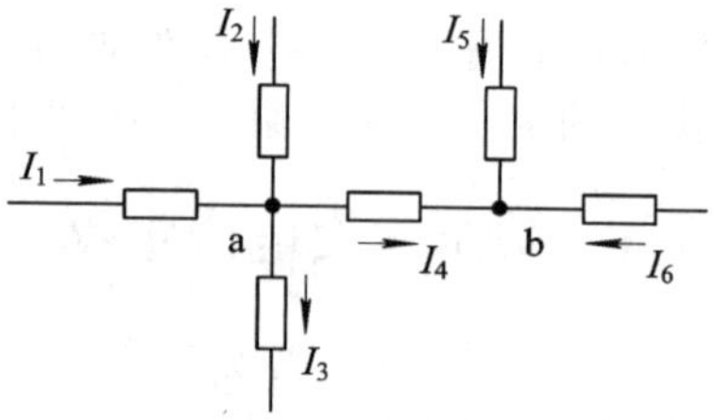

图 2.38 例 2.8 电路图

例 2.9 已知 $I_1=5$ A，$I_6=3$ A，$I_7=-8$ A，$I_5=9$ A，试计算图 2.39 所示电路中的电流 I_8。

解：在电路中选取一个封闭面，如图中虚线所示，根据 KCL 定律可知：

$$-I_1 - I_6 + I_7 - I_8 = 0$$

则

$$\begin{aligned} I_8 &= -I_1 - I_6 + I_7 \\ &= -5 - 3 - 8 \\ &= -16\ \text{A} \end{aligned}$$

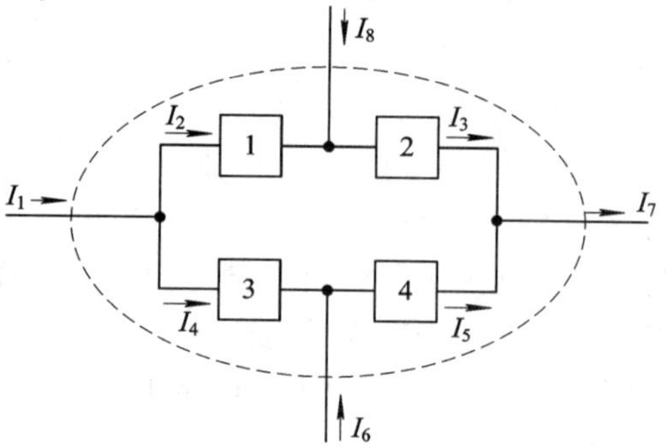

图 2.39 例 2.9 电路图

2.5.2 基尔霍夫电压定律

KVL 定律用来描述电路中组成任一回路的各支路(或各元件)电压之间的约束关系。KVL 定律指出：对电路中的任一回路，在任一瞬间，沿回路绕行方向，各段电压的代数和为零，即

$$\sum u(t) = 0 \tag{2.16}$$

在直流的情况下，则有

$$\sum U = 0 \tag{2.17}$$

通常把式(2.16)、式(2.17)称为回路电压方程，简称 KVL 方程。

应当指出：在列写回路电压方程时，首先要对回路选取一个回路“绕行方向”，各电压变量前的正、负号取决于各电压的参考方向与回路“绕行方向”的关系(是相同还是相反)；而各电压值的正、负则反映了该电压的实际方向与参考方向的关系(是相同还是相反)。通常规定，对参考方向与回路“绕行方向”相同的电压取正号，对参考方向与回路“绕行方向”相反的电压取负号。回路“绕行方向”是任意选定的，通常在回路中以虚箭头线表示。

例如，图 2.40 所示为某电路中的一个回路 ABCDA，各支路的电压在选择的参考方向下为 u_1、u_2、u_3、u_4，因此，在选定的回路“绕行方向”下有：

$$u_1 + u_2 - u_3 - u_4 = 0$$

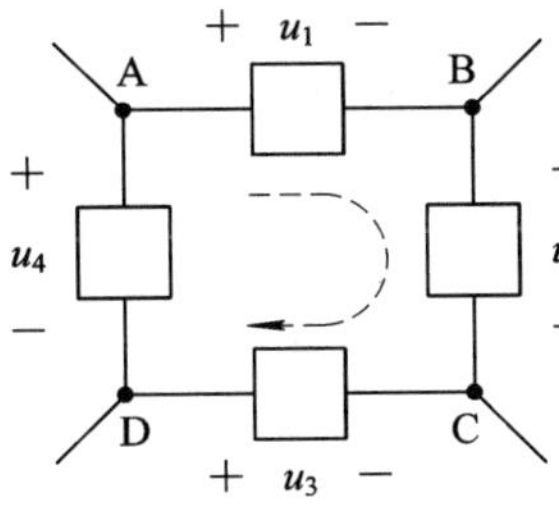

图 2.40 KVL 应用

KVL 定律不仅适用于电路中的具体回路，还可以推广应用于电路中的任一假想的回路。即在任一瞬间，沿回路绕行方向，电路中假想的回路中各段电压的代数和为零。

例如，图 2.41 所示为某电路中的一部分，路径 a、f、c、b 并未构成回路，选定图中所示的回路“绕行方向”，对假想的回路 afcba 列写 KVL 方程有：

$$-u_4 + u_5 - u_{ab} = 0$$

则

$$u_{ab} = -u_4 + u_5$$

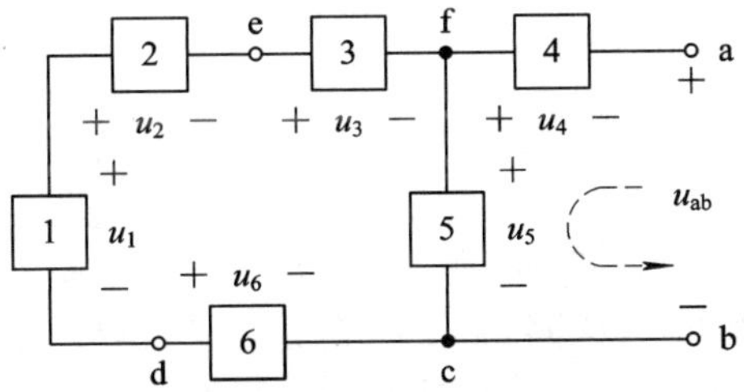

图 2.41 KVL 推广

由此可见：电路中 a、b 两点的电压 u_{ab} 等于以 a 为出发点，以 b 为终点的绕行方向上的任一路径上各段电压的代数和。其中，a、b 可以是某一元件或一条支路的两端，也可以是电路中的任意两点。今后若要计算电路中任意两点间的电压，可以直接利用这一推论。

例 2.10 试求图 2.42 所示电路中元件 3、4、5、6 的电压。

解：在回路 cdec 中，$U_5 = U_{cd} + U_{de} = -(-5) - 1 = 4$ V

在回路 bedcb 中，$U_3 = U_{be} + U_{ed} + U_{dc} = 3 + 1 + (-5) = -1$ V

在回路 debad 中，$U_6 = U_{de} + U_{eb} + U_{ba} = -1-3-4 = -8$ V

在回路 abea 中，$U_4 = U_{ab} + U_{be} = 4+3 = 7$ V

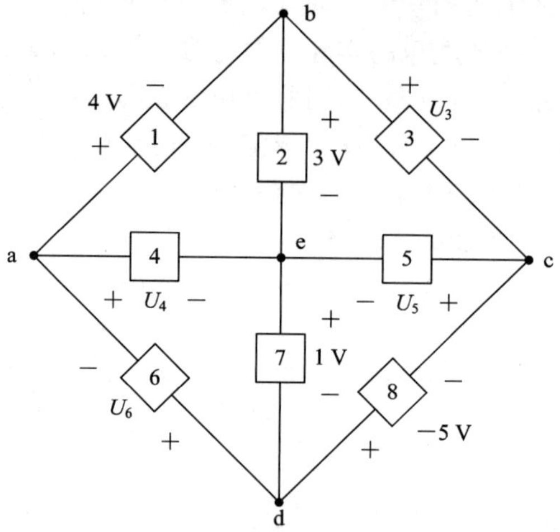

图 2.42 例 2.10 电路图

2.5.3 支路电流法

支路电流法是以支路电流变量为未知量，利用基尔霍夫定律和欧姆定律所决定的两类约束关系，建立数目足够且相互独立的方程组，解出各支路电流，进而再根据电路有关的基本概念求解电路其他响应的一种电路分析计算方法。

为了叙述方便，首先以一个具体的例子来介绍用支路电流法分析电路的全过程。

例如，图 2.43 所示电路有 6 条支路、4 个节点，选定的各支路电流的参考方向均标注在图中，且各支路电流变量分别用 I_1、I_2、I_3、I_4、I_5、I_6表示。

由 KCL 定律，可以列写出四个节点的电流方程：

节点 a：$I_1 - I_3 + I_4 = 0$

节点 b：$-I_1 - I_2 + I_5 = 0$

节点 c：$I_2 + I_3 - I_6 = 0$

节点 d：$-I_4 - I_5 + I_6 = 0$

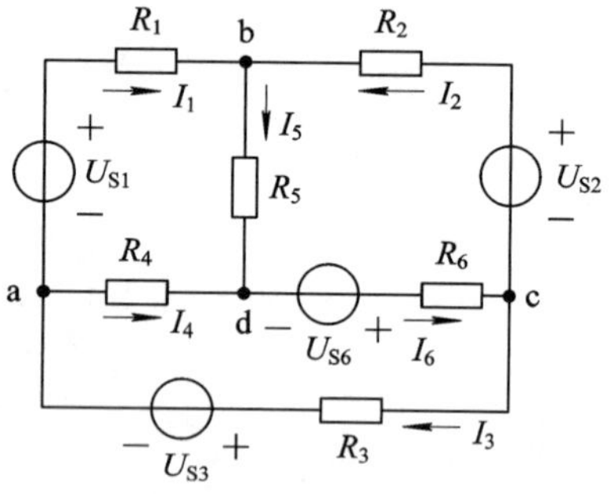

图 2.43 电路举例

观察上面所列写的四个方程可知，它们是相互不独立的，其中任一个方程都可以从其他三个方程中推导而出，即这四个方程中只有三个方程是独立的。推而广之，对节点数为 n 的电路，根据 KCL 定律，只能列写出 $n-1$ 个独立的节点电流方程，并将这 $n-1$ 个节点称为一组独立节点。独立节点是任选的。

同样，由 KVL 定律，对电路中的每一个回路都可以列写出回路电压方程，但这些方程也不全是独立的。可以证明，如果电路的支路数为 b，则独立的回路电压方程数 l 为

$$l = b - (n-1)$$

而在平面电路中，网孔就是一组独立回路。

于是，在图 2.43 所示电路中，有三个网孔，即回路 abda、adca、bcdb，它们是一组独

立回路。由 KVL 定律，可以列写出独立回路的电压方程：

网孔 abda：$-U_{S1}+R_1I_1+R_5I_5-R_4I_4=0$

网孔 dbcd：$-R_5I_5-R_2I_2+U_{S2}-R_6I_6+U_{S6}=0$

网孔 adca：$R_4I_4-U_{S6}+R_6I_6+R_3I_3+U_{S3}=0$

因此，任选三个节点电流方程，加上上述三个网孔电压方程，就可以求解出 6 条支路的电流，从而可以获得电路中的其他响应。

综上所述，对于一个具有 n 个节点、b 条支路的电路，利用支路电流法分析计算电路的一般步骤如下：

(1) 在电路中假设出各支路(b 条)电流的变量，且选定其参考方向，并标示于电路中。

(2) 根据 KCL 定律，列写出 $n-1$ 个独立的节点电流方程。

(3) 根据 KVL 定律，列写出 $l=b-(n-1)$ 个独立回路的电压方程。

(4) 联立求解上述所列写的 b 个方程，从而求解出各支路电流变量，进而求解出电路中的其他响应。

例 2.11　图 2.44 电路中，$U_{S1}=130$ V，$U_{S2}=117$ V，$R_1=1\ \Omega$，$R_2=0.6\ \Omega$，$R=24\ \Omega$，试用支路法求各支路电流。

解：这个电路的支路数 $b=3$，节点数 $n=2$，网孔数 $l=2$，选定各支路电流参考方向并标在图中，分别为 I_1、I_2、I。列一个节点的 KCL 方程和两个网孔的 KVL 方程：

对节点 a：$-I_1-I_2+I=0$

对回路Ⅰ：$I_1R_1-0.6I_2=-117+130$

对回路Ⅱ：$0.6I_2+24I=117$

解之得：

$$I_1=10\ \text{A},\quad I_2=-5\ \text{A},\quad I=5\ \text{A}$$

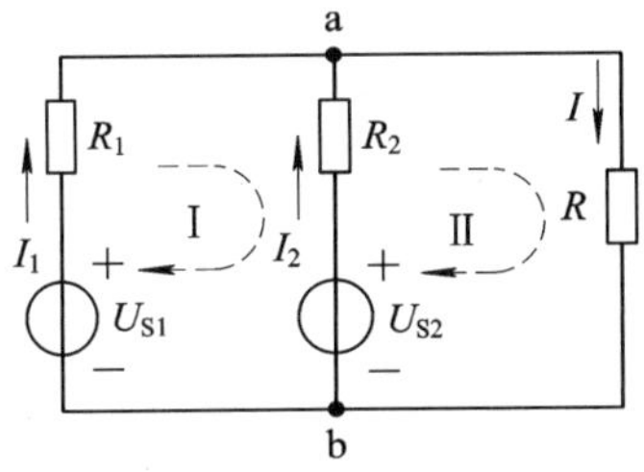

图 2.44　例 2.11 电路图

例 2.12　图 2.45 所示电路中，$R_1=R_4=1\ \Omega$，$R_2=2\ \Omega$，$R_3=3\ \Omega$，$I_S=8$ A，$U_{S2}=10$ V，计算各支路电流。

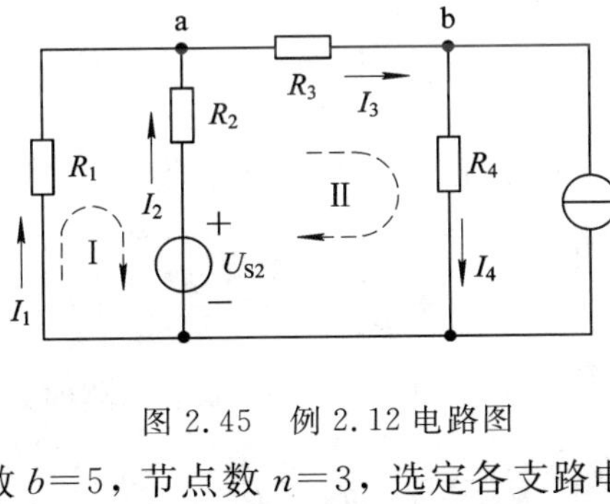

图 2.45　例 2.12 电路图

解：这个电路的支路数 $b=5$，节点数 $n=3$，选定各支路电流参考方向并标在图中，分别为 I_1、I_2、I_3、I_4。由于电流源 I_S 所在的支路电流等于电流源 I_S 的电流值，且为已知量，因而应用基尔霍夫定律列出下列 4 个方程：

对节点 a：$-I_1-I_2+I_3=0$

对节点 b：$-I_3+I_4-I_S=0$

对回路Ⅰ：$I_1-2I_2=-10$

对回路Ⅱ：$2I_2+3I_3+I_4=10$

解之得：

$$I_1=-4\ \text{A},\quad I_2=3\ \text{A},\quad I_3=-1\ \text{A},\quad I_4=7\ \text{A}$$

2.6* 解电路的其他方法

2.6.1 叠加定理

由线性元件所组成的电路，称为线性电路。叠加定理是线性电路的一个重要定理，应用这一定理，常常使线性电路的分析变得十分方便。

叠加定理指出：在线性电路中，当有多个电源作用时，任一支路电流或电压，可看作由各个电源单独作用时在该支路中产生的电流或电压的代数和。当某一电源单独作用时，其他不作用的电源应置为零(电压源电压为零，电流源电流为零)，即电压源用短路代替，电流源用开路代替。

例 2.13 电路如图 2.46(a)所示，试用叠加定理计算电流 I。

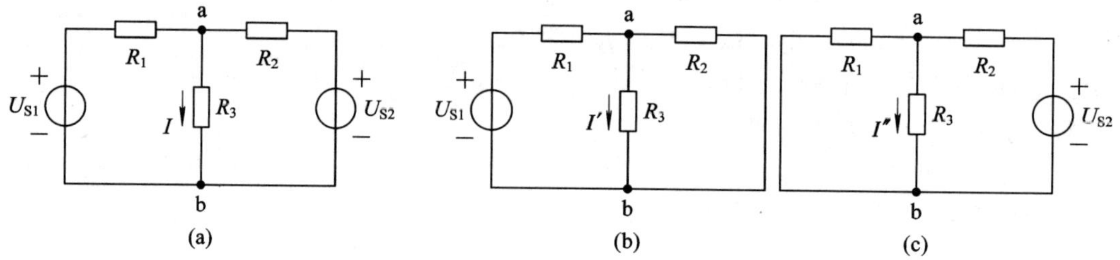

图 2.46 例 2.13 电路图

(a) 电路图；(b) U_{S1}作用；(c) U_{S2}作用

解：(1) 计算电压源 U_{S1}单独作用于电路时产生的电流 I'，如图 2.46(b)所示。

$$I'=\frac{U_{S1}}{R_1+\dfrac{R_2R_3}{R_2+R_3}}\times\frac{R_2}{R_2+R_3}$$

(2) 计算电压源 U_{S2}单独作用于电路时产生的电流 I''，如图 2.46(c)所示。

$$I''=\frac{U_{S2}}{R_2+\dfrac{R_1R_3}{R_1+R_3}}\times\frac{R_1}{R_1+R_3}$$

(3) 由叠加定理，计算电压源 U_{S1}、U_{S2}共同作用于电路时产生的电流 I：

$$I=I'+I''=\frac{U_{S1}}{R_1+\dfrac{R_2R_3}{R_2+R_3}}\times\frac{R_2}{R_2+R_3}+\frac{U_{S2}}{R_2+\dfrac{R_1R_3}{R_1+R_3}}\times\frac{R_1}{R_1+R_3}$$

例 2.14 电路如图 2.47(a)所示，试用叠加定理计算电压 U。

解：(1) 计算 12 V 电压源单独作用于电路时产生的电压 U'，如图 2.47(b)所示。

$$U'=-\frac{12}{6+3}\times 3=-4\ \text{V}$$

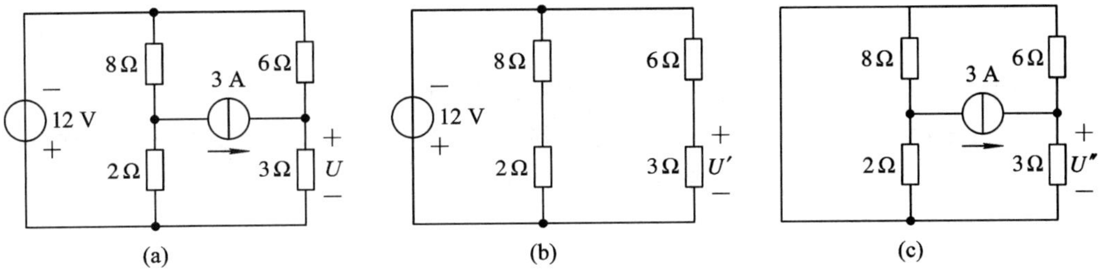

图 2.47　例 2.14 电路图

(a) 电路图；(b) 12 V 电源作用；(c) 3 A 电源作用

(2) 计算 3 A 电流源单独作用于电路时产生的电压 U''，如图 2.47(c)所示，3 A 电流流经 6 Ω 和 3 Ω 并联的电路。

$$U''=3\times\frac{6}{6+3}\times 3=6\ \mathrm{V}$$

(3) 由叠加定理，计算 12 V 电压源、3 A 电流源共同作用于电路时产生的电压 U。

$$U=U'+U''=-4+6=2\ \mathrm{V}$$

例 2.15　电路如图 2.48(a)所示，求电压 U_{ab}、电流 I 和 6 Ω 电阻的功率 P。

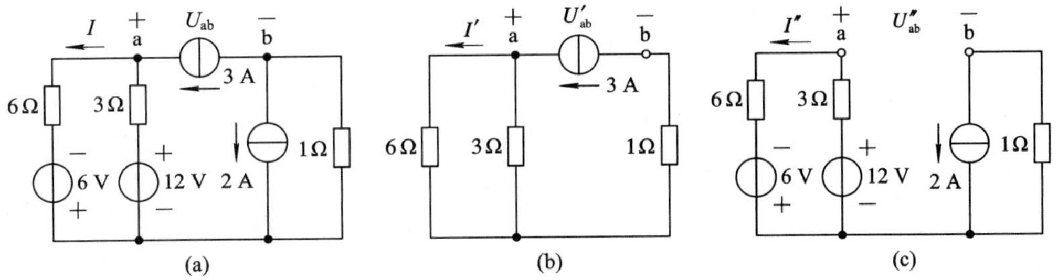

图 2.48　例 2.15 电路图

(a) 电路图；(b) 3 A 电源作用；(c) 6 V、12 V、2 A 电源作用

解：(1) 计算 3 A 电流源单独作用于电路产生的电压 U_{ab}、电流 I，如图 2.48(b)所示。

$$U'_{ab}=\left(\frac{6\times 3}{6+3}+1\right)\times 3=9\ \mathrm{V}$$

$$I'=\frac{3}{3+6}\times 3=1\ \mathrm{A}$$

(2) 计算 2 A 电流源、6 V 电压源及 12 V 电压源共同作用于电路产生的电压 U_{ab}、电流 I，如图 2.48(c)所示。

$$I''=\frac{12+6}{6+3}=2\ \mathrm{A}$$

$$U''_{ab}=-3I''+12+2\times 1=-3\times 2+12+2=8\ \mathrm{V}$$

(3) 由叠加定理，计算 3 A、2 A 电流源，6 V、12 V 电压源共同作用于电路产生的电压 U_{ab}、电流 I。

$$U_{ab}=U'_{ab}+U''_{ab}=9+8=17\ \mathrm{V}$$

$$I=I'+I''=1+2=3\ \mathrm{A}$$

(4) 计算 6 Ω 电阻的功率。

$$P = 6I^2 = 6 \times 3^2 = 54\ \text{W}$$

由上面的例子可归纳出用叠加定理分析电路的一般步骤：

(1) 将复杂电路分解为含有一个(或几个)独立源单独(或共同)作用的分解电路。

(2) 分析各分解电路，分别求得各电流或电压分量。

(3) 叠加得最后结果。

用叠加定理分析电路时，应注意以下几点：

(1) 叠加定理仅适用于线性电路，不适用于非线性电路；仅适用于电压、电流的计算，不适用于功率的计算。

(2) 当某一独立源单独作用时，其他独立源的参数都应置为零，即电压源代之以短路，电流源代之以开路。

(3) 应用叠加定理求电压、电流时，应特别注意各分量的符号。若分量的参考方向与原电路中的参考方向一致，则该分量取正号；反之取负号。

(4) 叠加的方式是任意的，可以一次使一个独立源单独作用，也可以一次使几个独立源同时作用，方式的选择取决于分析计算问题的简便与否。

(5) 叠加定理只能用来求电流、电压，不能用来求功率，即功率不能叠加。

2.6.2 戴维宁定理

在电路分析中，有时只要研究某一条支路的电压、电流或功率，因此，对所研究的支路而言，电路的其余部分就构成一个有源二端网络。戴维宁定理和诺顿定理就是说明如何将一个线性有源二端网络等效为一个电源的重要定理。如果将线性有源二端网络等效为电压源的形式，应用的是戴维宁定理；如果将线性有源二端网络等效为电流源的形式，应用的则是诺顿定理。

一个单相照明电路，要提供电能给日光灯、风扇、电视机、电脑等许多家用电器，如图 2.49(a)所示。对其中任一电器来说，都是接在电源的两个接线端子上。如要计算通过其中一盏日光灯的电流等参数，对日光灯而言，接日光灯的两个端子 a、b 的左边可以看作日光灯的电源，此时电路中的其他电器设备均为这一电源的一部分，如图 2.49(b)所示。显然这样的电路简单多了。

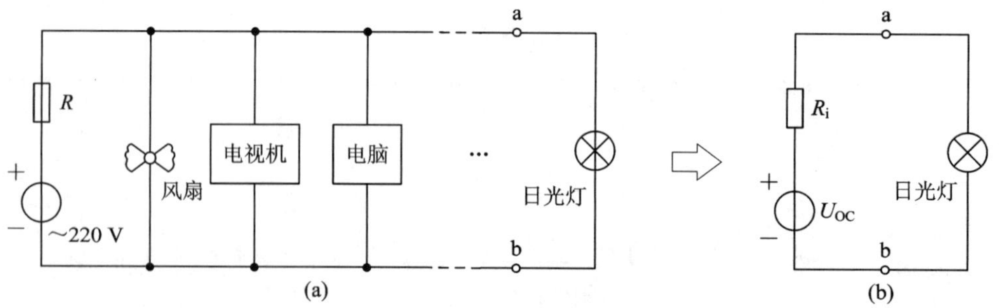

图 2.49 照明电路

(a) 示意图；(b) 等效电路

一台收音机采用如图 2.50(a)所示的稳压电源电路供电，显然其稳压电源电路很复杂。

但不管多复杂，对收音机而言，提供的就是 6 V 直流电源，我们都可以将其看成是具有两个端子的电源，如图 2.50(b)所示。这样一来，一个复杂的电路就变换成一个简单电路了。

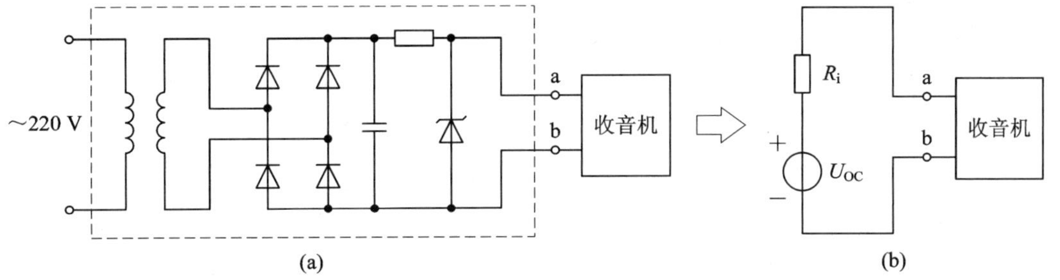

图 2.50　收音机稳压电源电路

(a) 示意图；(b) 等效电路

以上两种变换就是戴维宁定理。

戴维宁定理指出：任何一个线性有源二端网络，对于外电路而言，都可以用一电压源和内电阻相串联的电路模型来代替，如图 2.51 所示。并且理想电压源的电压就是有源二端网络的开路电压 U_{OC}，即将负载断开后 a、b 两端之间的电压。内电阻等于有源二端网络中所有电压源短路(即其电压为零)、电流源开路(即其电流为零)时的等效电阻 R_i。

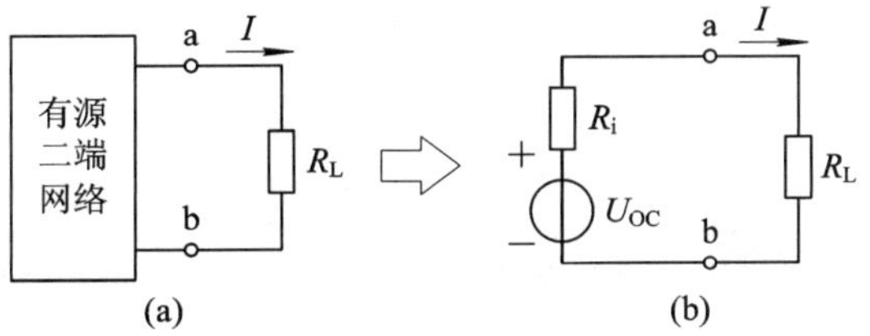

图 2.51　戴维宁等效电路

(a) 示意图；(b) 等效电路

因此对一个复杂的线性有源二端网络的计算，关键是求戴维宁等效电路。

求戴维宁等效电路的步骤如下：

(1) 求出有源二端网络的开路电压 U_{OC}；

(2) 将有源二端网络的所有电压源短路，电流源开路，求出无源二端网络的等效电阻 R_i；

(3) 画出戴维宁等效电路图。

例 2.16　求图 2.52(a)、(b)所示电路的戴维宁等效电路。

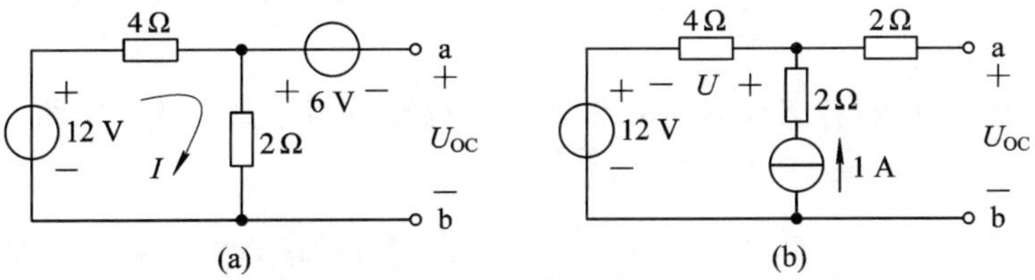

图 2.52　例 2.16 电路图

解：(1) 求图 2.52(a)所示有源二端网络的开路电压 U_{OC}。

设回路绕行方向是顺时针方向，则

$$I = \frac{12}{4+2} = 2\ \text{A}$$

4 Ω 电阻的电压 U 为

$$U = RI = 4 \times 2 = 8\ \text{V}$$

$$U_{\text{OC}} = U_{\text{ab}} = -6 + (-8) + 12 = -2\ \text{V}$$

(2) 求图 2.52(a)所示网络的内电阻 R_i。将电压源短路，得图 2.53 所示电路。

$$R_i = \frac{4 \times 2}{4+2} = 1.33\ \Omega$$

戴维宁等效电路如图 2.54 所示，注意电压源的方向。

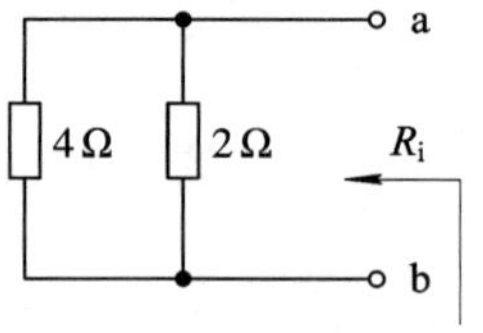

图 2.53　求解等效电路

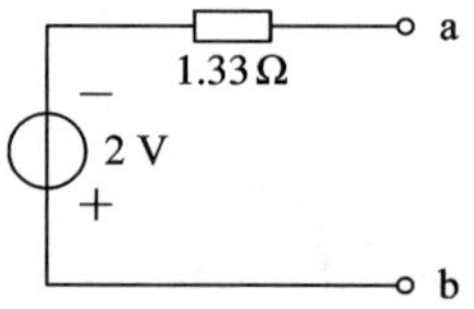

图 2.54　戴维宁等效电路

(3) 求图 2.52(b)所示有源二端网络的开路电压 U_{OC}。

由于回路中含有电流源，所以回路的电流为 1 A，方向为逆时针方向。

4 Ω 电阻的电压为

$$U = RI = 4 \times 1 = 4\ \text{V}$$

开路电压 U_{OC} 为：

$$U_{\text{OC}} = 4 + 12 = 16\ \text{V}$$

(4) 求图 2.52(b)所示网络的内电阻 R_i。将电压源短路，电流源开路，得如图 2.55 所示电路。

$$R_i = 2 + 4 = 6\ \Omega$$

戴维宁等效电路如图 2.56 所示。

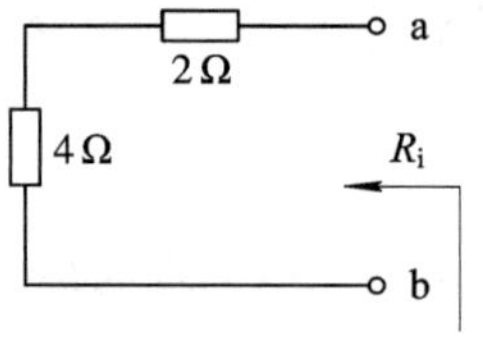

图 2.55　求解等效电路

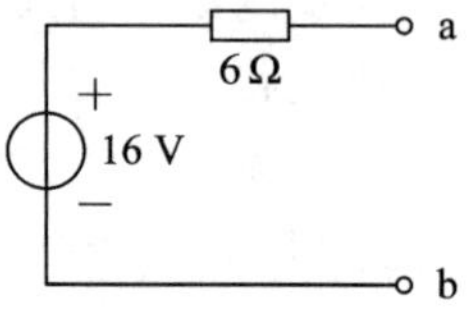

图 2.56　戴维宁等效电路

例 2.17　试用戴维宁定理求图 2.57(a)所示分压器电路中负载电阻 R 分别为 100 Ω、200 Ω 时的电压和电流。

解：将负载电阻 R 断开，余下的电路是一个线性有源二端网络，如图 2.57(b)所示。

(1) 求该二端网络的开路电压 U_{OC}。

$$U_{\text{OC}} = \frac{600}{600+600} \times 20\ \text{V} = 10\ \text{V}$$

(2) 求等效电源的内电阻 R_i。将电压源短路，得如图 2.57(c)所示电路。

$$R_i = \frac{600 \times 600}{600+600} = 300\ \Omega$$

(3) 画出戴维宁等效电路，如图 2.57(d)所示。

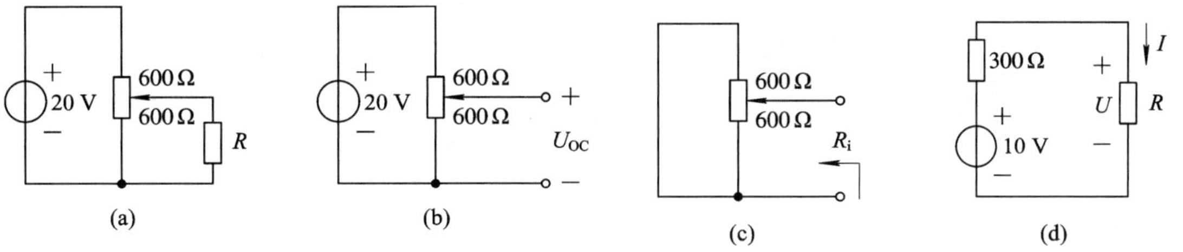

图 2.57　例 2.17 电路图

(a) 电路图；(b) 开路电压 U_{OC}；(c) 求解等效电阻 R_i；(d) 戴维宁等效电路

当 $R=100\ \Omega$ 时，有

$$I=\frac{10}{300+100}=0.025\ \text{A}$$

$$U=RI=100\times 0.025=2.5\ \text{V}$$

当 $R=200\ \Omega$ 时，有

$$I=\frac{10}{300+200}\text{A}=0.02\ \text{A}$$

$$U=RI=200\times 0.02\ \text{V}=4\ \text{V}$$

本 章 小 结

通过本章学习，可以回答教学情境二提出的问题，这也是本章的重点内容：

1. 电路模型及欧姆定律

电路模型是实际电路结构及功能的抽象化表示，是各种理想化元件模型的组合。分析电路的关键是首先建立电路模型，然后再按照电路定律及规律进行分析计算。欧姆定律是研究电阻元件的特性方程，可表示为

$$U=RI$$

2. 参考方向

(1) 电荷的有规则的定向运动就形成了电流。电流的大小用电流强度(简称电流)来表示；其方向指正电荷运动的方向。其 SI 单位是安培(A)。电流一般用符号 i 表示，直流电流用符号 I 表示。

(2) 电路中 a、b 两点间的电压，其大小等于电场力由 a 点移动单位正电荷到 b 点所作的功；其方向是由高电位点指向低电位点。其 SI 单位是伏特(V)。电压一般用符号 u_{ab} 表示，直流电压用符号 U 表示。

(3) 电流和电压的参考方向是电路分析中的一个重要的概念。在电路分析和计算时，必须在电路图上标出参考方向。参考方向可以任意选定，但一经选定，在电路的分析和计算过程中则不能改变。通常选取电压和电流的参考方向为关联参考方向。

(4) 电功率是指电能量对时间的变化率，用符号 p 或 P 表示，其 SI 单位是瓦特(W)。

3. 电阻串/并联等效变换

(1) 电阻的串联及其分压：

$$R_i = R_1 + R_2 + \cdots + R_n$$

$$U_1 : U_2 : \cdots : U_n = R_1 : R_2 : \cdots : R_n$$

（2）电阻的并联及其分流：

$$G_i = G_1 + G_2 + \cdots + G_n$$

$$I_1 : I_2 : \cdots : I_n = G_1 : G_2 : \cdots : G_n$$

两个电阻的并联及其分流：

$$R_i = \frac{R_1 R_2}{R_1 + R_2}$$

$$I_1 = \frac{R_2}{R_1 + R_2} I, \quad I_2 = \frac{R_1}{R_1 + R_2} I$$

4．解电路的基本方法

1）基尔霍夫定律

（1）基尔霍夫电流定律。基尔霍夫电流定律适用于节点，该定律说明：在任一时刻，流出或流入任一节点的所有支路电流的代数和等于零，即 $\sum i(t) = 0$。

（2）基尔霍夫电压定律。基尔霍夫电压定律适用于回路，该定律说明：在任一时刻，沿任一回路的所有支路或元件的电压代数和等于零，即 $\sum u(t) = 0$。

2）支路电流法

对于一个具有 n 个节点、b 条支路的电路，利用支路电流法分析和计算电路的一般步骤如下：

（1）在电路中假设出各支路(b 条)电流的变量，且选定其参考方向，并标示于电路中。

（2）根据 KCL 定律，列写出 $n-1$ 个独立的节点电流方程。

（3）根据 KVL 定律，列写出 $l=b-(n-1)$ 个独立回路的电压方程。

（4）联立求解上述所列写的 b 个方程，从而求解出各支路电流变量，进而求解出电路中其他响应。

3）电源变换法

电压源等效变换成电流源时，电流源的电流等于电压源的电压与其内阻的比值，电流源的内阻等于电压源的内阻；当电流源等效变换成电压源时，电压源的电压等于电流源的电流与其内阻的乘积，电压源的内阻等于电流源的内阻。在进行等效互换时，两者的参考方向要求一致，也就是说电压源的正极对应着电流源电流的流出端。

$$R_i = R_i', \quad U_S = I_S R_i'$$

5．解电路的其他方法

1）叠加定理

叠加定理适用于线性电路的电压、电流的计算。即各支路的电压、电流可看作由各个电源单独作用(其他电压源用短路代替，电流源用开路代替)时在该支路所产生的电压、电流的代数和。

2）戴维宁定理

对外电路来说，任何一个线性有源电阻性二端网络，可以用一个电压源与一个电阻串联的支路等效代替。电压源的电压等于该网络的开路电压，电阻等于该网络中所有电压源短路、电流源开路时的等效电阻。

解题过程可分为如下三个步骤进行：

(1) 求开路电压。

(2) 求等效电阻。

(3) 画出戴维南等效电路，计算所求支路的电流或电压。

习　题　二

一、填空题

1. 电路主要由______、______、______三个部分组成。

2. 电源开路时的特征：______、______。

3. 电源短路时的特征：______、______。

4. 已知 2 kΩ 的电阻通过 5 mA 的电流，电阻两端的电压为______。

5. 两只灯泡的额定值分别为：A 灯"220 V，100 W"和 B 灯"220 V，40 W"。将它们串联后接在 220 V 电源上，则______灯消耗功率大；将它们并联后接在 220 V 电源上，则______灯消耗功率大。

6. 一电热器从 220 V 电源取用的功率为 2000W，如将它接到 110 V 的电源上，则它取用的功率为______。

7. 参考点选取不同，各点电位高低是______，两点间的电压值是______。

8. 在恒压源作用下，并联的负载电阻愈多，则总电阻______，电路中总电流______，总功率______。但每个负载的电流______，功率______。

9. 对外电路来讲，电压源和电流源相互间是______的，但对电源内部讲，是______的。

10. 功率的计算______用叠加原理。

11. 电路如图 2.58 所示，$R_{ab}=$______Ω。

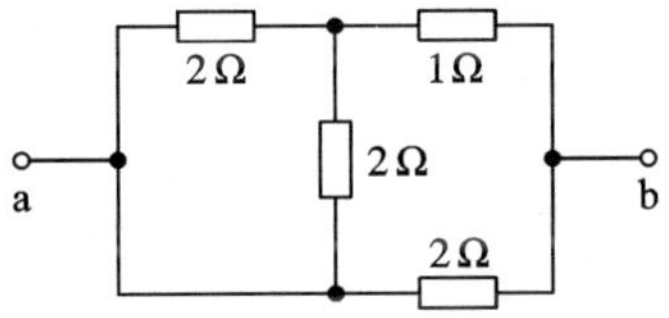

图 2.58　题 11 电路图

12. 图 2.59 中 $R_A=2R_B$，则 $U_A/U_B=$______。

13. 图 2.60 所示电路中，$I_B=5$ A，$I_C=3$ A，则 $I_A=$______。

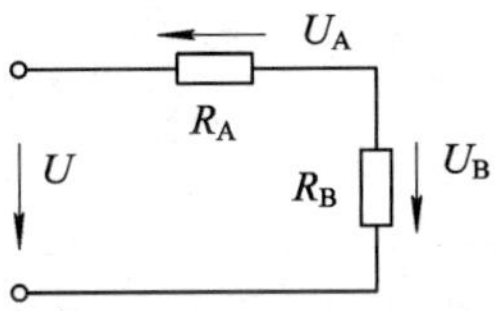

图 2.59　题 12 电路图

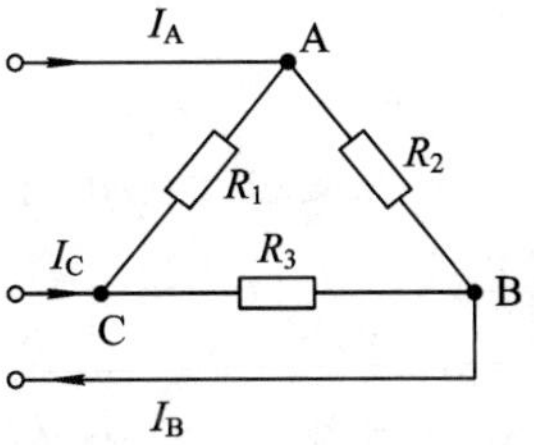

图 2.60　题 13 电路图

14. 图 2.61 中元件 A 吸收的功率 $P=$______。

15. 已知图 2.62 中 $U_{ac}=-1$ V，$U_{ab}=4$ V，则 $U_{bc}=$______V。

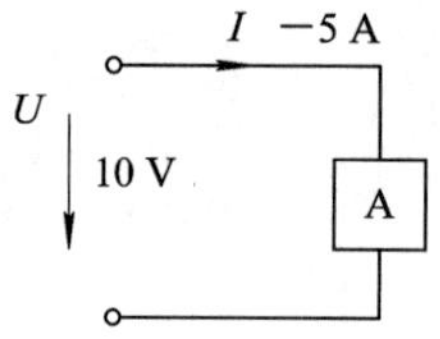

图 2.61 题 14 电路图

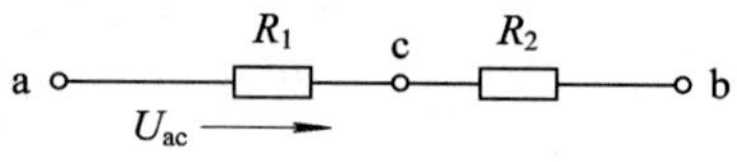

图 2.62 题 15 电路图

二、选择题

1. 电路是由若干电气设备或元器件按一定方式用导线连接而成的电流通路，通常由三部分组成。下列不是电路组成部分的是(　　)。

A) 电源　　B) 电流　　C) 中间环节　　D) 负载

2. 下列不属于电阻元件模型的是(　　)。

A) 电灯　　B) 电阻器　　C) 电风扇　　D) 电烙铁

3. 一般常见负载在电路中起的作用是(　　)。

A) 连接和控制　　B) 保护和测量

C) 将非电能转换成电能　　D) 将电能转换成其他形式的能

4. 关于开路，下列说法中错误的是(　　)。

A) 开路也叫断路　　B) 开路容易损坏电源及电路中的其他器件

C) 开路两端无电压　　D) 开路电路中电流为 0

5. 通常电压源(　　)是一种严重事故，应尽力预防。

A) 短路　　B) 开路　　C) 回路　　D) 闭路

6. 下列关于电流参考方向的说法中，错误的是(　　)。

A) 电路分析中，任意选定一个方向作为电流的方向，这个方向就称为电流的参考方向

B) 电流只能为正值

C) 有时又称为电流的正方向

D) 选定的参考方向并不一定就是电流的实际方向

7. 关于电压的参考方向，下列说法中错误的是(　　)。

A) 所设定的参考方向就是电压的实际方向

B) 当电压的参考方向与实际方向相同时，电压为正值

C) 正负表示电压的实际方向与参考方向的关系

D) 当电压的参考方向与实际方向相反时，电压为负值

8. 关于欧姆定律，下列说法中错误的是(　　)。

A) 欧姆定律只适用于电阻电路

B) 欧姆定律适用于任何电路

C) 欧姆定律不适合于二极管电路

D) 欧姆定律不适合于三极管电路

9. 全电路欧姆定律的数学表达式是(　　)。

A) $I=R/(E+r_o)$　　B) $I=E/(R+r_o)$

C) $I=E/R$　　D) $I=U/R$

10. 已知 220 V 电压，40 W 灯泡，它的电阻是(　　)。

A) 2300 Ω　B) 3200 Ω　C) 1210 Ω　D) 620 Ω

11. 在图 2.63 中 C 点电位 V_C 为(　　)。

A) 9 V　B)0 V　C) −9 V　D) 4.5 V

12. 图 2.64 中开关 S 断开和闭合时 A 点的电位 V_A 为(　　)。

A) +6 V，0 V　B)0 V，+6 V　C) 4 V，2 V　D) 2 V，4 V

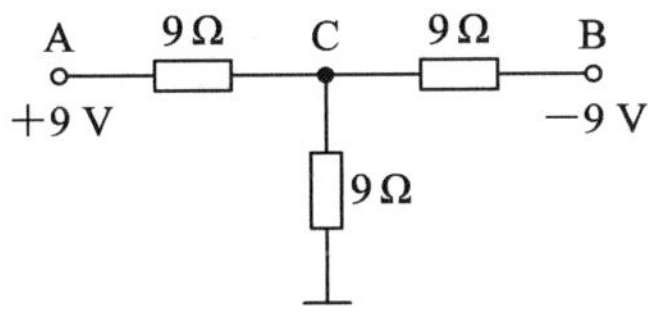

图 2.63　题 11 电路图

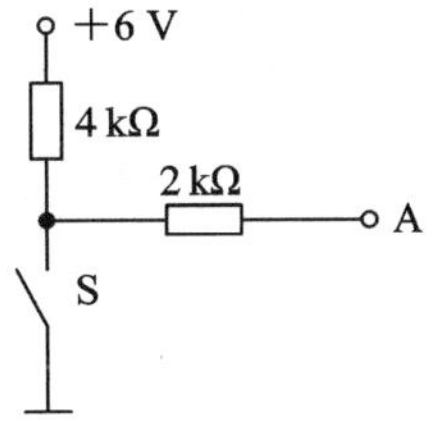

图 2.64　题 12 电路图

13. 图 2.65 所示电路中的 A 点电位 V_A 为(　　)。

A) 0 V　B)−15 V

C) 15 V　D) 4 V

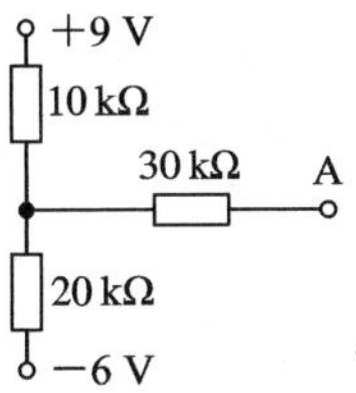

图2.65　题 13 电路图

14. 下列说法正确的是(　　)。

A) 电位随着参考点(零电位点)的选取不同数值而变化

B) 电位差随着参考点(零电位点)的选取不同数值而变化

C) 电路中两点的电位很高，则其间电压也很大

D) 电路上两点的电位很低，则其间电压也很小

15. 在图 2.66 所示电路中，I_1 为(　　)。

A) $\dfrac{IR_1}{R_1+R_2}$　B) $-\dfrac{IR_2}{R_1+R_2}$

C) $-\dfrac{IR_1}{R_1+R_2}$　D) $\dfrac{IR_2}{R_1+R_2}$

16. 在图 2.67 所示电路中，$\dfrac{U_1}{U_2}$为(　　)。

A) $\dfrac{R_1}{R_1+R_2}$　B) $\dfrac{R_1}{R_2}$　C) $-\dfrac{R_2}{R_1+R_2}$　D) $-\dfrac{R_1}{R_2}$

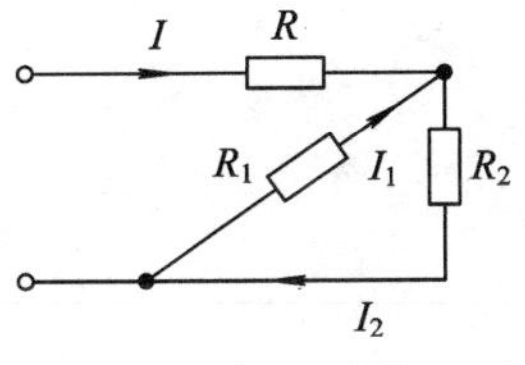

图 2.66　题 15 电路图

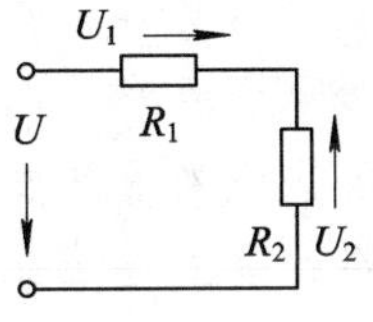

图 2.67　题 16 电路图

17. 图 2.68 所示电路的电导 G_{ab} 为(　　)。

A) $\dfrac{1}{R_1}+\dfrac{1}{R_2}$　　B) $\dfrac{1}{R_1+R_2}$　　C) $\dfrac{1}{\dfrac{1}{R_1}+\dfrac{1}{R_2}}$　　D) $\dfrac{1}{R_1}/\!/\dfrac{1}{R_2}$

18. 图 2.69 所示有源二端网络的等效电阻 R_0 为(　　)。

A) 8 Ω　　B) 5 Ω　　C) 3 Ω　　D) 2 Ω

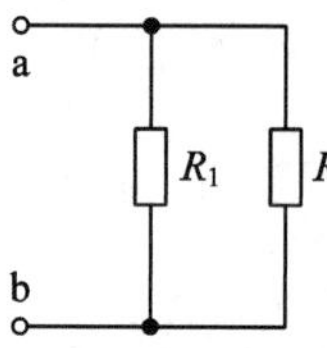

图 2.68　题 17 电路图

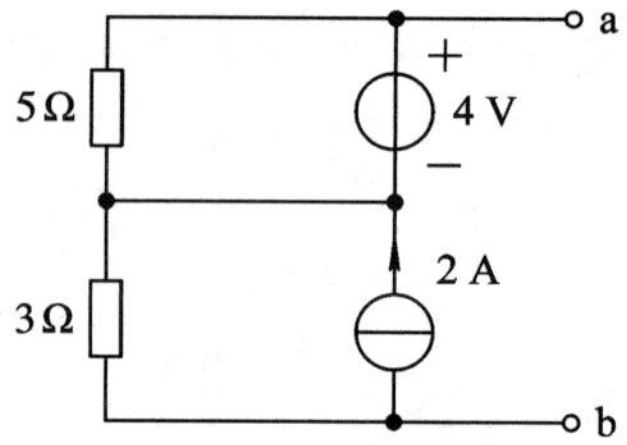

图 2.69　题 18 电路图

19. 两只白炽灯如图 2.70 所示连至电源，产生的后果为(　　)。

A) A、B 两灯均能正常工作　　B) A 灯过暗、B 灯过亮

C) A 灯烧坏，B 灯不亮　　D) A 灯过亮、B 灯过暗

20. 如图 2.71 所示的参考方向，电压表的读数是 5 V，则电压 U_{ba}及元件的作用是(　　)。

A) $U_{ba}=5$ V，吸收电能(负载)

B) $U_{ba}=5$ V，释放电能(电源)

C) $U_{ba}=-5$ V，吸收电能(负载)

D) $U_{ba}=-5$ V，释放电能(电源)

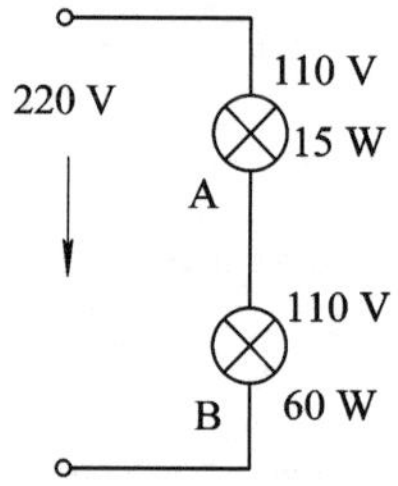

图 2.70　题 19 电路图

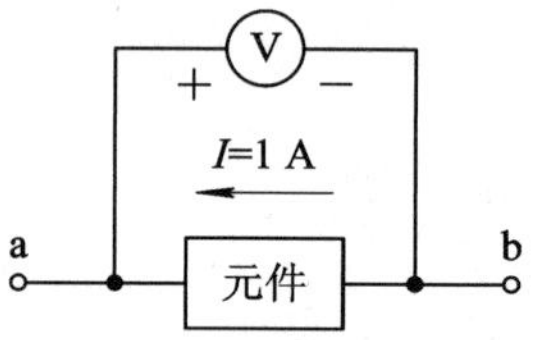

图 2.71　题 20 电路图

21. 普遍适用的电功率的计算公式是(　　)。

A) $P=IU$　　B) $P=I^2R$　　C) $P=U^2/R$　　D) $P=U/I$

22. 关于电阻电路的并联，下列说法中正确的是(　　)。

A) 电阻并联网络的等效电阻的倒数等于各电阻倒数之和

B) 电阻并联网络的等效电导等于各电阻的电导之和

C) 照明电路一般采用并联

D) 并联电阻的等效电阻比每个电阻都大

23. 两个电阻串联接入电路时，若两个电阻阻值不相等，则(　　)。

A) 电阻大的电流小　　B) 电流相等

C) 电阻小的电流小　　D) 电流大小与阻值成正比

24. 关于电表的串并联关系，下列说法中错误的是(　　)。

A) 电流表要串联入电路

B) 电压表要并联于被测元件两端

C) 用串联能扩大电压表量程

D) 用串联能扩大电流表量程

25. 图 2.72 所示电路中，电容器 C 两端的电压 U_{AB} 为(　　)。

A) E_3+IR_3　　B) E_3-IR_3

C) IR_3-E_3　　D) $-(E_3+IR_3)$

26. 标明“100Ω　4W”和“100Ω　25W”的两个电阻串联在一起，允许所加最大电压为(　　)。

A) 40 V　　B) 70 V　　C) 100 V　　D) 140 V

27. 在图 2.73 中，当 S 闭合时，有(　　)。

A) 灯 D_1 比灯 D_2 亮　　B) 灯 D_2 比灯 D_1 亮

C) D_1、D_2 一样亮　　D) 无法确定

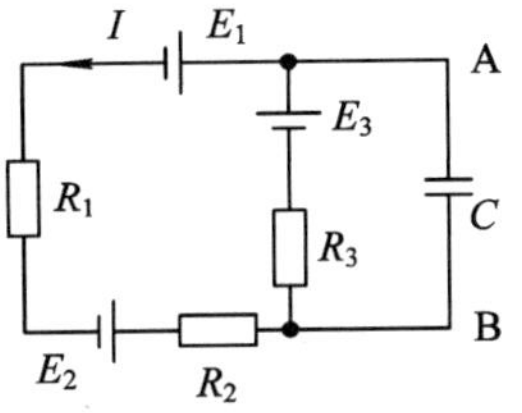

图 2.72　题 25 电路图

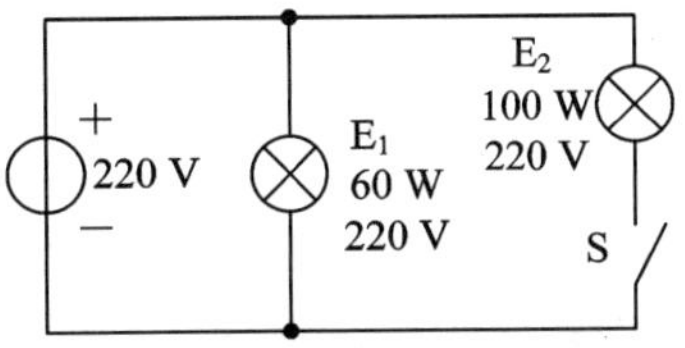

图 2.73　题 27 电路图

28. 在图 2.74 中，a、b 间的等效电阻 R_{ab} 为(　　)。

A) 7 Ω　　B) 5 Ω　　C) 4 Ω　　D) 3.5 Ω

29. 图 2.75 中的 R_{ab} 为(　　)。

A) 5 Ω　　B) $\frac{14}{3}$ Ω　　C) 6 Ω　　D) $\frac{70}{11}$ Ω

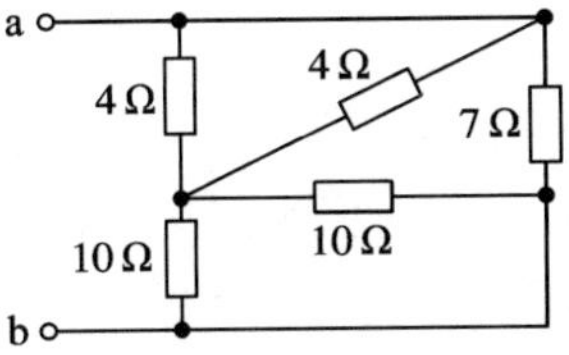

图 2.74　题 28 电路图

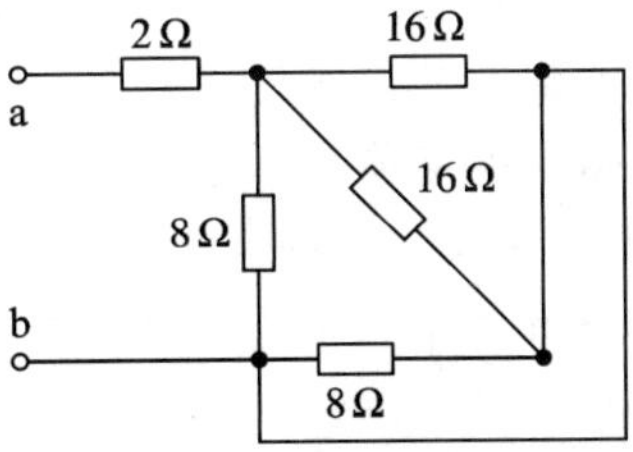

图 2.75　题 29 电路图

30. 关于理想电压源与实际电压源的关系，下列说法中错误的是(　　)。

A) 理想电压源这种理想二端元件实际上是不存在的

B) 实际的电压源，其端电压都是随着电流的变化而变化的

C) 实际的电压源可用一个理想电压源来表示

D) 实际的直流电压源可用数值等于U_S的理想电压源和一个内阻R_i相串联的模型来表示

31. 关于理想电流源，下列说法中错误的是(　　)。

A) 理想电流源无论它的外电路如何变化，它的输出电流为恒定值

B) 电流源两端的电压是变化的

C) 电流源两端的电压也是恒定的

D) 理想电流源两端的电压取决于与之相连接的外部电路

32. 图 2.76 所示电路中 I 为(　　)。

A) 2 A　　B) 3 A　　C) 5 A　　D) 8 A

33. 图 2.77 所示电路中 P 点电位为(　　)。

A) 5 V　　B) 4 V　　C) 3 V　　D) 2 V

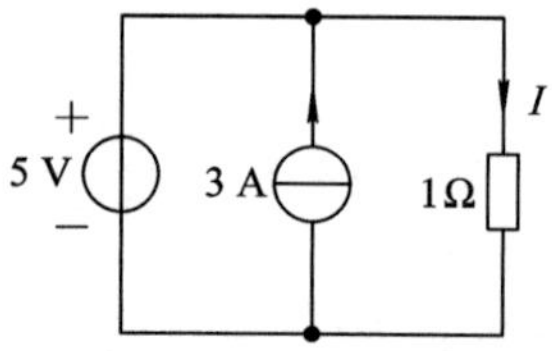

图 2.76　题 32 电路图

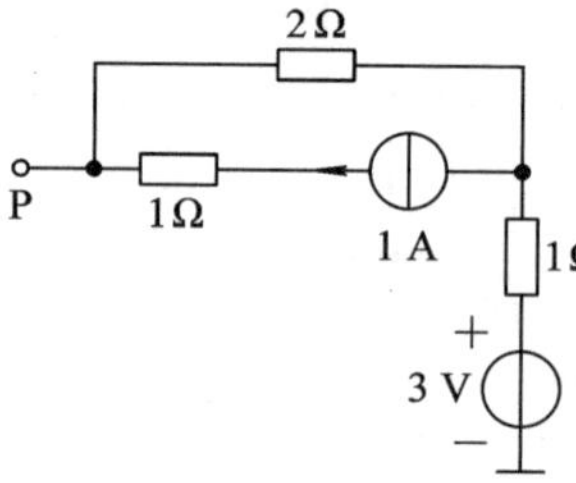

图 2.77　题 33 电路图

34. 应用电源等效互换分析电路时，下列说法中错误的是(　　)。

A) 变换只对外电路而言

B) 变换对内电路也是等效的

C) 变换可用来求外电路某一支路的电流

D) 变换可用来求外电路某一支路的电压

35. 电路中，任一瞬时流入某一节点的电流之和应(　　)由该节点流出的电流之和。

A) 大于　　B) 小于　　C) 等于　　D) 为 0

36. 关于基尔霍夫定律，下列说法中错误的是(　　)。

A) 基尔霍夫定律不适用于非线性电路

B) 基尔霍夫定律适用于线性电路

C) 基尔霍夫定律适用于任何电路

D) 基尔霍夫定律是无条件的

37. 下列关于网孔的说法中，错误的是(　　)。

A) 平面电路中，如果回路内部不包含其他任何支路，这样的回路称为网孔

B) 网孔不等于回路

C) 网孔就是回路

D) 网孔数一般小于回路数

38. 应用 KVL 时，下列说法中错误的是(　　)。

A) 在列写回路电压方程时，首先要对回路选取一个回路“绕行方向”

B) 各电压变量前的正、负号取决于各电压的参考方向与回路“绕行方向”的关系(是相同还是相反)

C) 各电压值的正、负反映了该电压的实际方向与参考方向的关系(是相同还是相反)

D) 通常规定，参考方向与回路“绕行方向”相同的电压取负号，参考方向与回路“绕行方向”相反的电压取正号

39. 关于支路电流法，下列说法中错误的是(　　)。

A) 支路电流法是指以支路电流变量为未知量，利用基尔霍夫定律和欧姆定律所决定的两类约束关系，建立数目足够且相互独立的方程组，解出各支路电流

B) 支路电流法主要是运用基尔霍夫定律

C) 支路电流法可求解出任意复杂的电路

D) 支路电流法只适用于串并联电路，不适用于没有串并联关系的网络

40. 图 2.78 所示电路，用叠加原理求支路电流 I，U_S 单独作用时的电流用 I' 表示，I_S 单独作用时的电流用 I'' 表示，则下列回答正确的是(　　)。

A) $I'=2$ A　$I''=1$ A　$I=3$ A

B) $I'=2$ A　$I''=-1$ A　$I=1$ A

C) $I'=1.5$ A　$I''=2$ A　$I=3.5$ A

D) $I'=1.5$ A　$I''=-2$ A　$I=-0.5$ A

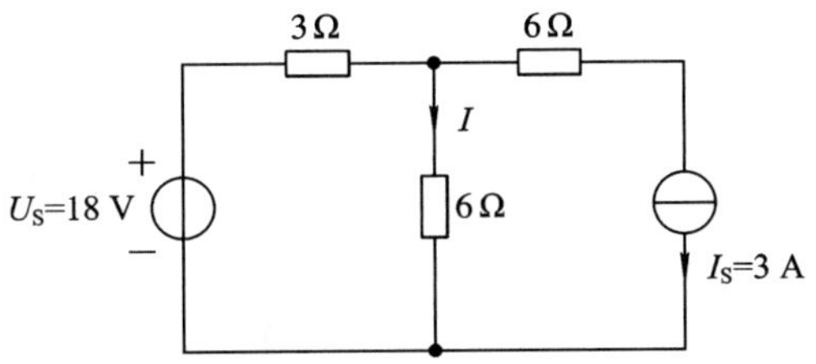

图 2.78　题 40 电路图

41. 关于叠加定理，下列说法中错误的是(　　)。

A) 叠加定理也可推广到非线性电路

B) 叠加定理是线性电路的一个重要定理

C) 当某一电源单独作用时，其他不作用的电源应置为零，即电压源用短路代替，电流源用开路代替

D) 叠加定理指出：在线性电路中，当有多个电源作用时，任一支路电流或电压，可看作由各个电源单独作用时在该支路中产生的电流或电压的代数和

42. 关于戴维宁定理，下列说法中错误的是(　　)。

A) 戴维宁定律指出：任何一个线性有源二端网络，对于外电路而言，可以用一电压源和内电阻相串联的电路模型来代替

B) 理想电压源的电压就是有源二端网络的开路电压 U_{OC}，即将负载断开后二端网络两端之间的电压

C) 理想电压源的电压就是有源二端网络的开路电压 U_{OC}，即负载两端之间的电压

D) 内电阻等于有源二端网络中所有电压源短路(即其电压为零)、电流源开路(即其电流为零)时的等效电阻 R_i

三、计算题

1. 图 2.79 中，已知电阻 $R_2=R_4$，电压 $U_{AD}=150$ V，$U_{CF}=70$ V，U_{AB}为多少伏？

2. 图 2.80 中，已知电源端电压 $U=10$ V，$R_1=2$ Ω，$R_2=4$ Ω，$R_3=1$ Ω，$R_4=6$ Ω，$R_5=6$ Ω，$R_6=2$ Ω。试求 A、B、C、D 各点电位。

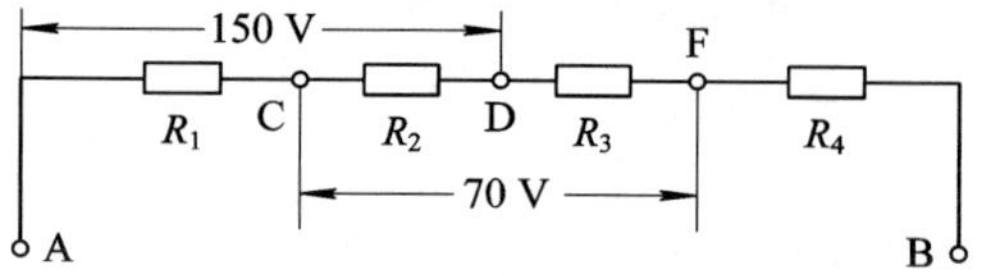

图 2.79 题 1 电路图

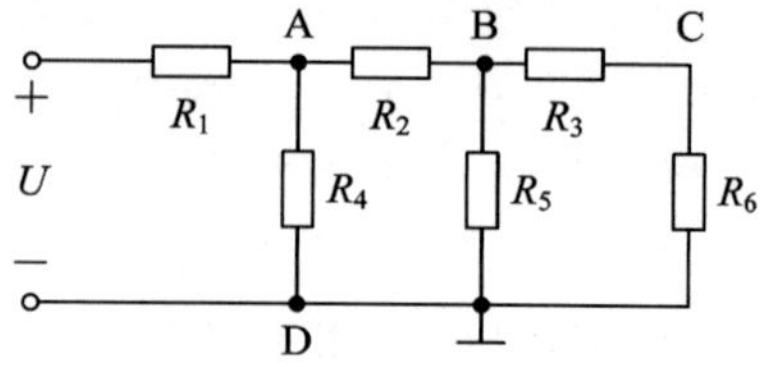

图 2.80 题 2 电路图

3. 图 2.81 中已知 $E_1=36$ V，$E_2=12$ V，$R_1=40$ Ω，$R_2=200$ Ω。若分别将 b、c 点接地，试分别求 a、d 点电位。

4. 图 2.82 中已知 $E_1=7$ V，$E_2=8$ V，$E_3=15$ V，$R_1=R_2=R_3=5$ Ω，求电路各点的电位。

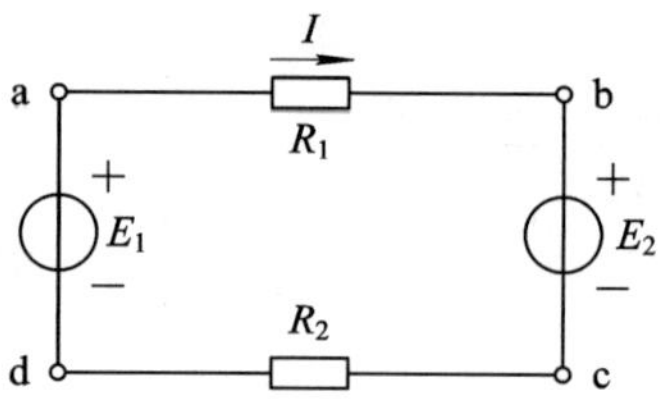

图 2.81 题 3 电路图

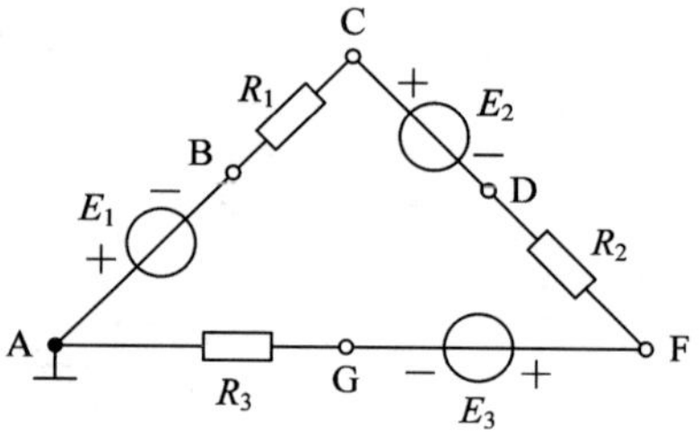

图 2.82 题 4 电路图

5. 图 2.83 所示电路，已知 $R_1=5$ Ω，$R_2=4$ Ω，$R_3=6$ Ω，求 A、B 两点间的电压 U_{AB}。

6. 求图 2.84 中的等效电阻 R_{AB}。

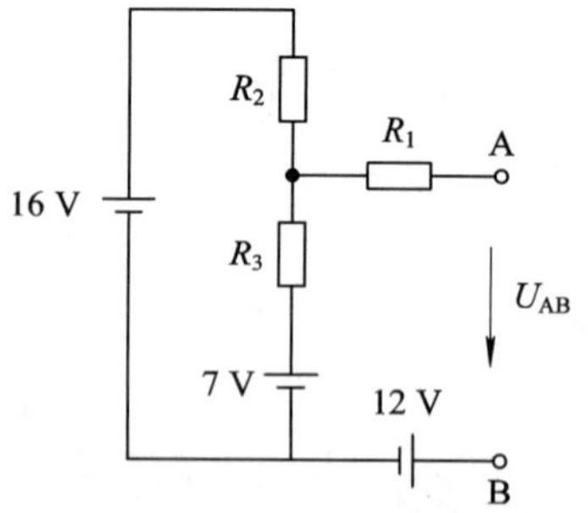

图 2.83 题 5 电路图

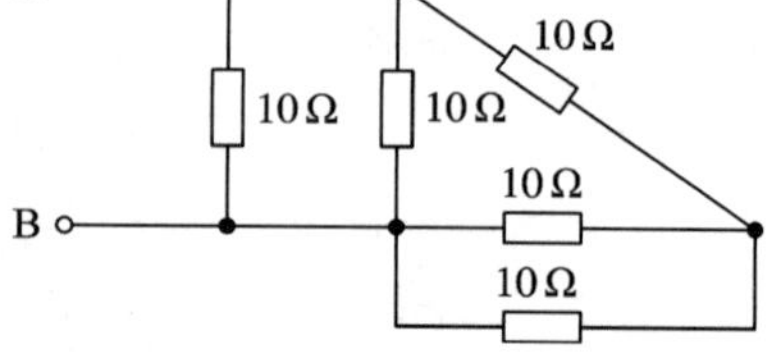

图 2.84 题 6 电路图

7. 图 2.85 中，在开关 S 断开和闭合的两种情况下，试求 A 点的电位。

8. 把额定电压为 110 V、额定功率分别为 100 W 和 60 W 的两只灯泡串联在端电压为 220 V 的电源上使用，这种接法会有什么后果？它们实际消耗的功率各是多少？如果是两个 110 V、60 W 的灯泡，是否可以这样使用？为什么？

9. 在图 2.86 所示的电路中，欲使灯泡上的电压 U_3 和电流 I_3 分别为 12 V 和 0.3 A，外加电压应为多少？

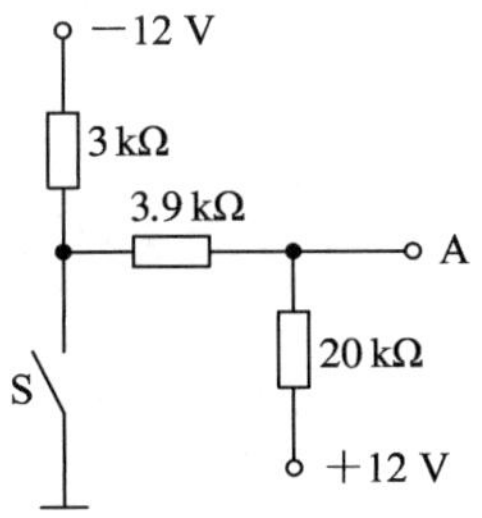

图 2.85　题 7 电路图

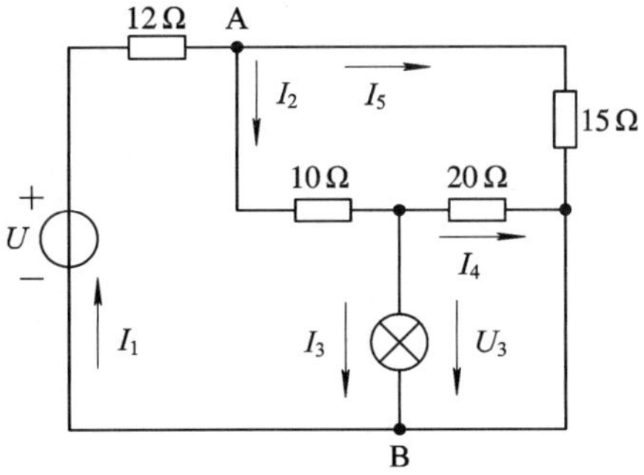

图 2.86　题 9 电路图

10. 电路如图 2.87 所示，N 为二端网络，已知 $E_1=100$ V，$E_2=80$ V，$R_2=2\ \Omega$，$I_2=2$ A。若流入二端网络的电流 $I=4$ A，求电阻 R_1 及输入二端网络 N 的功率。

11. 电路如图 2.88 所示。已知 $R_1=1\ \Omega$，$R_2=3\ \Omega$，$R_3=4\ \Omega$，$R_4=4\ \Omega$，$E=12$ V。求 A 的电位 V_A。

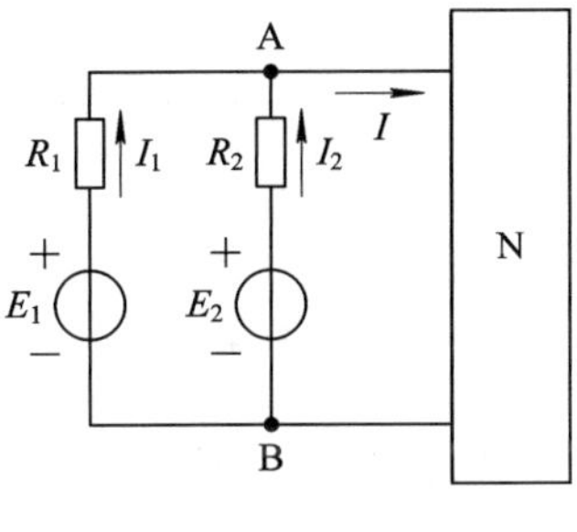

图 2.87　题 10 电路图

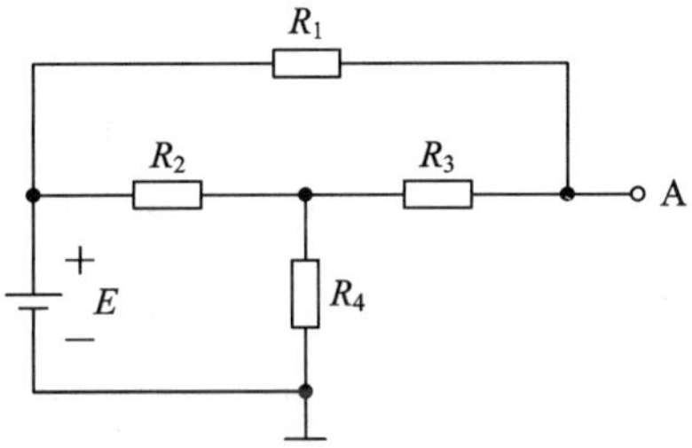

图 2.88　题 11 电路图

12. 用电压源与电流源等效变换方法求图 2.89 所示电路中的电流 I。

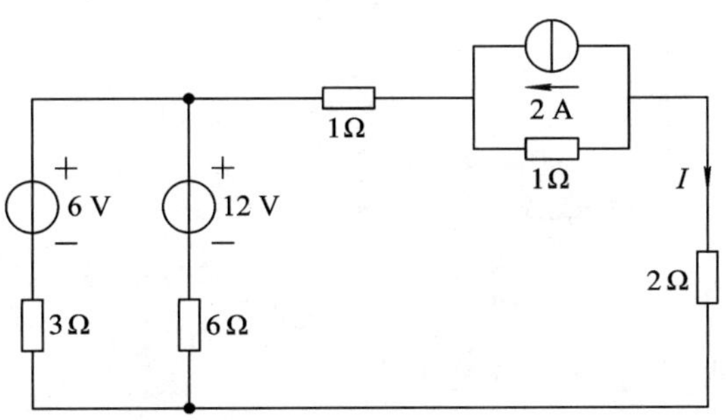

图 2.89　题 12 电路图

13. 用等效电源的变换，化简图 2.90 所示的各电路。

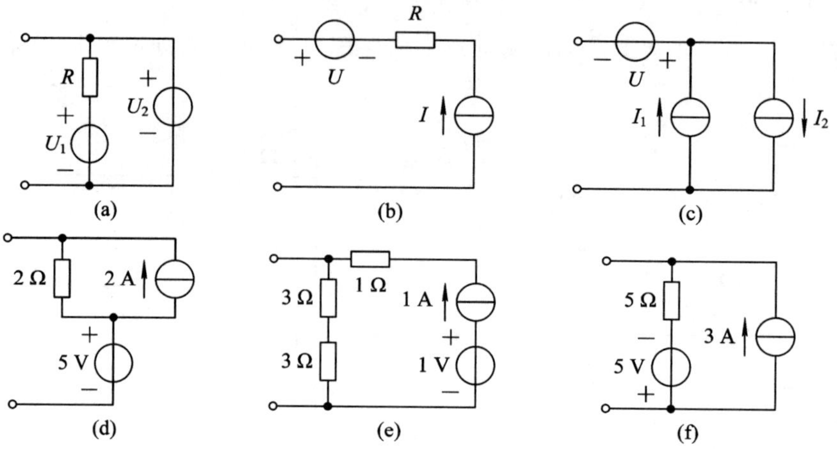

图 2.90 题 13 电路图

14. 计算图 2.91 中的电流 I_3。

15. 计算图 2.92 中的电压 U_5。

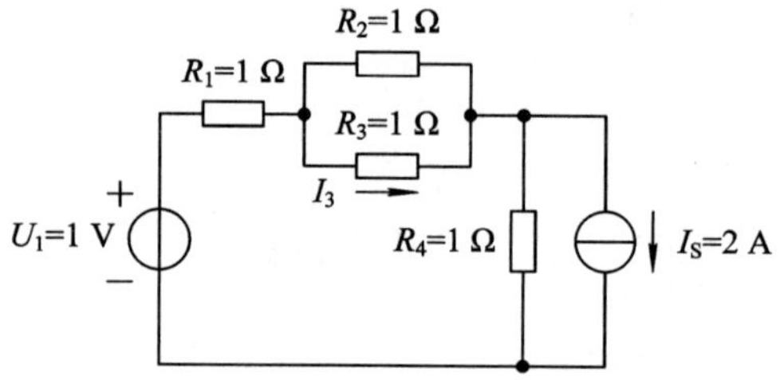

图 2.91 题 14 电路图

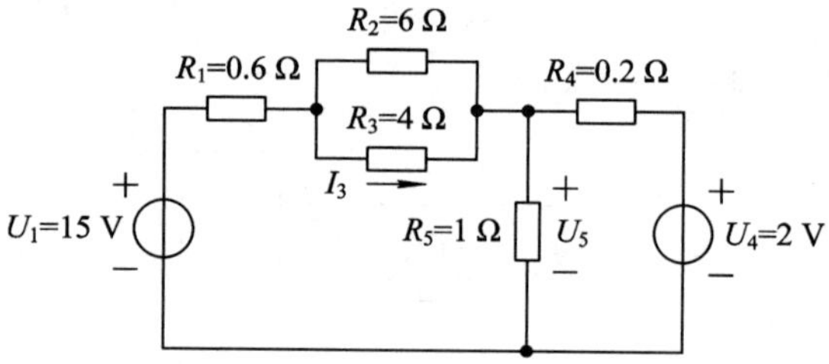

图 2.92 题 15 电路图

16. 图 2.93 中已知 $E_1=2$ V，$E_2=20$ V，$E_3=6$ V，$R_1=R_2=5$ Ω，$R_3=24$ Ω，$R_4=20$ Ω，$R_5=40$ Ω。试用支路电流法求各支路的电流。

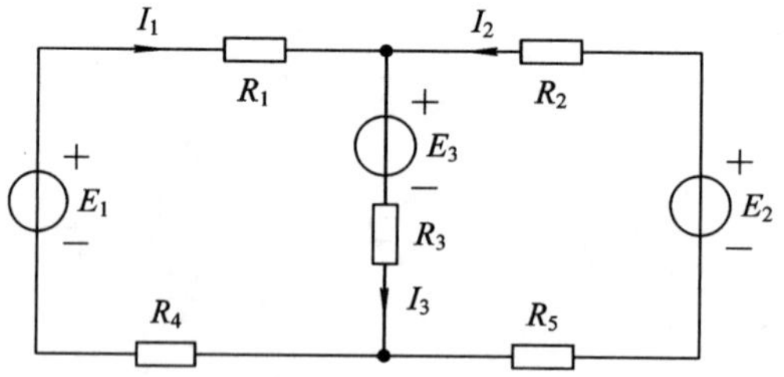

图 2.93 题 16 电路图

17. 用支路电流法求图 2.94 中的电流 I。

18. 电路如图 2.95 所示，如果 $I_3=1$ A，试应用支路电流法求图中的电阻 R_3。

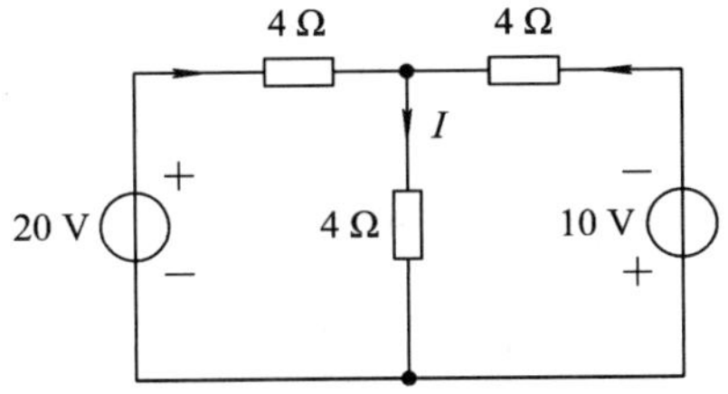

图 2.94　题 17 电路图

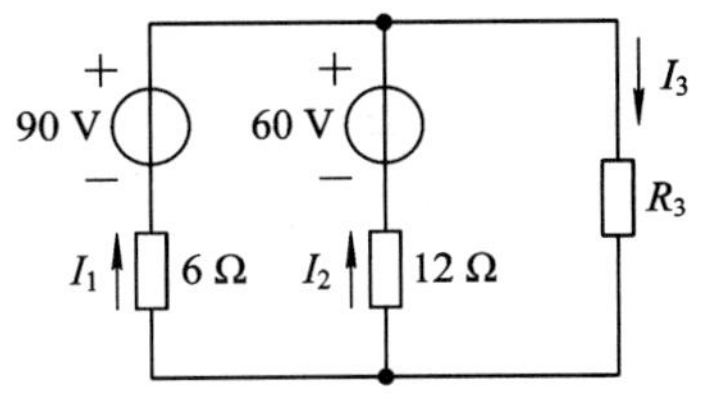

图 2.95　题 18 电路图

19. 已知电路如图 2.96 所示，试应用叠加原理计算支路电流 I 和电流源的电压 U。

20. 电路如图 2.97 所示，请用适当的方法求 R_L 中的电流 I。已知 $E=12$ V，$I_S=1$ A，$R_1=3$ Ω，$R_2=6$ Ω，$R_3=2$ Ω，$R_L=2$ Ω。

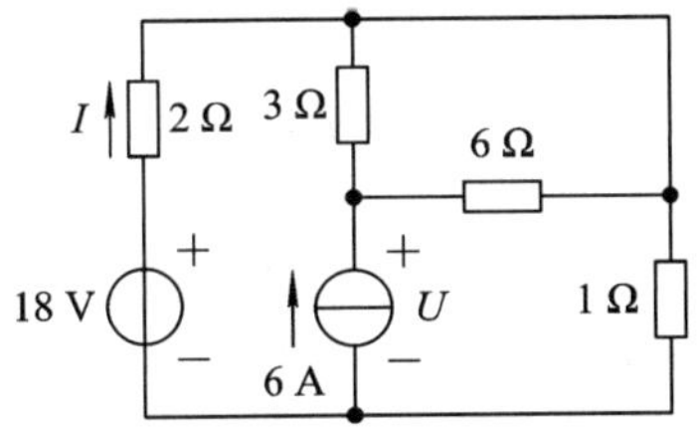

图 2.96　题 19 电路图

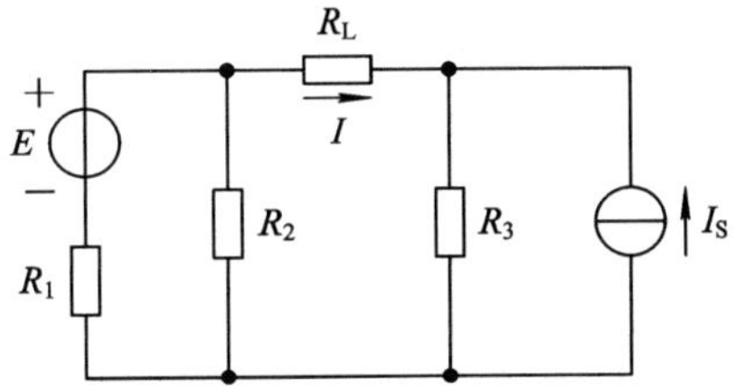

图 2.97　题 20 电路图

21. 用戴维宁定理求图 2.98 中的负载电流 I_L。

22. 图 2.99 中已知 $E=45$ V，$I=16$ A，$R_1=5$ Ω，$R_2=20$ Ω，$R_3=2$ Ω，$R_4=42$ Ω，$R_5=3$ Ω，求通过 R_3 的电流 I_3。

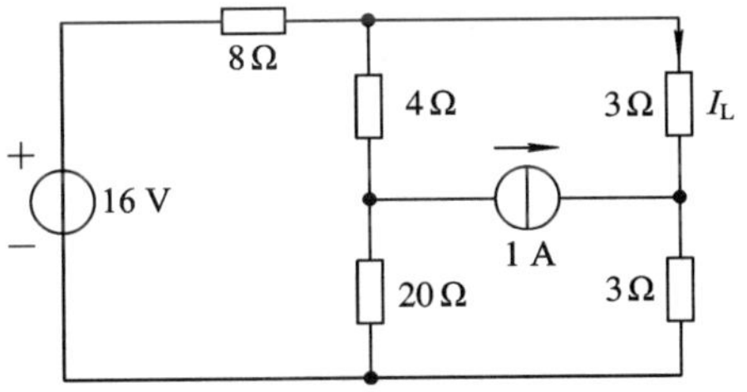

图 2.98　题 21 电路图

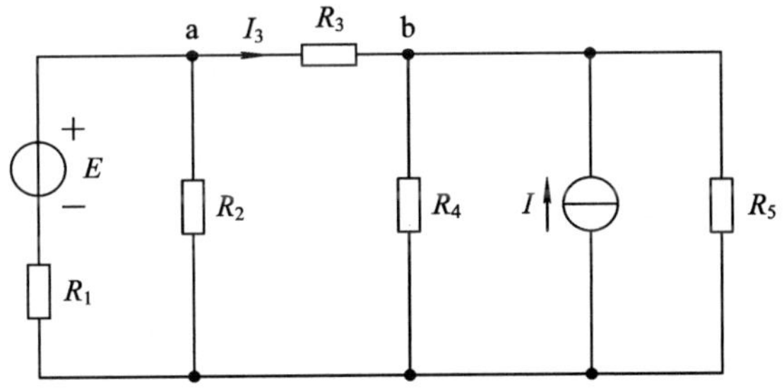

图 2.99　题 22 电路图

23. 图 2.100 是一个晶体三极管静态工作时的等效电路，已知 $E_C=12$ V，$E_B=3$ V，$R_C=1.5$ kΩ，$R_B=7.5$ kΩ，$I_C=5.1$ mA，$I_B=0.3$ mA。试求电阻 R_{BC} 和 R_{BE}，并计算 V_B 和 V_C。

24. 图 2.101 中的有源二端网络的开路电压 $U_{ab}=24$ V。当有源二端网络 a、b 间外接一个 8 Ω 的电阻时，通过此电阻的电流是 2.4 A。如接成如图 2.101 所示电路时，计算通过电阻 R 支路的电流。已知 $R=2.5$ Ω，$I_S=3$ A。

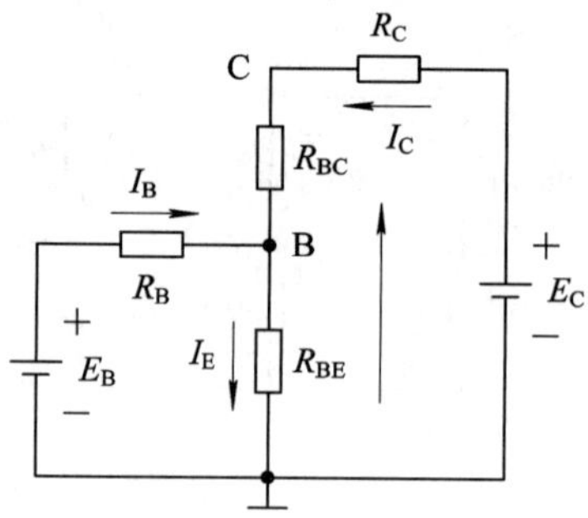

图 2.100 题 23 电路图

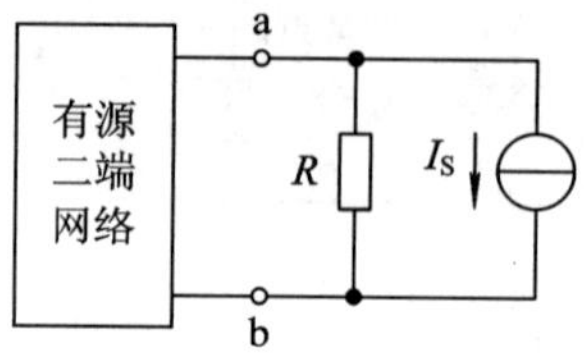

图 2.101 题 24 电路图

25. 有源二端网络 N 的开路电压 U_o 为 9 V，见图 2.102(a)。若连接如图 2.102(b)所示，则得电流 I 为 1 A。若与 3 Ω 电阻并联一个方向向上的电流源，那么当电流源电流为 1 A 时，电路中的电流 I 为多少？

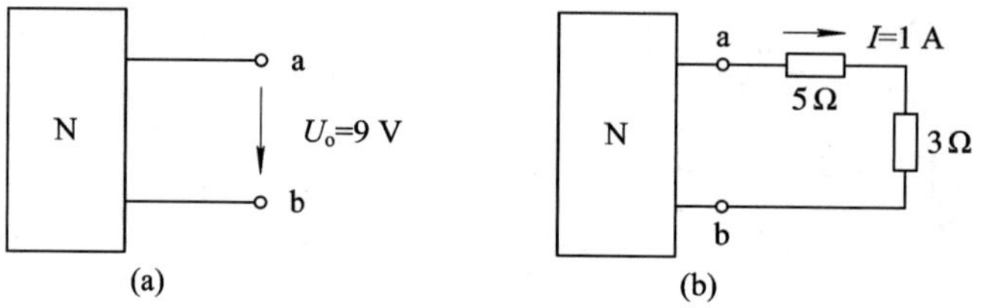

图 2.102 题 25 电路图

26. 将图 2.103 所示的有源二端网络化为等效电压源，并求等效电压源的电压 U_0、等效内阻 R_0。已知 $R_1=R_2=R_3=2$ kΩ，$I_S=2$ mA。

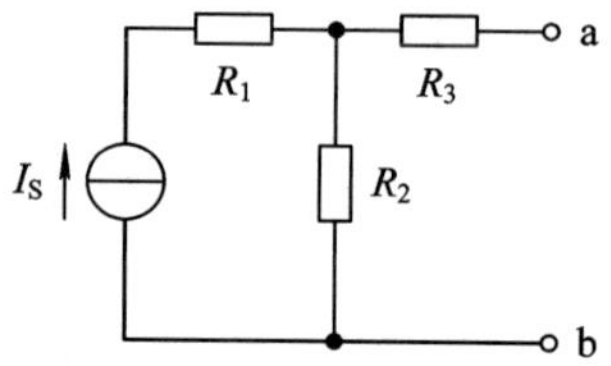

图 2.103 题 26 电路图

模块二　正弦交流电路及三相交流电

本模块主要涉及交流电路的计算、三相交流电的计算及交流电路连接、测试技能等方面的内容。

第三章 正弦交流电路

学习引导(课堂学时：10～14 学时)

学习目标	掌握正弦交流电的三要素和表示方法；理解正弦电路中阻抗、阻抗角的意义及其在电路中的计算方法；理解正弦交流电流、电压、功率之间的关系，掌握其计算方法；了解三相交流电的产生，理解对称三相电源的特点；掌握三相电源、三相负载的星形和三角形连接的特点及相电压、相电流、线电压、线电流的关系，了解中性线的作用。 能计算对称三相交流电路的电流、电压的有效值及功率。能正确连接日光灯等交流电路。 养成能更新知识，运用新知识解决新问题的习惯
重点	1. 正弦交流电的三要素、有效值 2. 正弦交流电的电流、电压有效值的计算 3. 感抗、容抗、阻抗模 4. 对称三相电路的特点及有效值的计算
难点	多个非电阻元件连接电路的计算；思想方法的转变
预备知识	电学知识及直流电路的计算方法
学习方法	通过两个教学情境的训练，提高交流电路及三相交流电路连接的技能，并强化安全用电的意识，培养既细心又大胆的工作习惯；重点记忆各种连接的交流电路的计算公式及方法；要建立交流电路的计算不是代数相加减的意识，能运用公式计算电流、电压的有效值；对于深入的问题，可在教师的引导下学习相量法，如果能力有限可不学习；将重点放在串联电路上，对于并联电路作一般概念性理解；对于三相交流电路，重点学习对称电路的问题

教学情境三 日光灯电路的连接及测量

情境描述：按图 3.1 接线。经指导教师检查后接通实验台电源，调节自耦调压器的输出，使其输出电压缓慢增大，直到日光灯启辉点亮为止，记下电压表、电流表、功率表的指示值。然后将电压调至 220 V，测量功率 P、电流 I 和电压 U、U_L、U_A 等值，将结果记入表 3.1 中，验证电压、电流的相量关系。

表 3.1

测 量 数 值							计 算 值	
测量状态	P/W	$\cos\varphi$	I/A	U/V	U_L/V	U_A/V	r/Ω	$\cos\varphi$
启辉值								
正常工作值								

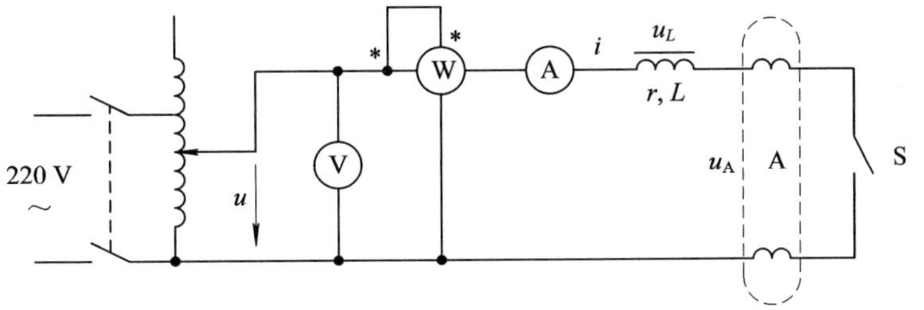

图 3.1　日光灯连接电路

日光灯电路由镇流器、灯管、启辉器组成，如图 3.2 所示。

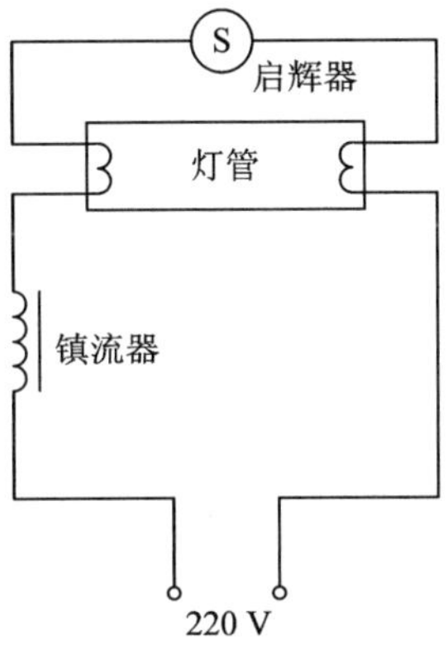

图 3.2　日光灯电路

镇流器是一个带有铁芯的电感线圈，启辉器内是并联的辉光管和小容量的电容。

当接通电源以后，由于日光灯未点亮，电源电压全部加在启辉器的两端，使双金属片受热趋向伸直，与固定触头接通。辉光管内两个电极接通时电极之间的电压为零，两电极脱离，在电极脱开的瞬间，回路中的电流因突然切断，立即使镇流器两端产生感应电压，感应电压比电源电压高得多，这个感应电压连同电源电压一起加在灯管两端，使灯管壁的荧光物质发出可见光。

启辉器只在日光灯启辉时有作用，一旦日光灯点亮，启辉器处在断开状态，此时镇流器、灯管构成一个电流通路，由于镇流器与灯管串联，可以限制和稳定电路的工作电流。

情境分析：日光灯电路是交流电路，其电流、电压是怎样的，如何计算，它们之间有何关系？交流电路的计算与直流电路的计算有何异同？常见的三相交流电路又有什么特点，如何计算？这些都是本章要讨论的内容。

3.1　交流电路中的基本物理量

我们最熟悉和最常用的家用电器采用的都是交流电，如电视、电脑、照明灯、冰箱、空调等家用电器。即便是像收音机、复读机等采用直流电源的家用电器，也是通过稳压电源将交流电转变为直流电后使用的。这些电气设备的电路模型在交流电路中的规律与直流电路中的规律是不一样的，因此分析交流电路的特征及相应电路模型的交流响应是我们的重要任务。

3.1.1　交流电路概述

在生产和生活中使用的电能，几乎都是交流电能，即使是电解、电镀、电信等行业需要直流供电，大多数也是将交流电能通过整流装置变成直流电能。在日常生产和生活中所用的交流电，一般都是指正弦交流电。交流电能够方便地用变压器改变电压，用高压输电，可将电能输送得很远，而且损耗小；交流电机比直流电机构造简单，造价便宜，运行可靠。所以，现在发电厂所发的都是交流电，工农业生产和日常生活中广泛应用的也是交流电。

交流电与直流电的区别在于：直流电的方向不随时间变化；而交流电的方向、大小都随时间作周期性的变化，并且在一周期内的平均值为零。图 3.3 所示为直流电和交流电的电波波形。

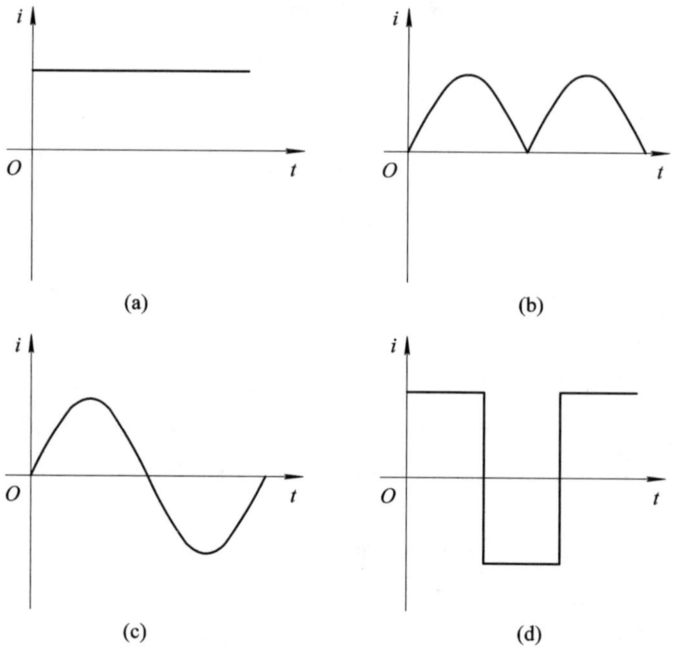

图 3.3　直流电和交流电的电波波形图

(a) 稳恒直流电；(b) 脉动直流电；(c) 正弦交流电；(d) 交流方波

正弦电压和电流等物理量，常统称为正弦量。正弦量的特征表现在变化的快慢、大小及初始值三个方面，而它们分别由频率(或周期)、幅值(或有效值)和初相位来确定。所以频率、幅值和初相位就称为确定正弦量的三要素。

3.1.2　正弦交流电的基本特征和三要素

下面以电流为例介绍正弦量的基本特征。依据正弦量的概念，设某支路中正弦电流 i 在选定参考方向下的瞬时值表达式为

$$i = I_m \sin(\omega t + \varphi) \qquad (3.1)$$

波形如图 3.4 所示。

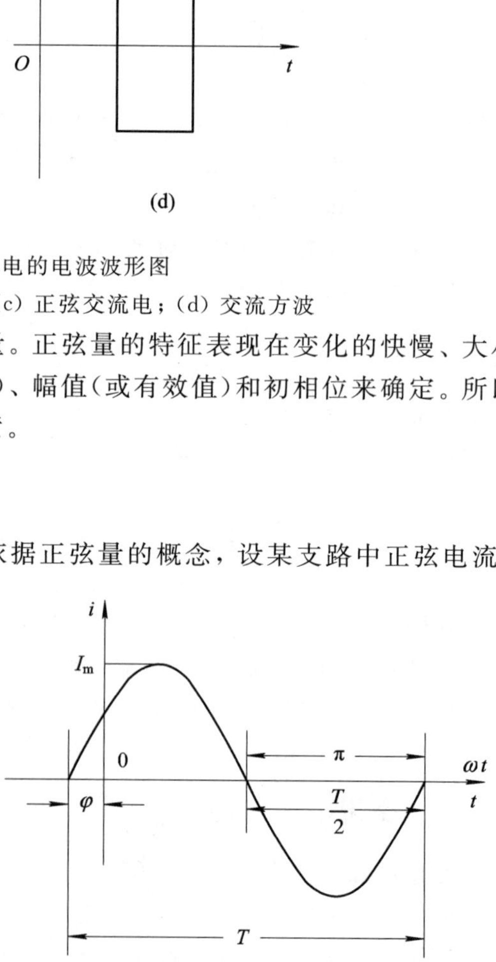

图 3.4　正弦电流波形图

1. 瞬时值、最大值和有效值

正弦交流电随时间按正弦规律变化，某时刻的数值不一定和其他时刻的数值相同。我们把任意时刻正弦交流电的数值称为瞬时值，用小写字母表示，如 i、u 及 e 分别表示电流、电压及电动势的瞬时值。瞬时值有正、有负，也可能为零。

最大的瞬时值称为最大值(也叫幅值、峰

值)，用带下标的大写字母表示，如 I_m、U_m及 E_m分别表示电流、电压及电动势的最大值。最大值虽然有正有负，但习惯上最大值都以绝对值表示。

正弦电流、电压和电动势的大小往往不是用它们的幅值而是用有效值来计量的。如果某一个周期电流 i 通过电阻 R 在一个周期 T 内产生的热量，与另一个直流电流通过同样大小的电阻在相等的时间内产生的热量相等，那么这个周期性变化的电流 i 的有效值在数值上就等于这个直流电流 I。有效值都用大写字母表示，和表示直流的字母一样。

周期电流的有效值为

$$I = \sqrt{\frac{1}{T}\int_0^T i^2 \, dt} \tag{3.2}$$

当周期电流为正弦量时，可得

$$I = \frac{I_m}{\sqrt{2}} \tag{3.3}$$

正弦电压和正弦电动势分别为

$$U = \frac{U_m}{\sqrt{2}} \tag{3.4}$$

$$E = \frac{E_m}{\sqrt{2}} \tag{3.5}$$

一般所讲的正弦电压或电流的大小，例如交流电压 380 V 或者 220 V，都是指它的有效值。一般交流电流表和电压表的刻度也是根据有效值来定的。

例 3.1　已知某交流电压 $u=220\sqrt{2}\sin\omega t$ V，这个交流电压的最大值和有效值分别为多少?

解：最大值为

$$U_m = 220\sqrt{2} = 311.1 \text{ V}$$

有效值为

$$U = \frac{U_m}{\sqrt{2}} = \frac{220\sqrt{2}}{\sqrt{2}} = 220 \text{ V}$$

2. 频率与周期

正弦量变化一次所需的时间称为周期 T(单位为秒)，如图 3.4 所示。正弦量每秒内变化的次数称为频率 f，单位是赫兹(Hz)。

频率是周期的倒数，即

$$f = \frac{1}{T} \tag{3.6}$$

在我国和大多数国家都采用 50 Hz 作为电力标准频率，有些国家(如美国、日本等)采用 60 Hz。50 Hz 频率在工业上应用广泛，习惯上称为工频。通常的交流电动机和照明负载都用这种频率。

正弦量变化的快慢除用周期和频率表示外，还可用角频率 ω 来表示，它的单位是弧度/秒(rad/s)。角频率是指交流电在 1 秒钟内变化的电角度。如果交流电在 1 秒钟内变化了 1 次，则电角度正好变化了 2π 弧度，也就是说该交流电的角频率 $\omega=2\pi$ rad/s。若交流电 1 秒钟内变化了 f 次，则可得角频率与频率的关系式为

$$\omega = 2\pi f = \frac{2\pi}{T} \tag{3.7}$$

上式表示 T、f、ω 三个物理量之间的关系，只要知道其中之一，则其余两个均可求出。

例 3.2 求出我国工频 50 Hz 交流电的周期 T 和角频率 ω。

解：由式(3.7)可得

$$T = \frac{1}{f} = \frac{1}{50} = 0.02\ \text{s}$$

$$\omega = 2\pi f = 2\pi \times 50 = 314\ \text{rad/s}$$

例 3.3 已知某正弦交流电压 $u=311\sin 314t$ V，求该电压的最大值、频率、角频率和周期。

解：由公式(3.1)与 $u=311\sin 314t$ V 对比可知：

$$U_{\text{m}} = 311\ \text{V}$$

$$\omega = 314\ \text{rad/s}$$

$$f = \frac{\omega}{2\pi} = \frac{314}{2\times 3.14} = 50\ \text{Hz}$$

$$T = \frac{1}{f} = \frac{1}{50} = 0.02\ \text{s}$$

3. 初相

式(3.1)中的 $\omega t+\varphi$ 称为正弦量的相位角或相位，它反映出正弦量变化的进程。当相位角随时间连续变化时，正弦量的瞬时值随之作连续变化。

$t=0$ 时的相位角称为初相位角或初相。式(3.1)中的 φ 就是这个电流的初相。规定初相的绝对值不能超过 π。

在一个正弦交流电路中，电压 u 和电流 i 的频率是相同的，但初相不一定相同，如图 3.5 所示。图中 u 和 i 的波形可用下式表示

$$u = U_{\text{m}} \sin(\omega t + \varphi_u)$$

$$i = I_{\text{m}} \sin(\omega t + \varphi_i)$$

它们的初相分别为 φ_u 和 φ_i。

两个同频率正弦量的相位角之差或初相位角之差，称为相位差，用 φ 表示。图 3.5 中电压 u 和电流 i 的相位差为

$$\varphi = (\omega t + \varphi_u) - (\omega t + \varphi_i) = \varphi_u - \varphi_i \tag{3.8}$$

当两个同频率正弦量的计时起点改变时，它们的相位和初相位即跟着改变，但是两者之间的相位差仍保持不变。

由图 3.5 的正弦波形可见，因为 u 和 i 的初相位不同，所以它们的变化步调是不一致的，即不是同时达到正的幅值或零值。图中，$\varphi_u>\varphi_i$，所以 u 较 i 先达到正的幅值。这时我们说，在相位上 u 比 i 超前 φ 角，或者说 i 比 u 滞后 φ 角。

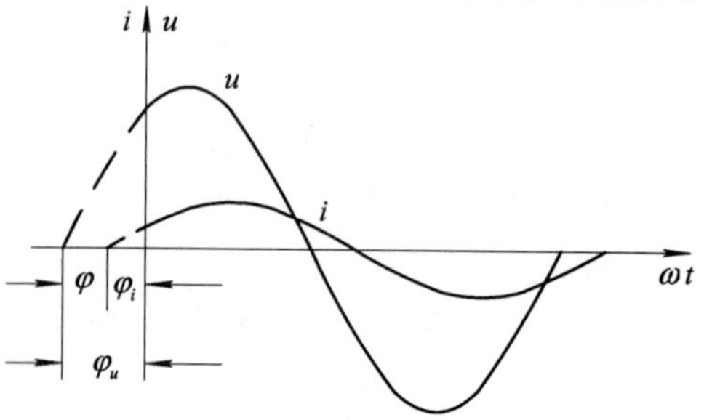

图 3.5 u 和 i 的初相不相等

初相相等的两个正弦量，它们的相位差为零，这样的两个正弦量叫作同相。同相的两个

正弦量同时达到零值，同时达到最大值，步调一致，如图 3.6 中的 i_1 和 i_2。

相位差 φ 为 180°的两个正弦量叫作反相，如图 3.6 中的 i_1 和 i_3。

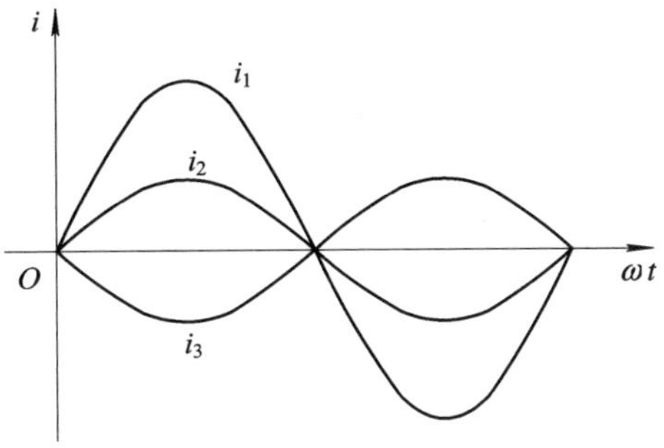

图 3.6　正弦量的同相与反相

由式(3.1)及波形图可以看出，正弦量的最大值(有效值)反映正弦量的大小，角频率(频率、周期)反映正弦量变化的快慢，初相角反映正弦量的初始位置。因此，当正弦交流电的最大值(有效值)、角频率(频率、周期)和初相角确定时，正弦交流电才能被确定。也就是说，这三个量是正弦交流电必不可少的要素，所以我们称其为正弦交流电的三要素。只有这三个要素确定之后，才能确定正弦量。

例 3.4　已知某正弦电压在 $t=0$ 时为 $110\sqrt{2}$ V，初相角为 30°，求其有效值。

解：此正弦电压表达式为

$$u = U_{\mathrm{m}} \sin(\omega t + 30^\circ)$$

当 $t=0$ 时，有

$$u(0) = U_{\mathrm{m}} \sin 30^\circ$$

所以

$$U_{\mathrm{m}} = \frac{u(0)}{\sin 30^\circ} = \frac{110\sqrt{2}}{0.5} = 220\sqrt{2}\ \mathrm{V}$$

其有效值为

$$U = \frac{U_{\mathrm{m}}}{\sqrt{2}} = \frac{220\sqrt{2}}{\sqrt{2}} = 220\ \mathrm{V}$$

3.2　电阻、电感、电容电路

各种加工机械，如车床、铣床、刨床、磨床及大型加工机械(龙门铣床、龙门刨床)等，应用最多的是电动机类负载。交流异步电动机的等效电路如图 3.7 所示。电路中的 f_1 侧为定子侧，f_2 侧为转子侧，r_1、r_{2S} 和 X_1、X_{2S} 分别为定子侧和转子侧的等效电阻和电感。从电路中可见，交流异步电动机属于电感性负载，而且不是简单的电阻与电感相串联的负载。因此分析电动机时就要按照它的等效电路模型，利用交流电路计算的方法进行分析计算。

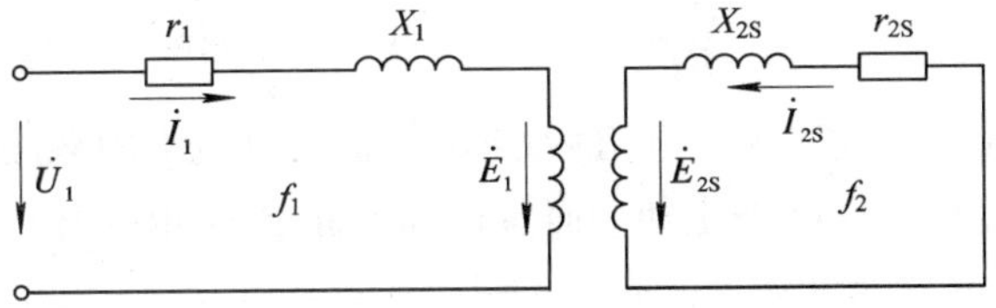

图 3.7　交流异步电动机的等效电路模型

在照明电路中使用的白炽灯为纯电阻性负载，日光灯属于感性负载，家用风扇为单相交流电动机。家用风扇的等效电路如图 3.8 所示。图中 U_1U_2 为工作绕组，V_1V_2 为启动绕组，它们实际上是纯电阻与纯电感相串联(与电感串联的纯电阻未画出)。由图可知，风扇是一种电阻、电感和电容混联的负载。

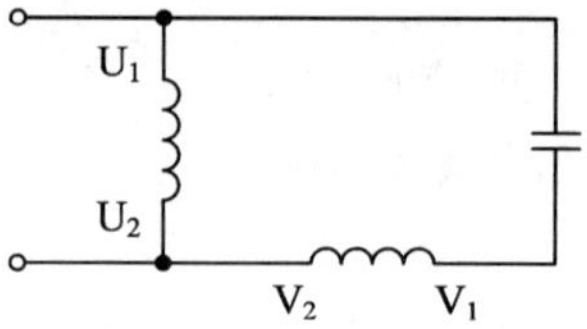

图 3.8 家用风扇电动机的等效电路模型

实际电路有很多种类，如强电类的供电系统、电机控制系统，弱电类的电子电路等。这些电路中所用的负载具有各自不同的性质，可能是纯电阻类负载，也可能是几种不同性质的负载的综合。在分析计算不同电路时，对负载的性质必须作出明确的判别，并采用相应的方法进行分析计算。

由上面两个实际应用可以知道：电类负载一般不是单纯的电阻、电感或电容，它往往是几种不同性质的负载混合而成的。在学习这些设备或负载的性质之前，我们要了解基本的单元电路如何分析计算。

3.2.1 单一参数电路

分析各种交流电路时，必须首先掌握单一理想元件电路中电压与电流的关系，以及对其功率和能量的分析。其他各种类型的交流电路无非是这些单一理想元件的不同组合而已。

1. 纯电阻电路

1）元件的电压和电流关系

纯电阻电路是最简单的交流电路。在日常生活和工作中接触到的白炽灯、电炉、电烙铁等，都属于电阻性负载，它们与交流电源连接组成纯电阻电路，如图 3.9 所示。

在电阻 R 两端加上正弦电压 u 时，电阻中就有正弦电流 i 通过。假设电阻两端的电压与电流采用关联参考方向。为了分析方便起见，选择电压经过零值将向正值增加的瞬间作为计时起点，即设电阻两端电压为

$$u(t) = U_m \sin\omega t$$

则

$$i(t) = \frac{u(t)}{R} = \frac{U_m}{R}\sin\omega t = I_m \sin\omega t$$

比较电压和电流的关系式可见：电阻两端电压 u 和电流 i 的频率相同，电压与电流的有效值(或最大值)的关系符合欧姆定律，而且电压与电流同相(相位差 $\varphi=0$)。它们在数值上满足关系式

$$U = RI \quad 或 \quad I = \frac{U}{R}$$

表示电阻电压、电流的波形如图 3.10 所示。

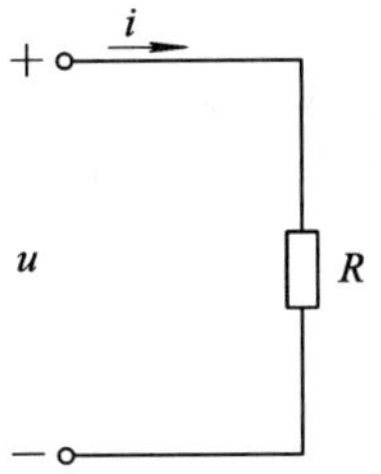

图 3.9　纯电阻元件交流电路

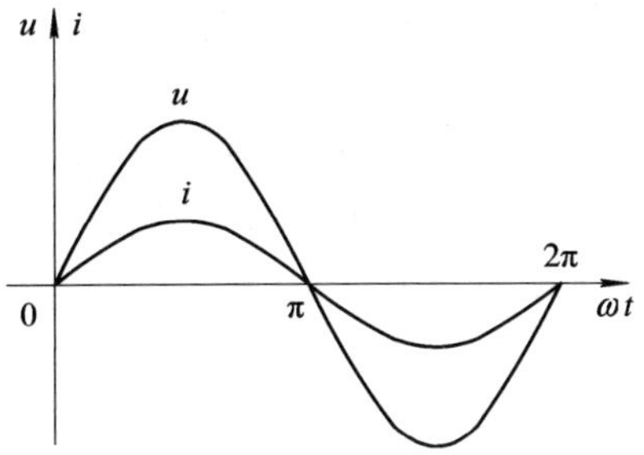

图 3.10　电阻电压、电流的波形图

2）电阻元件的功率

（1）瞬时功率。在纯电阻交流电路中，当电流 i 流过电阻 R 时，电阻上要产生热量，把电能转化为热能，电阻上必然有功率消耗。由于流过电阻的电流和电阻两端的电压都是随时间变化的，所以电阻 R 上消耗的功率也是随时间变化的。电阻中某一时刻消耗的电功率叫作瞬时功率，它等于电压 u 与电流 i 瞬时值的乘积，并用小写字母 p 表示。即

$$p = p_R = ui = U_m I_m \sin^2 \omega t = U_m I_m \frac{1-\cos 2\omega t}{2}$$
$$= UI(1-\cos 2\omega t) \tag{3.9}$$

式(3.9)表明：在任何瞬时，恒有 $p \geqslant 0$，说明电阻只要有电流就消耗能量，将电能转为热能，它是一种耗能元件。图 3.11 表示了瞬时功率随时间变化的规律。由于电阻电压与电流同相，所以当电压、电流同时为零时，瞬时功率也为零；当电压、电流达到最大值时，瞬时功率也达到最大值。

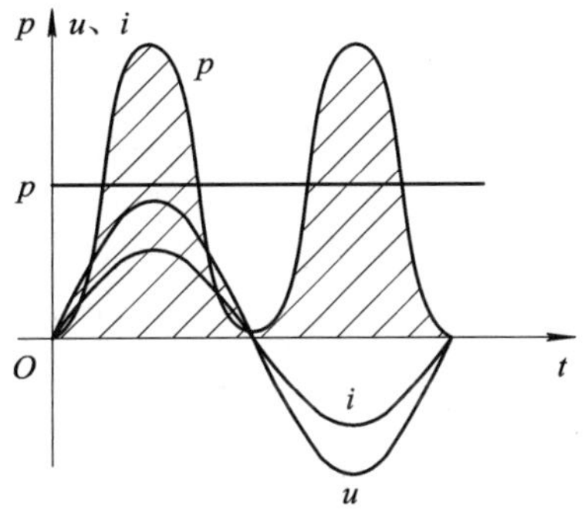

图 3.11　电阻元件瞬时功率的波形图

（2）平均功率。瞬时功率虽然表明了电阻中消耗功率的瞬时状态，但不便于表示和比较大小，所以工程中常用瞬时功率在一个周期内的平均值表示功率，称为平均功率，用大写字母 P 表示。平均功率也叫有效功率。平时所说的功率，如果没有特殊说明，一般就是指平均功率。由图 3.11 可见：

$$P = \frac{U_m I_m}{2} = UI = I^2 R = \frac{U^2}{R} \tag{3.10}$$

此表达式与直流电路中电阻功率的表达式相同，但式中的 U、I 不是直流电压、电流，而是正弦交流电的有效值。

例 3.5　图 3.9 电路中，$R=10\ \Omega$，$u_R=10\sqrt{2}\sin(\omega t+30°)$ V，求电流 i 的有效值 I 和平均功率 P。

解：

$$I = \frac{U_R}{R} = \frac{10\sqrt{2}/\sqrt{2}}{10} = 1\ \text{A}$$
$$P = U_R I = 10 \times 1 = 10\ \text{W}$$

2. 纯电感电路

1) 感抗的概念

经过分析可知，电感电压有效值(或最大值)与电流有效值(或最大值)的比值为 ωL，它的单位是欧姆。当电压 U 一定时，ωL 越大，则电流 I 越小。可见电感具有对交流电流起阻碍作用的物理性质，所以称其为感抗，用 X_L 表示，即

$$X_L = \omega L = 2\pi f L \tag{3.11}$$

感抗是交流电路中的一个重要概念，它表示线圈对交流电流阻碍作用的大小。从 $X_L = 2\pi fL$ 可知，感抗的大小与线圈本身的电感量 L 和通过线圈电流的频率有关。f 越高，X_L 越大，意味着线圈对电流的阻碍作用越大；f 越低，X_L 越小，即线圈对电流的阻碍作用也越小。当 $f=0$ 时 $X_L=0$，表明线圈对直流电流相当于短路。这就是线圈本身所固有的“直流畅通，高频受阻”作用。由于这个特性，电感线圈在电子及电工技术中有着广泛的应用。

2) 元件的电压和电流关系

若把线圈的电阻略去不计，则线圈就仅含有电感，这种线圈被认为是纯电感线圈，如图 3.12 所示。实际上线圈总是有些电阻的。

电感元件电压、电流的波形如图 3.13 所示。

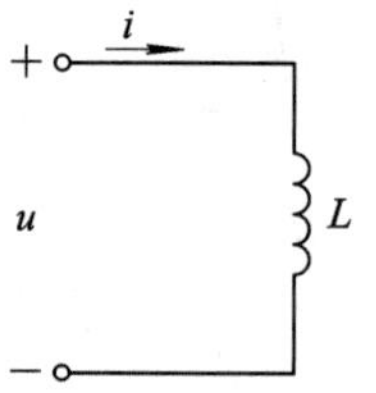

图 3.12 纯电感元件交流电路

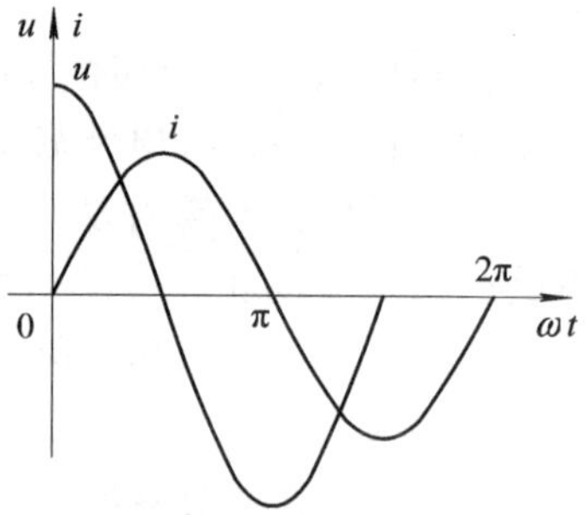

图 3.13 电感元件电压、电流的波形图

与电阻电路类似，在纯电感电路中，欧姆定律也成立，只是要将 R 换成 X_L，即

$$I = \frac{U_L}{X_L} \tag{3.12}$$

式中 U_L 为电感两端电压的有效值，I 为流过电感的电流的有效值。

3) 电感元件的功率

(1) 瞬时功率。知道了电压 u 和电流 i 的变化规律和相互关系后，便可找出瞬时功率的变化规律，即

$$\begin{aligned} p = p_L = ui = U_{\rm m}\sin(\omega t + 90°) \cdot I_{\rm m}\sin\omega t &= \frac{1}{2}U_{\rm m}I_{\rm m}\sin 2\omega t \\ &= UI\ \sin 2\omega t \end{aligned}$$

由上式可知，电感元件的瞬时功率 p_L 仍是一个按正弦规律变化的正弦量，只是变化频率是电源频率的两倍。其瞬时功率曲线如图 3.14 所示。

从功率波形图可看出，正弦交流电路中的理想电感不断地与电源进行能量交换，但却不消耗能量。

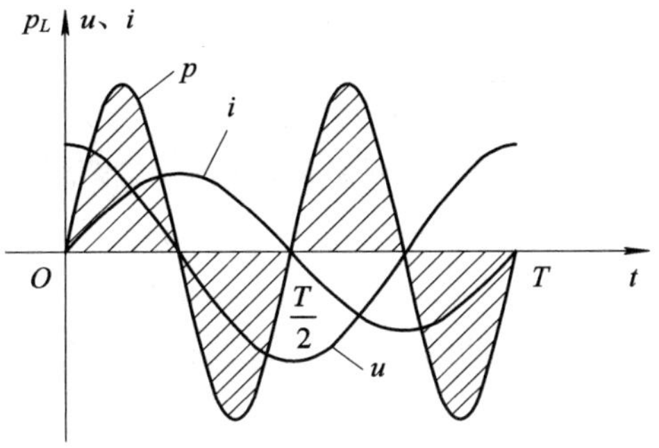

图 3.14　纯电感电路瞬时功率的波形图

(2) 平均功率。纯电感条件下电路中仅有能量的交换而没有能量的损耗。由图 3.14 可见，电感元件的平均功率为

$$P_L = 0$$

纯电感 L 虽不消耗功率，但是它与电源之间有能量交换。工程中为了表示能量交换的规模大小，将电感瞬时功率的最大值定义为电感的无功功率，简称感性无功功率，用 Q_L 表示，即

$$Q_L = UI = I^2 X_L = \frac{U^2}{X_L} \tag{3.13}$$

Q_L 的基本单位是乏(var)。

无功功率并不是“无用”的功率，它用来表示电源与电感性负载之间能量的交换。许多设备在工作中都和电源存在着能量的交换。如异步电动机、变压器等要依靠磁场的变化来工作，磁场的变化会引起磁场能量的变化，这就说明设备和电源之间存在能量的交换。因此发电机除了发出有功功率以外，还要发出适量的无功功率以满足这些设备的需要。

例 3.6　把一个电感量为 0.35 H 的线圈接到 $u=220\sqrt{2}\sin(100\pi t+60°)$ V 的电源上，求线圈中电流的有效值。

解：由线圈两端电压的解析式

$$u = 220\sqrt{2}\sin(100\pi t + 60°)\ \text{V}$$

可以得到：$U=220$ V，$\omega=100\pi$ rad/s，$\varphi=60°$。

线圈的感抗为

$$X_L = \omega L = 100 \times 3.14 \times 0.35 \approx 110\ \Omega$$

因此可得

$$I = \frac{U}{X_L} = \frac{220}{110} = 2\ \text{A}$$

3. 纯电容电路

1) 容抗的概念

经分析可知，电容电压有效值(或最大值)与电流有效值(或最大值)的比值为$\frac{1}{\omega C}$，它的单位也是欧姆。当电压 U 一定时，$\frac{1}{\omega C}$越大，则电流 I 越小。可见电容具有对交流电流起阻碍作用的物理性质，所以称其为容抗，用 X_C 表示，即

$$X_C = \frac{1}{\omega C} = \frac{1}{2\pi fC} \tag{3.14}$$

容抗 X_C与电容 C、频率 f 成反比，是因为：当电容越大时，在同样电压下，电容器所容纳的电荷量就越大，因而电流越大；当频率越高时，电容器的充电与放电就进行得越快，在同样电压下，单位时间内电荷的移动量就越多，因而电流越大。所以电容元件对高频电流所呈现的容抗很小，相当于短路；而当频率 f 很低或 $f=0$(直流)时，电容就相当于开路。这就是电容的“隔直通交”作用，电容的这一特性在电子技术中被广泛应用。

2）元件的电压和电流关系

纯电容电路如图 3.15 所示。

当电压发生变化时，电容器极板上的电荷也要随着发生变化，在电路中就引起电流。电容两端电压的有效值、通过电容器的电流的有效值及容抗三者也满足欧姆定律：

$$I_C = \frac{U_C}{X_C} \tag{3.15}$$

式中 U_C为电容器两端电压的有效值，I_C为通过电容器电流的有效值。

表示电容电压、电流的波形如图 3.16 所示。

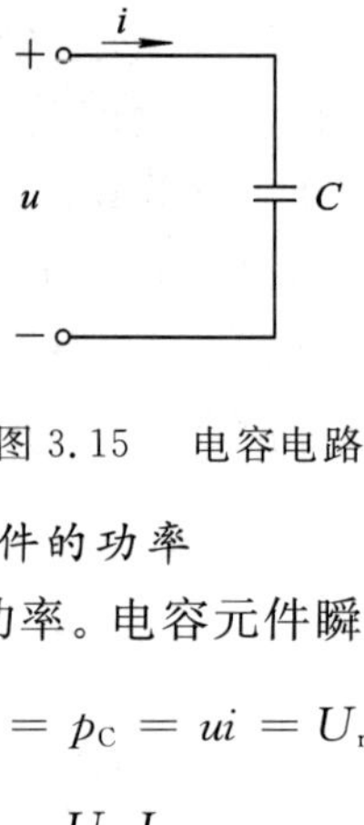

图 3.15 电容电路

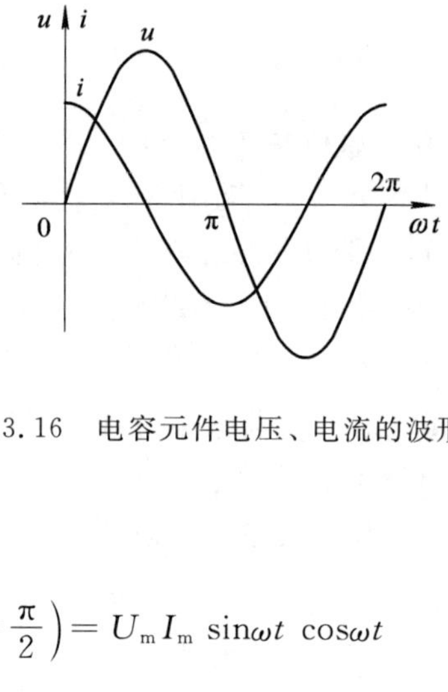

图 3.16 电容元件电压、电流的波形图

3）电容元件的功率

(1) 瞬时功率。电容元件瞬时功率的变化规律：

$$p = p_C = ui = U_m \sin\omega t \cdot I_m \sin\left(\omega t + \frac{\pi}{2}\right) = U_m I_m \sin\omega t \cos\omega t$$

$$= \frac{U_m I_m}{2} \sin 2\omega t = UI \sin 2\omega t$$

由上式可见，电容元件的瞬时功率是一个幅值为 UI，以 2ω 的角频率随时间变化的交变量。在正弦交流电作用下，纯电容元件不断地与电源进行能量交换，但却不消耗能量。

(2) 平均功率。由图 3.16 可见，纯电容元件的平均功率为

$$P = 0$$

虽然纯电容不消耗功率，但是它与电源之间存在着能量交换。为了表示能量交换的规模大小，将电容瞬时功率的最大值定义为电容的无功功率，或称容性无功功率，用 Q_C表示，即

$$Q_C = UI = I^2 X_C = \frac{U^2}{X_C} \tag{3.16}$$

Q_C的单位也是乏(var)。

例 3.7　把电容量为 40 μF 的电容器接到交流电源上，通过电容器的电流 $i=2.75\times\sqrt{2}\sin(314t+30°)$ A，试求电容器两端的电压。

解：由通过电容器的电流解析式

$$i = 2.75\times\sqrt{2}\sin(314t+30°)\ \text{A}$$

可以得到：$I=2.75$ A，$\omega=314$ rad/s，$\varphi=30°$。

电容器的容抗为

$$X_C=\frac{1}{\omega C}=\frac{1}{314\times 40\times 10^{-6}}\approx 80\ \Omega$$

因此可得

$$U=I\cdot X_C=2.75\times 80=220\ \text{V}$$

3.2.2　电阻、电感、电容串联电路

1. RLC 串联电路

1）RLC 串联电路的电压、电流关系

电阻、电感与电容元件串联的电路如图 3.17 所示。电路的各元件通过同一电流。电流与各个电压的参考方向如图中所示。分析这种电路可以应用前面所得的结果。

根据 KVL 定律可列出电源电压为

$$u=u_R+u_L+u_C=U_m\sin(\omega t+\varphi)$$

其幅值为 U_m，与电流 i 之间的相位差为 φ。

经分析，可求得电源电压的有效值，即

$$U=\sqrt{U_R^2+(U_L-U_C)^2}=\sqrt{(RI)^2+(X_LI-X_CI)^2}$$
$$=I\sqrt{R^2+(X_L-X_C)^2}$$

也可写为

$$\frac{U}{I}=\sqrt{R^2+(X_L-X_C)^2}\tag{3.17}$$

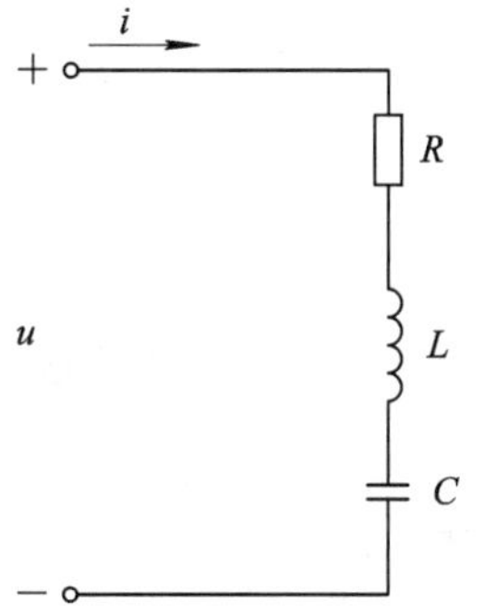

图 3.17　RLC 串联电路

2）电路中的阻抗模

由式(3.17)可见，电路中电压与电流的有效值(或幅值)之比为 $\sqrt{R^2+(X_L-X_C)^2}$。它的单位也是欧姆，也具有对电流起阻碍作用的性质，我们称其为电路的阻抗模，用 $|Z|$ 代表，即

$$|Z|=\sqrt{R^2+(X_L-X_C)^2}=\sqrt{R^2+\left(\omega L-\frac{1}{\omega C}\right)^2}\tag{3.18}$$

有了阻抗模，仍可用欧姆定律表示电流、电压、阻抗模三者之间的关系：

$$I=\frac{U}{|Z|}$$

式中 I、U 分别为电流、电压的有效值。

$|Z|$、R、(X_L-X_C) 三者之间的关系也可用一个直角三角形——阻抗三角形来表示，如图 3.18 所示。

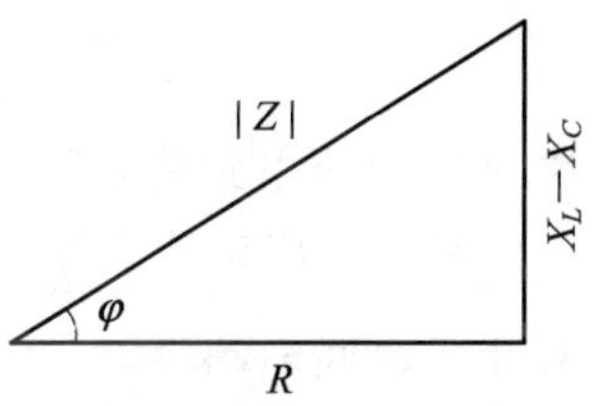

图 3.18　阻抗三角形

电源电压 u 与电流 i 之间的相位差 φ 也可从电压三角形得出，即

$$\varphi = \arctan \frac{U_L - U_C}{U_R} = \arctan \frac{X_L - X_C}{R} \tag{3.19}$$

随着电路参数的不同，电压 u 与电流 i 之间的相位差 φ 也就不同，因此，φ 角的大小是由电路的参数决定的。

阻抗的幅角 φ 即为电流与电压之间的相位差，称为阻抗角，$Z=|Z|(\cos\varphi+\mathrm{j}\ \sin\varphi)$，$Z$ 称为复阻抗。对于感性电路，φ 为正；对于容性电路，φ 为负。

2. *RL* 串联电路

实际的设备大部分是呈感性的，如日光灯负载，可以用理想电阻与理想电感相串联的电路模型表示，这类负载称为电感性负载，简称 RL 电路。这种电路就相当于 RLC 串联电路中去掉电容 C 的电路，如图 3.19 所示。

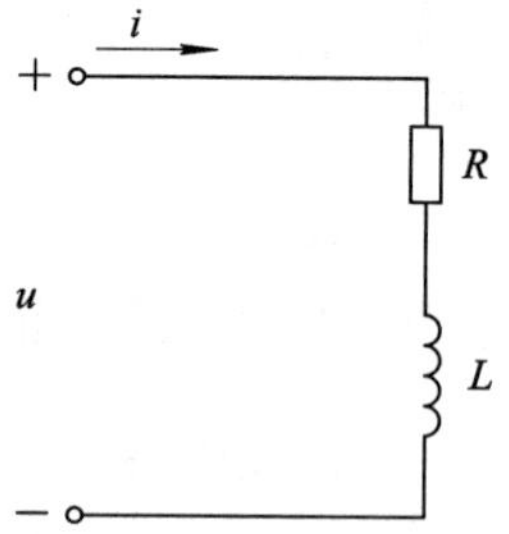

图 3.19 *RL* 串联电路

电路的电压方程为

$$I = \frac{U}{|Z|}$$

电路阻抗模为

$$|Z| = \sqrt{R^2 + X_L^2} \tag{3.20}$$

幅角或阻抗角为

$$\varphi = \arctan \frac{X_L}{R} \tag{3.21}$$

例 3.8 在 RLC 串联电路中，$R=30\ \Omega$，$X_L=40\ \Omega$，$X_C=80\ \Omega$，若电源电压 $u=220\sqrt{2}\ \sin\omega t$ V，求电路的电流、电阻电压、电感电压和电容电压。

解：由于 $u=220\sqrt{2}\ \sin\omega t$ V

所以 $U=220$ V

电路的电流：

$$I = \frac{U}{|Z|} = \frac{220}{\sqrt{30^2 + (40-80)^2}} = 4.4\ \text{A}$$

电阻电压：

$$U_R = IR = 4.4 \times 30 = 132\ \text{V}$$

电感电压：

$$U_L = I \cdot X_L = 4.4 \times 40 = 176\ \text{V}$$

电容电压：

$$U_C = I \cdot X_C = 4.4 \times 80 = 352\ \text{V}$$

可见在交流电路中，$U \neq U_R + U_C + U_L$，即总电压的有效值不等于各部分电压的有效值的和，且部分电压可能大于总电压，如 $U_C > U$。

3. *RC* 串联电路

对于电阻与电容的串联电路，即 RC 电路可用与 RL 电路同样的方法来处理。

如图 3.20 所示：

$$I=\frac{U}{|Z|}$$

$$|Z|=\sqrt{R^2+X_C^2} \qquad (3.22)$$

$$\varphi=-\arctan\frac{X_C}{R} \qquad (3.23)$$

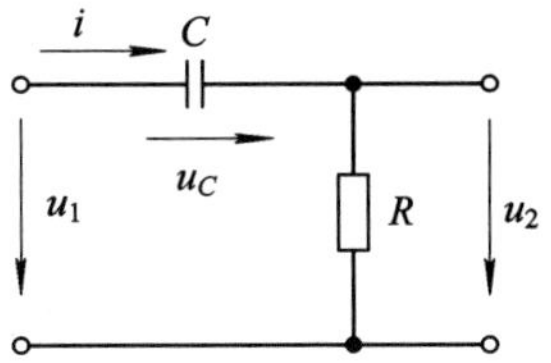

图 3.20　RC 串联电路

例 3.9　图 3.20 为 RC 移相电路。已知电阻 $R=100\ \Omega$，输入电压 u_1 的频率为 500 Hz。如要求输出电压 u_2 的相位比输入电压的相位超前 30°，则电容值应为多少？

解： 由式(3.23)可以看出

$$\frac{U_C}{U_2}=\tan 30^\circ$$

或者

$$\frac{X_C}{R}=\tan 30^\circ$$

因为 $X_C=\dfrac{1}{\omega C}$，于是

$$\frac{1}{\omega CR}=\tan 30^\circ=\frac{1}{\sqrt{3}}$$

即

$$\omega CR=\sqrt{3}$$

所以

$$C=\frac{\sqrt{3}}{\omega R}=\frac{\sqrt{3}}{2\pi fR}=\frac{\sqrt{3}}{2\pi\times 500\times 100}=5.52\times 10^{-6}\ \text{F}=5.52\ \mu\text{F}$$

3.3　正弦交流电路中的功率及功率因数的提高

电类设备及其负载都要提供或吸收一定的功率，如某台变压器提供的容量为 250 kVA，某台电动机的额定功率为 2.5 kW，一盏白炽灯的功率为 60 W 等。由于电路中负载性质的不同，它们的功率性质及大小也各不相同。前面所提到的感性负载就不一定全部都吸收或消耗能量。所以我们要对电路中的不同功率进行分析。

电力系统中的负载大多是呈感性的。这类负载不单只消耗电网能量，还要占用电网能量，这是我们所不希望的。日光灯负载内带有电容器就是为了减小感性负载占用电网的能量。这种利用电容来达到减小占用电网能量的方法称为无功补偿法，也就是后面我们提到的提高功率因数。

3.3.1　正弦交流电路中的功率

1. 瞬时功率

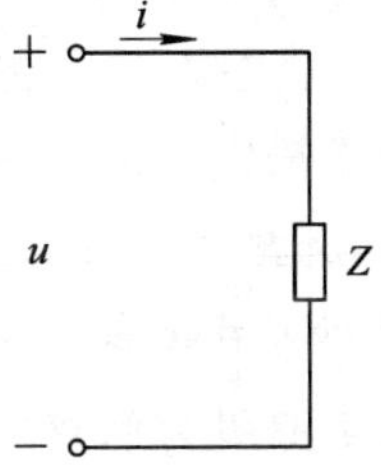

图 3.21　交流电路中的功率

如图 3.21 所示，若通过负载的电流 $i=I_m\sin\omega t$，则负载两端的电压 $u=U_m\sin(\omega t+\varphi)$，其参考方向如图 3.21 所示。在电流、电压关联参考方向下，瞬时功率为

$$p=ui=U_m\sin(\omega t+\varphi)\cdot I_m\sin\omega t$$

因为

$$\sin(\omega t+\varphi)\cdot\sin\omega t=\frac{1}{2}\cos\varphi-\frac{1}{2}\cos(2\omega t+\varphi)$$

所以

$$p=UI\cos\varphi-UI\cos(2\omega t+\varphi)$$

由上可见，瞬时功率由两部分组成：一部分是恒定分量，是一个与时间无关的量；另一部分是正弦分量，其频率为电源频率的两倍。

2. 平均功率(有功功率)

负载是要消耗电能的，其所消耗的能量可以用平均功率来表示。将一个周期内瞬时功率的平均值称为平均功率，也称有功功率。有功功率为

$$P=UI\cos\varphi \tag{3.24}$$

可见对交流电路而言，其平均功率等于负载上的电压有效值、电流有效值和 $\cos\varphi$ 的乘积。无论电路的连接形式如何，φ 角均为电路负载的阻抗角，也就是电路中电压与电流的相位差。当负载一定时，$\cos\varphi$ 是一常数，称之为负载的功率因数，φ 角则称为功率因数角。

当电路为纯电阻电路时，电压与电流同相，即 $\varphi=0$，$\cos\varphi=1$，$P=UI\cos\varphi=UI$；当电路为纯电感或纯电容电路时，电流与电压的相位差均为 $90°$，$\cos\varphi=0$，所以 $P=UI\cos\varphi=0$，与前面的讨论完全一致。

3. 无功功率

电路中的电感元件与电容元件要与电源之间进行能量交换，根据电感元件、电容元件的无功功率可知

$$Q=(U_L-U_C)I=(X_L-X_C)I^2=UI\sin\varphi \tag{3.25}$$

在感性电路中，由于 $\sin\varphi$ 为正值，所以 Q 为正值，即 $Q_L>Q_C$；在容性电路中，$\sin\varphi$ 为负值，所以 Q 为负值，即 $Q_L<Q_C$。显然，在既有电感又有电容的电路中，总的无功功率为 Q_L 与 Q_C 的代数和，即

$$Q=Q_L-Q_C \tag{3.26}$$

4. 视在功率

在实际交流电路中，电器设备所消耗的有功功率是由电压、电流和功率因数决定的。但在制造变压器等电气设备时，用电设备(即负载)的功率因数是不知道的。因此这些设备的额定功率不能用有功功率来表示，而应用额定电压与额定电流的乘积来表示，我们把它称为视在功率，即

$$S=UI \tag{3.27}$$

视在功率常用来表示电气设备的容量，其单位为伏安。视在功率不表示交流电路实际消耗的功率，而只表示电源可能提供的最大功率，或指某设备的容量。

5. 功率三角形

将交流电路表示电压间关系的电压三角形的各边乘以电流 I 即成为功率三角形，如图 3.22 所示。

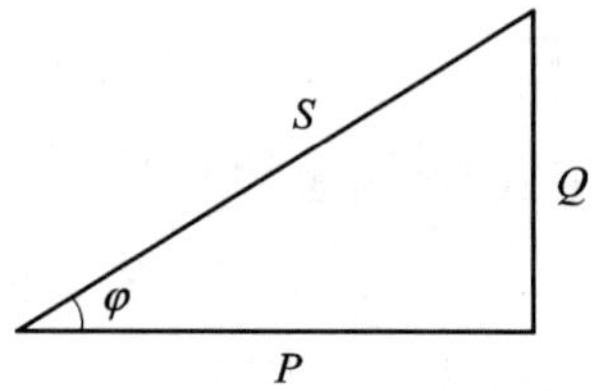

图 3.22 功率三角形

由功率三角形可得到 P、Q、S 三者之间的关系：

$$P = UI\cos\varphi \tag{3.28}$$

$$Q = UI\sin\varphi \tag{3.29}$$

$$S = \sqrt{P^2 + Q^2} \tag{3.30}$$

$$\varphi = \arctan\frac{Q}{P} \tag{3.31}$$

6. 功率因数

前面我们提过功率因数 $\cos\varphi$，其大小等于有功功率与视在功率的比值，在电工技术中，一般用 λ 表示，当负载为纯电阻负载时，$\cos\varphi=1$；但对大部分负载而言，功率因数一般在 0～1 之间，如计算机的功率因数一般为 0.6 左右，异步电动机在额定情况下工作时功率因数为 0.6～0.9，工频感应加热炉的功率因数为 0.1～0.3，日光灯的功率因数为 0.5～0.6。

φ 角称为功率因数角，它既是电路总阻抗的阻抗角，又是该电路端电压与总电流的相位差角。

例 3.10　已知电阻 $R=30\ \Omega$，电感 $L=382$ mH，电容 $C=40\ \mu$F，将它们串联后接到电压 $u=220\sqrt{2}\sin(314t+30°)$ V 的电源上。求电路的 P、Q 和 S。

解：由电压的表达式可见，电路总电压 $U=220$ V，$\omega=314$ rad/s。

电路的阻抗角为

$$\varphi = \arctan\frac{X_L - X_C}{R} = \arctan\frac{314\times 0.382 - \dfrac{1}{314\times 40\times 10^{-6}}}{30} = 53.1°$$

电路的阻抗模为

$$|Z| = \sqrt{R^2 + (X_L - X_C)^2} = \sqrt{30^2 + \left(314\times 0.382 - \frac{1}{314\times 40\times 10^{-6}}\right)^2} = 50\ \Omega$$

电路的总电流为

$$I = \frac{U}{|Z|} = \frac{220}{50} = 4.4\ \text{A}$$

电路的平均功率为

$$P = UI\cos\varphi = 220\times 4.4\times \cos 53.1° = 581\ \text{W}$$

电路的无功功率为

$$Q = UI\sin\varphi = 220\times 4.4\times \sin 53.1° = 774\ \text{var}$$

电路的视在功率为

$$S = UI = 220\times 4.4 = 968\ \text{VA}$$

由上可见，$\varphi>0$，电压超前电流，因此电路呈感性。

3.3.2　功率因数的提高

在生产和生活中使用的电气设备大多属于感性负载，它们的功率因数都较低。如供电系统的功率因数是由用户负载的大小和性质决定的，在一般情况下，供电系统的功率因数总是小于 1。例如，变压器容量为 1000 kVA，$\cos\varphi=1$ 时能提供 1000 kW 的有功功率，而在 $\cos\varphi=0.7$ 时则只能提供 700 kW 的有功功率。

1. 提高功率因数的意义

(1) 功率因数低使发电设备容量不能充分利用。每个供电设备都有额定容量，即视在功率 $S=UI$。在电路正常工作时是不允许超过额定值的，否则会损坏供电设备。对于非电阻负载电路，供电设备输出的总功率 S 中，一部分为有功功率 $P=S\cos\varphi$，另一部分为无功功率 $Q=S\sin\varphi$。即电源发生的能量得不到充分利用，其中一部分不能成为有用功，只能在电源与负载中的储能元件之间进行交换。

(2) 功率因数低增加输电线路上的损耗。功率因数低，还会增加发电机绕组、变压器和线路的功率损失。当负载电压和有功功率一定时，电路中的电流与功率因数成反比，功率因数越低，电路中的电流越大，线路上的压降也就越大，电路的功率损失也就越大。这样，不仅使电能白白地消耗在线路上，而且使得负载两端的电压降低，影响负载的正常工作。因此，为了节省电能和提高电源设备的利用率，必须提高用电设备的功率因数。根据供电管理规则，高压供电的工业企业用户的平均功率因数不应低于0.95，低压供电的用户不应低于0.9。

2. 提高功率因数的方法

提高功率因数，常用的方法是在感性负载的两端并联电容器。所需要并联的电容的容量为

$$C=\frac{P}{\omega U^2}(\tan\varphi_1-\tan\varphi) \tag{3.32}$$

式中，φ_1 为感性电路的阻抗角，φ 为并联上电容器后电路总的阻抗角。在感性负载 RL 支路上并联电容器 C 后，因为所加电压 U 和负载参数不变，所以流过负载支路的电流 $I_1=\frac{U}{\sqrt{R^2+X_L^2}}$ 不变，负载本身的功率因数 $\cos\varphi_1=\frac{R}{\sqrt{R^2+X_L^2}}$ 不变，电路中消耗的有功功率 $P=RI_1^2=UI\cos\varphi_1$ 也不变。但总电压 u 与总电流 i 的相位差 φ 减小了，总功率因数 $\cos\varphi$ 提高了。这里所讲的功率因数提高了是指电源或电网的功率因数提高了，而不是说某个感性负载的功率因数提高了。

在感性负载上并联了电容器以后，减少了电源与负载之间的能量互换。这时感性负载所需的无功功率，大部分或全部由电容器供给，就是说能量的互换现在主要发生在感性负载与电容器之间，因而使发电设备容量能得到充分利用。

教学情境四 三相交流电路的连接与测量

情境描述：

1. 三相负载星形连接(三相四线制供电)

按图3.23(a)所示线路组接实验电路。即三相灯组负载经三相自耦调压器接通三相对称电源。将三相调压器的旋柄置于输出为0 V的位置(即逆时针旋到底)。经指导教师检查合格后，方可开启实验台电源，然后调节调压器的输出，使输出的三相线电压为220 V，并按下述内容完成各项实验：分别测量三相负载的线电压、相电压、线电流(相电流)、中线电流、电源中点与负载中点间的电压(中点电压)。将测得的数据记入表3.2中，并观察各相灯组亮暗的变化程度，特别要注意观察中线的作用。

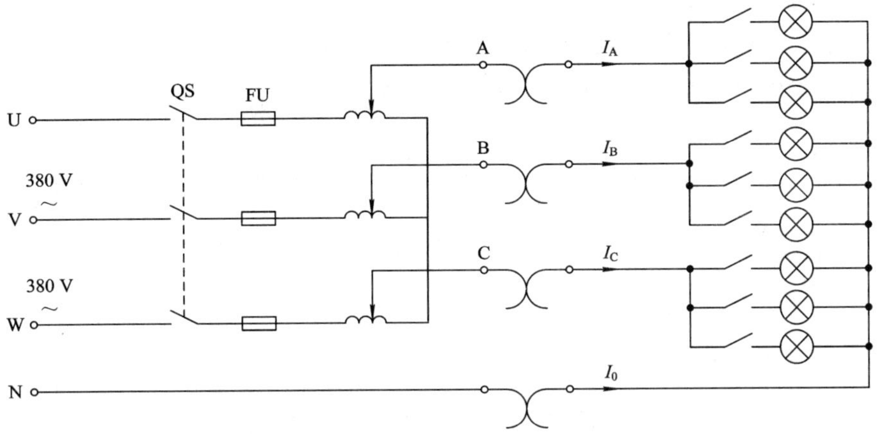

(a)

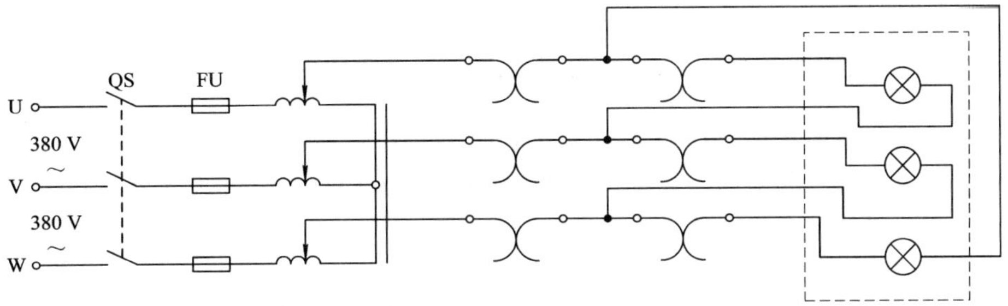

(b)

图 3.23　三相负载交流电路

表 3.2

电路工作状态		负载对称		负载不对称		A相负载开路	
		有中线	无中线	有中线	无中线	有中线	无中线
开灯盏数	A 相						
	B 相						
	C 相						
线电压/V	U_{AB}						
	U_{BC}						
	U_{CA}						
相电压/V	U_{AO}						
	U_{BO}						
	U_{CO}						
线电流/A	I_A						
	I_B						
	I_C						
中点电压	U_{NO}						
中线电流	I_O/A						

2. 负载三角形连接(三相三线制供电)

按图 3.23(b)改接线路,经指导教师检查合格后接通三相电源,并调节调压器,使其输出线电压为 220 V,并按表 3.3 的内容进行测试。

表 3.3

电路工作状态	开灯盏数			线电压=相电压/V			线电流/A			相电流/A		
	A-B相	B-C相	C-A相	U_{AB}	U_{BC}	U_{CA}	I_A	I_B	I_C	I_{AB}	I_{BC}	I_{CA}
负载对称												
负载不对称												
一相负载开路												
电源一端线断线												

情境分析:三相交流电路的连接较复杂,各种电路如何连接?上面提到的各种名称是什么意思?电流、电压相互之间有何关系?如何计算?(计算三相电路要借用前面的正弦交流电路的方法及公式,但又有其特殊性。)

3.4 三相电源与三相负载

3.4.1 三相交流电的产生

电能可以由水能(水力发电)、热能(火力发电)、核能(核能发电)、化学能(电池)、太阳能(太阳能电站)等转换而得。而各种电站、发电厂,其能量的转换由三相发电机来完成。例如:三峡电站,三相水轮发电机将水能转换为电能;火电站,三相汽轮发电机将燃烧煤炭产生的热能转换为电能。那么三相交流电是如何产生的?它有何特点?

1. 三相交流电路的定义

电能是现代化生产、管理及生活的主要能源,电能的生产、传输、分配和使用等许多环节构成一个完整的系统,这个系统叫作电力系统。电力系统目前普遍采用三相交流电源供电,由三相交流电源供电的电路称为三相交流电路。所谓三相交流电路,是指由三个频率相同、最大值(或有效值)相等、在相位上互差 120°的单相交流电动势组成的电路,这三个电动势称为三相对称电动势。

2. 三相交流电的特点

三相交流电与单相交流电相比具有如下优点:

(1) 三相交流发电机比功率相同的单相交流发电机体积小、重量轻、成本低。

(2) 当输送功率相等、电压相同、输电距离一样、线路损耗也相同时,用三相制输电比用单相制输电可大大节省输电线有色金属的消耗量,即输电成本较低。例如,三相输电的用铜量仅为单相输电用铜量的 75%。

(3) 目前获得广泛应用的三相异步电动机，以三相交流电作为电源，它与单相电动机或其他电动机相比，具有结构简单、价格低廉、性能良好和使用维护方便等优点。

因此在现代电力系统中，三相交流电路获得了广泛应用。

3. 三相交流电的产生

三相交流电的产生就是指三相交流电动势的产生。三相交流电动势由三相交流发电机产生，它是在单相交流发电机的基础上发展而来的。如图 3.24 所示，在发电机定子(固定不动的部分)上嵌放了三相结构完全相同的线圈 U_1U_2、V_1V_2、W_1W_2(通称绕组)，这三相绕组在空间位置上各相差 120°，分别称为 U 相、V 相和 W 相。U_1、V_1、W_1 三端称为首端，U_2、V_2、W_2 则称为末端。工厂或企业配电站或厂房内的三相电源线(用裸铜排时)一般用黄、绿、红分别代表 U、V、W 三相。

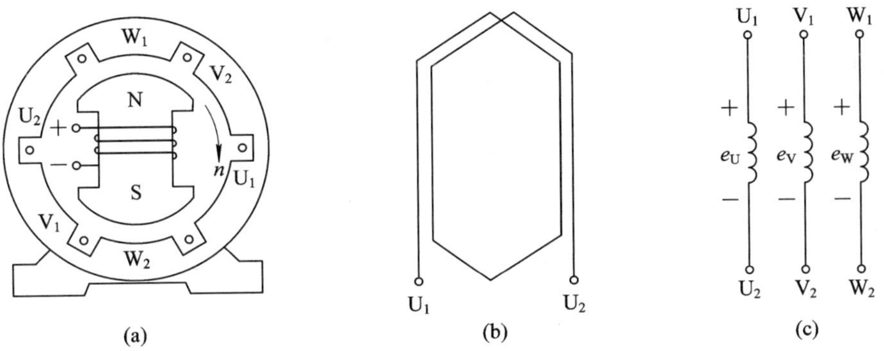

图 3.24　三相交流发电机

(a) 原理示意图；(b) 一相绕组；(c) 三相绕组

磁极放在转子上，一般均由直流电通过励磁绕组产生一个很强的恒定磁场。当转子由原动力拖动作匀速转动时，三相定子绕组即切割转子磁场而感应出三相交流电动势。由于三相绕组在空间各相差 120°，因此三相绕组中感应出的三个交流电动势在时间上也相差三分之一周期(也就是 120°角)。这三个电动势的三角函数表达式为

$$\begin{cases} e_U = E_m \sin\omega t \\ e_V = E_m \sin(\omega t - 120°) \\ e_W = E_m \sin(\omega t - 240°) \end{cases} \tag{3.33}$$

三相交流电动势在任一瞬间其三个电动势的代数和为零。我们把它们称作三相对称电动势，规定每相电动势的正方向是从线圈的末端指向首端(或由低电位指向高电位)。

3.4.2　三相电源与负载的连接

由发电站三相交流发电机发出的三相交流电，通过三相输电线传输、分配给不同的用户。一般发电站与用户之间有一定的距离，因此采用高压传输。而不同用户的用电设备不同，例如：工厂的用电设备一般为三相低压用电设备，且功率较大；家庭用电设备一般为单相低压用电设备，功率小。我们都听说过或看到过三相三线制供电方式和三相四线制供电方式。它们有何不同？如何连接？

我们知道，三相交流发电机实际上有三个绕组，六个接线端，如果这三相电源分别用输电线向负载供电，则需六根输电线(每相用两根输电线)，这样很不经济，我们目前采用的是将这三相交流电按照一定的方式，连接成一个整体向外输送。连接的方法通常为星形和三角形。

电力系统的负载，从它们的使用方法来看，可以分成两类。一类是像电灯这样有两根出线的，叫作单相负载，电风扇、收音机、电烙铁、单相电动机等都是单相负载。另一类是像三相电动机这样的有三个接线端的负载，叫作三相负载。

在三相负载中，如果每相负载的电阻均相等，电抗也相等(且均为容抗或均为感抗)，则称其为三相对称负载。如果各相负载不同，就是不对称的三相负载，如三相照明电路中的负载。

任何电气设备都设计在某一规定的电压下使用(称为额定电压)，若加在电气设备上的电压高于此额定电压，则设备的使用寿命就会降低；若低于额定电压，则不能正常工作。因此，使用任何电气设备时都要注意负载本身的额定电压应与电源电压一致。负载也和电源一样可以采用两种不同的连接方法，即星形连接和三角形连接。

1. 三相电源的星形连接(Y 形连接)

1) 基本概念

(1) 星形连接。将电源的三相绕组末端 U_2、V_2、W_2 连在一起，首端 U_1、V_1、W_1 分别与负载相连，这种方式就叫作星形连接，如图 3.25 所示。

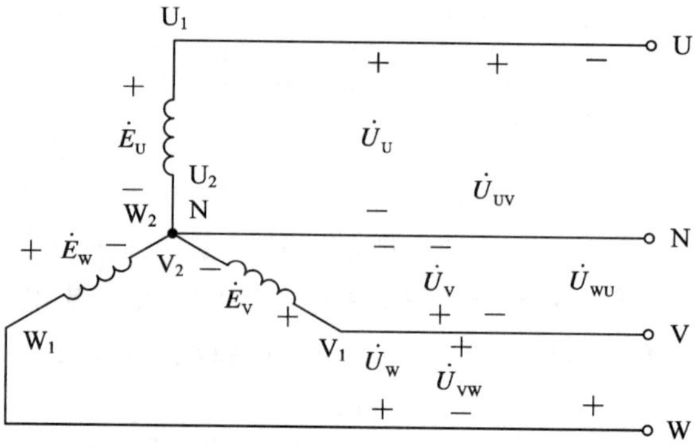

图 3.25 三相电源的星形连接(有中性线)

(2) 中点、中性线、相线。三相绕组末端相连的一点称为中点或零点，一般用"N"表示。从中点引出的线叫中性线(简称中线)。由于中线一般与大地相连，通常又称为地线(或零线)。从首端 U_1、V_1、W_1 引出的三根导线称为相线(或端线)。由于它们与大地之间有一定的电位差，一般统称火线。

通常把引出的三根相线对应的一相分别称为 A 相、B 相、C 相；三相的顺序是 A—B—C，称为正序或顺序，而 A—C—B 则称为反序或逆序。

(3) 输电方式。由三根火线和一根地线组成的输电方式称为三相四线制(通常在低压配电系统中采用)。只由三根火线组成的输电方式称为三相三线制(在高压输电时采用较多)。

2）三相电源星形连接时的电压关系

三相绕组连接成星形时，可以得到两种电压：

（1）相电压 U_P，即每个绕组的首端与末端之间的电压。相电压的有效值用 U_U、U_V、U_W 表示。

（2）线电压 U_L，即各绕组首端与首端之间的电压（即任意两根相线之间的电压），其有效值分别用 U_{UV}、U_{VW}、U_{WU}表示。

相电压与线电压的参考方向是这样规定的：相电压的正方向是由首端指向中点 N（例如电压 U_U 是由首端 U_1 指向中点 N）；线电压的方向，如电压 U_{UV}是由首端 U_1 指向首端 V_1，如图 3.25 所示。

线电压 U_L与相电压 U_P的关系是：星形连接三相电路中线电压的大小是相电压的 $\sqrt{3}$倍，其公式为

$$U_L = \sqrt{3}U_P \tag{3.34}$$

因此平常讲的电源电压为 220 V，即是指相电压（亦即火线与地线之间的电压）；讲电源电压为 380 V，即是指线电压（两根火线之间的电压）。由此可见：三相四线制的供电方式可以给负载提供两种电压，即线电压 380 V 和相电压 220 V，因而在实际中获得了广泛的应用。

2. 三相电源的三角形连接（△连接）

1）基本概念

如图 3.26 所示，将电源一相绕组的末端与另一相绕组的首端依次相连（接成一个三角形），再从首端 U_1、V_1、W_1 分别引出端线，这种连接方式就叫三角形连接。

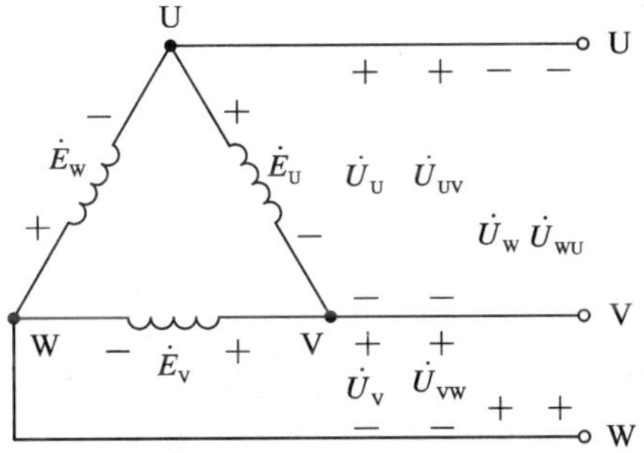

图 3.26　三相电源的△连接

2）三相电源三角形连接时的电压关系

三相电源三角形连接时，电路中线电压的大小与相电压的大小相等，即

$$U_L = U_P \tag{3.35}$$

3. 三相负载的星形连接

1）接线特点

如图 3.27 所示为三相负载星形连接电路图，它的接线原则与电源的星形连接相似，即将每相负载末端连成一点 N（中性点 N），首端 U、V、W 分别接到电源线上。

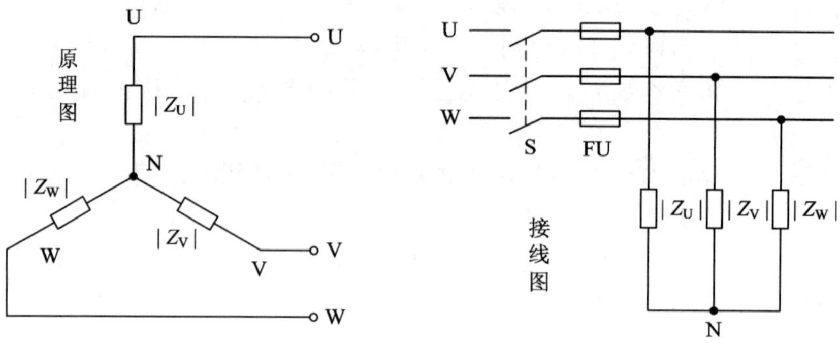

图 3.27 三相负载的星形连接(无中性线)

2) 电压、电流关系

为讨论问题方便，先作如下说明：

(1) 线电压 U_L。三相负载的线电压就是电源的线电压，也就是两根相线(火线)之间的电压。

(2) 相电压 U_P。每相负载两端的电压称作负载的相电压，在忽略输电线上的电压降时，负载的相电压就等于电源的相电压，因此 $U_L=\sqrt{3}U_P$。

(3) 线电流 I_L。流过每根相线上的电流叫线电流。

(4) 相电流 I_P。流过每相负载的电流叫相电流。

(5) 中线电流 I_N。流过中线的电流叫中线电流。

对于三相电路中的每一相而言，可以看成一个单相电路，所以各相电流与电压间的相位关系及数量关系都可用讨论单相电路的方法来讨论。

若三相负载对称，则在三相对称电压的作用下，流过三相对称负载中每相负载的电流应相等，即

$$I_L = I_U = I_V = I_W = \frac{U_P}{|Z_P|}$$

$$I_N = 0$$

图 3.27 所示的接线方式是只有三根相线，而没有中性线的电路，即三相三线制。图 3.28(a)的接线方式除了三根相线外，在中性点还接有中性线，即三相四线制。三相四线制除供电给三相负载外，还可供电给单相负载，故在有照明、单相电动机、电扇、各种家用电器的场合，也就是说一般低压用电场所，大多采用三相四线制。

3) 三相四线制的特点

(1) 相电流 I_P 等于线电流 I_L，即

$$I_P = I_L \tag{3.36}$$

(2) 加在负载上的相电压 U_P 和线电压 U_L 之间有如下关系：

$$U_L = \sqrt{3}U_P \tag{3.37}$$

当三相电路中的负载完全对称时，在任意一个瞬间，三个相电流中总有一相电流与其余两相电流之和大小相等，方向相反，正好互相抵消，如图 3.28(b)所示。所以，流过中性线的电流等于零。

因此，在三相对称电路中，当负载采用星形连接时，由于流过中性线的电流为零，取

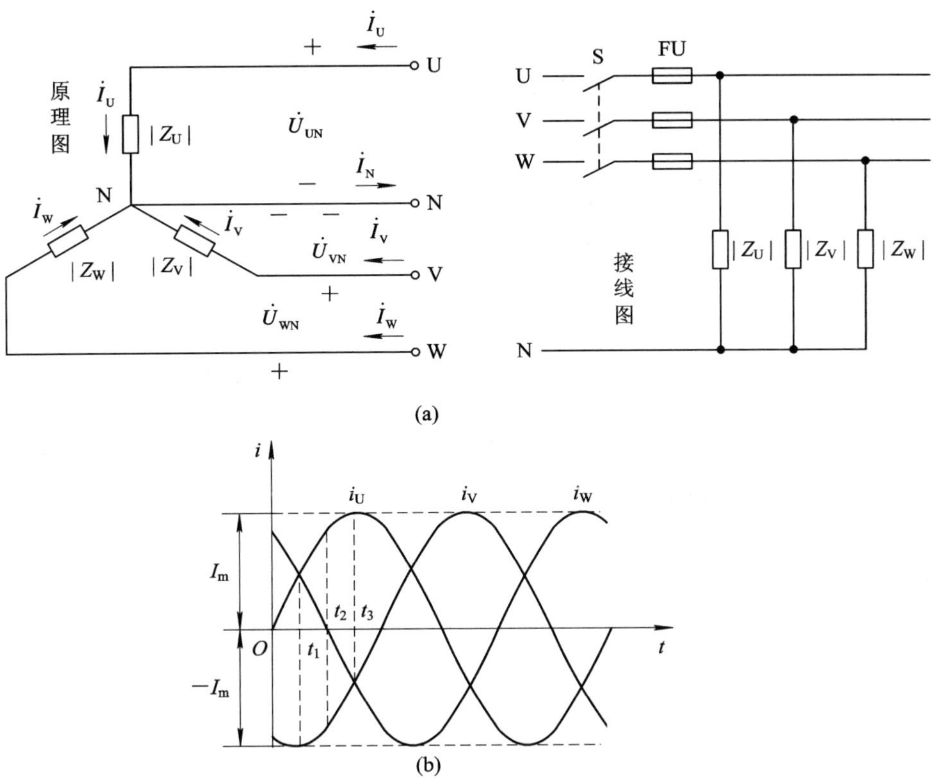

图 3.28　三相负载的星形连接(有中性线)及对称三相电流波形

消中性线也不会影响到各相负载的正常工作，因此三相四线制就可以变成三相三线制供电。例如三相异步电动机及三相电炉等负载，当采用星形连接时，电源对该类负载就不需接中性线。通常在高压输电时，由于三相负载都是对称的三相变压器，所以都采用三相三线制供电。

若三相负载不对称，则中性线电流不为零，中性线不能省略。因为当有中性线存在时，它能使星形连接的各相负载在不对称的情况下，也具有对称的电源相电压，从而保证了各相负载能正常工作。如果中性线断开变成三相三线制供电，将导致各相负载的相电压分配不均匀，有时会出现很大的差别，造成有的相电压超过额定相电压而使用电设备不能正常工作的故障。故三相四线制供电时中性线决不允许断开。因此在中性线上不能安装开关、熔断器，而且中性线本身强度要好，接头处应连接牢固。另外，接在三相四线制电网上的单相负载，例如照明电路、单相电动机、小型电热设备、各种家用电器、电焊机等，在设计安装供电线路时也尽量做到把各单相负载均匀地分配给三相电源，以保证供电电压的对称和减少流过中性线的电流。

4. 三相负载的三角形连接

1）接线特点

将三相负载分别接在三相电源的每两根相线之间的接法，称为三相负载的三角形连接，如图 3.29 所示。

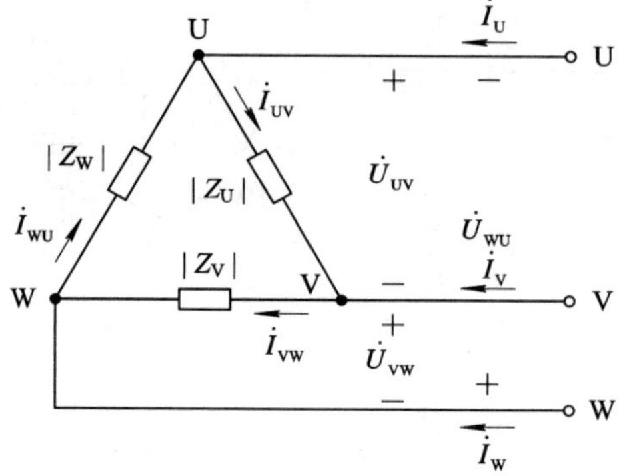

图 3.29 负载的三角形连接

2）电压、电流关系

对于三角形连接的每相负载来说，也是单相交流电路，所以各相电流、电压和阻抗三者的关系仍与单相电路相同。由于三角形连接的各相负载是接在两根相线之间的，因此负载的相电压就是线电压。

设三相电源及负载均对称，则三相电流大小均相等，为

$$I_P = I_{UV} = I_{VW} = I_{WU} = \frac{U_P}{|Z_P|}$$

不难证明 $I_L = \sqrt{3} I_P$。即当三相对称负载采用三角形连接时，线电流等于相电流的$\sqrt{3}$倍。因此三相对称负载三角形连接的电流、电压关系为：

（1）线电压 U_L 与相电压 U_P 相等，即

$$U_L = U_P \tag{3.38}$$

（2）线电流 I_L 是相电流 I_P 的$\sqrt{3}$倍，即

$$I_L = \sqrt{3} I_P \tag{3.39}$$

例 3.11 有三个 100 Ω 的电阻，将它们连接成星形或三角形，分别接到线电压为 380 V 的对称三相电源上，如图 3.30 所示。试求线电压、相电压、线电流和相电流各是多少。

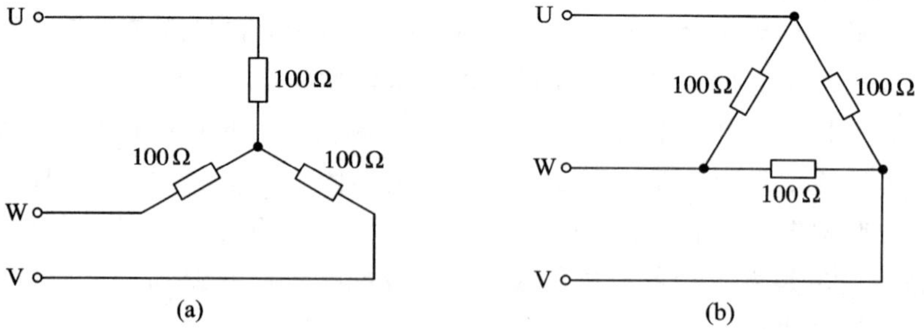

图 3.30 负载的连接

（a）星形连接；（b）三角形连接

解：（1）负载作星形连接，如图 3.30(a)所示。负载的线电压 $U_V = 380$ V，负载的相电压为线电压的$\frac{1}{\sqrt{3}}$，即

$$U_P = \frac{U_L}{\sqrt{3}} = \frac{380}{\sqrt{3}} = 220\ \text{V}$$

负载的相电流等于线电流，即

$$I_P = I_L = \frac{U_P}{R} = \frac{220}{100} = 2.2\ \text{A}$$

(2) 负载作三角形连接，如图 3.30(b)所示。负载的线电压 $U_L=380$ V，负载的相电压等于线电压，即

$$U_P = U_L = 380\ \text{V}$$

负载的相电流为

$$I_P = \frac{U_P}{R} = \frac{380}{100} = 3.8\ \text{A}$$

负载的线电流为相电流的$\sqrt{3}$倍，即

$$I_L = \sqrt{3} I_P = \sqrt{3} \times 3.8 = 6.58\ \text{A}$$

例 3.12　大功率三相电动机启动时，由于启动电流较大而采用降压启动，其方法之一是启动时将电动机三相绕组接成星形，而在正常运行时改接为三角形。试比较当绕组为星形连接和三角形连接时相电流的比值及线电流的比值。

解：当绕组按星形连接时，有

$$U_{YP} = \frac{U_L}{\sqrt{3}}$$

$$I_{YL} = I_{YP} = \frac{U_{YP}}{|Z|} = \frac{U_L}{\sqrt{3}|Z|}$$

当绕组按三角形连接时，有

$$U_{\triangle P} = U_L$$

$$I_{\triangle P} = \frac{U_{\triangle P}}{|Z|} = \frac{U_L}{|Z|}$$

$$I_{\triangle L} = \sqrt{3} I_{\triangle P} = \frac{\sqrt{3} U_L}{|Z|}$$

所以，两种接法的相电流的比值为

$$\frac{I_{YP}}{I_{\triangle P}} = \frac{U_L/(\sqrt{3}|Z|)}{U_L/|Z|} = \frac{1}{\sqrt{3}}$$

线电流的比值为

$$\frac{I_{YL}}{I_{\triangle L}} = \frac{U_L/(\sqrt{3}|Z|)}{\sqrt{3}U_L/|Z|} = \frac{1}{3}$$

3.4.3　三相电路的功率

我们知道，计算单相电路中的有功功率的公式是

$$P = UI\cos\varphi$$

式中，U、I 分别表示单相电压和单相电流的有效值，φ 是电压和电流之间的相位差。在三相交流电路中，三相负载消耗的总功率为各相负载消耗功率之和，即

$$P = P_1 + P_2 + P_3 = U_{1P} I_{1P}\cos\varphi_1 + U_{2P} I_{2P}\cos\varphi_2 + U_{3P} I_{3P}\cos\varphi_3$$

当三相电路对称时，由于每一相的电压和电流都相等，阻抗角 φ 也相同，所以各相电路的功率必定相等，可以把它看成是三个单相交流电路的组合，因此三相交流电路的功率等于三倍的单相功率，即

$$P = 3P_P = 3U_P I_P \cos\varphi \tag{3.40}$$

式中，P 为三相负载的总有功功率，简称三相功率(W)；P_P 为对称三相负载每一相的有功功率(W)；U_P 为负载的相电压(V)；I_P 为负载的相电流(A)；φ 为相电压与相电流之间的相位差。

一般情况下，相电压和相电流不容易测量。例如，三相电动机绕组接成三角形时，要测量它的相电流就必须把绕组端部拆开。因此，通常我们用线电压和线电流来计算功率。

当三相对称负载星形连接时，有

$$U_L = \sqrt{3}U_P, \quad I_L = I_P$$

当三相对称负载三角形连接时，有

$$U_L = U_P, \quad I_L = \sqrt{3}I_P$$

因此，对称负载不论是作星形连接还是作三角形连接，其总有功功率均为

$$P = \sqrt{3}U_L I_L \cos\varphi \tag{3.41}$$

必须注意，φ 仍是相电压与相电流之间的相位差，而不是线电压与线电流间的相位差。同样的道理，对称三相负载的无功功率和视在功率分别为

$$Q = \sqrt{3}U_L I_L \sin\varphi \tag{3.42}$$

$$S = \sqrt{3}U_L I_L = \sqrt{P^2 + Q^2} \tag{3.43}$$

如果三相负载不对称，则应分别计算各相功率，三相的总功率等于三个单相功率之和。

例 3.13 已知某三相对称负载接在线电压为 380 V 的三相电源中，其中每一相负载的阻值 $R_P = 6\ \Omega$，感抗 $X_P = 8\ \Omega$。试分别计算该负载作星形连接和三角形连接时的相电流、线电流以及有功功率。

解：(1) 负载作星形连接时，每一相的阻抗模为

$$|Z_P| = \sqrt{R_P^2 + X_P^2} = \sqrt{6^2 + 8^2} = 10\ \Omega$$

而负载作星形连接时，有

$$U_L = \sqrt{3}U_P$$

所以

$$U_P = \frac{U_L}{\sqrt{3}} = \frac{380}{\sqrt{3}} = 220\ \text{V}$$

则

$$I_P = \frac{U_P}{|Z_P|} = \frac{220}{10} = 22\ \text{A}$$

又

$$\cos\varphi = \frac{R_P}{Z_P} = \frac{6}{10} = 0.6$$

所以

$$P = \sqrt{3}U_L I_L \cos\varphi = \sqrt{3} \times 380 \times 22 \times 0.6 \approx 8.7\ \text{kW}$$

（2）负载作三角形连接时，线电压等于相电压，即

$$U_L = U_P = 380\ \text{V}$$

每相负载电流为

$$I_P = \frac{U_P}{|Z_P|} = \frac{380}{10} = 38\ \text{A}$$

而

$$I_L = \sqrt{3} I_P = \sqrt{3} \times 38 \approx 66\ \text{A}$$

所以

$$P = \sqrt{3} U_L I_L \cos\varphi = \sqrt{3} \times 380 \times 66 \times 0.6 \approx 26\ \text{kW}$$

由以上计算我们可以知道，负载作三角形连接时的线电流及三相功率均为作星形连接时的三倍。

本章小结

通过本章的学习，可以回答教学情境三、四提出的问题，这也是本章的重点内容。

1. 正弦交流电的三要素及有效值

（1）正弦交流电的三要素：

$$i = I_m \sin(\omega t + \varphi)$$

正弦交流电可由最大值 I_m、角频率 ω（或频率 f 或周期 T，$\omega = 2\pi f$）和初相位 φ 来描述。

（2）有效值：

$$I = \frac{I_m}{\sqrt{2}},\quad U = \frac{U_m}{\sqrt{2}}$$

有效值表示了正弦交流电的电流、电压大小。

2. 单个电阻、电容、电感组成的交流电路

R、L、C 元件上电压与电流之间的关系如表 3.4 所示。

表 3.4　R、L、C 元件上电压与电流之间的关系

元件名称	特征参数	有效值关系	相位关系
电阻 R	R	$U_R = RI$	$\varphi_u = \varphi_i$
电感 L	$X_L = \omega L$	$U_L = X_L L$	$\varphi_u = \varphi_i + 90°$
电容 C	$X_C = 1/(\omega C)$	$U_C = X_C I$	$\varphi_u = \varphi_i - 90°$

3. RLC 串联交流电路的计算

$$I = \frac{U}{|Z|}$$

阻抗模：

$$|Z| = \sqrt{R^2 + (X_L + X_C)^2}$$

阻抗角：

$$\varphi = \arctan\frac{X_L - X_C}{R}$$

如果只有两个元件，*RLC* 电路相应地也可变为 *RC* 电路与 *RL* 电路。计算公式只要将上两式中的 X_L 及 X_C 分别取 0 值即可。

4. 交流电路功率(特别是有功功率)的计算

有功功率：

$$P = UI\cos\varphi$$

无功功率：

$$Q = UI\sin\varphi$$

视在功率：

$$S = UI = \sqrt{P^2 + Q^2}$$

提高功率因数，常用的方法是在感性负载的两端并联电容器。所需要并联的电容的容量为

$$C = \frac{P}{\omega U^2}(\tan\varphi_1 - \tan\varphi)$$

5. 三相交流电路的两种连接及计算

(1) 三相电源的两种连接。

三相电源星形连接时的电压关系：线电压是相电压的$\sqrt{3}$倍，即

$$U_{\mathrm{L}} = \sqrt{3}U_{\mathrm{P}}$$

三相电源三角形连接时的电压关系：线电压的大小与相电压的大小相等，即

$$U_{\mathrm{L}} = U_{\mathrm{P}}$$

(2) 三相负载的两种连接。

三相对称负载星形连接时，有

$$I_{\mathrm{L}} = I_{\mathrm{P}}$$

$$U_{\mathrm{L}} = \sqrt{3}U_{\mathrm{P}}$$

三相对称负载三角形连接时。

$$U_{\mathrm{L}} = U_{\mathrm{P}}$$

$$I_{\mathrm{L}} = \sqrt{3}I_{\mathrm{P}}$$

(3) 三相对称电路的功率：

$$P = \sqrt{3}U_{\mathrm{L}}I_{\mathrm{L}}\cos\varphi$$

习 题 三

一、填空题

1. 电压 $u=141\sin(314t+30°)$ V，则该电压的频率为______Hz，有效值为______V，初相位为______。

2. 已知某正弦电压在 $t=0$ 时的瞬时值为 220 V，其初相位为 45°，该正弦电压的有效值 $U=$ ______V。

3. 正弦交流电的三要素是______、______、______。

4. 用交流电压表测量的是正弦交流电压的______值。

5. 某广播的频率为 100 MHz，则其周期 $T=$______秒，角频率 $\omega=$______rad/s。

6. 正弦交流电压 $u=220\sqrt{2}\sin(314t+60°)$ V，则它的最大值为______ V，有效值为______ V，角频率为______rad/s，频率为______Hz，周期为______s，初相位为______。

7. 如果用交流电压表测量某交流电压，其读数为 380 V，此交流电压的有效值为_____ V，最大值为______ V。

8. 有一电感 L 为 0.08 H 的纯电感线圈，通过频率为 50 Hz 的交流电，其感抗 $X_L=$______Ω。

9. 一个 10 μF 的电容接在 50 Hz 的交流电源上，其容抗 $X_C=$______Ω。

10. RLC 串联电路中，$R=10\ \Omega$，$L=1$ H，$C=0.1\ \mu$F，当电源角频率 $\omega=100$ rad/s 时，电路呈______性；当电源角频率 $\omega=10\ 000$ rad/s 时，电路呈______性。

11. 在直流电路中，电感元件的阻抗为______，电容元件的阻抗为______。

12. 我国工业和生活所用交流电的频率为______Hz。

13. 已知一交流电路负载的无功功率 $Q=Q_L-Q_C<0$，该电路负载的性质为______。

14. 在 RLC 串联电路中，当 $X_L>X_C$ 时，电路呈______性；当 $X_L<X_C$ 时，电路呈______性；当 $X_L=X_C$ 时，电路呈______性。

15. 有一个 10 mH 的电感，接在 $u=141\sin(100t-30°)$ V 的电源上，则电流的有效值 $I=$______ A，无功功率 $Q=$______var。

16. 有一个 $C=20\ \mu$F 的电容器，接在 $u=141\sin(100t-30°)$V 的电源上，则电流的有效值 $I=$______A，无功功率 $Q=$______var。

17. 若电源电压有效值保持不变而频率提高，则 RC 串联正弦交流电路的电流有效值将______。

18. 在感性负载电路中，为了提高功率因数和不改变负载两端的电压，通常采用并联______的方法。

19. 1 度电就是 1 千瓦的功率做功 1 小时所消耗的电能，所以它的单位又叫______。

20. RC 串联的正弦交流电路，若 $R=X_C$，则该电路的功率因数为______。

21. 在正弦交流电路中，某负载的有功功率 $P=1000$ W，无功功率 $Q=577$ var，则该负载的功率因数为______。

22. RC 串联的正弦交流电路中，电阻元件的端电压为 12 V，电容元件的端电压为 16 V，则电路的总电压为______V。

23. 如果三相对称负载采用星形连接，接在三相对称电源下，其线电压等于______倍的相电压，而线电流等于______倍的相电流。

24. 如果三相对称负载采用三角形连接，接在三相对称电源下，其线电压等于______倍的相电压，而线电流等于______倍的相电流。

25. 若三相电动势依次达到最大值的次序为 A—C—B，则称该次序为______。

二、选择题

1. 下列关于日光灯的说法中，错误的是(　　)。

A) 启辉器只在日光灯启辉时有作用

B）一旦日光灯点亮，启辉器处在断开状态

C）镇流器不消耗电能

D）一旦日光灯点亮，镇流器、灯管构成一个电流通路，由于镇流器与灯管串联，可以限制和稳定电路的工作电流

2. 下列不是采用交流电的是（　　）。

A）电解、电镀、电信　　B）变压器　　C）交流电机　　D）日常生活中

3. 交流电与直流电的下列说法中不正确的是（　　）。

A）恒稳直流电的方向、大小不随时间变化

B）交流电流大，直流电流小

C）正弦交流电在一周期内的平均值为零

D）正弦交流电的方向、大小都随时间作周期性的变化

4. 下列不是正弦量的三要素的是（　　）。

A）频率　　B）初相位　　C）方向　　D）幅值

5. 下列关于民用交流电压 380 V 或者 220 V 的说法中，错误的是（　　）。

A）指它的有效值　　B）380 V 是线电压

C）是线电压或相电压的最大值　　D）220 V 是相电压

6. 一般交流电流表和电压表的刻度是（　　）。

A）最大值　　B）有效值　　C）瞬时值　　D）最小值

7. 下列是交流电的三要素的是（　　）。

A）相位角　　B）相位　　C）初相位　　D）相位角或者相位

8. 两个同频率正弦交流电的相位差等于 180°时，它们的相位关系是（　　）。

A）同相　　B）反相　　C）相等　　D）以上都不是

9. 下列关于电压、电流之间的相位差 φ 的说法中，错误的是（　　）。

A）$\varphi>0$，表示电路呈电感性

B）$\varphi<0$，表示电路呈电容性

C）φ 不可能为 0

D）$\varphi=0$，表示电路呈电阻性

10. 正弦电压 u 的波形如图 3.31 所示，其正确的解析表达式是（　　）。

A）$u=-311\sin\left(250\pi t+\dfrac{\pi}{4}\right)$ V

B）$u=311\sin\left(250\pi t+\dfrac{\pi}{4}\right)$ V

C）$u=-311\sin\left(500\pi t-\dfrac{3\pi}{4}\right)$ V

D）$u=311\sin\left(500\pi t-\dfrac{3\pi}{4}\right)$ V

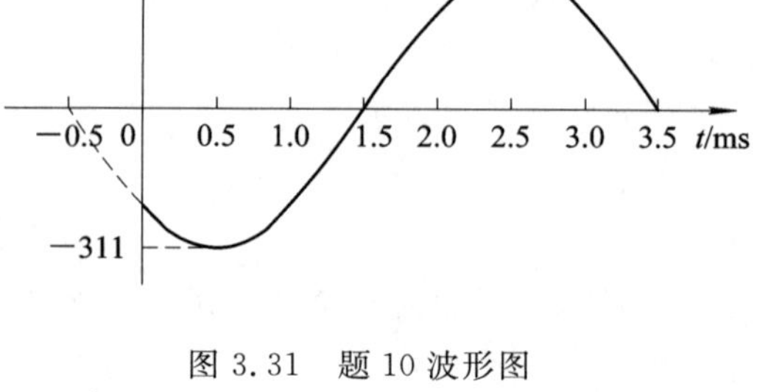

图 3.31　题 10 波形图

11. 某正弦交流电压 u 的初相位为 45°，在 $t=0$ 时 $u=220$ V，则 u 的有效值为（　　）。

A）220 V　　B）380 V　　C）144 V　　D）155 V

12. 正弦交流电的最大值等于有效值的（　　）。

A) 2 倍　B) $\sqrt{2}$ 倍　C) $\sqrt{3}$倍　D) $\sqrt{2}/2$ 倍

13. 下列日常用电负载中，属于纯电阻性负载的是(　　)。

A) 白炽灯　B) 日光灯

C) 交流异步电动机　D) 风扇

14. 下列关于交流纯电感电路的说法中，错误的是(　　)。

A) 电压超前电流 90°

B) 功率为 0

C) 无功功率为 0

D) 有功功率为 0

15. 下列关于感抗的说法中，错误的是(　　)。

A) 其单位为欧姆

B) 其大小与频率成正比

C) 其大小不变

D) 其大小与电感成正比

16. 在纯电容正弦交流电路中，下列各式正确的是(　　)。

A) $i=u/X_C$　B) $I_m=U/X_C$　C) $I=U/X_C$　D) $i=u\cdot X_C$

17. 电路中某元件两端的电压 $u=220\sqrt{2}\sin 314t$ V，通过的电流 $i=10\cos 314t$ A，则该元件是(　　)。

A) 电阻　B) 电感　C) 电容　D) 阻容

18. 下列关于纯电容电路的说法中，错误的是(　　)。

A) 电压滞后电流 90°

B) 功率为 0

C) 无功功率为 0

D) 有功功率为 0

19. 下列关于容抗的说法中，错误的是(　　)。

A) 其单位为欧姆

B) 其大小与频率成反比

C) 其大小不变

D) 其大小与电感成正比

20. 下列关于无功功率的说法中，错误的是(　　)。

A) 它的含义表示电源与负载之间能量的交换

B) 无功功率是电感或电容消耗的功率

C) 其大小的计算公式为 $Q=UI$

D) 其单位为乏

21. 下列关于 R、L、C 串联电路的说法中，错误的是(　　)。

A) 其有功功率由 R 决定

B) 其无功功率由 L、C 决定

C) 其总电压由各部分代数和决定

D) 其总电压可能小于部分电压

22. 在 RLC 串联电路中，已知 $R=3\ \Omega$，$X_L=5\ \Omega$，$X_C=8\ \Omega$，则电路的性质为(　　)。

A) 感性　　B) 容性　　C) 阻性　　D) 不能确定

23. R、L 元件串联后接入交流电源，其 R、L 元件两端电压分别为 3 V 和 4 V，则电源端电压是(　　)。

A) 1 V　　B) 7 V　　C) 5 V　　D) −1 V

24. 下列关于 RL 串联电路的说法中，错误的是(　　)。

A) 其电压与电流之间的相位差总是大于 0

B) 其功功率由 R 决定，与 L 无关

C) 其功率为 0

D) 其无功功率由 L 决定，与 R 无关

25. 平均功率又叫(　　)。

A) 有功功率　　B) 无功功率　　C) 视在功率　　D) 瞬时功率

26. 下列关于电力系统的说法中，错误的是(　　)。

A) 电力系统中的负载大多是呈感性的

B) 其中的负载不单只消耗电网能量，还要占用电网能量，这是我们所不希望的

C) 利用电容无法提高功率因数

D) 利用电容来减小占用电网能量的方法称为无功补偿法

27. 提高电网功率因数的常用方法是在负载两端并联(　　)。

A) 电阻　　B) 电感　　C) 电容　　D) 电流源

28. 在电感性负载上并联了电容器以后，下列说法中错误的是(　　)。

A) 不改变电源与负载之间的能量互换

B) 这时电感性负载所需的无功功率，大部分或全部由电容器供给

C) 使发电机容量能得到充分利用

D) 能量的互换现在主要发生在电感性负载与电容器之间

29. 某负载的电压、电流的相位差为 φ，则其功率因数为(　　)。

A) $\sin\varphi$　　B) $\cos\varphi$　　C) $\tan\varphi$　　D) $\cot\varphi$

30. 在交流电源下接入纯电感线圈，则该电路的(　　)。

A) 有功功率等于 0　　B) 无功功率等于 0

C) 视在功率等于 0　　D) 所有功率皆不等于 0

31. 下列功率中，如果没有特殊说明即表示有功功率的是(　　)。

A) 容量　　B) 无功功率　　C) 视在功率　　D) 平均功率

32. 下列表达式中，表示有功功率的是(　　)。

A) $UI\tan\varphi$　　B) $UI\cos\varphi$　　C) $UI\sin\varphi$　　D) UI

33. 关于三相交流发电机，下列说法中错误的是(　　)。

A) 磁极放在转子上，一般均由直流电通过励磁绕组产生一个很强的恒定磁场

B) 当转子由原动机拖动作匀速转动时，三相定子绕组即切割转子磁场而感应出三相交流电动势

C) 磁极放在定转子上，一般均由直流电通过励磁绕组产生一个很强的恒定磁场

D) 由于三相绕组在空间各相差 120°电角度，因此三相绕组中感应出的三个交流电动

势在时间上也相差三分之一周期(也就是120°角)

34. 下列属于三相负载的是(　　)。

A) 家用电风扇　　B) 电烙铁

C) 单相电动机　　D) 三相电动机

35. 关于中点、中性线、相线，下列说法中错误的是(　　)。

A) 三相绕组末端相连的一点称为中点，一般用“N”表示

B) 从中点引出的线叫中性线(简称中线)

C) 中线一般与大地相连，通常又称为地线(或零线)

D) 相线是从中点引出的线

36. 三相供电系统中的中线(　　)。

A) 必须安装熔断器　　B) 不允许安装熔断器

C) 允许接入负载　　D) 允许接入空气断路器

37. 下列关于相线正反序的说法中，错误的是(　　)。

A) 常引出的三根相线对应的一相分别称为A相、B相、C相

B) 三相的顺序是A—B—C，称为正序或顺序

C) A—C—B则称为反序或逆序

D) 三相的顺序是B—C—A也为正序或顺序

38. 下列关于三相四线制的说法中，错误的是(　　)。

A) 平常讲的电源电压为220 V，即是指相电压(亦即火线与地线之间的电压)

B) 电源电压为380 V，即是指线电压(两根火线之间的电压)

C) 三相四线制的供电方式可以给负载提供两种电压，即线电压380 V和相电压220 V

D) 三相四线制只能提供照明用的220 V电压

39. 下列关于各种电流的说法中，错误的是(　　)。

A) 线电流 I_L：流过每根相线的电流

B) 相电流 I_P：流过每相负载的电流

C) 中线电流 I_N：流过中线的电流

D) 线电流一般为0

40. 当负载采用星形连接时，以下说法中错误的是(　　)。

A) 在三相对称电路中，流过中性线的电流为零

B) 在三相对称电路中，取消中性线也不会影响到各相负载的正常工作

C) 若三相负载不对称，则中性线电流也为0

D) 若三相负载不对称，则中性线不能省略

41. 同一组三相对称负载先后用三角形和星形两种接法接在三相对称电源下，则两种情况下负载消耗的功率之比为(　　)。

A) 3∶1　　B) $\sqrt{2}$∶1

C) 1∶3　　D) $\sqrt{3}$∶1

42. 三相对称负载星形接法，若电源线电压为380 V，线电流为10 A，每相负载的功率因数为0.5，则该电路总的有功功率为(　　)。

A) 1900 W　　　　B) 2687 W

C) 3291 W　　　　D) 5700 W

43. 在电源对称的三相四线制电路中，不对称的三相负载作星形连接，负载各相相电流(　　)。

A) 不对称　　　　B) 对称

C) 不一定对称　　　　D) 相等

44. 下列关于三相对称电路功率的计算公式中，正确的是(　　)。

A) $P=UI\cos\varphi$　　　　B) $P=\sqrt{3}U_{\mathrm{L}}I_{\mathrm{L}}\cos\varphi$

C) $P=U_{\mathrm{L}}I_{\mathrm{L}}\cos\varphi$　　　　D) $P=\sqrt{3}U_{\mathrm{P}}I_{\mathrm{P}}\cos\varphi$

45. 下列关于三相电路的有功功率、无功功率、视在功率的公式中，错误的是(　　)。

A) $P=\sqrt{3}U_{\mathrm{L}}I_{\mathrm{L}}\cos\varphi$　　　　B) $Q=\sqrt{3}U_{\mathrm{L}}I_{\mathrm{L}}\sin\varphi$

C) $S=P+Q$　　　　D) $S=\sqrt{3}U_{\mathrm{L}}I_{\mathrm{L}}=\sqrt{P^2+Q^2}$

三、计算题

1. 一正弦电流的最大值 $I_{\mathrm{m}}=15$ A，频率 $f=50$ Hz，初相位为 42°，试求当 $t=0.001$ s 时电流的瞬时值及有效值。

2. 设某电路中的电流 $i=I_{\mathrm{m}}\sin(\omega t+2\pi/3)$ A，当 $t=0$ 时，电流的瞬时值 $i=0.866$ A，试求有效值 I。

3. 已知某正弦交流电压在 $t=0$ 时为 220 V，其初相位为 45°，求该电压的有效值 U。

4. 图 3.32 为 RC 移相电路。已知电阻 $R=100\ \Omega$，输入电压 u_1 的频率为 500 Hz。如要求输出电压 u_2 的相位比输入电压的相位超前 30°，则电容值应为多少？

5. 日光灯电路的等效电路如图 3.33 所示。如已知某灯管的等效电阻 $R_1=280\ \Omega$，镇流器的电阻和电感分别为 $R_2=20\ \Omega$ 和 $L=1.65$ H，电源电压 $U=220$ V，试求电路中的电流 I 和灯管两端与镇流器上的电压。这两个电压加起来是否等于 220 V？(电源频率为 50 Hz。)

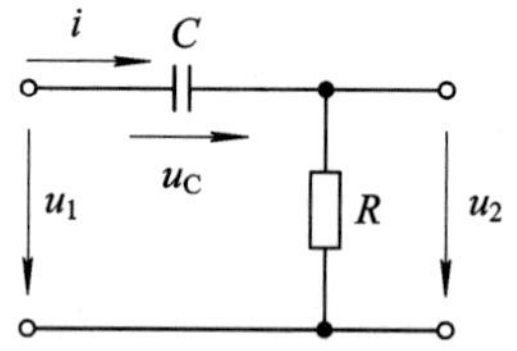

图 3.32　题 4 电路图

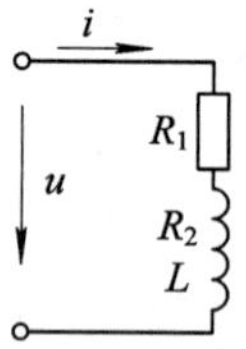

图 3.33　题 5 电路图

6. 图 3.34 是一移相电路。$C=0.01\mu$F，输入电压 $u_1=2\sin6280t$ V，今欲使输出电压 u_2 在相位上前移 60°，应配多大的电阻 R？此时输出电压的有效值 U_2 等于多少？

7. 把一个线圈接到 50 Hz、100 V 的交流电源上时，测得线圈中电流为 20 A；若把该线圈接到同样电压、频率为 60 Hz 的交流电源上时，测得线圈中电流为 18 A。试求线圈的电阻及电感。

8. 如图 3.35 所示正弦交流电路中，欲使输出电压 u_2 超前输入电压 u_1 的相位角为 60°，若 $R=100\ \Omega$，则电感 L 应取多大值？(设电源角频率为 1000 rad/s。)

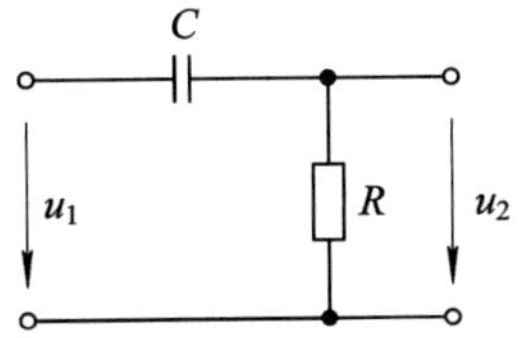

图 3.34　题 6 电路图

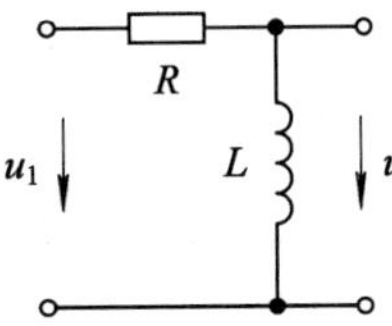

图 3.35　题 8 电路图

9. 有一只“110 V，40 W”的白炽灯，为了能接到 220 V，50 Hz 的交流电源上使用，准备采用串联电容器降压的办法，试求所串电容器的电容量和耐压值。

10. 在 R、L、C 元件串联的电路中，已知 $R = 30\ \Omega$，$L = 127\ \text{mH}$，$C = 40\ \mu\text{F}$，电源电压 $u = 220\sqrt{2}\sin(314t + 20^\circ)\ \text{V}$。

(1) 求感抗、容抗和阻抗；

(2) 求电流的有效值 I；

(3) 求功率因数 $\cos\varphi$；

(4) 求各部分电压的有效值；

(5) 求功率 P、Q 和 S。

11. 已知日光灯的额定电压 $U_N = 220\ \text{V}$，额定功率 $P_N = 60\ \text{W}$。测得电源电压 $U = 220\ \text{V}$，$f = 50\ \text{Hz}$，镇流器两端电压 $U_1 = 180\ \text{V}$，灯管电压 $U_2 = 100\ \text{V}$。试求：

(1) 日光灯的电流；

(2) 镇流器的电阻和电感；

(3) 日光灯电路的功率因数；

(4) 日光灯电路消耗的总功率。

12. 用三表法（电压表、电流表和功率表）测量线圈的参数 R 和 L，电路如图 3.36 所示。各表测得的数据为 $U = 50\ \text{V}$，$I = 1\ \text{A}$，$P = 30\ \text{W}$。已知电源频率为 50 Hz，试求线圈的电阻 R 和电感 L。

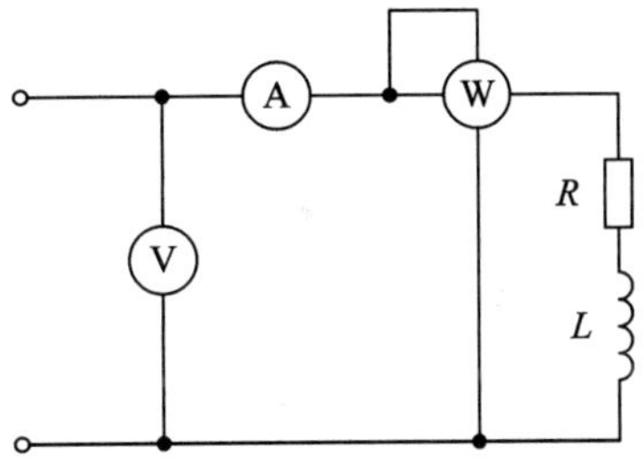

图 3.36　题 12 电路图

13. 在 RLC 串联电路中，设 $U = 100\ \text{V}$，$f = 100\ \text{Hz}$，$L = 63.7\ \text{mH}$，$C = 31.8\ \mu\text{F}$，$R = 10\ \Omega$。试求：

(1) 电流的有效值、电路的有功功率、无功功率、功率因数；

(2) 当 C 为多大时，P 最大？此时的 Q_L、Q_C、Q 为多少？

14. 今有 40 W 的日光灯一个，使用时灯管和镇流器（可近似地把镇流器看作纯电感）串联在电压为 220 V，频率为 50 Hz 的电源上。已知灯管工作时属于纯电阻负载，灯管两端的电压等于 110 V，试求镇流器的感抗与电感。这时电路的功率因数等于多少？

15. 有一个三相电路如图 3.37 所示，负载为星形连接，电源为三角形连接。已知 $R = 12\ \Omega$，$X_L = 9\ \Omega$，$U_L = 380\ \text{V}$。试求：

(1) 负载的相电流；

(2) 电源的相电流；

(3) 负载消耗的总功率；

(4) 在电路工作过程中，如果 C 线断开，这时各相负载电流是多少？

16. 在线电压为 380 V 的三相电源上，接两组电阻性对称负载，如图 3.38 所示。已知 $R_1=38\ \Omega$，$R_2=22\ \Omega$，试求电路的线电流。

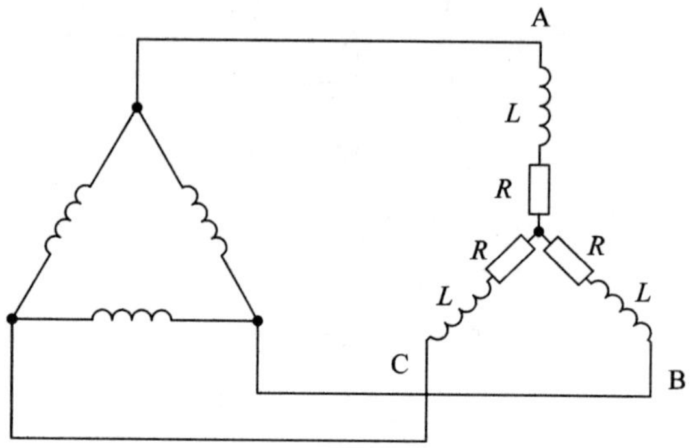

图 3.37 题 15 电路图

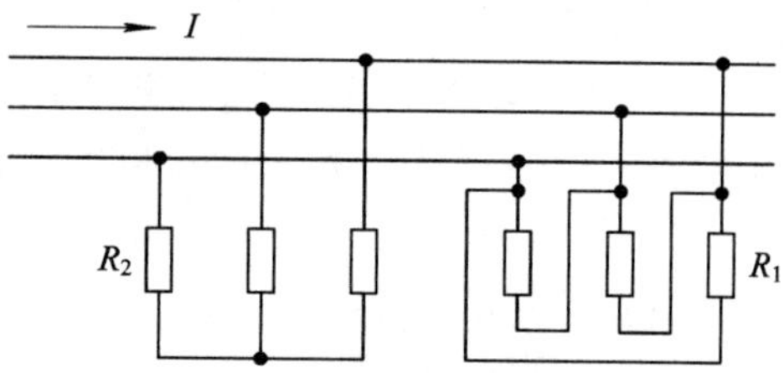

图 3.38 题 16 电路图

17. 在图 3.39 中，对称负载连成三角形，已知电源电压 $U_L=220$ V，安培计读数，$I_L=17.3$ A，三相功率 $P=4.5$ kW，试求：

(1) 每相负载的电阻、感抗；

(2) 当 AB 相断开时，图中各安培计的读数和总功率是多少？

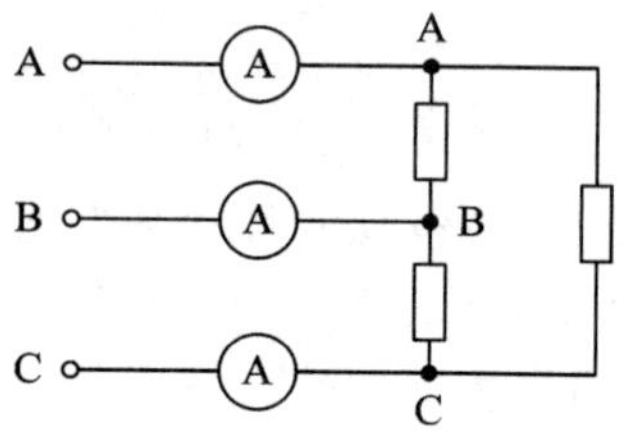

图 3.39 题 17 电路图

18. 三相四线制电路中有一组电阻性三相负载，三相负载的电阻值分别为 $R_U=R_V=5\ \Omega$，$R_W=10\ \Omega$，三相电源对称，电源线电压 $U_L=380$ V。设电源的内阻抗、线路阻抗、中性线阻抗均为零，试求：

(1) 各相负载相电流；

(2) 中性线完好，W 相断线时的负载相电压、相电流；

(3) W 相断线，中性线也断开时的负载相电流、相电压；

(4) 根据(2)和(3)的结果说明中性线的作用。

19. 有一对称三相感性负载，每相负载的电阻 $R=20\ \Omega$，感抗 $X_L=15\ \Omega$。若将此负载连成星形，接于线电压 $U_L=380$ V 的对称三相电源上，试求相电压、相电流、线电流。将三相负载改接成三角形，接于原来的三相电源上，试求负载的相电流和线电流。将两种情况的结果加以比较，求得两种接法相应的电流之比。

20. 已知对称三相电源的线电压 $U_L=380$ V，对称三相负载的每相电阻为 32 Ω，电抗为 24 Ω，试求在负载作星形连接和三角形连接两种情况下接上电源，负载所吸收的有功功率、无功功率和视在功率。

21. 一台三相异步电动机接于线电压为 380 V 的对称三相电源上运行，测得线电流为 202 A，输入功率为 110 kW，试求电动机的功率因数、无功功率及视在功率。

模块三　电动机与变压器

本模块主要涉及交流异步电动机的特性、控制方法及交流变压器等方面的内容。

第四章 电动机与变压器

学习引导(课堂学时：8～10 学时)

学习目标	掌握电动机的基本特性；掌握电动机的启动、制动、调速、反转的方法；掌握变压器的电流、电压、阻抗变换作用。 能计算电动机的功率、输出转矩、转速相关问题；能连接电动机，能使用变压器。 养成理论联系实际的习惯，养成直接运用公式计算工程问题的习惯
重点	1. 电动机的转速、转差率、输出转矩、功率 2. 电动机的启动、制动、反转、调速方法 3. 变压器的阻抗变换
难点	对变压器、电动机工作原理的理解；计算公式的正确运用
预备知识	电磁感应相关知识；交流电的相关知识
学习方法	从定性的角度，运用已有的电磁感应方面的知识，对变压器、电动机的电磁工作原理加以理解，但不求过深、过细；重点掌握各种公式的运用方法；通过实验及观察，建立变压器与电机的感性认识

教学情境五 电动机连接与测量实验

情境描述：

1. 抄录三相鼠笼式异步电动机的铭牌数据，并观察其结构。

2. 鼠笼式异步电动机的直接启动

1) 采用 380 V 三相交流电源

将三相自耦调压器手柄置于输出电压为零的位置；控制屏上三相电压表切换开关置“调压输出”侧；根据电动机的容量选择交流电流表合适的量程。

开启控制屏上三相电源总开关，按启动按钮，此时自耦调压器原绕组端 U_1、V_1、W_1 得电，调节调压器输出使 U、V、W 端输出线电压为 380 V，三只电压表指示应基本平衡。保持自耦调压器手柄位置不变，按停止按钮，自耦调压器断电。

(1) 按图 4.1 接线，电动机三相定子绕组接成 Y 接法；供电线电压为 380 V；实验线路中 S 及 FU 由控制屏上的接触器 KM 和熔断器 FU 代替；学生可由 U、V、W 端子开始接线，以后各控制实验均同此。

(2) 按控制屏上的启动按钮，电动机直接启动，观察启动瞬间电流冲击情况及电动机旋转方向，记录启动电流。当启动运行稳定后，将电流表量程切换至较小量程挡位上，记录空载电流。

(3) 电动机稳定运行后，突然拆除 U、V、W 中的任一相电源(注意小心操作，以免触电)，观测电动机作缺相运行时电流表的读数并记录之。再仔细倾听电动机的运行声音有何变化。(可由指导教师作示范操作。)

(4) 电动机启动之前先断开 U、V、W 中的任一相，作缺相启动，观测电流表读数并记录之，观察电动机有否启动，再仔细倾听电动机有否发出异常的声响。

(5) 实验完毕，按控制屏上的停止按钮，切断实验线路三相电源。

2) 采用 220 V 三相交流电源

调节调压器输出，使输出线电压为 220 V，电动机定子绕组接成△接法。

按图 4.2 接线，重复 1)中各项内容，记录之。

3. 异步电动机的反转

电路如图 4.3 所示，按控制屏上的启动按钮，启动电动机，观察启动电流及电动机旋转方向是否反转。

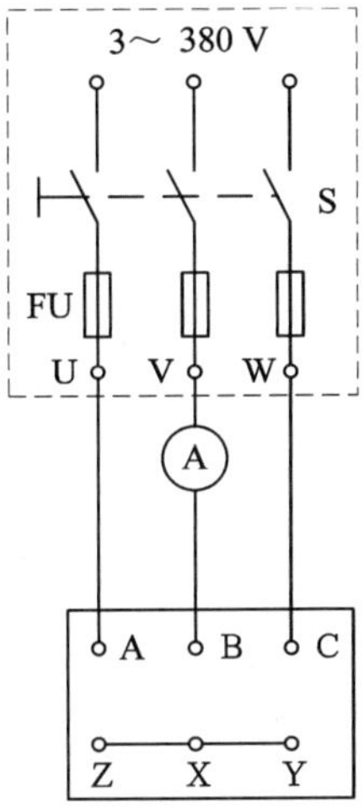

图 4.1 Y连接

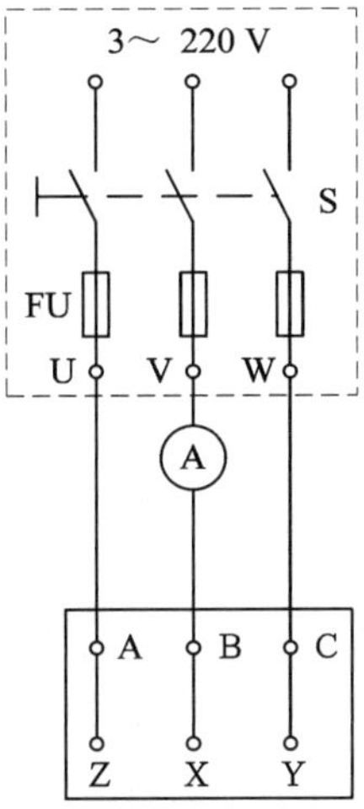

图 4.2 △连接

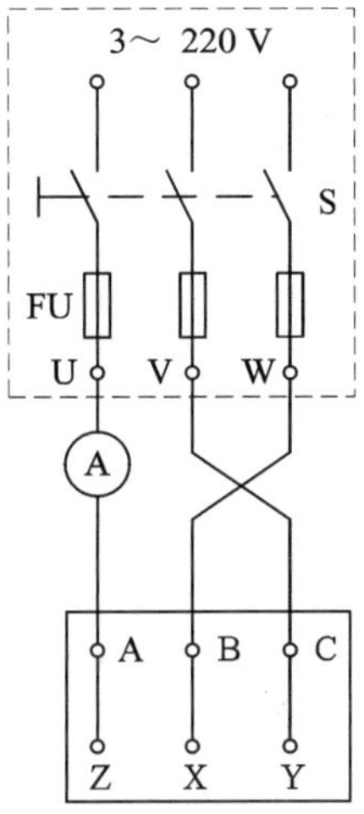

图 4.3 反转连接

实验完毕，将自耦调压器调回零位，按控制屏上的停止按钮，切断实验线路三相电源。

情境分析：电动机的结构是怎样的，为什么会转动？电动机有什么特性？如何区分识别？给电动机供电的变压器又有哪些特点？电动机和变压器是本章要研究的两个电器。

4.1 电动机的结构与工作原理

实现电能与机械能相互转换的电工设备总称为电机。电机是利用电磁感应原理实现电能与机械能的相互转换的机电装置。把机械能转换成电能的设备称为发电机，而把电能转换成机械能的设备叫作电动机，它们都称作电机。

在生产上主要用的是交流电动机，特别是三相异步电动机，因为它具有结构简单、坚固耐用、运行可靠、价格低廉、维护方便等优点。它被广泛地用来驱动各种金属切削机床、起重机、锻压机、传送带、铸造机械、功率不大的通风机及水泵等。

4.1.1 三相异步电动机的构造

三相异步电动机的两个基本组成部分为定子(固定部分)和转子(旋转部分)。此外还有端盖、风扇等附属部分，如图4.4所示。

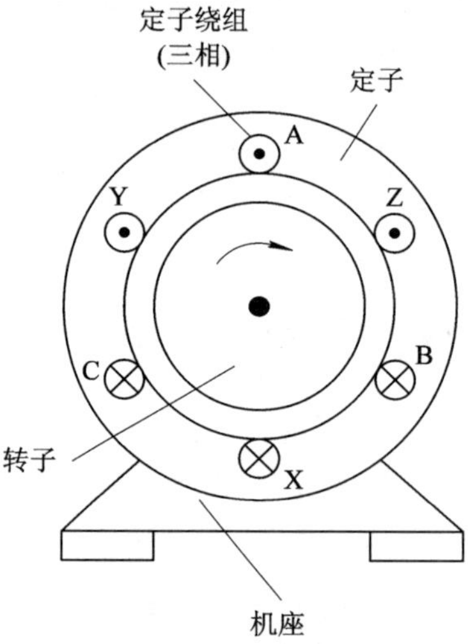

图4.4 三相电动机的结构示意图

1. 定子

三相异步电动机的定子由三部分组成，如表4.1所示。

表4.1 定子的组成

定子	定子铁芯	由厚度为0.5 mm的相互绝缘的硅钢片叠成，硅钢片内圆上有均匀分布的槽，其作用是嵌放定子三相绕组AX、BY、CZ
	定子绕组	三组用漆包线绕制好的、对称地嵌入定子铁芯槽内的相同的线圈。这三相绕组可接成星形或三角形
	机座	机座用铸铁或铸钢制成，其作用是固定铁芯和绕组

2. 转子

三相异步电动机的转子由三部分组成，如表4.2所示。

表4.2 转子的组成

转子	转子铁芯	由厚度为0.5 mm的相互绝缘的硅钢片叠成，硅钢片外圆上有均匀分布的槽，其作用是嵌放转子三相绕组
	转子绕组	转子绕组有两种形式： 鼠笼式，组成鼠笼式异步电动机 绕线式，组成绕线式异步电动机
	转轴	转轴上加机械负载

鼠笼式电动机由于构造简单、价格低廉、工作可靠、使用方便，成为了生产上应用得最广泛的一种电动机。

为了保证转子能够自由旋转，在定子与转子之间必须留有一定的空气隙。中小型电动机的空气隙约在 0.2～1.0 mm 之间。

4.1.2　三相异步电动机的转动原理

1. 基本原理

为了说明三相异步电动机的工作原理，我们做如下演示实验，如图 4.5 所示。

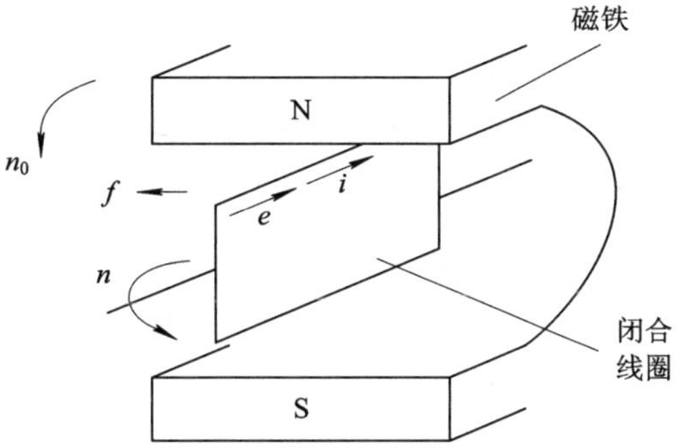

图 4.5　三相异步电动机工作原理示意图

(1) 演示实验：在装有手柄的蹄形磁铁的两极间放置一个闭合导体，当转动手柄带动蹄形磁铁旋转时，将发现导体也跟着旋转；若改变磁铁的转向，则导体的转向也跟着改变。

(2) 现象解释：当磁铁旋转时，磁铁与闭合的导体发生相对运动，鼠笼式导体切割磁力线而在其内部产生感应电动势和感应电流，感应电流又使导体受到一个电磁力的作用，于是导体就沿磁铁的旋转方向转动起来，这就是异步电动机的基本原理。

转子转动的方向和磁极旋转的方向相同。

(3) 结论：欲使异步电动机旋转，必须有旋转的磁场和闭合的转子绕组。

2. 旋转磁场

1）产生

图 4.6 表示最简单的三相定子绕组 AX、BY、CZ，它们在空间按互差 120°的规律对称排列，并接成星形与三相电源 U、V、W 相连，则三相定子绕组便有三相对称电流通过：

$$\begin{cases} i_A = I_m \sin\omega t \\ i_B = I_m \sin(\omega t - 120°) \\ i_C = I_m \sin(\omega t + 120°) \end{cases}$$

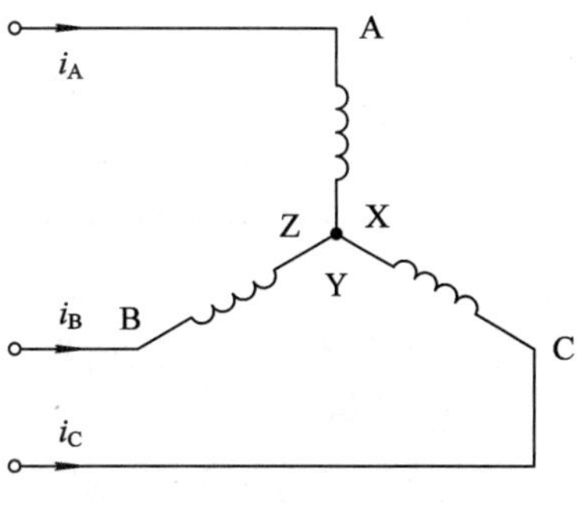

图 4.6　三相异步电动机定子

随着电流在定子绕组中通过，在三相定子绕组中就会产生旋转磁场，如图 4.7 所示。

当 $\omega t=0°$时，$i_A=0$，AX 绕组中无电流；i_B为负，BY 绕组中的电流从 Y 流入，从 B 流出；i_C为正，CZ 绕组中的电流从 C 流入，从 Z 流出；由右手螺旋定则可得合成磁场的方向如图 4.7(a)所示。

当 $\omega t=120°$时，$i_B=0$，BY 绕组中无电流；i_A为正，AX 绕组中的电流从 A 流入，从 X

流出；i_C为负，CZ绕组中的电流从Z流入，从C流出；由右手螺旋定则可得合成磁场的方向如图4.7(b)所示。

当$\omega t=240°$时，$i_C=0$，CZ绕组中无电流；i_A为负，AX绕组中的电流从X流入，从A流出；i_B为正，BY绕组中的电流从B流入，从Y流出；由右手螺旋定则可得合成磁场的方向如图4.7(c)所示。

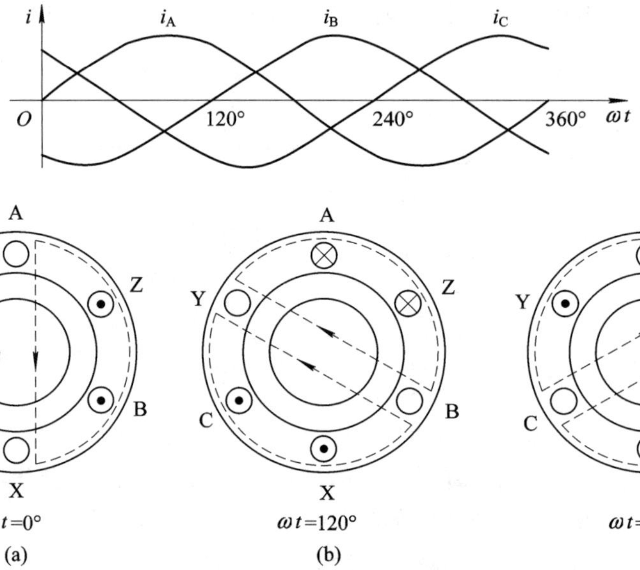

图4.7　旋转磁场的形成

可见，当定子绕组中的电流变化一个周期时，合成磁场也按电流的相序方向在空间旋转一周。随着定子绕组中的三相电流不断地作周期性变化，产生的合成磁场也不断地旋转，因此称其为旋转磁场。

2）*旋转磁场的方向*

旋转磁场的方向是由三相绕组中的电流相序决定的，若想改变旋转磁场的方向，只要改变通入定子绕组的电流相序，即将三根电源线中的任意两根对调即可。这时，转子的旋转方向也跟着改变。

3. 三相异步电动机的极数与转速

1）*极数(磁极对数 p)*

三相异步电动机的极数就是旋转磁场的极数。旋转磁场的极数和三相绕组的安排有关。

当每相绕组只有一个线圈，绕组的始端之间相差120°空间角时，产生的旋转磁场具有一对极，即$p=1$；

当每相绕组为两个线圈串联，绕组的始端之间相差60°空间角时，产生的旋转磁场具有两对极，即$p=2$；

同理，如果要产生三对极，即$p=3$的旋转磁场，则每相绕组必须有均匀安排在空间的串联的三个线圈。

2）转速 n

三相异步电动机旋转磁场的转速 n_0 与电动机磁极对数 p 有关，它们的关系是：

$$n_0 = \frac{60 f_1}{p} \tag{4.1}$$

由式(4.1)可知，旋转磁场的转速 n_0 决定于电流频率 f_1 和磁场的极数 p。对某一异步电动机而言，f_1 和 p 通常是一定的，所以磁场转速 n_0 是个常数。

在我国，工频 $f_1=50$ Hz，因此对应于不同磁极对数 p 的旋转磁场转速 n_0 有不同的值，见表 4.3。

表 4.3　转速与磁极对数的对应关系

p	1	2	3	4	5	6
n_0	3000	1500	1000	750	600	500

3）转差率 s

电动机转子转动方向与磁场旋转的方向相同，但转子的转速 n 不可能达到与旋转磁场的转速 n_0 相等，否则转子与旋转磁场之间就没有相对运动了，这样磁力线就不切割转子导体，转子电动势、转子电流以及转矩也就都不存在了。也就是说，旋转磁场与转子之间存在转速差，因此我们把这种电动机称为异步电动机。又因为这种电动机的转动原理是建立在电磁感应基础上的，故又称其为感应电动机。

旋转磁场的转速 n_0 常称为同步转速。

转差率 s 是用来表示转子转速 n 与磁场转速 n_0 相差的程度的物理量，即

$$s = \frac{n_0 - n}{n_0} = \frac{\Delta n}{n_0} \tag{4.2}$$

转差率是异步电动机的一个重要的物理量。

当旋转磁场以转速 n_0 开始旋转时，转子则因机械惯性尚未转动，转子的瞬间转速 $n=0$，这时转差率 $s=1$。转子转动起来之后，$n>0$，n_0-n 差值减小，电动机的转差率 $s<1$。如果转轴上的阻转矩加大，则转子转速 n 降低，即异步程度加大，才能产生足够大的感应电动势和电流，产生足够大的电磁转矩，这时的转差率 s 增大。反之，s 减小。异步电动机运行时，转速与磁场转速一般很接近，转差率很小，在额定工作状态下约在 0.015～0.06 之间。

根据式(4.2)，可以得到电动机的转速常用公式：

$$n = (1-s)n_0 \tag{4.3}$$

例 4.1　有一台三相异步电动机，其额定转速 $n=975$ r/min，电源频率 $f=50$ Hz，求电动机的极数和额定负载时的转差率 s。

解：电动机的额定转速接近而略小于磁场转速，而磁场转速对应于不同的磁极对数有一系列固定的数值。显然，与 975 r/min 最相近的同步转速 $n_0=1000$ r/min，与此相应的磁极对数 $p=3$。因此，额定负载时的转差率为

$$s = \frac{n_0 - n}{n_0} \times 100\% = \frac{1000-975}{1000} \times 100\% = 2.5\%$$

4）三相异步电动机的定子电路与转子电路

三相异步电动机中的电磁关系同变压器类似，定子绕组相当于变压器的原绕组，转子

绕组(一般是短接的)相当于副绕组。给定子绕组接上三相电源电压，则定子中就有三相电流通过，此三相电流产生旋转磁场，其磁力线通过定子和转子铁芯而闭合，这个磁场在转子和定子的每相绕组中都要感应出电动势。

4.2　三相异步电动机的转矩特性与机械特性

4.2.1　电磁转矩

异步电动机的转矩 T 是由旋转磁场每极的磁通量 Φ 与转子电流 I_2 相互作用而产生的。电磁转矩(简称转矩)的大小与转子绕组中的电流 I 及旋转磁场的强弱有关。

经理论证明，它们的关系是：

$$T = K_T \Phi I_2 \cos\varphi_2 \tag{4.4}$$

其中，T 为电磁转矩；K_T 为与电动机结构有关的常数；Φ 为旋转磁场每个极的磁通量；I_2 为转子绕组电流的有效值；φ_2 为转子电流滞后于转子电势的相位角。

若考虑电源电压及电动机的一些参数与电磁转矩的关系，式(4.4)修正为

$$T = K_T' \frac{sR_2U_1^2}{R_2^2 + (sX_{20})^2} \tag{4.5}$$

其中，K_T' 为常数；U_1 为定子绕组的相电压；s 为转差率；R_2 为转子每相绕组的电阻；X_{20} 为转子静止时每相绕组的感抗。

由式(4.5)可知，转矩 T 与定子每相电压 U_1 的平方成比例，所以当电源电压有所变动时，对转矩的影响很大。此外，转矩 T 还受转子电阻 R_2 的影响。

4.2.2　机械特性

1. 机械特性曲线

图 4.8 为异步电动机的转矩特性曲线。在一定的电源电压 U_1 和转子电阻 R_2 下，电动机的转矩 T 与转差率 s 之间的关系曲线 $T=f(s)$ 或转速与转矩的关系曲线 $n=f(T)$，称为电动机的机械特性曲线，它可根据式(4.4)得出。

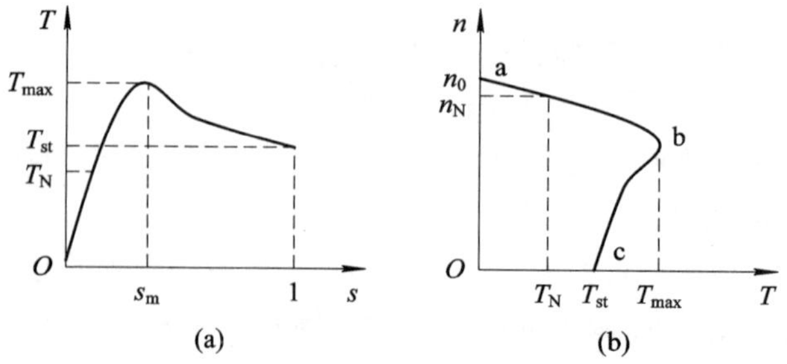

图 4.8　三相异步电动机的机械特性曲线

(a) $T=f(s)$ 曲线；(b) $n=f(T)$ 曲线

在机械特性曲线上我们要讨论三个转矩：

1）额定转矩 T_N

额定转矩 T_N 是异步电动机带额定负载时，转轴上的输出转矩。其计算公式为

$$T_N = 9550\frac{P_2}{n} \tag{4.6}$$

式中，P_2 是电动机轴上输出的机械功率，其单位是千瓦；n 为转子的转速，单位是转/分。T_N 的单位是牛·米。

一般电动机铭牌上的功率都是指输出功率，这一点与一般电器不同，一定要注意。而电动机的输入功率 P_1 可按照对称三相交流电路的公式计算，即

$$P_1 = \sqrt{3}U_1 I_1 \cos\varphi \tag{4.7}$$

式中，U_1 为定子上的线电压，I_1 为定子上的线电流，$\cos\varphi$ 为定子绕组的功率因素。

当忽略电动机本身的机械摩擦转矩 T_0 时，阻转矩近似为负载转矩 T_L，电动机作等速旋转时，电磁转矩 T 必与阻转矩 T_L 相等，即 $T= T_L$。额定负载时，则有 $T_N= T_L$。

2）最大转矩 T_{max}

T_{max} 又称为临界转矩，是电动机可能产生的最大电磁转矩。它反映了电动机的过载能力。

最大转矩的转差率为 s_m，此时的 s_m 叫作临界转差率，见图 4.8(a)。

最大转矩 T_{max} 与额定转矩 T_N 之比称为电动机的过载系数 λ，即

$$\lambda = \frac{T_{max}}{T_N} \tag{4.8}$$

一般三相异步电动机的过载系数在 1.8～2.2 之间。

在选用电动机时，必须考虑可能出现的最大负载转矩，而后根据所选电动机的过载系数算出电动机的最大转矩，它必须大于最大负载转矩。否则，就必须重选电动机。

3）启动转矩 T_{st}

T_{st} 为电动机启动初始瞬间的转矩，即 $n=0$，$s=1$ 时的转矩。

为确保电动机能够带额定负载启动，T_{st} 必须大于 T_N。对于一般的三相异步电动机，有 $T_{st}/T_N=1～2.2$。

2. 电动机的负载能力自适应分析

电动机在工作时，它所产生的电磁转矩 T 的大小能够在一定的范围内自动调整以适应负载的变化，这种特性称为自适应负载能力。若负载阻转矩 T_L 增加，必然造成转速 n 下降，同时转差率 s 也下降，转子中的电流 I_2 将增加；由图 4.8 可见，电动机的电磁转矩 T 将上升，当上升到与负载阻转矩相等时，它又回到匀速转动状态，即 $T_L\uparrow\rightarrow n\downarrow\rightarrow s\uparrow\rightarrow I_2\uparrow\rightarrow T\uparrow$，直至达到新的平衡。此过程中，$I_2$ 增加时，定子中的电流 I_1 也将增加，从而导致电源提供的功率自动增加。

3. 降低电动机电源电压时的人为特性

T_{max} 随着电压的减小而大大地减小。

T_{st} 随着电压的减小而大大地减小。

降低电动机电源电压时的人为特性如图 4.9 所示。

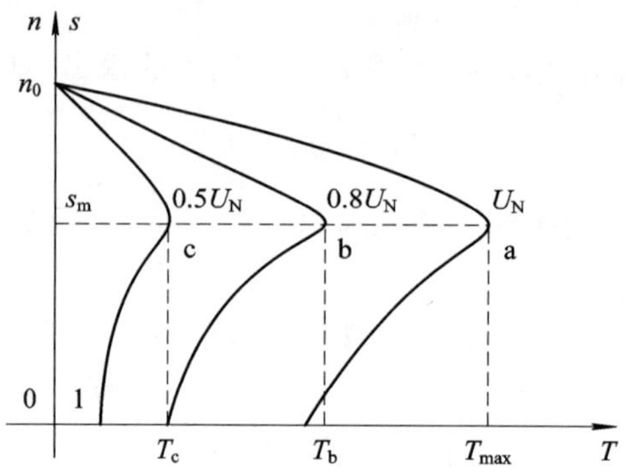

图 4.9 降低电动机电源电压时的人为特性

4.2.3 三相异步电动机的铭牌与选择

1. 三相异步电动机技术数据

每台电动机的机座上都装有一块铭牌。铭牌上标注有该电动机的主要性能和技术数据。例如：

三相异步电动机					
型号	Y132M－4	功率	7.5 kW	频率	50 Hz
电压	380 V	电流	15.4 A	接法	△
转速	1440 r/min	绝缘等级	E	工作方式	连续
温升	80℃	防护等级	IP44	重量	55 kg
	年 月 编号				××电机厂

(1) 型号。为不同用途和不同工作环境的需要，电机制造厂把电动机制成各种系列，每个系列的不同电动机用不同的型号表示。例如：

Y	315	S	6
三相异步电动机	机座中心高 单位为 mm	机座长度代号 S：短铁芯 M：中铁芯 L：长铁芯	磁极数

(2) 接法。接法指电动机三相定子绕组的连接方式。

一般鼠笼式电动机的接线盒中有六根引出线，标有 U_1、V_1、W_1、U_2、V_2、W_2，其中：U_1、V_1、W_1是每一相绕组的始端，U_2、V_2、W_2是每一相绕组的末端。

三相异步电动机的连接方法有两种：星形(Y)连接和三角形(△)连接。通常三相异步电动机功率在 4 kW 以下者接成星形，在 4 kW(不含)以上者接成三角形。

(3) 电压。铭牌上所标的电压值是指电动机在额定运行时定子绕组上应加的线电压值。一般规定电动机的电压不应高于或低于额定值的 5%。

必须注意：在低于额定电压下运行时，最大转矩 T_{max}和启动转矩 T_{st}会显著降低，这对电动机的运行是不利的。

三相异步电动机的额定电压有 380 V、3000 V 及 6000 V 等多种。

(4) 电流。铭牌上所标的电流值是指电动机在额定运行时定子绕组的最大线电流允许值。

当电动机空载时，转子转速接近于旋转磁场的转速，两者之间相对转速很小，所以转子电流近似为零，这时定子电流几乎全为建立旋转磁场的励磁电流。当输出功率增大时，转子电流和定子电流都随着相应增大。

(5) 功率与效率。铭牌上所标的功率值是指电动机在规定的环境温度下，在额定运行时电机轴上输出的机械功率值。输出功率与输入功率不等，其差值等于电动机本身的损耗功率，包括铜损、铁损及机械损耗等。

所谓效率 η，就是输出功率与输入功率的比值。一般鼠笼式电动机在额定运行时的效率约为 72%～93%。

(6) 功率因数。因为电动机是电感性负载，定子相电流比相电压滞后一个 φ 角，$\cos\varphi$ 就是电动机的功率因数。三相异步电动机的功率因数较低，在额定负载时约为 0.7～0.9，而在轻载和空载时更低，空载时只有 0.2～0.3。

选择电动机时应注意其容量，防止"大马拉小车"，并力求缩短空载时间。

(7) 转速。铭牌上所标的转速指电动机额定运行时的转子转速，单位为转/分。

不同的磁极数对应有不同的转速等级，最常用的是四个级的($n_0=1500$ r/min)。

(8) 绝缘等级。绝缘等级是按电动机绕组所用的绝缘材料在使用时容许的极限温度来分级的，如表 4.4 所示。

表 4.4　绝 缘 等 级

绝缘等级	环境温度 40℃时的容许温升	极限允许温度
A	65℃	105℃
E	80℃	120℃
B	90℃	130℃

所谓极限温度，是指电动机绝缘结构中最热点的最高容许温度。

2. 三相异步电动机的选择

正确选择电动机的功率、种类、型式是极为重要的。

1) 功率的选择

应根据负载的情况选择合适的电动机的功率，选大了虽然能保证正常运行，但是不经济，电动机的效率和功率因数都不高；选小了就不能保证电动机和生产机械的正常运行，不能充分发挥生产机械的效能，并使电动机由于过载而过早地损坏。

(1) 连续运行电动机功率的选择。对连续运行的电动机，先算出生产机械的功率，所选电动机的额定功率等于或稍大于生产机械的功率即可。

(2) 短时运行电动机功率的选择。如果没有合适的专为短时运行设计的电动机，可选用连续运行的电动机。由于发热惯性，在短时运行时可以容许过载。工作时间愈短，则过载可以愈大。但电动机的过载是受到限制的。通常根据过载系数 λ 来选择短时运行电动机的功率。电动机的额定功率可以是生产机械所要求的功率的 $1/\lambda$。

2）种类和型式的选择

（1）种类的选择。选择电动机的种类是从交流或直流、机械特性、调速与启动性能、维护及价格等方面来考虑的。

① 交、直流电动机的选择。如没有特殊要求，一般都应采用交流电动机。

② 鼠笼式与绕线式的选择。三相鼠笼式异步电动机结构简单，坚固耐用，工作可靠，价格低廉，维护方便，但调速困难，功率因数较低，启动性能较差。因此对于机械特性要求较硬而无特殊调速要求的一般生产机械的拖动，应尽可能采用鼠笼式电动机。只有在不方便采用鼠笼式异步电动机时才采用绕线式电动机。

（2）结构型式的选择。电动机常制成以下几种结构型式：

① 开启式。在构造上无特殊防护装置，用于干燥无灰尘的场所，通风要非常良好。

② 防护式。在机壳或端盖下面有通风罩，以防止铁屑等杂物掉入。也有将外壳做成挡板状，以防止在一定角度内有雨水滴溅入其中。

③ 封闭式。它的外壳严密封闭，靠自身风扇或外部风扇冷却，并在外壳带有散热片。在灰尘多、潮湿或含有酸性气体的场所，可采用此型式。

④ 防爆式。整个电机严密封闭，用于有爆炸性气体的场所。

（3）安装结构型式的选择。

① 机座带底脚，端盖无凸缘（B_3）。

② 机座不带底脚，端盖有凸缘（B_5）。

③ 机座带底脚，端盖有凸缘（B_{35}）。

（4）电压和转速的选择。

① 电压的选择。电动机电压等级的选择，要根据电动机类型、功率以及使用地点的电源电压来决定。Y 系列鼠笼式电动机的额定电压只有 380 V 一个等级。只有大功率异步电动机才采用 3000 V 和 6000 V 电压。

② 转速的选择。电动机的额定转速是根据生产机械的要求而选定的，但通常转速不低于 500 r/min，因为当功率一定时，电动机的转速愈低，则其尺寸愈大，价格愈贵，且效率也愈低。因此，不如购买一台高速电动机再另配减速器更合算。

异步电动机通常采用四个极的，即同步转速 $n_0=1500$ r/min。

例 4.2 有一 Y225M－4 型三相鼠笼式异步电动机，其额定数据如表 4.5 所示。试求：

（1）额定电流；

（2）额定转差率 s_N；

（3）额定转矩 T_N、最大转矩 T_{max}、启动转矩 T_{st}。

表 4.5 电动机的额定数据

功率	转速	电压	效率	功率因数	I_{st}/I_N	T_{st}/T_N	$T_{max}/T_N(\lambda)$
45 kW	1480 r/min	380 V	92.3%	0.88	7.0	1.9	2.2

解：（1）4～10 kW 电动机通常都采用 380 V/△接法。

$$I_N=\frac{P_2}{\sqrt{3}U_N\cos\varphi_N\eta}=\frac{45\times10^3}{\sqrt{3}\times380\times0.88\times0.923}=84.2\ \text{A}$$

（2）已知电动机是四极的，即 $p=2$，$n_0=1500$ r/min，所以

$$s_N = \frac{n_0 - n}{n_0} = \frac{1500 - 1480}{1500} = 0.013$$

(3) $T_N = 9550\frac{P_N}{n_N} = 9550 \times \frac{45}{1480} = 290.4\ \text{N}\cdot\text{m}$

$$T_{st} = \frac{T_{st}}{T_N}T_N = 1.9 \times 290.4 = 551.8\ \text{N}\cdot\text{m}$$

$$T_{max} = \lambda T_N = 2.2 \times 290.4 = 638.9\ \text{N}\cdot\text{m}$$

4.3　异步电动机的启动与调速分析

4.3.1　启动特性分析

1. 启动电流 I_{st}

在刚启动时，由于旋转磁场对静止的转子有着很大的相对转速，磁力线切割转子导体的速度很快，这时转子绕组中感应出的电动势和产生的转子电流均很大，定子电流必然也很大。一般中小型鼠笼式电动机定子的启动电流可达额定电流的5～7倍。

注意：在实际操作时应尽可能不让电动机频繁启动。如在切削加工时，一般只是用摩擦离合器或电磁离合器将主轴与电动机轴脱开，而不将电动机停下来。

2. 启动转矩 T_{st}

电动机启动时，转子电流 I_2 虽然很大，但转子的功率因数 $\cos\varphi_2$ 很低，由公式 $T=K_T\Phi I_2\cos\varphi_2$ 可知，电动机的启动转矩 T 较小，通常 $T_{st}/T_N=1.1\sim2.0$。

启动转矩小可造成以下问题：① 会延长启动时间；② 不能在满载下启动。因此应设法提高。但启动转矩如果过大，会使传动机构受到冲击而损坏，所以一般机床的主电动机都是空载启动(启动后再切削)，对启动转矩没有什么要求。

综上所述，异步电机的主要缺点是启动电流大而启动转矩小。因此，我们必须采取适当的启动方法，以减小启动电流并保证有足够的启动转矩。

4.3.2　鼠笼式异步电动机的启动方法

1. 直接启动

直接启动又称为全压启动，就是利用闸刀开关或接触器将电动机的定子绕组直接加到额定电压下启动。

这种方法只用于小容量的电动机或电动机容量远小于供电变压器容量的场合。

2. 降压启动

在启动时降低加在定子绕组上的电压，以减小启动电流，待转速上升到接近额定转速时，再恢复到全压运行，这就是降压启动。

此方法适用于大中型鼠笼式异步电动机的轻载或空载启动。

1) 星形-三角形(Y-△)换接启动

启动时，将三相定子绕组接成星形，待转速上升到接近额定转速时，再换成三角形。

这样，在启动时就把定子每相绕组上的电压降为正常工作电压的 $1/\sqrt{3}$。

如图 4.10 所示，启动时先合上电源隔离开关 QS，KM_1 闭合，同时将 KM_3 闭合，此时定子绕组接成星形，各相绕组承受的电压是额定电压的 $1/\sqrt{3}$，待电动机转速上升后，将 KM_3 断开，KM_2 闭合，使定子绕组改为三角形接法，于是每相绕组加上额定电压，电动机进入正常运行。

用 Y-△换接启动时，其启动电流是△连接直接启动时启动电流的 1/3。

由于电磁转矩与定子绕组相电压的平方成正比，即

$$\frac{T_Y}{T_\triangle}=\frac{\left(\frac{U}{1/\sqrt{3}}\right)^2}{U^2}=\frac{1}{3}$$

故 Y-△换接启动时的启动转矩也减小为△直接启动时的 1/3。

此方法只能用于正常工作时定子绕组为三角形连接的电动机。

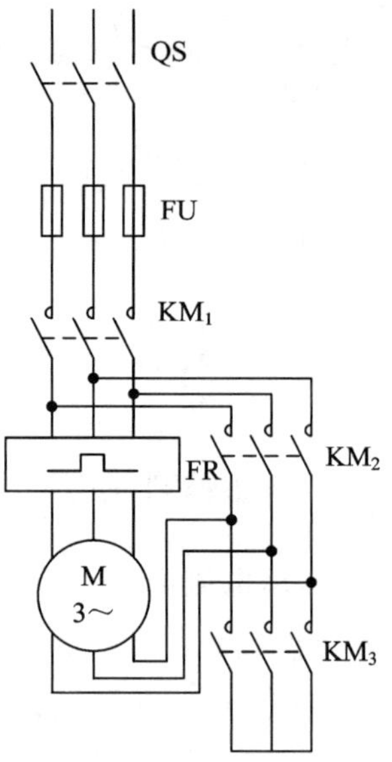

图 4.10 Y-△换接线路图

这种换接启动可采用星-三角启动器来实现。星-三角启动器体积小、成本低、寿命长、动作可靠。

例 4.3 有一个三相异步电动机，其铭牌给出的额定数据为：$P_N=7.5$ kW，$n_N=1470$ r/min，$U_1=380$ V，$\eta=86.2\%$，$\cos\varphi=0.81$。试求：

（1）额定电流；

（2）额定转差率；

（3）额定转矩；

（4）若该电机的 $T_{st}/T_N=2.0$，在额定负载下，电动机能否采用 Y/△方法启动？

解：（1）额定电流：

$$I_N=\frac{P_N}{\eta\sqrt{3}U_1\cos\varphi}=\frac{7.5\times10^3}{0.862\times\sqrt{3}\times380\times0.81}=16.3\ \text{A}$$

（2）因为 $n=1470$ r/min，其极对数 $p=2$，同步转速 $n_0=1500$ r/min，所以

$$s_N=\frac{n_0-n}{n_0}=\frac{1500-1470}{1500}=0.02$$

（3）额定转矩：

$$T_N=9550\frac{p_N}{n}=9550\frac{7.5}{1470}=48.7\ \text{N}\cdot\text{m}$$

（4）星形接法时的启动转矩是三角形接法时启动转矩的 1/3，即

$$T_{stY}=\frac{T_{st\triangle}}{3}=\frac{2.0T_N}{3}=\frac{2.0\times48.7}{3}=32.47\ \text{N}\cdot\text{m}$$

此时，电动机星形接法时的启动转矩小于负载转矩 48.7 N·m，故不能采用星-三角启动器启动。

2）自耦降压启动

自耦降压启动利用三相自耦变压器将电动机在启动过程中的端电压降低，其线路如图4.11所示。

启动时，先合上电源隔离开关QS，KM_1 闭合，使三相交流电源接入自耦变压器的原边，而电动机的定子绕组则接到自耦变压器的副边，这时电动机得到的电压低于电源电压，因而减小了启动电流。待电动机转速上升后，将 KM_1 断开，KM_2 闭合，让定子绕组直接与电源相连，而自耦变压器则与电路脱开。

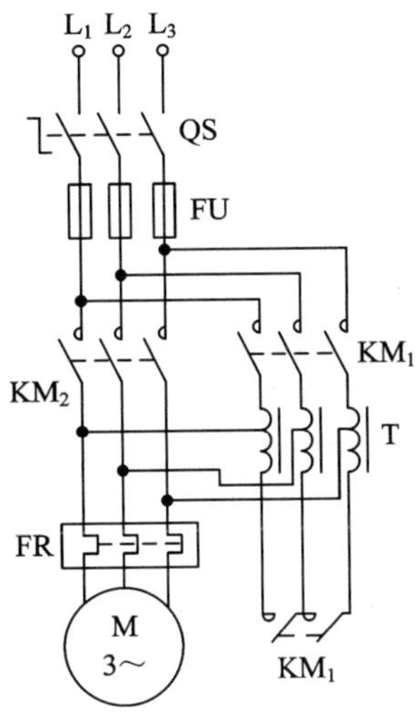

图4.11 自耦变压器启动线路图

采用自耦降压启动，也同时使启动电流和启动转矩减小。

分析可知：采用自耦变压器降压启动，当定子端电压降低 K_U 倍时，启动电流降低 K_U^2 倍。

由于启动转矩与电压平方成正比，故启动转矩也降低为直接启动时的 $1/K_U^2$。

自耦变压器降压启动的优点：启动电压可根据需要选择。缺点：设备较大，成本较高。因此自耦降压启动只适用于功率较大的电动机和不能用Y-△换接启动的场合。

正常运行的采用星形连接的异步电动机或容量较大的鼠笼式异步电动机，常用自耦降压启动。

例4.4 有一个三相异步电动机，其额定技术参数为：$P_N=45$ kW，$n_N=1480$ r/min，$U_1=380$ V，$\eta=92.3\%$，$\cos\varphi=0.88$，$I_{st}/I_N=7$，$T_{st}/T_N=1.9$，$T_{max}/T_N=2.2$。该电动机采用自耦变压器降压启动，调整自耦变压器的抽头，使启动时电动机的端电压降到电源电压的73%。试求线路的启动电流和电动机的启动转矩。

解：电动机直接启动时的启动电流为

$$I_{stN}=7I_N=7\times\frac{P_N}{\sqrt{3}\eta U_1\cos\varphi}=7\times\frac{45\times10^3}{\sqrt{3}\times380\times0.88\times0.923}=589\ \text{A}$$

降压启动时电源侧的启动电流 I_{st} 为

$$I_{st}=\frac{1}{k_a^2}I_{stN}=\frac{1}{\left(\frac{1}{0.73}\right)^2}\times589=313.87\ \text{A}$$

降压时电动机的启动转矩为

$$T'_{st}=\frac{T_{st}}{\left(\frac{1}{0.73}\right)^2}=(0.73)^2\times1.9\times T_N=0.73^2\times1.9\times9550\times\frac{P_N}{n_N}$$

$$=0.73^2\times1.9\times9550\times\frac{45}{1480}$$

$$=294\ \text{N}\cdot\text{m}$$

4.3.3 三相异步电动机的调速

调速是指在同一负载下得到不同的转速，以满足生产过程的要求。

因为

$$s = \frac{n_0 - n}{n_0}$$

所以

$$n = (1 - s)n_0 = (1 - s)\frac{60f}{p}$$

可见，可通过三个途径进行调速：改变电源频率 f，改变磁极对数 p，改变转差率 s。前两者是鼠笼式电动机的调速方法，后者是绕线式电动机的调速方法。

（1）变频调速。此方法可获得平滑、范围较大的调速效果，且具有硬的机械特性；但须由专门的变频装置——可控硅整流器和可控硅逆变器组成，设备复杂，成本较高，应用范围不广。

（2）变极调速。此方法不能实现像变频调速那样的无极调速，但它简单方便，常用于金属切割机床或其他生产机械上。

（3）转子电路串电阻调速。在绕线式异步电动机的转子电路中串入一个三相调速变阻器进行调速。此方法能平滑地调节绕线式电动机的转速，且设备简单、投资少；但变阻器增加了损耗，故常用于短时调速或调速范围不太大的场合。

由以上内容可知，异步电动机的各种调速方法都不太理想，所以异步电动机常用于要求转速比较稳定或调速性能要求不高的场合。

4.3.4 三相异步电动机的制动

制动是给电动机一个与转动方向相反的转矩，促使它在断开电源后很快地减速或停转。

对电动机制动，也就是要求它的转矩与转子的转动方向相反，这时的转矩称为制动转矩。

制动的方法有以下几种。

1. 机械制动

利用机械装置使电动机自电源切断后能迅速停转，最常见的机械制动方法是电磁抱闸。

2. 电气制动

使异步电动机所产生的电磁转矩 T 与电动机转子的转速 n 的方向相反。

常见的电气制动方法有：

（1）反接制动。如图 4.12 所示，当电动机快速转动而需停转时，改变电源相序，使转子受到一个与原转动方向相反的转矩而迅速停转。

注意，当转子转速接近零时，应及时切断电源，以免电机反转。

为了限制电流，对功率较大的电动机进行制动时必须在定子电路（鼠笼式）或转子电路（绕线式）中接入电阻。

这种方法比较简单，制动力强，效果较好，但制动过程中的冲击也强烈，易损坏传动器件，且能量消耗较大，频繁反接制动会使电机过热。对有些中型车床和铣床的主轴的制动大多采用这种方法。

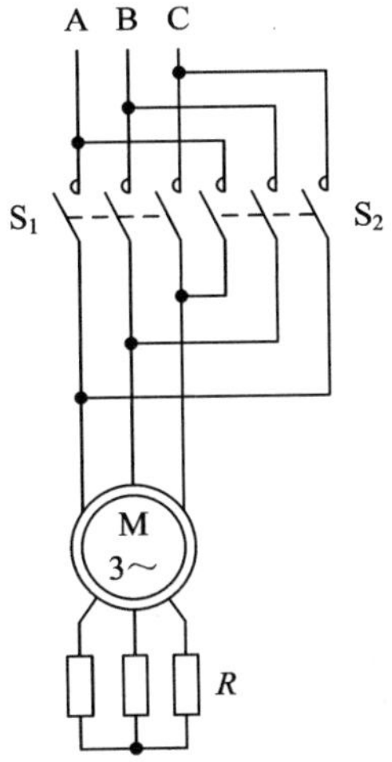

图 4.12　反接制动线路图

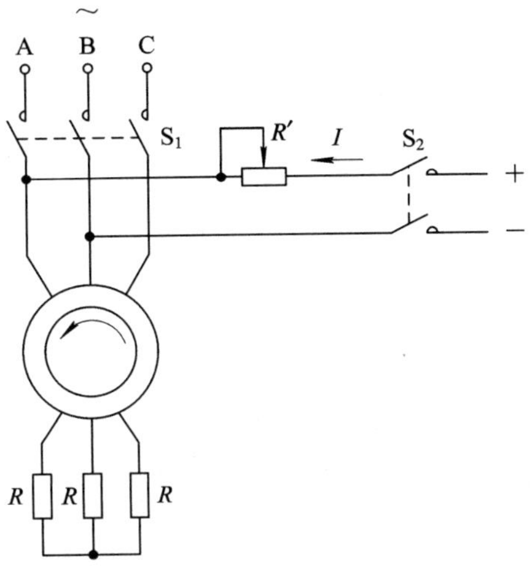

图 4.13　能耗制动接线图

(2) 能耗制动。如图 4.13 所示，电动机脱离三相电源的同时，给定子绕组接入一直流电源，使直流电流通入定子绕组，于是在电动机中便产生一方向恒定的磁场，使转子受到一个与转子转动方向相反的力 $\boldsymbol{F}$ 的作用，于是产生制动转矩，实现制动。

直流电流的大小一般为电动机额定电流的 0.5～1 倍。

由于这种方法是用消耗转子的动能(转换为电能)来进行制动的，所以称为能耗制动。

这种制动能量消耗小，制动准确而平稳，无冲击，但需要直流电流。在有些机床中采用这种制动方法。

(3) 发电反馈制动。当转子的转速 n 超过旋转磁场的转速 n_0 时，转矩是制动的。例如：当起重机快速下放重物时，重物拖动转子，使其转速 $n>n_0$，重物受到制动而等速下降。

下面讨论一下三相电动机缺相运转的问题。三相电动机接到电源的三根导线中，若由于某种原因三根导线中断开了一根，此时的三相电动机即处于缺相运行状态。同单相电动机运行的原理一样，缺相运行的电动机还会继续旋转。但如果在启动时就少了一相，则电动机不能启动。

电动机处于缺相运行状态时，如果电动机满负荷运行，这时其余两根线的电流将成倍增加，从而引起电动机过热，长时间运行会使电动机烧毁。异步电动机缺相运行对机械特性也产生了严重影响，最大转矩 $T_{\max}$ 下降了大约 40%，启动转矩 T_{st} 等于零。如果电动机满负荷运行，此时电机有可能停车，这时电流将进一步加大，若没有过流继电器和过热继电器的保护，将加快电机的损毁。

4.4 变 压 器

4.4.1 交流铁芯线圈

我们知道，铁磁性物质在交变磁化时不仅有磁饱和现象，还有磁滞现象。此外，交变磁通还会在铁芯中引起涡流，而磁饱和、磁滞和涡流对交变磁通磁路和铁芯线圈电路都会产生影响。

交流电工设备，如铁芯变压器、异步电动机等，通常是在正弦电压作用下工作的。其中的电流和磁通都是交变的。

1. 交流铁芯线圈中电压与磁通的关系

如图4.14所示的铁芯线圈电路，在带铁芯的线圈上加正弦交流电压 u，线圈中的电流便在铁芯中产生磁通 Φ。

设 $\Phi=\Phi_m \sin\omega t$，可推导出：

$$U = 4.44 f N \Phi_m \tag{4.9}$$

所以当铁芯线圈上加以正弦交流电压时，铁芯线圈中的磁通也是按正弦规律变化的。

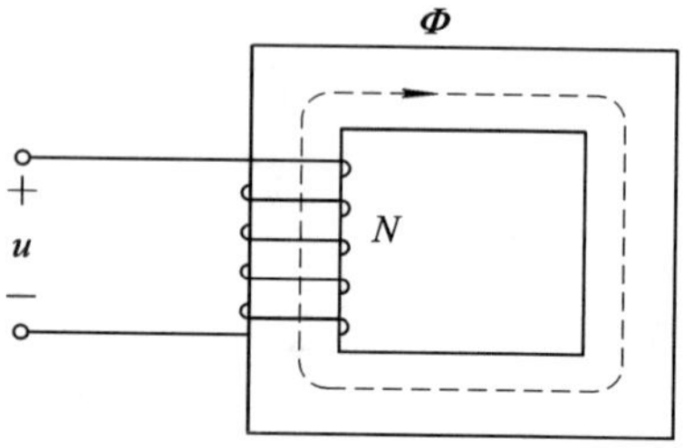

图4.14 铁芯线圈

2. 交流铁芯线圈中的铁芯损耗

在交变磁通作用下，铁芯中有能量损耗，称为铁损。铁损主要由两部分组成：

(1) 涡流损耗。铁芯中的交变磁通 $\Phi(t)$ 在铁芯中感应出电压，由于铁芯也是导体，便产生一圈圈的电流，称之为涡流。涡流在铁芯内流动时，在所经回路的导体电阻上产生的能量损耗称为涡流损耗。涡流损耗与感应电压(或感应电流)的平方成正比。由式(4.9)可知，感应电压 u 与交变磁通的频率 f 和磁感应强度的最大值 B_m 即 Φ_m/S(S 为线圈的面积)有关，因此，涡流损耗与 f^2 及 B_m^2 成正比。

减少涡流损耗的途径有两种：一是减小铁片厚度，通常采用表面有绝缘层的薄钢片叠装成铁芯；二是提高铁芯材料的电阻率，通常采用掺杂的方法来提高材料的电阻率，如在铁中加入少量的硅，能使其电阻率大大提高。因此大部分交流电气设备(如电机、变压器电器等)的铁芯均用硅钢片叠成。

(2) 磁滞损耗。铁磁性物质在反复磁化时，磁畴反复变化，磁滞损耗是在克服各种阻滞作用时消耗的那部分能量。磁滞损耗的能量转换为热能而使铁磁材料发热，如同摩擦生热一样。磁滞损耗的大小取决于材料性质、材料体积、最大磁感应强度和磁化场的变化频率。

减少磁滞损耗有两条途径：一是提高材料的起始磁导率 μ_1；二是减小剩磁 B_b。

通常把磁滞损耗和涡流损耗的总和称为铁损。铁损可以由实验测定，也可以按经验公式计算，本书从略。

4.4.2 电磁铁

1. 电磁铁的工作原理与典型结构

电磁铁是利用载流铁芯线圈产生的电磁吸力来操纵机械装置，以完成预期动作的一种电器。它是将电能转换为机械能的一种电磁元件。它广泛应用在自动控制的机械传动系统中，可以单独作为一类电器，如牵引电磁铁、制动电磁铁、起重电磁铁等，也可作为开关电器的一种部件，如接触器、继电器的电磁系统，断路器的电磁脱扣器等。

电磁铁主要由线圈、铁芯及衔铁三部分组成。铁芯和衔铁一般用软磁材料制成。铁芯一般是静止的，线圈总是装在铁芯上。开关电器的电磁铁的衔铁上还装有弹簧，如图 4.15 所示。

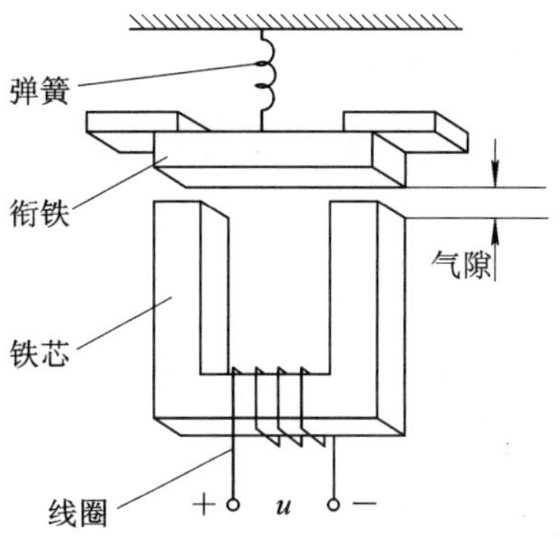

图 4.15 电磁铁的基本组成

电磁铁的结构形式很多，如图 4.16 所示，按磁路系统形式可分为拍合式、盘式、E 形和螺管式，按衔铁运动方式可分为转动式(如图 4.16(a)所示)和直动式(如图 4.16(b)、(c)、(d)所示)。结构形式不同，电磁铁的工作特性不同，适用的场合也不同。

当电磁铁的线圈未通电时，衔铁在弹簧的作用下，与铁芯之间保持一个比较大的气隙，这时衔铁处于释放位置状态。当线圈通电后，在线圈磁通势的作用下，建立磁场，产生磁通，其中绝大部分磁通通过铁芯和衔铁形成的闭合回路。这时铁芯和衔铁都被磁化，成为极性相反的两块磁铁，它们之间产生电磁吸力。当吸力大于弹簧的反作用力时，衔铁开始向着铁芯方向运动，同时，可以通过衔铁来带动其他机械装置或部件，完成预期的自动化动作。当线圈中的电流小于某一定值或中断供电时，电磁吸力小于弹簧的反作用力，衔铁将在反作用力的作用下返回原来的释放位置。这就是电磁铁的基本工作原理。

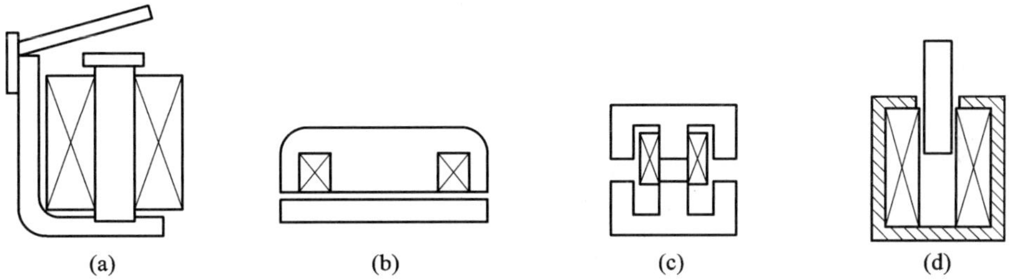

图 4.16 电磁铁的结构形式

(a) 拍合式；(b) 盘式；(c) E 形；(d) 螺管式

2. 电磁铁的分类

电磁铁的种类很多，按其线圈电流的性质可分为直流电磁铁和交流电磁铁。直流电磁铁正常工作时，线圈中通过的是直流电，在稳定状态下铁芯中的磁通是恒定的，没有磁滞和涡流损耗，铁芯中不产生热量。直流电磁铁的铁芯和衔铁由整块软钢或电工纯铁制成。交流电磁铁正常工作时，线圈中通过的是交流电，铁芯中的磁通是交变的，交变的磁通在铁芯中将会产生磁滞和涡流损耗，使铁芯中产生热量。为了减少铁损，铁芯和衔铁采用硅钢片叠成。

按用途分类，电磁铁可分为牵引电磁铁、制动电磁铁、起重电磁铁及其他类型的专用电磁铁。

牵引电磁铁主要用于自动控制设备中，用来牵引或推斥机械装置，以达到自控或遥控的目的，例如用来开启或关闭水路、油路、气路等阀门，用以操纵金属切割机床的各种操作机构。当前常用的牵引电磁铁有 MQ1 和 MQ2 两个系列交流单相螺管式电磁铁及 MQZ1

系列小型直流电磁铁。

制动电磁铁是用来操纵制动器，以完成制动任务的电磁铁。通常制动电磁铁与瓦式制动器配合使用，在电气传动装置中，用来对电动机进行机械制动，以达到准确、迅速停车的目的。常用的制动电磁铁有 MZS1 系列三相交流长行程制动电磁铁、MZZ2 系列直流长行程制动电磁铁、MZD1 系列单相交流短行程制动电磁铁、MZZ1 系列直流短行程制动电磁铁等。

起重电磁铁是用于起重、搬运铁磁性重物的电磁铁。它广泛应用于冶炼、铸造、机械制造和运输部门，在常温下搬运钢板、生铁锭、废钢屑、钢轨、铁矿石等磁性物件。起重电磁铁为直流电磁铁，常用的有 MW1 和 MW5 系列圆盘形起重电磁铁、MW2 和 MW4 系列矩形起重电磁铁、MW61 系列椭圆形起重电磁铁。

4.4.3 变压器

1. 变压器的用途与组成

变压器是一种常见的电气设备，在电力系统和电子线路中有广泛应用。变压器的种类包括：用于输配电系统的电力变压器；用于工业动力系统中直流拖动的专用电源变压器；用于电力系统或实验室等场合的调压变压器；用于测量电压、电流的电压互感器、电流互感器；用于潮湿环境或人体常接触场合的隔离变压器。

变压器主要由铁芯和绕组两个基本部分组成。

2. 变压器的工作原理

图 4.17 为单相变压器的原理图，与电源相连的称为一次绕组(又称原边绕组)，与负载相连的称为二次绕组(又称副边绕组)。一次绕组、二次绕组的匝数分别为 N_1 和 N_2。

当变压器的一次绕组接上交流电压 U_1 时，一次绕组中便有电流 i_1 通过。电流 i_1 在铁芯中产生闭合磁通 Φ，磁通 Φ 随 i_1 的变化而变化，从而在二次绕组中产生感应电动势。如果二次绕组接有负载，在二次绕组和负载组成的回路中就有负载电流 i_2 产生。

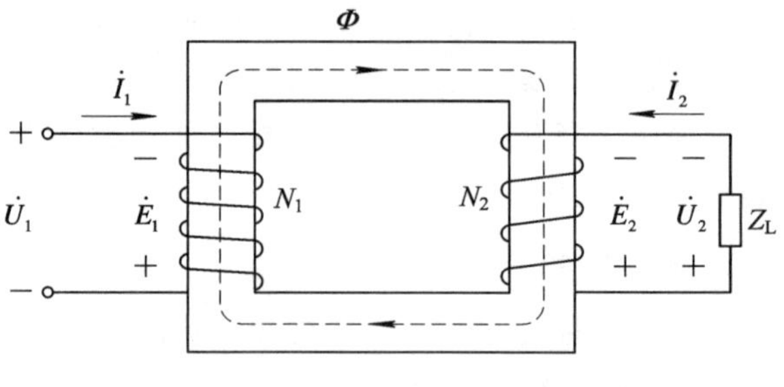

图 4.17 变压器的工作原理

1) 变压器的变压比

变压器中一、二次绕组的电压之比为

$$\frac{U_1}{U_2} \approx \frac{E_1}{E_2} = \frac{N_1}{N_2} = K \tag{4.10}$$

式中，K 称为变压器的变比。当电源电压 U_1 一定时，只要改变匝数比，就可得出不同输出电压 U_2。$K>1$，为降压变压器；$K<1$，为升压变压器。

变比在变压器的铭牌上会注明，它表示一、二次绕组的额定电压之比，例如“10 000/400 V”。这表示一次绕组的额定电压 $U_{1N}=10\ 000$ V，二次绕组的额定电压 $U_{2N}=400$ V。

2）变压器的变流比

变压器中一、二次绕组的电流之比为

$$\frac{I_1}{I_2} \approx \frac{N_2}{N_1} = \frac{1}{K} \tag{4.11}$$

即变压器一、二次绕组的电流与绕组的匝数成反比。

3）变压器的阻抗变换

变压器负载运行时，负载阻抗 Z_L 决定电流 I_2 的大小，电流 I_2 的大小又决定一次绕组电流 I_1 的大小。设想一次绕组电路存在一个等效阻抗 Z'，它的作用是将二次绕组阻抗 Z_L 折算到一次绕组电路中去。在如图 4.17 所示电路中，负载阻抗 Z_L 与变压器二次绕组连接，Z'为 Z_L 折算到一次绕组的等效阻抗。

由图 4.17 可得

$$Z_L = \frac{U_2}{I_2}, \quad Z' = \frac{U_1}{I_1}$$

将上述两式相比，可得

$$\frac{Z'}{Z_L} = \frac{\dfrac{U_1}{I_1}}{\dfrac{U_2}{I_2}} = \frac{U_1}{U_2} \times \frac{I_2}{I_1} = K^2$$

即

$$Z' = K^2 Z_L \tag{4.12}$$

这表明变压器的副边接上负载 Z_L 后，对电源而言，相当于接上阻抗为 $K^2 Z_L$ 的负载。当变压器负载一定时，改变变压器原、副边匝数，可获得所需的阻抗。

3. 变压器的损耗

实际上变压器不可能将原边线圈中的能量百分之百变换、传输到副边线圈上去，即它的效率不可能为 100%。变压器自身也有功率损耗。变压器的损耗主要是铜损和铁损。铜损是由于变压器线圈有电阻，通过电流时会产生发热损耗；而铁损与前面介绍的交流铁芯的损耗类似，主要是涡流损耗和磁滞损耗。变压器的效率为

$$\eta = \frac{P_2}{P_1} \tag{4.13}$$

式中 P_2 为变压器输出的功率(副边功率)，P_1 为变压器输入的功率(原边功率)。

$$P_1 = P_2 + P_{cu} + P_{fe} \tag{4.14}$$

式中，P_{cu}、P_{fe} 分别为铜损和铁损。

例 4.5　有一台电压为 220/36 V 的降压变压器，副边接一盏“36 V，40 W”的灯泡，试求：

(1) 若变压器的原边绕组 $N_1 = 1100$ 匝，副边绕组的匝数应是多少？

(2) 灯泡点亮后，原、副边的电流各为多少？

解：(1) 由变压比的公式

$$\frac{U_1}{U_2} = \frac{N_1}{N_2}$$

可以求出副边的匝数 N_2 为

$$N_2 = \frac{U_2}{U_1}N_1 = \frac{36}{220} \times 1100 = 180 \text{ 匝}$$

(2) 灯泡是纯电阻负载，由有功功率公式 $P_2 = U_2 I_2 \cos\varphi$，$\cos\varphi = 1$，可求得副边电流为

$$I_2 = \frac{P_2}{U_2} = \frac{40}{36} \approx 1.11 \text{ A}$$

由变流公式，可求得原边电流为

$$I_1 = I_2 \frac{N_2}{N_1} = 1.11 \times \frac{180}{1100} \approx 0.18 \text{ A}$$

例 4.6 在如图 4.18 所示的晶体管收音机输出电路中，晶体管所需的最佳负载电阻 $R' = 600\ \Omega$，而变压器副边所接扬声器的阻抗 $R_L = 16\ \Omega$。试求变压器的匝数比。

解：根据题意，要求副边电阻等效到原边后的电阻刚好等于晶体管所需最佳负载电阻，以实现阻抗匹配，输出最大功率。因此根据变压器阻抗变换公式

$$\frac{R'}{R_L} = K^2 = \left(\frac{N_1}{N_2}\right)^2$$

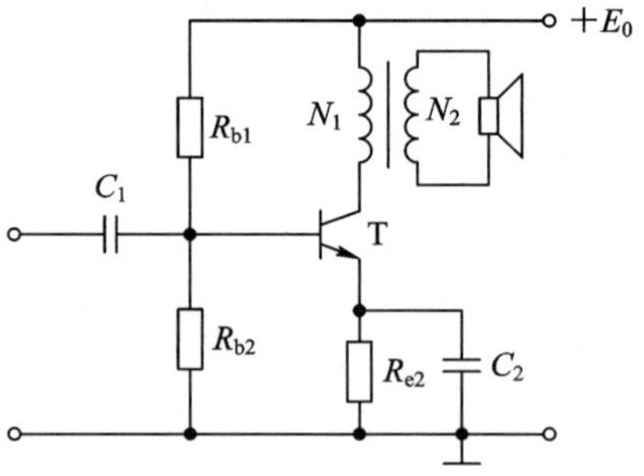

图 4.18 晶体管收音机输出电路

可得

$$K = \frac{N_1}{N_2} = \sqrt{\frac{R'}{R_L}} = \sqrt{\frac{600}{16}} \approx 6$$

即原边的匝数应为副边匝数的 6 倍。

4.5 其他电动机

除了三相交流异步电动机外，在生产中还经常用到其他形式的电动机(电机)。

4.5.1 单相电动机

单相交流电动机主要用于家电，如电风扇等的动力系统。单相电动机是由单相交流电源供电的一种感应式电动机，由于使用方便，故在家用电器和医疗器械中得到广泛应用。但与同容量的三相感应电动机相比，单相电动机的体积较大，运行性能差，因此只做成几十到几百瓦的小容量电机。

1. 单相电动机的转动原理

从构造上来看，单相电动机和鼠笼式异步电动机差不多，转子也是鼠笼结构，定子也是嵌放在定子槽内。所不同的是三相电动机有三相绕组，而单相电动机只有一相绕组。

三相电动机的定子绕组通过对称三相电流时，会在定子空间产生一个旋转磁场，旋转磁场切割转子的鼠笼导条，在导条中产生感应电流，感应电流同磁场作用而产生电磁转矩使电动机旋转起来。

由于单相电动机只有一相绕组，当绕组通过正弦交流电时，在交流电的正半周期间，

产生的磁场从零到最大值，又从最大值到零按正弦规律进行变化；在交流电的负半周期间，磁场的方向与正半周时相反，同样，产生的磁场从零到负的最大值，又从负最大值到零按正弦规律进行变化。这样的磁场称为脉动磁场。也就是说脉动磁场的空间轴线不变化，只是磁场随交流电流的变化在方向和强弱上按正弦规律进行变化，并不旋转。既然磁场不旋转，在转子上就不能产生感应电流，也就不能产生电磁转矩，所以电动机也就不能够旋转了。如果借助一个外力(机械力)，把转子沿不论哪个方向转动一下，那么电动机就会沿这个方向启动，持续旋转下去。

2. 单相电动机的启动方法

从前面的分析可知，单相电动机无启动转矩。为了产生一个旋转磁场，在定子上另装一个空间位置不同于主绕组的启动绕组，而且启动绕组的电流在时间相位上也不同于主绕组。常用的方法有裂相法和罩极法。下面介绍裂相法(电容分相法)。

图 4.19 (a)所示为裂相法式异步电动机的接线原理图；图 4.19(b)所示为主绕组和启动绕组电流波形。

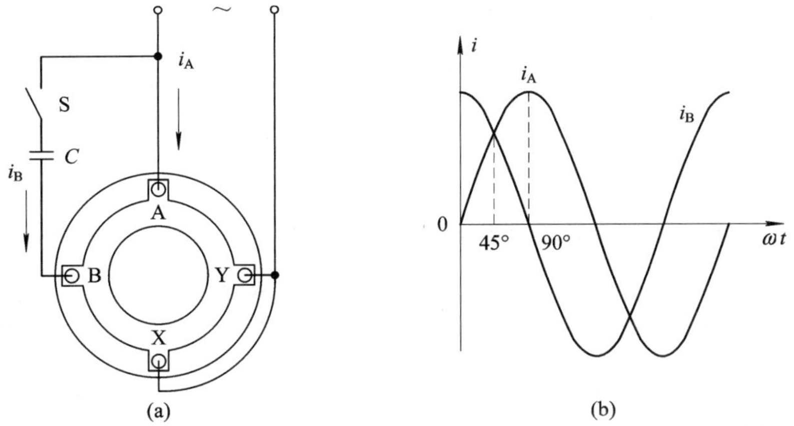

图 4.19 裂相法式单相电动机接线原理图及主绕组和启动绕组电流波形图

定子绕组由空间上相差 90°的主绕组 AX 和启动绕组 BY 构成。为了使启动绕组的电流相位与主绕组的电流相位相差 90°，通常在启动绕组回路中串联一个电容器 C。其目的是在定子空间产生一个旋转磁场，使电动机启动旋转。

和分析三相旋转磁场的方法一样，在空间位置相差 90°、流过的电流相位差 90°的两个绕组，也同样能产生旋转磁场，如图 4.20 所示。

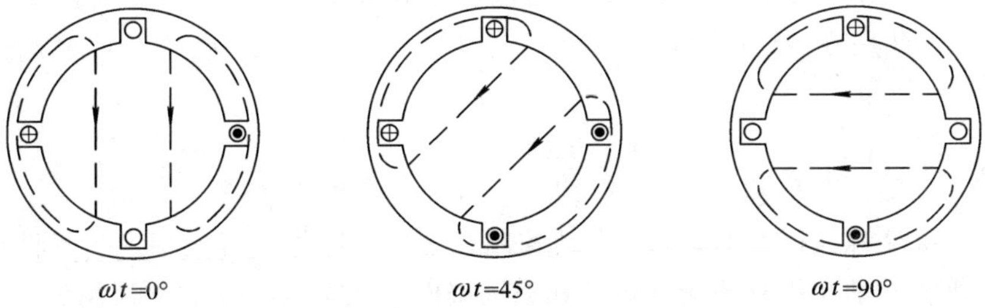

图 4.20 启动时的单相电动机旋转磁场

在此旋转磁场的作用下，鼠笼式转子将跟着一起转动。电动机启动后，当转速达到额定值时，串在启动绕组 BY 支路的离心开关 S 断开，电动机就处于单相运行了。

欲使电动机反转，不能像三相异步电动机那样通过掉换两根电源线来实现，而是需把启动电容串入主绕组支路，之后电动机将以与原来的旋转方向相反的方向旋转。

4.5.2 直流电机

电机制造厂按照国家标准，根据电机的设计和试验数据，规定了电机的正常运行状态和条件，通常称之为额定运行情况。凡表征电机额定运行情况的各种数据，称为额定值。额定值一般都标注在电机的铭牌上，所以也称为铭牌数据，它是正确合理使用电机的依据。

1. 直流电机的额定值

（1）额定功率，是指电机的输出功率。对于发电机，额定功率是指出线端输出的电功率；对于电动机，额定功率是指转轴上输出的机械功率。其单位为 W 或 kW。

（2）额定电压，是指在额定工作条件下，电机出线端的平均电压。对于电动机，额定电压是指输入额定电压；对于发电机，额定电压是指输出额定电压。其单位为 V。

（3）额定电流，是指电机在额定电压下，运行于额定功率时的电流值，单位为 A。

（4）额定转速，是指对应于额定电压、额定电流，电机运行于额定功率时所对应的转速，单位为 r/min。

2. 电机的合理运行

电机在实际应用时，是否处于额定运行情况，要由负载大小来决定的。一般不允许电机超过额定值运行，因为这会降低电机的使用寿命，甚至损坏电机。但如果电机长期在低负载状态下工作，则没有得到充分利用，效率降低，不经济。所以应根据负载情况合理选用电机，使电机在接近于额定运行情况下运行，才是经济合理的。

4.5.3 步进电机

步进电机是将电脉冲信号转变为角位移或线位移的开环控制元件。在非超载的情况下，步进电机的转速、停止的位置只取决于脉冲信号的频率和脉冲数，而不受负载变化的影响，即给电机加一个脉冲信号，电机则转过一个步距角。这一线性关系的存在，加上步进电机只有周期性的误差而无累积误差等特点，使得在速度、位置等控制领域用步进电机来控制变得非常简单。虽然步进电机已被广泛地应用，但步进电机并不能像普通的直流电机、交流电机那样在常规下使用，它必须由双环形脉冲信号、功率驱动电路等组成控制系统方可使用。因此用好步进电机确非易事，它涉及机械、电机、电子及计算机等许多专业知识。

4.5.4 伺服电动机

伺服电动机又称执行电动机，在自动控制系统中，用作执行元件，把所收到的电信号转换成电动机轴上的角位移或角速度输出。伺服电动机分为直流和交流两大类，其主要特点是：当信号电压为零时无自转现象，转速随着转矩的增加而匀速下降。

交流伺服电动机内部的转子是永磁铁，驱动器控制的 U/V/W 三相电形成电磁场，转子在此磁场的作用下转动，同时电动机自带的编码器反馈信号给驱动器，驱动器根据反馈值与目标值进行比较，调整转子转动的角度。伺服电动机的精度决定于编码器的精度(线数)。

20世纪80年代以来，随着集成电路、电力电子技术和交流可变速驱动技术的发展，永磁交流伺服驱动技术有了突出的发展，各国的著名电气厂商相继推出各自的交流伺服电动机和伺服驱动器系列产品，并不断完善和更新。交流伺服系统已成为当代高性能伺服系统的主要发展方向，使原来的直流伺服系统面临被淘汰的危机。90年代以后，世界各国已经商品化了的交流伺服系统采用的是全数字控制的正弦波电动机伺服驱动。交流伺服驱动装置在传动领域的发展日新月异。永磁交流伺服电动机同直流伺服电动机比较，主要优点有：

(1) 无电刷和换向器，因此工作可靠，对维护和保养要求低。

(2) 定子绕组散热比较方便。

(3) 惯量小，易于提高系统的快速性。

(4) 适应于高速大力矩工作状态。

(5) 同功率下有较小的体积和重量。

电机的种类还有很多，在此不一一介绍了。

本 章 小 结

通过本章的学习，可以回答教学情境五提出的问题，这也是本章的重点内容。

1. 电机的结构与转动原理

旋转磁场的转速：

$$n_0 = \frac{60f_1}{p}$$

转差率：

$$s = \frac{n_0 - n}{n_0} = \frac{\Delta n}{n_0}$$

2. 电机的电磁转矩及机械特性

电磁转矩的计算公式：

$$T_N = 9550\frac{P_2}{n}$$

电动机输出的电磁转矩能根据负载的变化自动调节，保持匀速转动。

3. 电动机的启动、制动、调速方法

1) 直接启动

直接启动又称为全压启动，即电动机的定子绕组直接加到额定电压下启动。这种方法只适用于小容量的电动机或电动机容量远小于供电变压器容量的场合。

2) 降压启动

在启动时降低加在定子绕组上的电压，以减小启动电流，待转速上升到接近额定转速时，再恢复到全压运行。降压启动主要包括Y-△换接启动和自耦降压启动。

(1) 星形-三角形(Y-△)换接启动。启动时，将三相定子绕组接成星形，待转速上升到接近额定转速时，再换成三角形连接。此方法只能用于正常工作时定子绕组为三角形连接的电动机。

(2) 自耦降压启动。自耦降压启动利用三相自耦变压器将电动机在启动过程中的端电压降低，适用于功率较大的电动机和不能用 Y -△换接启动的场合。

3) 电动机制动

电动机制动的方法有机械制动和电气制动。

常见的电气制动方法有：

(1) 反接制动；

(2) 能耗制动；

(3) 发电反馈制动。

4) 电动机的反转

要使电动机反转只要任意交换三相线中的两相即可。

4. 电机的选择与识别

5. 变压器的电压、电流、阻抗变换作用

变压器的变压比：

$$\frac{U_1}{U_2} \approx \frac{E_1}{E_2} = \frac{N_1}{N_2} = K$$

变压器的变流比：

$$\frac{I_1}{I_2} \approx \frac{N_2}{N_1} = \frac{1}{K}$$

变压器的阻抗变换：

$$Z' = K^2 Z_L$$

习 题 四

一、填空题

1. 若三相电动势依次达到最大值的相序为 A—C—B，则称该相序为______。

2. 若三相对称负载接在三相对称电源下，则获得的三相电流：幅值______，相位互差______度。

3. 三相异步电动机的结构分成两个基本部分：______和______。

4. 三相异步电动机的转子根据构造上的不同分为两种形式：______和______。

5. 旋转磁场的转速 n_0=______。

6. 异步电动机在电动状态下，转子旋转方向总是与旋转磁场方向______。

7. 某三相异步电动机的额定转速为 1455 r/min，电源频率 f=50 Hz，则电动机的磁极对数为______，其同步转速为______r/min，其额定转差率为______。

8. 三相异步电动机稳定运行时，如果负载加重，则电动机转速________，而电磁转矩将______，直到转矩平衡，电动机将以较______的转速重新稳定运行。如果阻力转矩超过______，则电动机的转速将很快下降，直到停机。

9. 某一台三相异步电动机，P_N=5.5 kW，n_N=1440 r/min，T_N=______N·m。

10. 三相异步电动机的启动性能主要包括两个方面：______、______。

11. 三相异步电动机降压启动的方法有：(1)______，(2)______。

12. 改变电动机的转速有三种方式(1)______，(2)______，(3)______。

13. 三相异步电动机的电气制动分为三种方式：(1)______，(2)______，(3)______。

14. 改变电动机转向的方法是：______。

15. 变压器有三种变换作用：(1)______，(2)______，(3)______。

16. 变压器的功率损耗包括______、______。

17. 将某单相变压器接在电压 $U_1=220$ V 的电源上，已知次级电压 $U_2=22$ V，次级匝数 $N_2=100$ 匝，则初级匝数 $N_1=$ ______ 匝。

二、选择题

1. 下列设备中，(　　)必是电源。

A) 发电机　　B) 蓄电池　　C) 电视机　　D) 电炉

2. 下列不属于异步电动机的结构部分的是(　　)。

A) 启动控制电路　　B) 定子(固定部分)

C) 转子(旋转部分)　　D) 机座

3. 下列关于旋转磁场的转速的说法中，错误的是(　　)。

A) 旋转磁场的转速与通入电流的频率成正比

B) 旋转磁场的转速与磁极对数成反比

C) 旋转磁场的转速与转子转速相同

D) 旋转磁场的转速与电流大小无关

4. 下列关于转差率的说法中，错误的是(　　)。

A) 旋转磁场与转子之间存在转速差，因此我们把这种电动机称为异步电动机

B) 转差率越大越好

C) 旋转磁场的转速 n_0 常称为同步转速

D) 转差率为 $s=\dfrac{n_0-n}{n_0}=\dfrac{\Delta n}{n_0}$

5. 三相异步电动机的转速为 n，同步转速为 n_0，则转差率 s 等于(　　)。

A) $\dfrac{n_0-n}{n_0}$　　B) $\dfrac{n_0+n}{n_0}$　　C) $\dfrac{n-n_0}{n}$　　D) $\dfrac{n+n_0}{n}$

6. 一台三相异步电动机铭牌上写着额定转速 $n_N=960$ r/min，$f=50$ Hz，该电动机的磁极数为(　　)。

A) 2 极　　B) 4 极　　C) 6 极　　D) 8 极

7. 一般三相异步电动机在额定工作状态下的转差率为(　　)。

A) 30%～50%　B) 1%～9%　C) 15%～30%　D) 50%以上

8. 一台三相四极异步电动机，若 $f=100$ Hz，则同步转速为(　　)。

A) 6000 r/min　B) 3000 r/min　C) 2000 r/min　D) 5000 r/min

9. 三相异步电动机在一定的负载转矩下运行时，如电源电压降低，电动机转矩_____，电流_____，转速_____。(　　)

A) 不变，不变，降低　　B) 不变，增大，不变

C）降低，降低，降低　　　　D）降低，增大，降低

10. 电动机等速旋转的条件是（　　）。

A）$T>T_{负}$　　　　B）$T<T_{负}$　　C）$T>T_N$　D）$T=T_{负}$

11. 下列关于异步电动机的额定转矩公式

$$T_N = 9550\frac{P_2}{n}$$

的说法中，错误的是（　　）。

A）额定转矩 T_N 是异步电动机带额定负载时，转轴上的输出转矩

B）与电动机轴上输出的机械功率成正比

C）与转子转速成反比

D）式中 P_2 的单位是瓦特，n 为转子的转速，单位是转/分，T_N 的单位是牛·米

12. 下列关于电动机输入功率的说法中，错误的是（　　）。

A）一般电动机铭牌上的功率都是输入功率

B）电动机的输入功率 P_1 可按照对称三相交流电路的公式计算，即 $P_1=\sqrt{3}U_1I_1\cos\varphi$

C）U_1 为定子上的线电压，I_1 为定子上的线电流

D）$\cos\varphi$ 为定子绕组的功率因数

13. 某三相鼠笼式异步电动机的额定电压为 220/380 V，接法为 Y/△，如电源电压为 380 V，则电动机最好的启动方法是（　　）。

A）星形接法　B）三角形接法　C）Y—△降压启动　D）直接启动

14. 下列关于最大转矩 T_m 的说法中，错误的是（　　）。

A）T_m 又称为临界转矩，是电动机可能产生的最大电磁转矩

B）最大转矩 T_m 与额定转矩 T_N 之比称为电动机的过载系数 λ，即 $\lambda=T_m/T_N$

C）一般三相异步电动机的过载系数在 1.0～5.2 之间

D）在选用电动机时，必须考虑可能出现的最大负载转矩，T_m 必须大于最大负载转矩

15. 下列关于启动转矩 T_{st} 的说法中，错误的是（　　）。

A）T_{st} 为电动机启动初始瞬间的转矩，即 $n=0$，$s=1$ 时的转矩

B）T_{st} 为电动机启动初始瞬间的转矩，此时电动机转子中的电流最小

C）为确保电动机能够带额定负载启动，必须满足：$T_{st}>T_N$

D）一般的三相异步电动机有 $T_{st}/T_N=1$～2.2

16. 下列关于电动机功率的选择的说法中，错误的是（　　）。

A）电动机应根据负载的情况选择合适的功率

B）对连续运行的电动机，应先算出生产机械的功率，所选电动机的额定功率等于或稍大于生产机械的功率即可

C）如果没有合适的专为短时运行设计的电动机，可选用连续运行的电动机

D）所选择的电动机功率要大于负载要求，并且越大越好

17. 电动机启动时，下列说法中错误的是（　　）。

A）尽量减小启动电流，以免造成冲击

B）启动转矩要大于所带负载阻转矩

C）启动转矩越大越好

D）为了减小启动电流，应考虑降压启动方法

18. 关于降压启动，下列说法中错误的是(　　)。

A）降压启动在启动时降低加在定子绕组上的电压，以减小启动电流

B）降压启动后，待转速上升到接近额定转速时，再恢复到全压运行

C）此方法适用于大中型鼠笼式异步电动机的轻载或空载启动

D）电动机一般都应采用降压启动

19. 下列关于星形-三角形(Y-△)换接启动的说法中，错误的是(　　)。

A）启动时，将三相定子绕组接成星形，待转速上升到接近额定转速时，再换成三角形

B）在启动时就把定子每相绕组上的电压降到正常工作电压的 $1/\sqrt{3}$

C）其启动电流是△连接直接启动时启动电流的 1/3

D）Y-△换接启动时的启动转矩也减小为△直接启动时的 $1/\sqrt{3}$

20. 下列关于自耦降压启动的说法中，错误的是(　　)。

A）只适用于功率较大的电动机和不能用Y-△换接启动的场合

B）自耦降压启动是指利用三相自耦变压器将电动机在启动过程中的端电压降低

C）采用自耦降压启动，启动转矩不减小

D）采用自耦降压启动，能使启动电流减小

21. 关于三相异步电动机可采用的调速方法，下列说法中错误的是(　　)。

A）变频调速　　　　B）变极调速

C）转子电路串电阻调速　　　　D）Y-△换接调速

22. 电动机机座上的铭牌如下，则正确的说法是(　　)。

三相异步电动机					
型　　号	Y132M-4	功　　率	7.5kW	频　　率	50Hz
电　　压	380V	电　　流	15.4A	接　　法	△
转　　速	1440r/min	绝缘等级	E	工作方式	连续
温　　升	80℃	防护等级	IP44	重　　量	55kg
年　月　编号					××电机厂

A）电动机输出功率为 7.5 kW

B）电动机磁极对数为 4 对

C）电动机定子每相绕组的输入电压为 380 V

D）该电动机正常工作时，应采用三角形接法

23. 一般三相异步电动机启动的必要条件是(　　)。

A）$T_{st}>T_N$　　　　B）$T_{st}=T_{负}$

C）$T_{st}>T_m$　　　　D）$T_{st}>T_{负}$

24. 三相异步电动机在一定的负载转矩下运行时，若电源电压降低，则电动机转矩_____，电流_____，转速_____。(　　)

A）不变，不变，降低　　　　B）不变，增大，不变

C）降低，降低，降低　　　　D）降低，增大，降低

25. 鼠笼式电动机降压启动时，Y-△启动的 T_{st} 为直接启动时的________，自耦变压

器(变比为 K)的 T_{st} 为直接启动时的________。(　　)

A) 1/3，K　　B) 1，K^2　　C) 1/3，K^2　　D) 1，K

26. 关于三相异步电动机的电气制动方法，下列说法中错误的是(　　)。

A) 利用机械装置使电动机从电源切断后能迅速停转，最常见的是电磁抱闸

B) 反接制动

C) 能耗制动

D) 发电反馈制动

27. 下列关于变压器的说法中，错误的是(　　)。

A) 变压器是一种常见的电气设备，在电力系统和电子线路中被广泛应用

B) 用于输配电系统的是电力变压器

C) 变压器通以直流或交流都能工作

D) 变压器主要由铁芯和绕组两个基本部分组成

28. 下列关于变压器的公式中，错误的是(　　)。

A) $\frac{U_1}{U_2}\approx\frac{E_1}{E_2}=\frac{N_1}{N_2}=K$　　B) $\frac{I_1}{I_2}\approx\frac{N_2}{N_1}=\frac{1}{K}$

C) $\frac{u_1}{u_2}=\frac{N_1}{N_2}=\frac{I_1}{I_2}$　　D) $Z'=K^2Z_L$

29. 变压器的额定容量 S_n 表示(　　)。

A) 输入的视在功率　　B) 输出的视在功率

C) 输入的有功功率　　D) 输出的有功功率

30. 已知变压器的 $K=2$，若原边电压为 80 V，则副边电压为(　　)。

A) 20 V　　B) 40 V　　C) 80 V　　D) 160 V

31. 一台电压为 220 V/110 V 的单相变压器，其初级绕组为 1000 匝，则次级绕组匝数为(　　)。

A) 1000 匝　　B) 500 匝　　C) 250 匝　　D) 2000 匝

三、计算题

1. 有一台三相异步电动机，其额定转速 n =975 r/min，试求电动机的磁极对数和在额定负载下的转差率(电源频率 $f_1=50$ Hz)。

2. 有 Y112M－2 型和 Y160M1－B 型异步电动机各一台，其额定功率都是 4 kW，但前者额定转速为 2890 r/min，后者为 720 r/min，试比较它们的额定转矩，并由此来说明电动机的磁极对数、转速和转矩之间的关系。

3. J52－4 型异步电动机，从产品样本中查得技术数据如表 4.6 所示。

表 4.6　技术数据

型号	P_N/kW	n_N/(r/min)	U_N/V	I_N/A	$\cos\varphi$	I_{st}/I_N	T_{st}/T_N	T_m/T_N
J52－4	7	1440	220/380	24.3/14.1	0.87	6.5	1.5	2

求：(1) 磁极对数和额定转差率；(2) 额定输出转矩；(3) 最大电磁转矩；(4) 启动转矩；(5) 额定运行时的效率。

4. JO2－31－4 型异步电动机的铭牌数据为：2.2 kW，220 V/380 V，△/Y，1430 r/min，

$\cos\varphi=0.81$。若额定负载时电网输入的电功率为 2.75 kW，又知过载系数 $\lambda=2.2$，试计算：

(1) 两种接法时相电流和线电流的额定值及额定效率；

(2) 额定转矩和最大转矩。

5. 有一台鼠笼式电动机，其铭牌数据为：$P_2=40$ kW，$n=1450$ r/min，220 V/380 V，△/Y，130/75.1 A，$\eta=0.91\%$，$\cos\varphi=0.89$，$I_Q/I_N=6.5$，$M_Q/M_N=1.2$，$M_{max}/M_N=2.0$。今用一台三相变压器对电动机供电(Y/Y 连接)，其额定电压为 3300/380 V。

(1) 在额定负载下变压器原、副级绕组的电流有多大？

(2) 直接启动时，电动机的电流为多大？能否用 Y-△换接启动。

(3) 当负载转矩为额定转矩的 80%时，转速为 1470 r/min，这时电动机的电流有多大？(设 η 和 $\cos\varphi$ 的变化可以忽略不计。)

6. 有一台三相鼠笼式异步电动机的启动转矩为 187.2 N·m，如果负载转矩为 173.5 N·m，在电源电压为额定 U_0 和 $0.9U$ 的情况下，电动机能否启动？

7. 有一台鼠笼式电动机，其额定数据为：$P_2=10$ kW，$n=1450$ r/min，△/Y，220/380 V，$\eta=86.8\%$，$\cos\varphi=0.88$，$M_Q/M_N=1.3$，$I_Q/I_N=5.5$。试求：

(1) △连接时的额定电流；

(2) 用 Y-△换接启动时的启动电流和启动转矩；

(3) 当负载转矩为额定转矩的 80%和 20%时，采用 Y-△换接启动，电动机能否启动？

8. 某三相异步电动机铭牌标出的电源电压为 380 V/220 V，Y/△接法。当电源电压分别为 380 V 和 220 V 时，各应采取什么接法？在这两种情况下，它们的额定电流是否相同？输出功率是否相同？

9. 三相异步电动机的铭牌数据如下：电压：220 V/380 V，接法：△/Y，功率：3 kW，转速：2960 r/min，功率因数：0.88，效率：0.86。回答下列问题：

(1) 若电源的线电压为 220 V，定子绕组应如何连接？I_N、T_N应为多少？

(2) 若电源的线电压为 380 V，定子绕组应如何连接？I_N、T_N应为多少？

10. 某异步电动机的额定功率为 15 kW，额定转速为 970 r/min，频率为 50 Hz，最大转矩 $T_{max}=295.36$ N·m，试求电动机的过载系数。

11. 有一台 Y225M-4 型三相异步电动机，其额定数据如表 4.7 所示。

表 4.7　额定数据

功率	转速	电压	效率	功率因数	I_{st}/I_N	T_{st}/T_N	T_m/T_N
45 kW	1480 r/min	380 V	90%	0.88	7.0	1.9	2.2

试求：(1) 额定电流 I_N；(2) 额定转差率 s_N；(3) 额定转矩 T_N、最大转矩 T_m、启动转矩 T_{st}。

12. 在上题中：(1)如果负载转矩为 510.2 N·m，试问在 $U_N=U$ 和 $U_{N'}=0.9\,U$ 两种情况下电动机能否启动；(2) 采用 Y-△变换启动时，求启动电流和启动转矩；(3) 当负载转矩为额定转矩 T_N的 80%和 50%时，电动机能否启动？

13. 对上题的电动机采用自耦降压启动，设启动时的端电压降到电源电压的 64%，求线路的启动电流和启动转矩。

14. 一交流铁芯线圈工作在电压 $U=220$ V、频率 $f=50$ Hz 的电源上。测得电流 $I=$

3 A，消耗功率 $P=100$ W。为了求出此时的铁损，把线圈电压改接成直流 12 V，测得电流值是 10 A。试计算线圈的铁损和功率因数。

15. 有一台电源变压器，原边匝数为 550 匝，接 220 V 电压。它有两个副绕组：一个电压为 36 V，其负载电阻为 4 Ω；另一个电压为 12 V，负载为 2 Ω 电阻。试求两绕组的匝数。

16. 已知某收音机输出变压器的 $N_1=600$ 匝，$N_2=300$ 匝，原接阻抗为 20 Ω 的扬声器，现要改接 5 Ω 的扬声器，问变压器的匝数 N_2 应改为多少。

四、问答题

1. 异步电动机所带机械负载增大时，电动机输出的电磁转矩就会跟着增大，试说明原因。

2. 异步电动机带额定负载时，如果电源电压下降过多会产生什么后果？

3. 异步电动机在接入电源时，如果转子卡住不能转动，这对电动机将产生什么影响？会有什么现象发生？

4. 异步电动机有哪几种调速方法？各种调速方法有何优缺点？

5. 异步电动机有哪几种制动方法？各有何特点？

6. 如何正确地选择一台异步电动机？

7. 异步电动机转子不动时，定子绕组长期加额定电压将有什么现象？

8. 如果把星形连接的三相异步电动机误作三角形连接或把三角形连接的三相异步电动机误作星形连接，其后果如何？其电流、功率、转矩有何不同？

模块四　电机控制

本模块主要涉及常用低压电器、交流电动机的控制线路及电气控制线路连接技能等方面的内容。

第五章 低压电器与电机控制

学习引导(课堂学时：8～10 学时)

学习目标	了解常用低压电器的结构和功能；掌握继电-接触器控制的原理；了解过载、短路和失压保护的方法；掌握电机的启动、正反转电气控制线路；掌握常用电气符号。 能读懂简单的控制电路原理图；了解一般继电-接触器控制柜的布线、安装的基本知识；能连接电机启动、正反转控制线路。 培养既细心又大胆的职业习惯
重点	1. 继电器 2. 电机的启动及正反转控制线路 3. 行程控制
难点	看懂电气图；电机控制线路连接技能
预备知识	电机原理
学习方法	通过实验认识常用低压电器，并建立对电机控制系统的感性认识；一定要通过具体连线实验来培养电气控制图的读图能力；可重点突破一个或几个电机控制线路图，开始不可强求掌握太难的电机控制图

教学情境六 认识 Z3040 摇臂钻床电气图

情境描述：Z3040 摇臂钻床电气图如图 5.1 所示，现要求看懂电气图，理解电气控制的原理。

情境分析：图中有些符号认识，但也有很多符号不认识。这些符号表示什么？对应的实物是怎样的？有什么功能？这张电气控制图的工作原理是什么？如何实际连接？这都是本章要讨论的内容。

5.1 常用控制电器

生产过程的自动化在提高劳动生产率、改进产品质量、减轻工人体力劳动等方面起着十分重要的作用。

目前的工作机械大部分为电动机拖动，所以，自动控制的核心问题就是对电动机进行控制。继电-接触器控制线路是由按钮、接触器、继电器和各种保护电器等所组成的一种控制线路。它能根据生产要求实现对电动机或其他执行元件的控制。继电-接触器控制的优点是操作简单，控制方便，比较直观，易于掌握，还能与各种保护电器相配合，实现短路、过载、失压等保护，是一种最简单的自动控制方法。

因为继电-接触器控制线路是由各种控制电器和保护电器组成的，因此，在了解各种

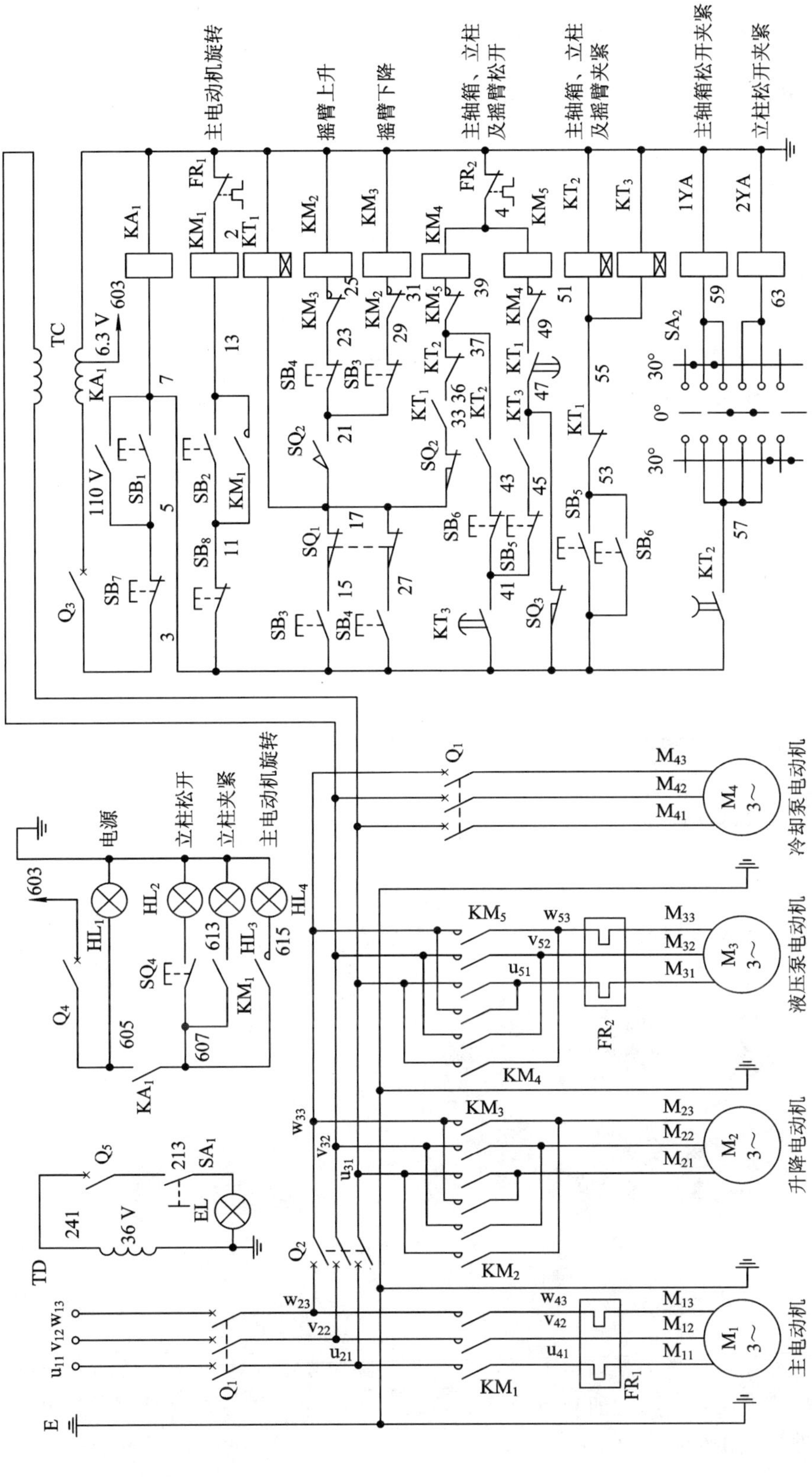

图 5.1 Z3040 摇臂钻床电气原理图

控制电路之前必须首先熟悉各种常用电器的结构、工作原理和表示符号。从功能上分，常用电器分为主令电器、控制电器和保护电器。下面分别加以介绍。

5.1.1 主令电器

在控制线路中，主令电器主要用来发出指令，以控制电磁开关的线圈与电源的接通与断开，或实现线路的转换及某种控制功能。主令电器大多数是手动式的，依靠手的按压作用使其触点发生动作。主令电器的种类很多，常用的有按钮、转换开关、行程开关、主令开关、主令控制器、脚踏开关等。本节主要介绍按钮和转换开关。

1. 按钮

按钮的结构原理图如图 5.2(a)所示。它主要由按钮帽、连杆、二对动触点、二对静触点以及恢复弹簧等组成。按钮帽分红色、黄色、蓝色、绿色、白色、黑色等，它装在连杆上端，二对动触点装在连杆下端，二对静触点装在按钮盒内，并通过接线柱与外部相连。在正常状态下，动触点与上面的一对静触点相接触，这对触点称为常闭触点。而下面的一对触点是断开的，称为常开触点。按下按钮时，常闭触点断开，常开触点闭合(故常闭触点又称为动断触点，常开触点又称为动合触点)。当手松开后，在恢复弹簧的作用下按钮又恢复原来的状态。按钮的图形符号如图 5.2(b)所示。

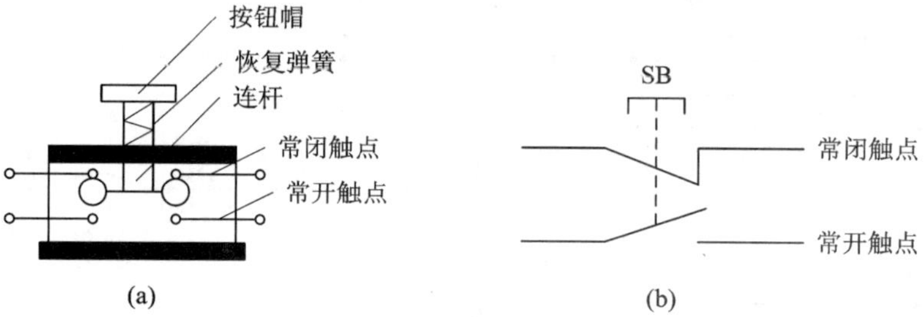

图 5.2 按钮开关

常用的按钮为 LA 系列按钮。图 5.3 所示为 LA 系列按钮外形图。

图 5.3 按钮外形图

2. 转换开关

转换开关又称组合开关，是结构上比刀式开关更加紧凑、使用更加灵活和方便的一种手动电器，它常用于控制线路的通断或线路的转换。转换开关的种类也很多。下面介绍用于控制三相线路通断的转换开关。

图 5.4 为一用于接通和断开三相异步电动机的转换开关。胶木盒内装有一个可转动的公共轴，轴上装有多个触片，这些可随轴转动的触片称为动触片。胶木盒内还装有与动触片数目相同的静触片。这些静触片由接线柱与外电路相连。手柄只有两个定位位置：水平位置和垂直位置，由凸轮定位。当转动手柄至水平位置时，静触片与动触片断开(即 x_1 与 c_1、x_2 与 c_2、x_3 与 c_3 断开)，电动机停车。当转动手柄至垂直位置时，动触片就插入到相应的静触片中，使三相电路同时接通(即 x_1 与 c_1、x_2 与 c_2、x_3 与 c_3 接通)，电动机启动。

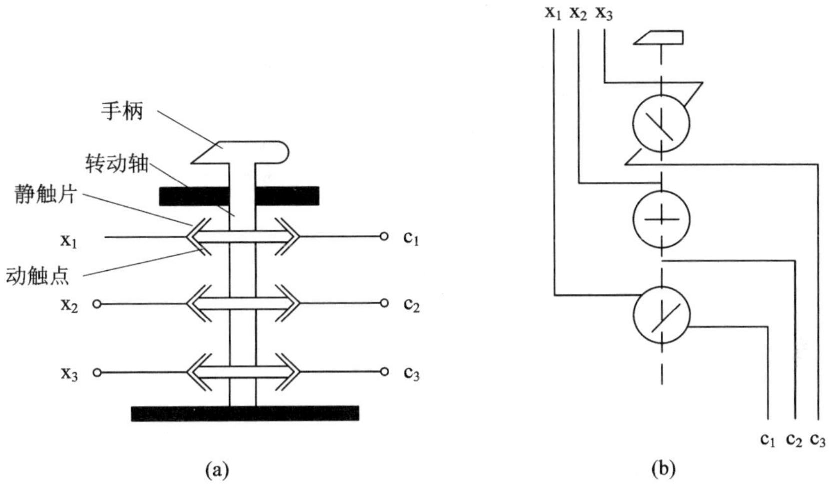

图 5.4　用于控制三相电路通断的转换开关

(a) 结构示意图；(b) 接线图

5.1.2　控制电器

1. 接触器

接触器是一种依靠电磁力使触点产生动作的一种电器，在自动控制系统中，常用它接通或断开负载电路。根据接触器线圈所需电源电压的不同，接触器常分为交流接触器和直流接触器，但也有交直流两用的接触器。

1) 交流接触器

交流接触器主要由触点、电磁系统和灭弧装置三大部分组成。下面分别介绍它们的结构和作用。

(1) 触点。交流接触器的触点分为主触点和辅助触点两类，每一对触点都包含一个动触点和一个静触点，如图 5.5 所示。主触点为三对常开触点，用来接通或断开负载电路，由于它允许通过较大的电流(一般大于 10 A)，故触点较大；辅助触点包括常开触点和常闭触点两种。辅助触点用于接通或断开控制电路中的接触器或继电器的线圈。辅助触点额定电源一般为 5 A。常用的 CJ 系列交流接触器有四对辅助触点，两对常闭，两对常开。交流接触器的电气表示符号如图 5.6 所示。

(2) 电磁系统。电磁系统是由静铁芯、动铁芯(或叫衔铁)和线圈组成的。线圈套在静铁芯中。动铁芯通过连杆与触点相连。当线圈通电时，铁芯中产生磁通，使静铁芯和动铁芯之间产生电磁吸力，动铁芯被吸引并带动动触点向下运动，使得原来接触的动静触点分

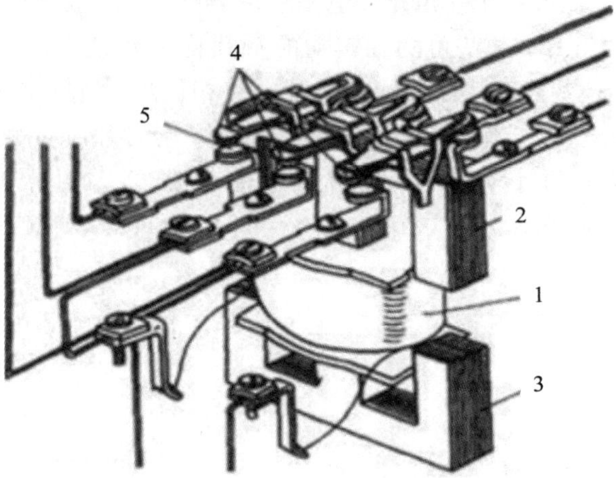

1—吸引线圈；2、3—动、静铁芯；4、5—动、静触点

图 5.5 交流接触器的主要结构

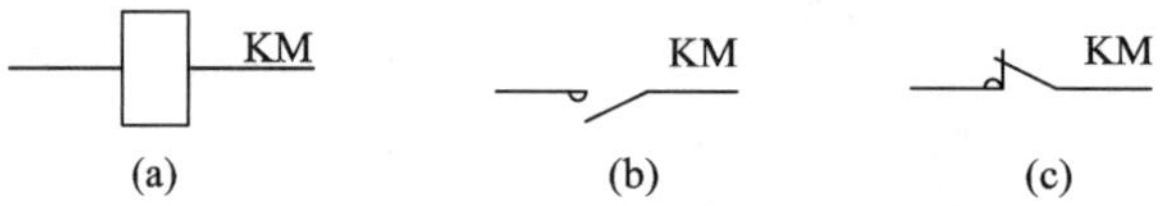

图 5.6 接触器的图形符号、文字符号

(a) 吸引线圈；(b) 常开主触点；(c) 常闭触点

开，原来分开的动静触点接触，即常开触点闭合，常闭触点断开。当线圈断电时，由于恢复弹簧的作用，使动铁芯恢复到原来的状态(即常开触点重新断开，常闭触点重新闭合)。这样，可以通过控制线圈得电或断电，达到控制负载电路通断的目的。

(3) 灭弧装置。接触器在断开大电流电路时，在断开瞬间触点处将产生电弧，因此，通断电流较大的交流接触器常带有灭弧装置，使在触点断开时能迅速熄灭电弧。

图 5.7 为 CJ20 系列交流接触器外形图。

图 5.7 CJ20 系列交流接触器外形

2) 直流接触器

直流接触器与交流接触器的主要区别是直流接触器线圈所需的电源是直流电源，常用的为 220 V 和 440 V。直流接触器常用于控制直流电动机的启动、换向、调速或反接制动。

常用的直流接触器为 CZ 系列。

2. 继电器

在控制线路中，继电器主要用于实现某种控制或保护功能。继电器的种类繁多，常用的有电流继电器、时间继电器、中间继电器、热继电器、温度继电器、漏电保护继电器、速度继电器等。本节只介绍中间继电器和热继电器。

1）中间继电器

中间继电器在结构上和交流接触器基本相似，工作原理也完全相同，但中间继电器无主触点与辅助触点之分，仅分常开触点和常闭触点两种，且触点数较多。常用的JZ7系列中间继电器有4个常开、4个常闭触点，触点额定电流为5A。

在控制电路中，中间继电器主要用来使信号得到放大（实现用较弱的电流去控制额定电流较大的接触器的电磁线圈），增加信号数量（使同一个信号能同时控制多个电磁线圈）。图5.8为中间继电器的线圈和触点符号。

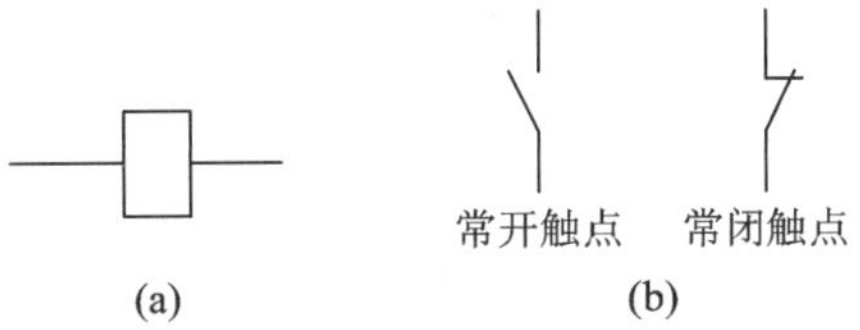

图5.8　中间继电器的线圈和触点符号
(a) 线圈符号；(b) 触点符号

常用中间继电器有JZ7系列和JZ8系列两种。通常按线圈额定电压、触点额定电流和触点数来选择中间继电器。

2）热继电器

热继电器是一种利用电流的热效应使触点动作的保护电器，常用作电动机的过载保护。当电动机过载或短路时，热继电器的常闭触点打开，断开相应的控制回路，使电机得到保护。

热继电器主要由发热元件（即电阻丝）、双金属片、传导部分和常闭触点组成，如图5.9所示。

发热元件绕在双金属片上。双金属片由两种膨胀系数不同的金属焊接而成。其一端固定，另一端与传导部分相连。工作时，发热元件串接在电机主回路中，常闭触点串接在控制电机的接触器线圈所在的回路中。当电机过载时，通过发热元件上的电流增加，双金属片受热膨胀，推动导板运动。当弯曲到一定程度时，顶开常闭触点。常闭触点断开后，控制电机的接触器线圈断电，使电机和电源断开，达到保护电机的目的。

由于热惯性，热继电器从过载到发生动作，需要一定的时间。过载电流越大，动作时间越短。

常用的热继电器型号为JR系列。图5.10是继电器的实物图。

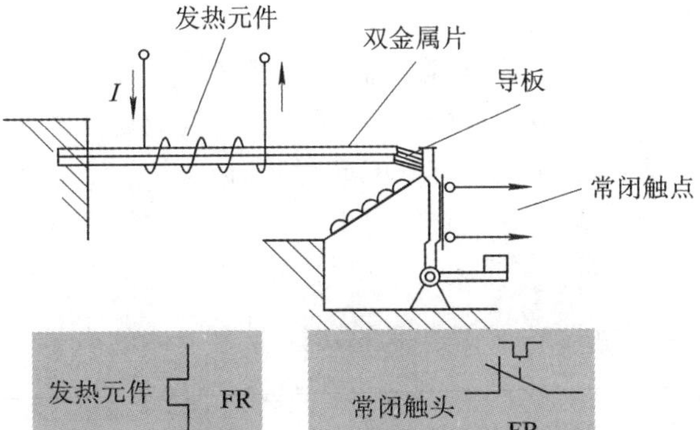

图5.9　热继电器结构示意图

图5.10　继电器实物图

5.1.3 保护电器

1. 熔断器

熔断器是一种短路或过载保护元件。当线路发生短路或过载时它能可靠地切断电源，以保护电网及电器设备免受短路或过载电流的影响。

熔断器主要由熔体与外壳两部分组成。熔体由铅、锡、锌等合金制成。外壳由陶瓷等绝缘材料制成。熔体的熔点较低，若流过的电流过大，会因产生的热量大而被烧断，这样，与它串接的电路便断开了。

常用的熔断器有插入式、管式和螺旋式三种。图 5.11 是这三种熔断器的外形图。

(a) (b) (c)

图 5.11 熔断器

(a) 插入式熔断器；(b) 管式熔断器；(c) 螺旋式熔断器

选择熔断器时除了要选择熔断器的类型外，还要选择熔断器(熔体)的额定电流。熔断器的额定电流表示熔断器长期工作时允许通过的电流。熔断器的额定电流可按以下方法选择：

(1) 电阻负载(包括电灯负载)的熔体，其熔体额定电流不小于电阻负载的额定电流，通常可选电阻负载的额定电流的 1.5～2 倍。

(2) 电动机的熔体。电动机启动时电流较大，为了防止因启动电流较大而将熔体烧断，不能按电动机的额定电流来选择熔体，通常按下式计算：

· 对于一台电动机启动不频繁的情况，则

$$\text{熔体额定电流} \geqslant \text{电动机的启动电流}/2.5$$

· 如果启动频繁，则

$$\text{熔体额定电流} \geqslant \text{电动机的启动电流}/1.6\sim2$$

· 对于几台电动机合用的总熔体，则

$$\text{熔体额定电流} \geqslant (\text{最大电动机的启动电流}+\text{其余电动机额定电流之和})/2.5$$

熔体熔断时间与流过熔体的电流有关：熔断时间与电流平方成正比，电流越大，熔断时间越短。另外，有一种快速熔断器，它的动作速度快，当电流超过熔体额定电流 5 倍以上时，熔断时间可在几毫秒之内。快速熔断器常用于可控硅的过电流或短路保护。

2. 自动开关

自动开关(或称为自动空气开关)是将控制电器和保护电器的功能合为一体的电器。它不仅可用作低压(低于 500 V)配电的总电源开关，还能在电路发生短路、过载、欠压等故障时自动切断电路，起到保护电源或负载的作用。

自动开关种类很多，但均由触点、连杆机构、脱扣器、灭弧室等组成。图 5.12 为自动开关的工作原理图和电气符号。

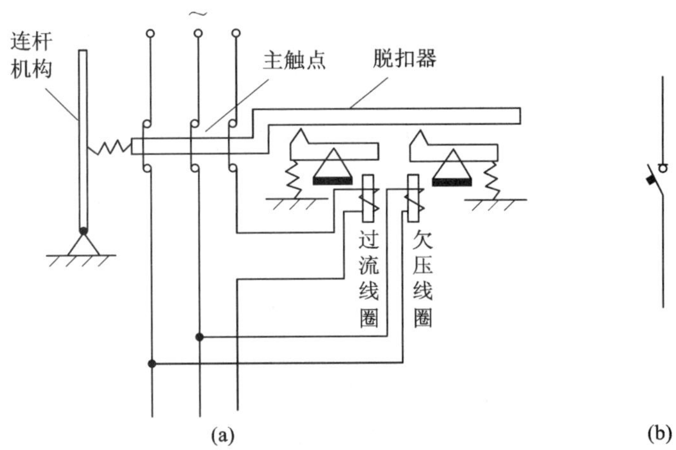

图 5.12　自动开关的原理图和电气符号

用自动开关实现短路保护比用熔断器优越。因为三相负载中发生线间短路时，很可能只有一相熔断器烧断，造成单相运行。而使用自动开关时，只要发生线间短路，开关就跳闸，将三相电路同时切断，因此，在要求较高的场合常采用自动开关。

常用的自动开关为 DZ 系列。图 5.13 所示为几种常用的低压自动空气开关。

图 5.13　几种常用的低压自动空气开关

5.1.4　常用电气控制符号

部分常用电气控制符号如表 5.1 所示。

表 5.1　部分常用电气控制符号

1		三相鼠笼式异步电动机
2		三相线绕转子异步电动机
3		直流力矩电动机
		步进电机一般符号

续表

4		手动开关一般符号
5		按钮开关(不闭锁)
6		旋钮开关、旋转开关(闭锁)
7		位置开关　动合触点 限制开关　动合触点
8		位置开关　动断触点 限制开关　动断触点
9		热继电器　动断触点
10		接触器触点(在非动作位置断开)
11		接触器触点(在非动作位置闭合)
12		热继电器的驱动器件
13		熔断器一般符号
14	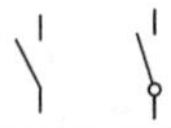	动合(常开)触点注：本符号也可以用作开关一般符号

5.2　基本继电-接触器控制电路

现代生产机械的自动控制功能主要是使电动机的各种不同的运行状态和电磁阀的通断电情况可以根据生产工艺的要求自动改变。虽然由于工艺要求不同，控制线路复杂程度也不一样，但大体上都是由基本控制电路或典型控制环节组成的。

图5.14(a)是一个按实际电气元件画出的控制线路图。这种画法显然不方便。而且实际上控制线路涉及的电气元件多，若按这种画法画，根本无法画出来，所以，实际上都是画成原理性的控制电路图，如图5.14(b)所示。画原理图时应遵守以下几条原则：

(1) 所有电器在图中均同时用其标准图形符号和文字符号表示。所有电器的触点均按常态画出。所谓常态，对继电器、接触器而言是指线圈未得电时触点的状态；对行程并关、按钮等而言是指此电器未受压时触点的状态。

(2) 为了在原理图上充分体现各电器之间的连接关系和工作原理，同一电器的各个部件可以画在不同的地方，但同一电器的所有部件应使用同一文字符号。

(3) 将整个线路分成两部分来画：负载所在的大电流回路称为主回路，常用粗实线表示，画在左边；接触器线圈、辅助触点、继电器的线圈和触点、主令电器等小电流回路称为控制回路，常用细实线表示，画在右边。

(4) 对于复杂的控制线路，为了便于安装和维修，对各电器的各个部件的两个端点要加以编号。主回路中的同种电器用同一字母加角标表示。控制回路中的电器则用数字表

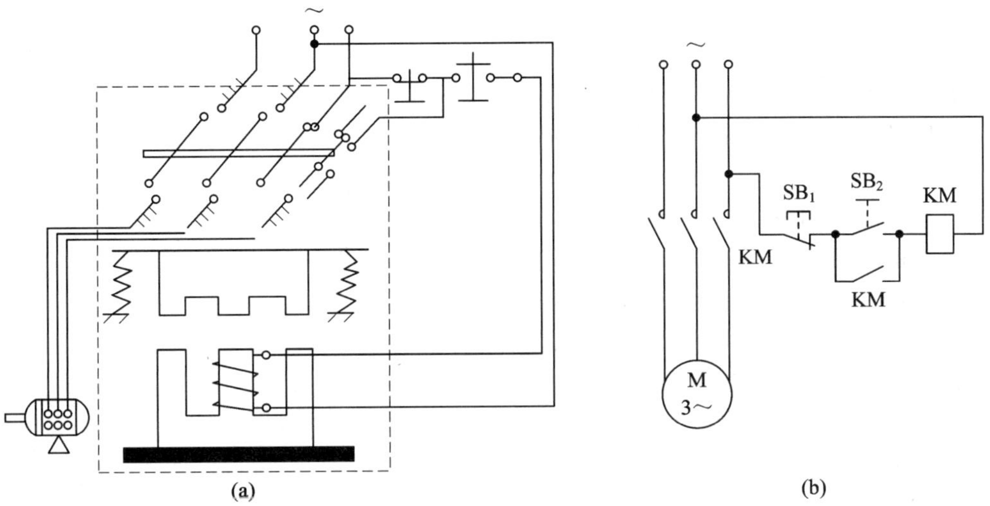

图 5.14　典型的控制线路

(a) 按实际元件画；(b) 按原理性画

示，一般以各电器的线圈为界，左边用奇数顺序进行标注，右边用偶数顺序进行标注，同一节点的各条支路应标注同一数字。

5.2.1　三相异步电动机的控制

1. 直接启动控制电路

直接启动即启动时把电动机直接接入电网，加上额定电压。一般来说，当电动机的容量不大于直接供电变压器容量的 20%～30%时，都可以直接启动。

1) 点动控制

如图 5.15 所示，合上开关 S，三相电源被引入控制电路，但电动机还不能启动。按下按钮 SB，接触器 KM 线圈通电，衔铁吸合，常开主触点接通，电动机定子接入三相电源，电动机启动运转。松开按钮 SB，接触器 KM 线圈断电，衔铁松开，常开主触点断开，电动

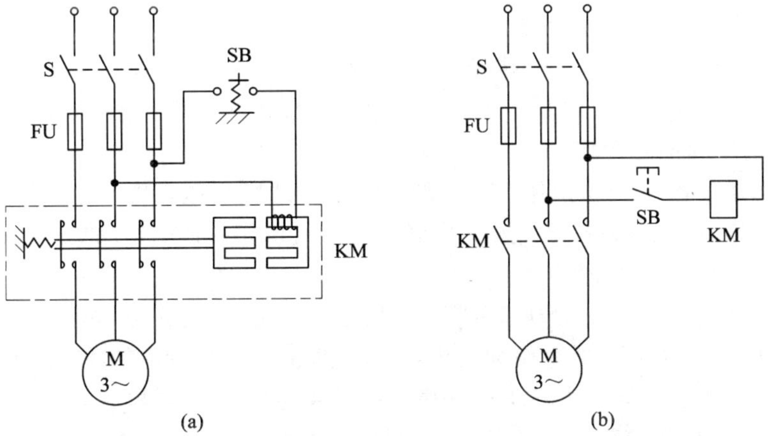

图 5.15　点动控制

(a) 接线示意图；(b) 电气原理图

机因断电而停转。

2）*直接启动控制*

直接启动控制如图 5.16 所示。

(1) 启动过程。按下启动按钮 SB_1，接触器 KM 线圈通电，与 SB_1 并联的 KM 的辅助常开触点闭合，以保证松开按钮 SB_1 后 KM 线圈持续通电，串联在电动机回路中的 KM 的主触点持续闭合，电动机连续运转，从而实现连续运转控制。

(2) 停止过程。按下停止按钮 SB_2，接触器 KM 线圈断电，与 SB_1 并联的 KM 的辅助常开触点断开，以保证松开按钮 SB_2 后 KM 线圈持续失电，串联在电动机回路中的 KM 的主触点持续断开，电动机停转。

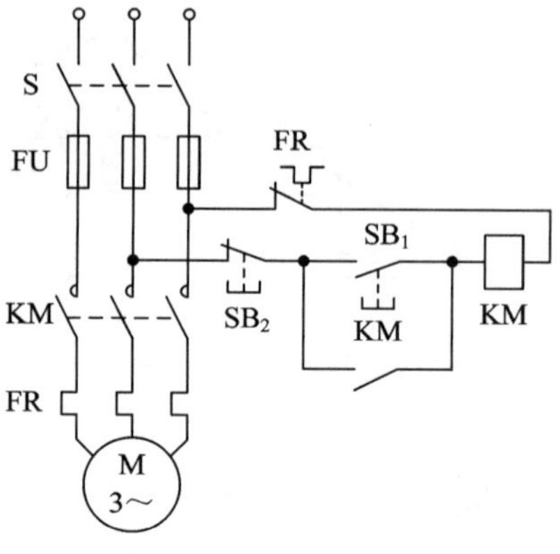

图 5.16 直接启动控制

与 SB_1 并联的 KM 的辅助常开触点的这种作用称为自锁。

图 5.16 所示控制电路还可实现短路保护、过载保护和零压保护。

· 起短路保护的是串接在主电路中的熔断器 FU。一旦电路发生短路故障，熔体立即熔断，电动机立即停转。

· 起过载保护的是热继电器 FR。当过载时，热继电器的发热元件发热，将其常闭触点断开，使接触器 KM 线圈断电，串联在电动机回路中的 KM 的主触点断开，电动机停转。同时 KM 辅助触点也断开，解除自锁。故障排除后若要重新启动，需按下 FR 的复位按钮，使 FR 的常闭触点复位(闭合)即可。

· 起零压(或欠压)保护的是接触器 KM 本身。当电源暂时断电或电压严重下降时，接触器 KM 线圈的电磁吸力不足，衔铁自行释放，使主、辅触点自行复位，切断电源，电动机停转，同时解除自锁。

2. 正反转控制

1）*简单的正反转控制电路*

简单的正反转控制电路如图 5.17 所示。

(1) 正向启动过程。按下启动按钮 SB_1，接触器 KM_1 线圈通电，与 SB_1 并联的 KM_1 的辅助常开触点闭合，以保证 KM_1 线圈持续通电，串联在电动机回路中的 KM_1 的主触点持续闭合，电动机连续正向运转。

(2) 停止过程。按下停止按钮 SB_3，接触器 KM_1 线圈断电，与 SB_1 并联的 KM_1 的辅助触点断开，以保证 KM_1 线圈持续失电，串联在电动机回路中的 KM_1 的主触点持续断开，切断电动机定子电源，电动机停转。

(3) 反向启动过程。按下启动按钮 SB_2，接触器 KM_2 线圈通电，与 SB_2 并联的 KM_2 的辅助常开触点闭合，以保证线圈持续通电，串联在电动机回路中的 KM_2 的主触点持续闭合，与正转相比，交换了两根相线，电动机连续反向运转。

此电路的缺点是：KM_1 和 KM_2 线圈不能同时通电，因此不能同时按下 SB_1 和 SB_2，也不能在电动机正转时按下反转启动按钮，或在电动机反转时按下正转启动按钮。如果操作错误，将引起主回路电源短路。

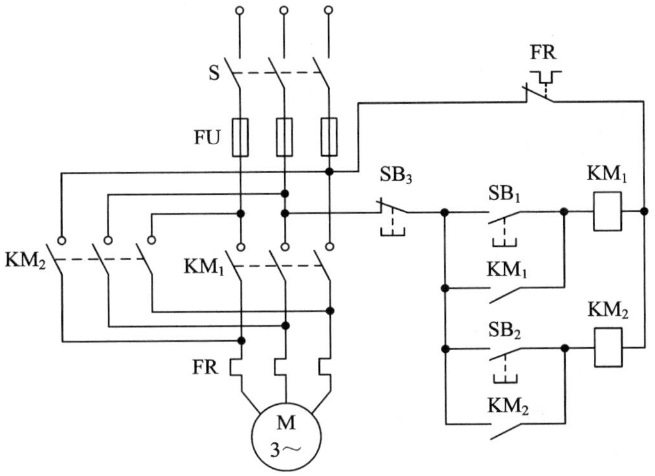

图 5.17　简单的正反转控制电路

2）带电气互锁的正反转控制电路

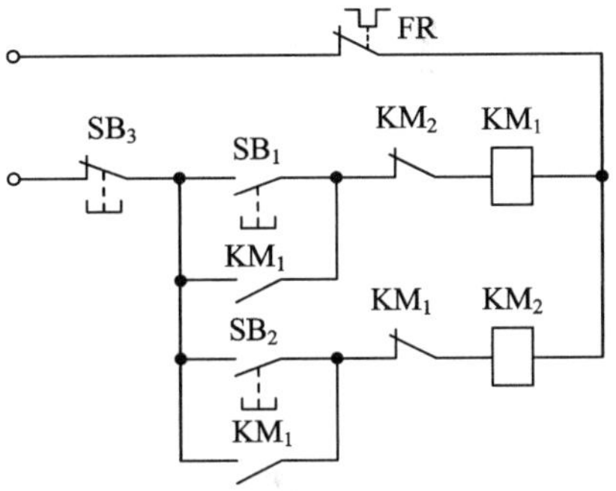

图 5.18　带电气互锁的正反转控制电路

如图 5.18 所示，将接触器 KM_1 的辅助常闭触点串入 KM_2 的线圈回路中，从而保证在 KM_1 线圈通电时 KM_2 线圈回路总是断开的；将接触器 KM_2 的辅助常闭触点串入 KM_1 的线圈回路中，从而保证在 KM_2 线圈通电时 KM_1 线圈回路总是断开的。这样接触器的辅助常闭触点 KM_1 和 KM_2 保证了两个接触器线圈不能同时通电，这种控制方式称为互锁或者联锁，这两个辅助常开触点称为互锁或者联锁触点。

但这一电路仍有缺点：电路在具体操作时，若电动机处于正转状态，要反转时必须先按停止按钮 SB_3，使互锁触点 KM_1 闭合后再按下反转启动按钮 SB_2，才能使电动机反转；若电动机处于反转状态，要正转时必须先按停止按钮 SB_3，使互锁触点 KM_2 闭合后再按下正转启动按钮 SB_1，才能使电动机正转。

3）同时具有电气互锁和机械互锁的正反转控制电路

如图 5.19 所示，采用复式按钮，将 SB_1 按钮的常闭触点串接在 KM_2 的线圈电路中；将

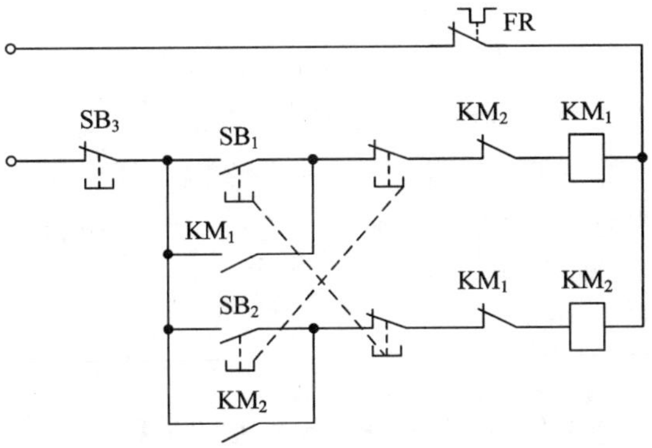

图 5.19　具有电气互锁和机械互锁的正反转控制电路

SB_2的常闭触点串接在KM_1的线圈电路中。这样，无论何时，只要按下反转启动按钮，在KM_2线圈通电之前就首先使KM_1断电，从而保证KM_1和KM_2不同时通电；从反转到正转的情况也是一样。这种由机械按钮实现的互锁也叫机械互锁或按钮互锁。

5.2.2 Y-△降压启动控制

Y-△降压启动控制电路如图5.20所示。从前面的分析可知，要进行这种启动，启动时先使电动机的三个绕组作Y连接，之后正常运行时，改△连接。按下启动按钮SB_1，时间继电器KT和接触器KM_2同时通电吸合，KM_2的常开主触点闭合，把定子绕组连接成星形，其常开辅助触点闭合，接通接触器KM_1。KM_1的常开主触点闭合，将定子接入电源，电动机在星形连接下启动。KM_1的一对常开辅助触点闭合，进行自锁。KM_2的常闭触点断开，使KM_3的线圈失电，进而使KM_3的主触点(在主电路中)不能接通。经一定延时，KT的常闭触点断开，KM_2断电复位，接触器KM_3通电吸合。KM_3的常开主触点将定子绕组接成三角形，使电动机在额定电压下正常运行。与按钮SB_1串联的KM_3的常闭辅助触点的作用是：当电动机正常运行时，该常闭触点断开，切断了KT、KM_2的通路，即使误按SB_1，KT和KM_2也不会通电，以免影响电路正常运行。若要停车，则按下停止按钮SB_3，接触器KM_1、KM_2同时断电释放，电动机脱离电源停止转动。

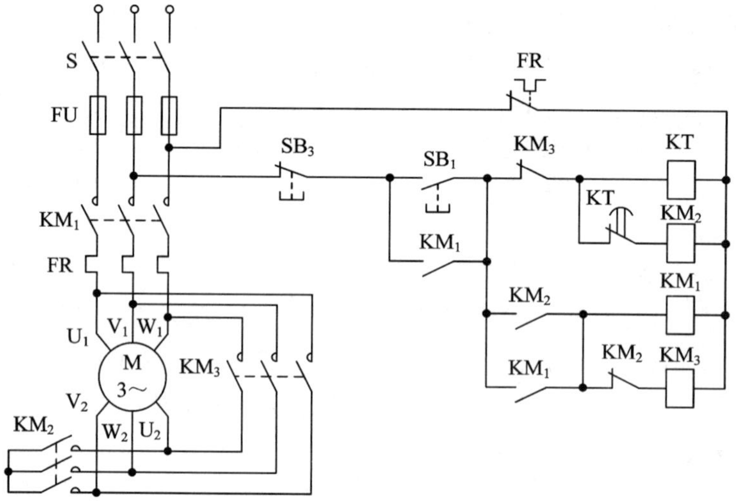

图5.20 Y-△降压启动控制电路

实现时间控制的电器为时间继电器。时间继电器的种类较多，有空气阻尼式、电子式、钟表机械式等，但不管是哪一类时间继电器，都是在继电器线圈得电(或断电)后，延迟一段时间，它的延时触点才动作。通过延时触点接通(或断开)控制电路中的部分电路来控制主电路负载工作，可实现时间控制。

5.2.3 行程控制

行程控制就是根据运动部件所走的行程(或所处的位置)来实现某种控制(或实现某种运动)。例如，在龙门刨床工作台控制中，需要根据龙门刨床工作台的行程位置控制工作台移动的方向和速度。又如车间的行车要对其进行限位控制，当行车行走至终点时，控制其停止或自动返回。实现行程控制的典型元件为行程开关。

行程开关(又叫位置开关)是由位置来决定其动作的开关元件，它的结构基本上与按钮一样，一般只具有一个常开触点和一个常闭触点(也有触点数较多的行程开关)。这些触点与触杆或滚轮直接相连。行程开关装在机床或生产设备的固定部件上，而运动部件上装设了挡块。当运动部件带动挡块运动至行程开关所处位置时，挡块碰到行程开关的触杆或滚轮，行程开关受压，其常开触点闭合，常闭触点断开，接通或断开相应的电路，达到自动控制的目的。

行程开关结构上主要分为直线式和滚动式两种。直线式行程开关结构示意图和图形符号如图 5.21 所示。

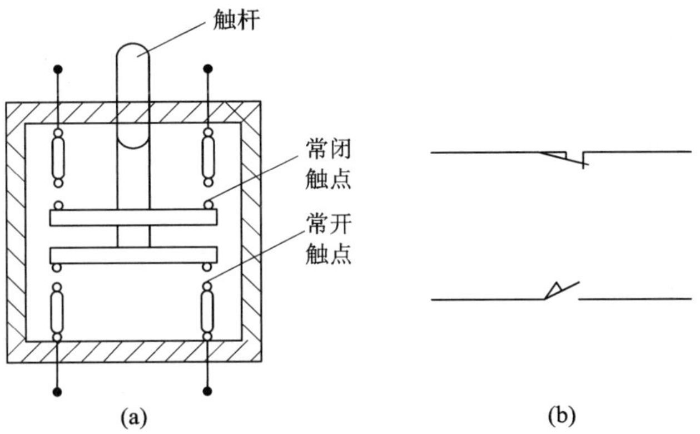

图 5.21 直线式行程开关

(a) 结构示意图；(b) 符号

1. 限位控制

限位控制是指：当生产机械的运动部件到达预定的位置时压下行程开关的触杆，将常闭触点断开，接触器线圈断电，使电动机断电而停止运行，如图 5.22 所示。

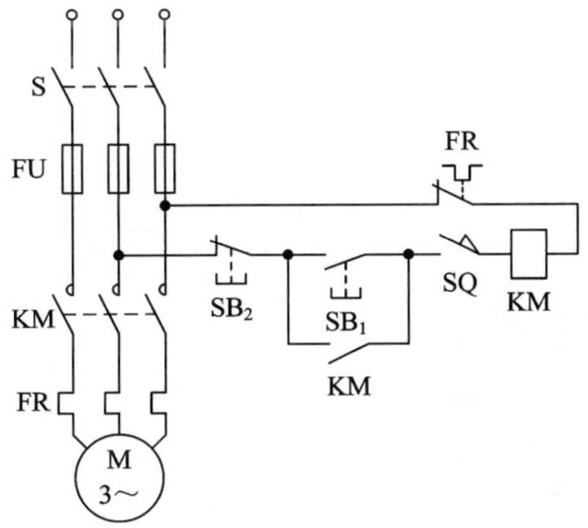

图 5.22 限位控制

2. 行程往返控制

行程往返控制是指：按下正向启动按钮 SB_1，电动机正向启动运行，带动工作台向前运动；当运行到 SQ_2 位置时，挡块压下 SQ_2，接触器 KM_1 断电释放，KM_2 通电吸合，电动机反向启动运行，使工作台后退；工作台退到 SQ_1 位置时，挡块压下 SQ_1，KM_2 断电释放，KM_1 通电吸合，电动机又正向启动运行，工作台又向前运动，如此一直循环下去，直到需要停止时按下 SB_3，KM_1 和 KM_2 线圈同时断电释放，电动机断电停止转动。其往返运动图与控制电路如图 5.23 所示。

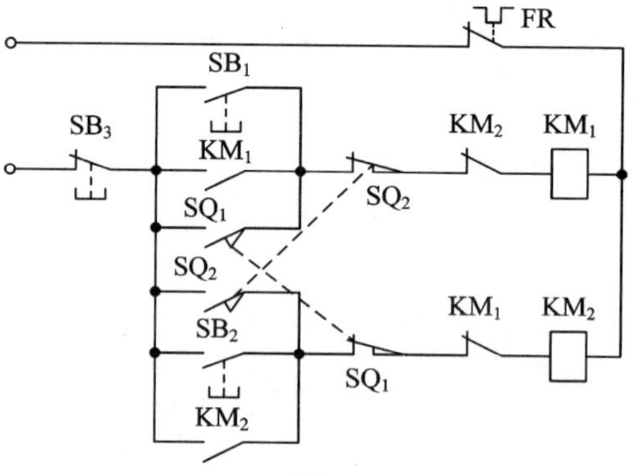

图 5.23 行程往返控制

(a) 往返运动图；(b) 自动往返控制电路

例 5.1 如图 5.24 所示示意图，其控制线路如图 5.25 所示。运动部件 A 由电动机 M 拖动。原位和终点各设置行程开关 ST_1 和 ST_2。主电路是电机正反转电路。图 5.25 中，KMF 为前进电机的控制线圈和触点，KMR 为后退电机的控制线圈和触点。

(1) 简述控制过程。

(2) 电路对 A 实现何种控制？

(3) 电路中的保护措施有哪些？

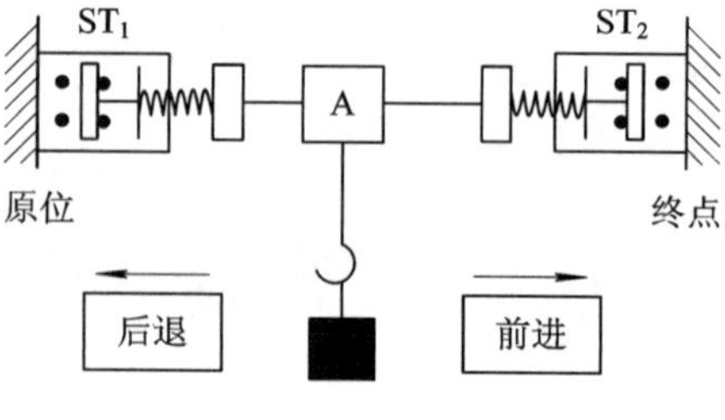

图 5.24 例 5.1 示意图

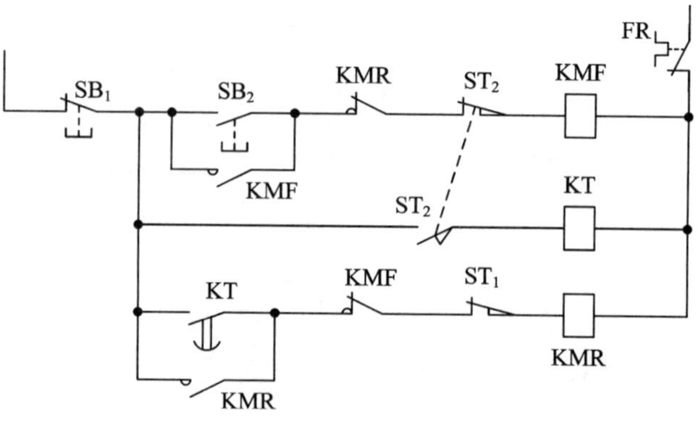

图 5.25 例 5.1 的控制线路

解：(1) 控制过程如下：

A 在原位时：

按下 SB_2 ⇒ {KMF 通电；KT 断电；KMR 断电}（A 前进）——A 前进到终点→ {KMF 断电；KT 通电；KMR 断电}（A 停在终点）——延时→

→ KMR 通电（A 后退）——A 后退到原位→ {KMF 断电；KT 断电；KMR 断电}（A 停在原位）

（2）电路对 A 实现的控制有：

① A 在原位只能前进不能后退。

② A 前进到终点停留一会儿再后退，后退到原位停止。

③ A 在中途可以停下，重新启动时，只能前进。

④ 中途停电时，复电后不能自行启动。

⑤ A 在运行时受阻，可以自动停下。

（3）电路中的保护措施有：

短路保护：熔断器 FU；

过载保护：热继电器 FR；

欠压保护：交流接触器 KM；

限位保护：行程开关 ST。

本 章 小 结

通过本章的学习，应能看懂教学情境六中的电气控制图，能认识其中的基本符号。本章的重点是：

（1）常用低压控制电器：开关、熔断器、继电器；

（2）电气识图：电机启动、正反转、行程控制；

（3）电机控制电路的连接。

习 题 五

一、填空题

1. 熔断器俗称______，在正常情况下它相当于一根导线，当发生故障时它起______保护作用。

2. 接触器的主要结构有______系统和______系统。

3. 热继电器的作用是对电动机起______保护。

4. 时间继电器有______延时和______延时两种类型。

5. 在接触器线圈得电时，其所有的常闭触头______，常开触头______。

二、选择题

1. 下列关于主令电器的说法中，错误的是(　　)。

A）在控制线路中，主令电器主要用来发出指令

B）主令电器控制电磁开关的线圈与电源的接通与断开或实现线路的转换，实现某种控制功能

C）主令电器的功能是接通控制电路

D）主令电器大多数是手动式的，依靠手的按压作用使其触点发生动作

2. 下列不是主令电器的是(　　)。

A）继电器　　B）按钮　　C）转换开关　　D）行程开关

3. 在三相异步电动机继电接触器控制电路中，热继电器的作用是(　　)。

A）短路保护　　B）失压保护　　C）过载保护　　D）互锁保互

4. 三相供电系统中的中线(　　)。

A）必须安装熔断器　　B）不允许安装熔断器

C）允许接入负载　　D）允许接入空气断路器

5. 在操作闸刀开关时应当(　　)。

A）迅速　　B）缓慢　　C）无所谓　　D）用力大

6. 实现生产机械的限位和自动往返，主要依靠(　　)。

A）接触器　　B）继电器　　C）行程开关　　D）空气开关

7. 可同时进行过载保护、短路保护和失压保护的是(　　)。

A）热继电器　　B）熔断器　　C）时间继电器　　D）空气开关

8. 下列为自动低压电器的是(　　)。

A）按钮　　B）组合开关　　C）闸刀开关　　D）接触器

9. 下列为手动低压电器的是(　　)。

A）继电器　　B）行程开关　　C）熔断器　　D）按钮

10. 熔断器的文字符号是(　　)。

A）FR　　B）FU　　C）SB　　D）KM

11. 热继电器的文字符号是(　　)。

A）FR　　B）FU　　C）SB　　D）KM

12. 按钮的文字符号是(　　)。

A）FR　　B）FU　　C）SB　　D）KM

13. 接触器的文字符号是(　　)。

A）FR　　B）FU　　C）SB　　D）KM

14. 下列关于接触器的说法中，错误的是(　　)。

A）接触器是一种依靠电磁力使触点产生动作的一种电器

B）在自动控制系统中，常用它接通或断开负载电路

C）根据接触器线圈所需电源电压的不同，接触器常分为交流接触器和直流接触器

D）没有交直流两用的接触器

15. 下列关于交流接触器的说法中，错误的是(　　)。

A）主触点为常开触点，用来接通或断开负载电路

B）主触点允许通过较大的电流，故触点较大

C）辅助触点只是常闭触点，允许通过的电流相对较小

D）辅助触点用于接通或断开控制电路中接触器或继电器的线圈

16. 交流接触器的辅助触头只能接在(　　)中。

A）主电路　　B）控制电路

C）主电路或控制电路　　D）无法判定

17. 下列关于继电器的说法中，错误的是(　　)。

A）在控制线路中，继电器主要用于实现某种控制或保护功能

B）中间继电器在结构上和交流接触器基本相似，工作原理也完全相同

C）中间继电器无主触点与辅助触点之分，仅分常开触点和常闭触点两种

D）交流接触器相对于继电器触点数较多

18. 在三相异步电动机继电接触器控制电路中，熔断器的作用是(　　)。

A）短路保护　　B）失压保护　　C）过载保护　　D）互锁保互

19. 熔断器在电路中起(　　)保护作用。

A）短路　　B）过压　　C）欠压　　D）过载

20. 下列关于自动开关的说法中，错误的是(　　)。

A）自动开关又称为自动空气开关

B）它是将控制电器和保护电器的功能合为一体的电器

C）它不能用作低压(低于 500 V)配电的总电源开关

D）能在电路发生短路、过载、欠压等故障时自动切断电路，起到保护电源或负载的作用

21. 直接启动控制如图 5.16 所示，下列说法中错误的是(　　)。

A）按钮 SB_1 为启动按钮　　B）按钮 SB_2 为停止按钮

C）FR 为热继电器　　D）KM 继电器仅有一个触点

22. 图 5.26 所示控制电路中能实现自锁的是(　　)。

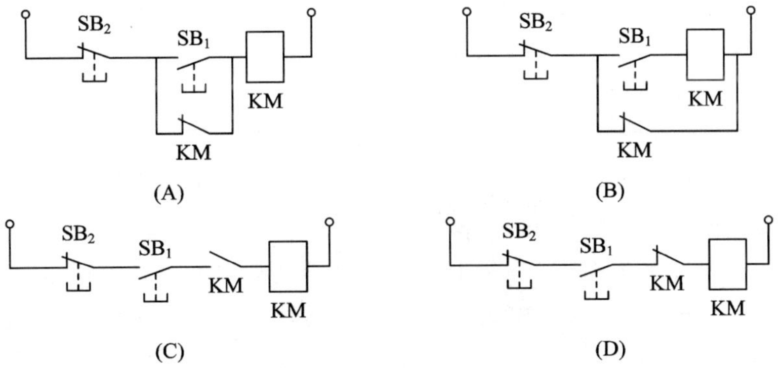

图 5.26　题 22 图

23. 在电动机的继电器接触器控制电路中，热继电器的正确连接方法应当是(　　)。

A）热继电器的发热元件串接在主电路内，而把它的动合触点与接触器的线圈串联在控制电路内

B）热继电器的发热元件串接在主电路内，而把它的动断触点与接触器的线圈串联在

控制电路内

C）热继电器的发热元件并联在主电路内，而把它的动断触点与接触器的线圈并联在控制电路内

D）热继电器的发热元件串联在控制电路中，而把它的动断触点与接触器的线圈串联在主电路内

24. 下列关于行程控制的说法中，错误的是(　　)。

A）行程控制就是根据运动部件所走的行程(或所处的位置)来实现某种控制(或实现某种运动)

B）实现行程控制的典型元件为行程开关

C）行程开关(又叫位置开关)是由位置来决定其动作的开关元件，它不属于主令电器

D）行程开关受压，其常开触点闭合，常闭触点断开，接通或断开相应的电路，达到自动控制的目的

三、计算题

1. 有一台四极三相异步电动机，电源电压的频率为50Hz，满载时电动机的转差率为0.02。求电动机的同步转速、转子转速和转子电流频率。

2. 稳定运行的三相异步电动机，当负载转矩增加时，为什么电磁转矩相应增大？当负载转矩超过电动机的最大电磁转矩时，会产生什么现象？

3. 已知某三相异步电动机的技术数据为：$P_N=2.8$ kW，$U_N=220$ V/380 V，$I_N=10$ A/5.8 A，$n_N=2890$ r/min，$\cos\varphi_N=0.89$，$f_1=50$ Hz。求：

① 电动机的磁极对数 p；

② 额定转矩 T_N 和额定效率 η_N。

4. 试设计一台异步电动机既能连续长动工作，又能点动工作的继电-接触器控制线路。

5. 一台三相交流电动机，额定相电压为220 V，工作时每相负载 $Z=(50+j25)\Omega$。

(1) 当电源线电压为380 V时，绕组应如何连接？

(2) 当电源线电压为220 V时，绕组应如何连接？

(3) 分别求上述两种情况下的负载相电流和线电流。

6. 某三相交流电动机，额定相电压为220 V，工作时每相阻抗 $Z=(40+j10)\ \Omega$，接在220 V三相交流电源中。正常工作时，各相负载三角形连接。但当启动时，为防止启动时电流过大烧坏电动机，改为星形连接。试分别计算电动机正常工作时和启动时的功率。

7. 如图5.27所示，设计一个运料小车控制电路，要满足以下要求：

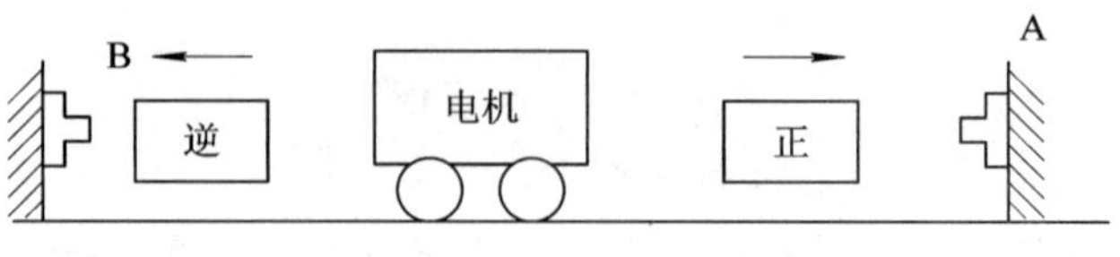

图5.27　题7示意图

(1) 小车启动后，前进到A地，然后做以下往复运动：到A地后停2分钟等待装料，

然后自动走向B；到B地后停2分钟等待卸料，然后自动走向A。

(2) 有过载和短路保护。

(3) 小车可停在任意位置。

8. 工作台位置控制如图5.28所示。启动后工作台控制要求：

(1) 运动部件A从1到2；

(2) 运动部件B从3到4；

(3) 运动部件A从2回到1；

(4) 运动部件B从4回到3。

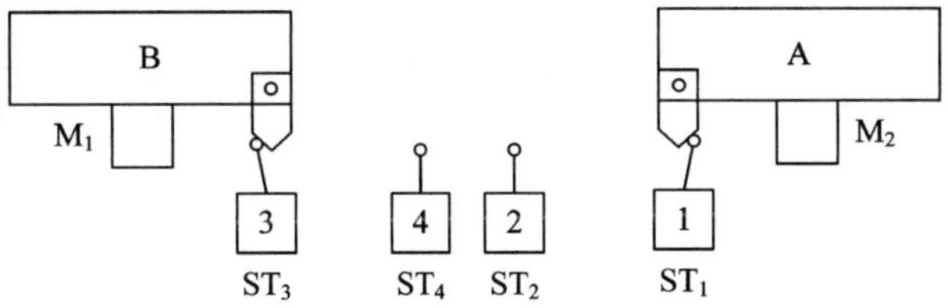

图5.28　题8示意图

控制线路如图5.29所示，试分析控制过程。图中，KMAF为部件A前进电机控制线圈和触点，KMAR为部件A后退电机控制线圈和触点；KMBF为部件B前进电机控制线圈和触点，KMBR为部件B后退电机控制线圈和触点。

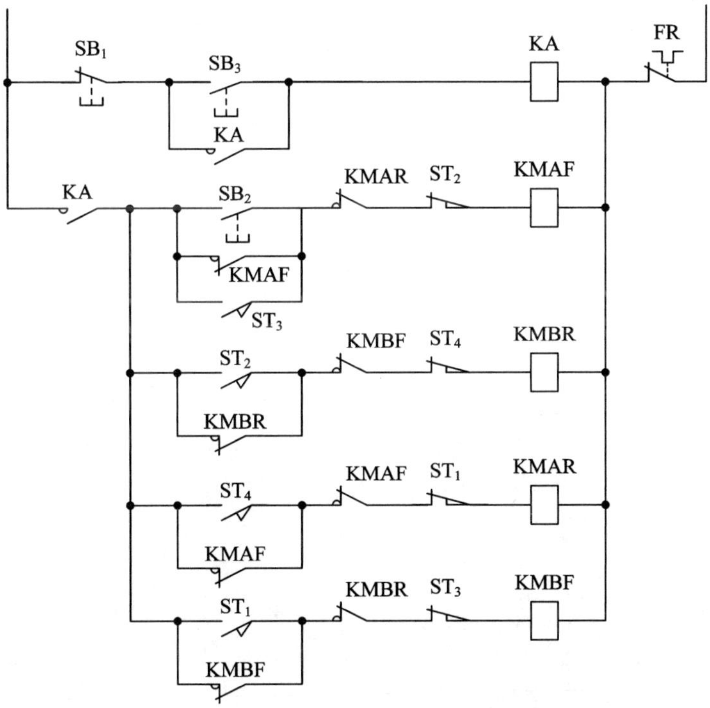

题5.29　题8的控制线路

9. 分析如图 5.30 所示的电动机能耗制动的控制电路。

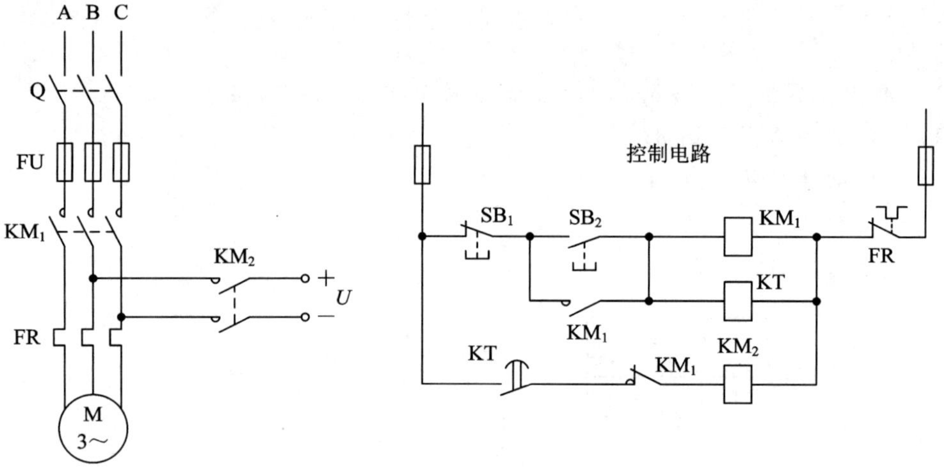

图 5.30 题 9 控制线路图

模块五　数字电路

本模块主要涉及数字逻辑基础、组合逻辑电路及时序逻辑电路等方面的内容。

第六章 数字电路基础

学习引导(课堂学时：8～12 学时)

学习目标	掌握二进制、数字逻辑、主要逻辑门的知识；掌握组合逻辑电路的设计与分析方法；掌握 LED 数码管及其驱动的知识；掌握触发器的基本知识；了解计数器的概念。 能进行二进制数、十进制数、十六进制数的相互转换；能用真值表、逻辑函数、逻辑电路、波形图表示逻辑问题；能设计及分析简单的组合逻辑电路。 养成用逻辑的观点分析问题的习惯；巩固理论联系实际的习惯
重点	1. 二进制数、逻辑代数、逻辑门 2. 组合逻辑的设计与分析 3. 基本触发器
难点	组合逻辑的分析及设计；时序逻辑的理解
预备知识	模拟电路知识
学习方法	通过三人表决器的设计与制作训练，建立数字电路的概念及感性认识；通过多练习来解决二进制数相关问题；通过分析理解典型的逻辑电路来解决逻辑电路问题；通过练习解决组合逻辑设计与分析问题；通过与组合逻辑比较掌握时序逻辑的概念

教学情境七 设计并制作三人表决器

情境描述：有三人参加表决，如果两人以上赞成，则表决通过；否则，不能通过。每名参加表决者的表决用按钮开关进行，按下开关表示同意，未按下表示不同意。用两只发光二极管指示表决结果，绿灯亮表示通过，红灯亮表示未通过。

情境分析：如何表示同意与反对？如何判断同意人数为多数？灯亮、灯灭如何表示？这些都是逻辑问题，数字电路可以处理这些逻辑问题。

6.1 数字逻辑基础

要研究数字电路，必须先掌握数字逻辑的相关问题，例如，什么是数字信号？数字信号如何表示？数字逻辑是学习数字电路的入门基础和先导条件。

6.1.1 模拟信号与数字信号

模拟信号指幅度的取值是连续的(幅值可由无限个数值表示)，时间也是连续的信号，如时间上连续的模拟信号、连续变化的图像(电视、传真)信号等。模拟通信的优点是直观且容易实现，但存在以下两个主要缺点：

(1) 保密性差。模拟通信，尤其是微波通信和有线明线通信，很容易被窃听。只要收到模拟信号，就容易得到通信内容。

(2) 抗干扰能力弱。电信号在沿线路的传输过程中会受到外界的和通信系统内部的各种噪声干扰，噪声和信号混合后难以分开，从而使得通信质量下降。线路越长，噪声的积累也就越多。

数字信号指幅度的取值是离散的，幅值表示被限制在有限个数值之内。二进制码就是一种数字信号。二进制码受噪声的影响小，易于用数字电路进行处理，所以得到了广泛的应用。

数字信号的优点有：

(1) 加强了通信的保密性。语音信号经 A/D 变换后，可以先进行加密处理，再进行传输，在接收端解密后再经 D/A 变换还原成模拟信号。

(2) 提高了抗干扰能力。数字信号在传输过程中会混入噪声，可以利用电子电路构成的门限电压(称为阈值)去衡量输入的信号电压，只有达到某一电压幅度，电路才会有输出值，并自动生成整齐的脉冲(称为整形或再生)。较小噪声电压到达时，由于它低于阈值而被过滤掉，不会引起电路动作。

(3) 可构建综合数字通信网。数字信号采用时分交换后，传输和交换统一起来，可以形成一个综合数字通信网。

6.1.2　模拟电路与数字电路

1. 模拟电路与数字电路的定义

模拟电路就是处理模拟信号的电子电路。

数字电路就是处理数字信号并完成对数字量进行算术运算和逻辑运算的电路，或称为数字系统。由于数字电路具有逻辑运算和逻辑处理功能，所以又称为数字逻辑电路。

2. 数字逻辑电路分类(按功能分)

(1) 组合逻辑电路，简称组合电路，它由最基本的逻辑门电路组合而成。组合电路的特点是：输出值只与当时的输入值有关，即输出唯一地由当时的输入值决定，电路没有记忆功能，输出状态随着输入状态的变化而变化，类似于电阻性电路。加法器、译码器、编码器、数据选择器等都属于此类。

(2) 时序逻辑电路，简称时序电路，它是由最基本的逻辑门电路加上反馈逻辑回路(输出到输入)或器件组合而成的电路。与组合电路最本质的区别在于，时序电路具有记忆功能。时序电路的特点是：输出不仅取决于当时的输入值，而且还与电路过去的状态有关，类似于含储能元件的电感或电容的电路。触发器、锁存器、计数器、移位寄存器、储存器等电路都是时序电路的典型器件。

3. 数字电路的特点

(1) 同时具有算术运算和逻辑运算功能。数字电路以二进制逻辑代数为数学基础，使用二进制数字信号，既能进行算术运算又能方便地进行逻辑运算(与、或、非、判断、比较、处理等)，因此极其适合于运算、比较、存储、传输、控制、决策等应用。

(2) 实现简单，系统可靠。以二进制作为基础的数字逻辑电路，简单可靠，准确性高。

(3) 集成度高，功能实现容易。集成度高、体积小、功耗低是数字电路突出的优点之一，且电路的设计、维修、维护灵活方便。随着集成电路技术的高速发展，数字逻辑电路的集成度越来越高。集成电路的功能随着小规模集成电路(SSI)、中规模集成电路(MSI)、大规模集成电路(LSI)、超大规模集成电路(VLSI)的发展也从元件级、器件级、部件级、板卡级上升到系统级。电路的设计组成只需采用一些标准的集成电路单元连接而成。对于非标准的特殊电路，还可以使用可编程序逻辑阵列电路，通过编程的方法实现任意的逻辑功能。

4. 数字电路的应用

数字电路与数字电子技术广泛地应用于电视、雷达、通信、电子计算机、自动控制、航空航天等科学技术领域。

6.1.3 数制及其相互转换

1. 常用数制及其相互转换

1) 十进制数

(1) 特点：有 10 个不同的数字(0～9)，逢十进位。

(2) 权的概念：在数位上，每个数位被赋予一定的位值。

例如：在十进制数中，个、十、百、千……各位的权分别为 10^0，10^1，10^2，10^3…

(3) 权的展开式。例如：

$$(978.3)_{10}=9\times10^2+7\times10^1+8\times10^0+3\times10^{-1}$$

公式：

$$(a_n\ a_{n-1}\ a_{n-2}\ \cdots\ a_0.a_{-1}\cdots\ a_{-m})_{10}=a_n\times10^n+a_{n-1}\times10^{n-1}+a_{n-2}\times10^{n-2}+\cdots+a_0\times10^0+a_{-1}\times10^{-1}+\cdots+a_{a-m}\times10^{-m} \quad (6.1)$$

2) 二进制数

在数字电路中，为了把电路的两个状态(“1”态和“0”态)和数码对应起来，采用二进制较为方便。二进制只有 0 和 1 两个数码。

二进制不同于十进制，不仅数码个数不同，而且进位的规则也不同。

(1) 特点：只有两个数字 0 和 1，逢二进位。

(2) 二进制权的展开式。例如：

$$(10101)_2=1\times2^4+0\times2^3+1\times2^2+0\times2^1+1\times2^0$$

公式：

$$(a_n\ a_{n-1}\ a_{n-2}\cdots\ a_0.a_{-1}\cdots\ a_{-m})_2=a_n\times2^n+a_{n-1}\times2^{n-1}+a_{n-2}\times2^{n-2}+\cdots+a_0\times2^0+a_{-1}\times2^{-1}+\cdots+a_{-m}\times2^{-m} \quad (6.2)$$

3) 二进制数与十进制数的相互转换

(1) 十进制整数转二进制数：“除以 2 取余，逆序排列”。

例 6.1 $(89)_{10}=(1011001)_2$。采用长除法：

除数	被除数/商	余数
2	89	
2	44	…… 1
2	22	…… 0
2	11	…… 0
2	5	…… 1
2	2	…… 1
2	1	…… 0
	0	…… 1

(2) 十进制小数转二进制数：“乘以 2 取整，顺序排列”。

例 6.2　将十进制数 0.625 转换为二进制数。

$$0.625\times2=1.25\ (\text{取}\ 1)$$

$$0.25\times2=0.5\ (\text{取}\ 0)$$

$$0.5\times2=1\ (\text{取}\ 1)$$

故

$$(0.625)_{10}=(0.101)_2$$

(3) 二进制数转十进制数：按公式(6.2)展开，并求和，即为十进制数。

4) 十六进制数

(1) 特点：有 16 个不同的数字(0～9、A、B、C、D、E、F)，逢 16 进位。一个十六进制数相当于四位二进制数。

(2) 与二进制数的转换。

二进制数转十六进制数：四位变一位；

十六进制数转二进制数：一位变四位。

例 6.3　将十六进制数$(C5B.67)_{16}$转化为二进制数。

C	5	B	6	7
1100	0101	1011	0110	0111

结果为：$(1100，0101，1011.0110，0111)_2$。

例 6.4　将二进制数$(10，1101，0101.1111，01)_2$ 转化为十六进制数。

10	1101	0101	1111	0100
2	D	5	F	4

结果为：$(2D5.F4)_{16}$。

注意：划分位时，是以小数点为基准的，分别向两边划分，四位为一个单位。

2. 二进制码

1) BCD 码

BCD(Binary-Coded Decimal)码也称为二-十进制代码，亦称二进码十进数，是一种二进制的数字编码形式。这种编码形式利用了四个位元来存储一个十进制的数码，使二进制和十进制之间的转换得以快捷进行。

由于十进制数共有 0，1，2，…，9 这 10 个数码，因此，至少需要 4 位二进制码来表示 1 位十进制数。4 位二进制码共有 $2^4=16$ 种码组，在这 16 种码组中，可以任选 10 种来表示 10 个十进制数码。

2）常用 BCD 编码方式

最常用的 BCD 编码，使用“0”至“9”这 10 个数值的二进制码来表示。这种编码方式称为“8421 码”。除此以外，对应不同需求，亦开发了不同的编码方法。这些编码大致可以分成有权码和无权码两种。

有权 BCD 码，如 8421(最常用)、2421、5421……

无权 BCD 码，如余 3 码、格雷码……

8421 编码直观，好理解。

BCD 码是四位二进制码，也就是将十进制的数字转化为二进制，但是和普通的转化有一点不同，每一个十进制的数字 0～9 都对应着一个四位的二进制码，对应关系如下：十进制 0 对应二进制 0000，十进制 1 对应二进制 0001，……十进制 9 对应二进制 1001，接下来的十进制 10 就由两个上述的码来表示，即表示为 0001 0000。也就是说，BCD 码是遇见 1001 就产生进位，不像普通的二进制码，到 1111 才产生进位 10000。

例 6.5 某二进制无符号数 11101010，转换为三位非压缩 BCD 码，按百位、十位和个位的顺序表示，应为：

A. 00000001 00000011 00000111　　B. 00000011 00000001 00000111

C. 00000010 00000011 00000100　　D. 00000011 00000001 00001001

解：11101010 转换为十进制数为 234。按百位、十位和个位的顺序表示，应为 C。

压缩 BCD 码与非压缩 BCD 码的区别是：压缩 BCD 码的每一位用 4 位二进制数表示，一个字节表示两位十进制数，例如 10010110B 表示十进制数 96；非压缩 BCD 码用 1 个字节表示一位十进制数，高四位总是 0000，低 4 位的 0000～1001 表示 0～9，例如 00001000B 表示十进制数 8。

6.2 逻辑的表示

6.2.1 逻辑门的知识与使用

在数字电路中，门电路是最基本的逻辑元件，它的应用极为广泛。所谓“门”，就是一种开关，在一定条件下它允许信号通过，条件不满足时它不允许信号通过。因此，门电路的输入信号与输出信号之间存在一定的逻辑关系，所以门电路又称为逻辑门电路。基本逻辑门电路有与门、或门和非门。

在分析逻辑电路时只用两种相反的工作状态，并用“1”和“0”来代表。例如：开关接通为“1”，断开为“0”；电灯亮为“1”，暗为“0”；晶体管截止为“1”，饱和为“0”；信号的高电平为“1”，低电平为“0”；等等。“1”是“0”的反面，“0”也是“1”的反面。用逻辑关系式表示，则为

$$1=\overline{0} \quad 或 \quad 0=\overline{1}$$

1. 基本逻辑门

图 6.1 所示的照明电路中，开关 A 和 B 串联，只有当 A 与 B 同时接通时(条件)，电灯才亮(结果)。这两个串联开关所组成的就是一个与门电路。“与”逻辑关系可用下式表示：

$$Y=A\cdot B \tag{6.3}$$

式(6.3)的意义是

A	B	Y	A·B=Y
断	断	暗	0·0=0
通	断	暗	1·0=0
断	通	暗	0·1=0
通	通	亮	1·1=1

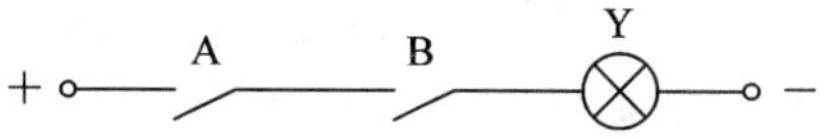

图 6.1 “与”运算电路

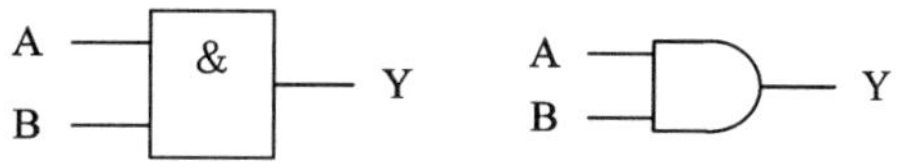

图 6.2 与门表示符号

右边一栏是逻辑“与”运算或称逻辑乘法运算。实现与运算功能的门电路称为与门，其电路符号如图 6.2 所示。注意与门是由很多三极管等元件构成的，必须加上电源才能工作。

图 6.3 所示的照明电路中，开关 A 和 B 并联，当 A 接通或 B 接通，或 A 和 B 都接通时(条件)，电灯就亮(结果)。这两个并联开关所组成的就是一个或门电路。“或”逻辑关系可用下式表示：

$$Y = A + B \tag{6.4}$$

它的意义是：

A	B	Y	A+B=Y
断	断	暗	0+0=0
通	断	亮	1+0=1
断	通	亮	0+1=1
通	通	亮	1+1=1

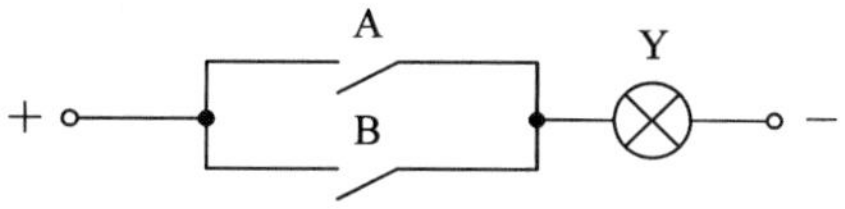

图 6.3 “或”运算电路

右边一栏是逻辑“或”运算或称逻辑加法运算。表示此关系的电路符号如图 6.4 所示，称为或门。同样，或门也有内部电路。

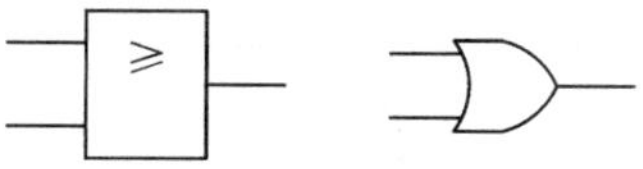

图 6.4 或门的表示符号

图 6.5 所示电路中，联动开关有两个触点，任一个接通，另一个就断开，故用 A 和 $\bar{A}$ 表示。当将 A 接通时，$\bar{A}$ 断开，电灯就不亮。若 A 断开，则 $\bar{A}$ 接通，电灯就亮。这个开关所组成的就是一个非门电路。“非”逻辑关系可用下式表示：

$$Y = \bar{A} \tag{6.5}$$

它的意义是：

A	$\bar{A}$	Y	$\bar{A}=Y$
断	通	亮	$\bar{0}=1$
通	断	暗	$\bar{1}=0$

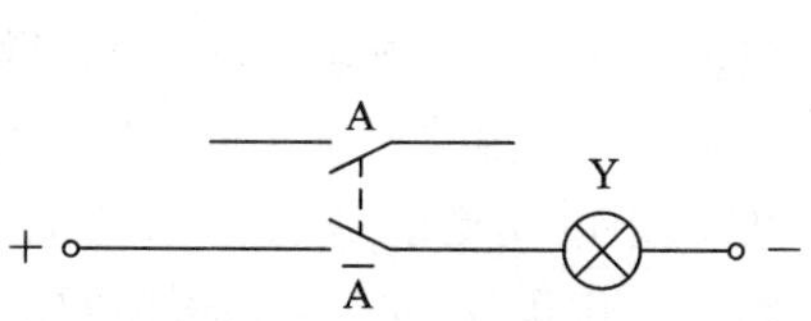

图 6.5 “非”运算电路

右边一栏是逻辑“非”运算。图 6.6 是非门的电路符号，不能认为它的输入端、输出端在同一支路中，因为一般非门的输出电流比输入电流大得多。非门也是由分立元件通过一定的电路形式组成的。

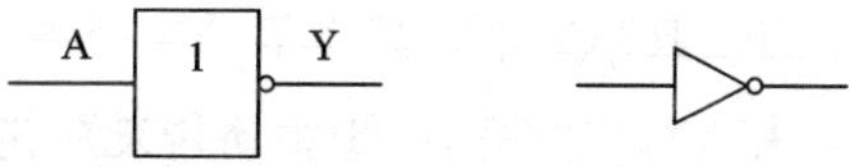

图 6.6 非门的表示符号

在数字逻辑系统中，门电路不是用有触点的开关，而是用二极管和晶体管等分立元件组成的，但常用的是各种集成门电路。门电路的输入和输出信号都是用电位(或叫电平)的高低来表示的，而电位的高低则用“1”和“0”两种状态来区别。若规定高电位为“1”，低电位为“0”，称为正逻辑系统；若规定高电位为“0”，低电位为“1”，称为负逻辑系统。如果没有特殊注明，采用的都是正逻辑。基本逻辑门电路的真值表和符号如图 6.7 所示。

基本逻辑门电路真值表

输入	输 出					
A B	与门	或门	非门*	异或门	与非门	或非门
0 0	0	0	1	0	1	1
0 1	0	1	1	1	1	0
1 0	0	1	0	1	1	0
1 1	1	1	0	0	0	0

*对于非门只考虑输入端A的电平。

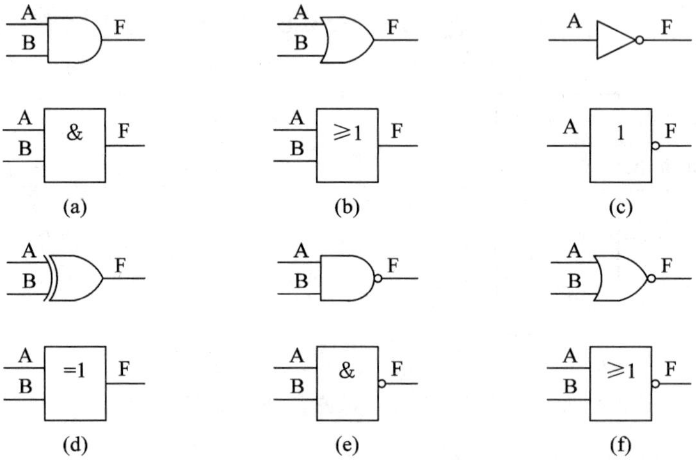

图 6.7 基本逻辑门电路

(a) 与门；(b) 或门；(c) 非门；(d) 异或门；(e) 与非门；(f) 或非门

2. TTL 门电路与 CMOS 门电路

TTL 门电路是数字电路中应用较广的门电路，基本门有与门、或门和非门，复合门有与非门、或非门、与或非门和异或门等。这种电路的电源电压为+5 V，电源电压允许变化范围比较窄，一般在 4.5 V～5.5 V 之间。其高电平的典型值是 3.6 V(高电平≥2.4 V 合格)，低电平的典型值是 0.3 V(低电平≤0.45 V 合格)。

CMOS 门电路具有输入电阻高、功耗小、制造工艺简单、集成度高、电源电压变化范围大(3 V～18 V)、输出电压摆幅大和噪声容限高等优点，因而在数字电路中得到了广泛的应用。其高电平的典型值是电源电压 V_{DD}，低电平的典型值是 0 V。

3. TTL 与非门的逻辑功能及应用

芯片的引脚号查法是面对芯片有字的正面，从缺口处的下方(左下角)，逆时针从 1 数起。芯片要能工作，必须接电源和地。这里以集成芯片 74LS00 四-2 输入与非门为例来介绍。其管脚排列如图 6.8 所示。

下面测试 74LS00 四-2 输入与非门的逻辑功能。选中 74LS00 中的一个与非门，将其输入端 A 和 B 分别接至电平输出器插孔，由电平输出控制开关控制所需电平值，扳动开关给出四种组合输入。将输出端接至发光二极管的输入插孔，并通过发光二极管的亮和灭来观察门的输出状态。如图 6.9 所示，其逻辑函数式为：$Y=\overline{A \cdot B}$，将观测结果填入表 6.1 中。

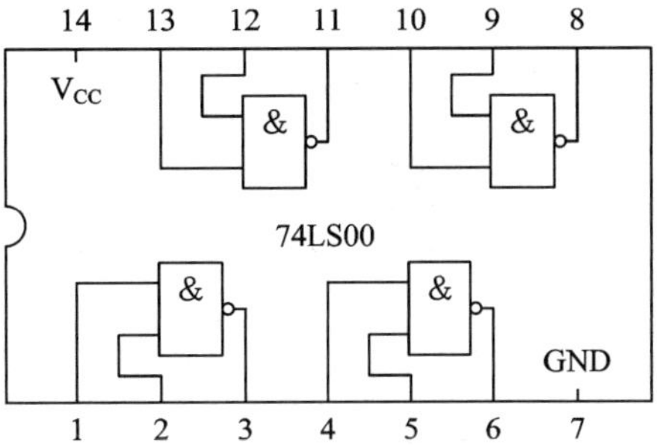

图 6.8　74LS00 的管脚排列

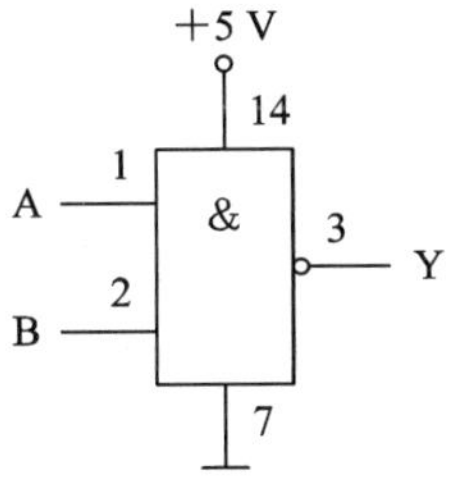

图 6.9　与非门逻辑功能测试图

表 6.1　与非门逻辑功能测试表

A	B	Y
0	0	
0	1	
1	0	
1	1	

6.2.2　逻辑函数的表示

1. 逻辑代数

逻辑代数或称布尔代数，它是分析与设计逻辑电路的数学工具。它虽然和普通代数一样也用字母(A，B，C，…)表示变量，但变量的取值只有“1”和“0”两种，即所谓逻辑“1”和逻辑“0”。它们不是数字符号，而是代表两种相反的逻辑状态。逻辑代数所表示的是逻辑关系，不是数量关系，这是它与普通代数本质上的区别。

在逻辑代数中只有逻辑乘(“与”运算)、逻辑加(“或”运算)和求反(“非”运算)三种基本运算。根据这三种基本运算可以推导出逻辑运算的一些法则，即逻辑代数的运算法则。

基本运算法则包括：

(1) $0 \cdot A=0$；

(2) $1 \cdot A=A$；

(3) $A \cdot A=A$；

(4) $A \cdot \overline{A}=0$；

(5) $0+A=A$；

(6) $1+A=1$；

(7) $A+A=A$；

(8) $A+\overline{A}=1$；

(9) $\overline{\overline{A}}=A$；

(10) $AB=BA$；　}交换律

(11) $A+B=B+A$；}

(12) $ABC=(AB)C=A(BC)$；

(13) $A+B+C=A+(B+C)=(A+B)+C$；} 结合律

(14) $A(B+C)=AB+AC$；

(15) $A+BC=(A+B)(A+C)$；} 分配律

证：$(A+B)(A+C)=AA+AB+AC+BC=A+A(B+C)+BC$

$=A[1+(B+C)]+BC=A+BC$

(16) $A(A+B)=A$；

证：$A(A+B)=AA+AB=A+AB=A(1+B)=A$

(17) $A(\overline{A}+B)=AB$；

(18) $A+AB=A$；

(19) $A+\overline{A}B=A+B$；

证：$A+\overline{A}B=(A+\overline{A})(A+B)=A+B$

(20) $AB+A\overline{B}=A$；

(21) $(A+B)(A+\overline{B})=A$；

} 吸收律

证：$(A+B)(A+\overline{B})=AA+AB+A\overline{B}+B\overline{B}=A+A(B+\overline{B})=A+A=A$

(22) $\overline{AB}=\overline{A}+\overline{B}$；

A	B	$\overline{A}$	$\overline{B}$	$\overline{AB}$	$\overline{A}+\overline{B}$
0	0	1	1	1	1
1	0	0	1	1	1
0	1	1	0	1	1
1	1	0	0	0	0

(23) $\overline{A+B}=\overline{A}\,\overline{B}$。

A	B	$\overline{A}$	$\overline{B}$	$\overline{A+B}$	$\overline{A}\,\overline{B}$
0	0	1	1	1	1
1	0	0	1	0	0
0	1	1	0	0	0
1	1	0	0	0	0

} 反演律

2. 逻辑函数的表示

如果以逻辑变量作为输入，以运算结果作为输出，则输出与输入之间是一种函数关系，这种函数关系称为逻辑函数。任何一个具体的因果关系都可以用逻辑函数来描述它的逻辑功能。

逻辑函数的描述方法有真值表、函数表达式、逻辑图、卡诺图及硬件描述语言。这里介绍前三种。

1）真值表

求出逻辑函数输入变量的所有取值下所对应的输出值，并列成表格，此表格称为真值表。

例 6.6 有 a、b、c 三个输入信号，只有当 a 为 1，且 b、c 中至少有一个为 1 时，输出为 1，其余情况输出均为 0。

解：a、b、c三个输入信号共有8种可能，如表6.2左栏所列。对应每一个输入信号的组合均有一个确定输出，根据题意，得出如表6.2右栏所列输出。

表6.2　例6.6的真值表

a	b	c	F
0	0	0	0
0	0	1	0
0	1	0	0
0	1	1	0
1	0	0	0
1	0	1	1
1	1	0	1
1	1	1	1

2）逻辑函数表达式

将输出和输入之间的关系写成与、或、非运算的组合式就得到逻辑函数表达式。

根据例6.6中的要求及与、或逻辑的基本定义，“b、c中至少有一个为1”可以表示为或逻辑关系 b+c，同时还要a为1，可以表示为与逻辑关系，写成a(b+c)。因此可以得到例6.6的逻辑函数表达式 F=a(b+c)。

3）逻辑图

将逻辑函数表达式中各变量之间的与、或、非等逻辑关系用逻辑图形符号表示，即得到表示函数关系的逻辑图。例6.6的逻辑图如图6.10所示。

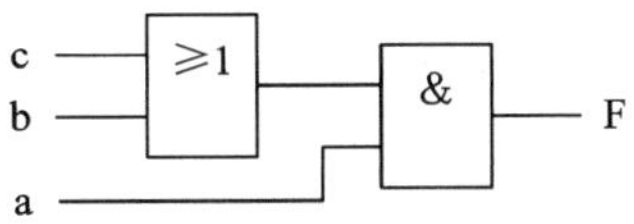

图6.10　例6.6的逻辑图

4）各种描述方法之间的相互转换

（1）由真值表写出逻辑函数表达式。一般方法为：

① 由真值表中找出使逻辑函数输出为1的对应输入变量的取值组合。

② 每个输入变量的取值组合状态以逻辑乘形式表示，用原变量表示变量取值1，用反变量表示变量取值0。

③ 将所有使输出为1的输入变量取值逻辑乘进行逻辑加，即得到逻辑函数表达式。

例6.7　由表6.3写出逻辑函数表达式。

表6.3　例6.7的真值表

a	b	c	F
0	0	0	1
0	0	1	1
0	1	0	1
0	1	1	0
1	0	0	1
1	0	1	0
1	1	0	0
1	1	1	1

解：由表6.3可见，使F=1的输入组合有abc为000、001、010、100和111，对应的逻辑乘为$\bar{a}\bar{b}\bar{c}$、$\bar{a}\bar{b}c$、$\bar{a}b\bar{c}$、$a\bar{b}\bar{c}$和abc，所以逻辑函数表达式为$F=\bar{a}\bar{b}\bar{c}+\bar{a}\bar{b}c+\bar{a}b\bar{c}+a\bar{b}\bar{c}+abc$。

（2）由逻辑函数表达式列真值表。将输入变量取值的所有状态组合逐一列出，并将输入变量组合取值代入表达式，求出函数值，列成表，即为真值表，如表6.3所示。

（3）由逻辑函数表达式画逻辑图。用逻辑图符号代替函数表达式中的运算符号，即可画出逻辑图。

例6.8　已知逻辑函数表达式为$L=A\overline{ABC}+B\overline{ABC}+C\overline{ABC}$，试画出相应逻辑图。

解：用与非门代替表达式中的运算符号，按运算的优先顺序连接起来，如图6.11所示。

（4）由逻辑图写逻辑函数表达式。从输入端开始逐级写出每个逻辑图形符号对应的逻辑运算，直至输出，就可以得到逻辑函数表达式。

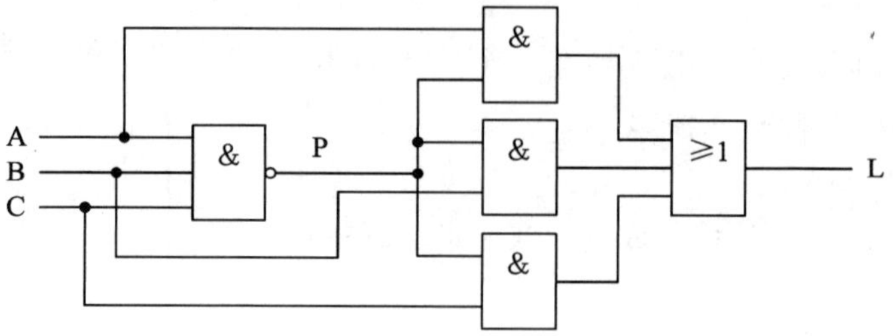

图 6.11 例 6.8 对应逻辑图

例 6.9 逻辑图如图 6.12 所示，根据逻辑图写出逻辑函数表达式。

解：根据逻辑图写出的表达式为

$$L=\overline{\overline{AB}\cdot\overline{BC}\cdot\overline{AC}}=AB+BC+AC$$

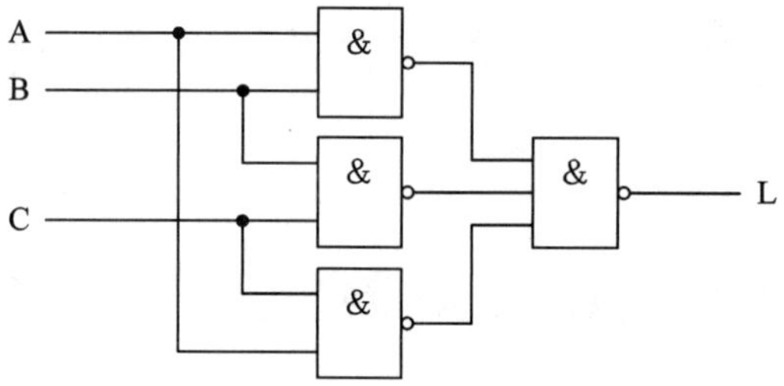

图 6.12 例 6.9 的逻辑图

6.3 组合逻辑的设计与分析

6.3.1 设计组合逻辑电路的一般方法

1. 组合逻辑电路设计的步骤

所谓组合逻辑电路的设计，就是在已知电路的输入激励及相应的输出响应的情况下，设计输出与输入之间的转换电路。组合逻辑电路的设计通常以电路简单、所用器件种类及数量省为目标。逻辑函数的化简一般用卡诺图法。由于在设计中一般使用中小规模集成电路产品，因此应根据实际具体情况，尽可能减少所用的器件数目和种类，这样在组装电路时结构更紧凑，可达到工作可靠而且经济的目的。

设计步骤如下：

(1) 分析设计要求。由题意确定输入、输出变量及它们的相互关系，并对各变量进行逻辑赋值，即确定什么情况下取值为 1，什么情况下取值为 0。这一步是设计逻辑电路的关键。

(2) 列真值表。根据输入、输出的逻辑要求，列出真值表。

(3) 写出逻辑表达式并化简。根据真值表写出相应的逻辑表达式，用卡诺图法(或代数法)进行化简，并转换为命题所要求的逻辑表达式。

（4）画逻辑图。根据最简逻辑表达式，画出相应的逻辑图。

2. 组合逻辑设计举例

1）单输出组合逻辑电路设计举例

例 6.10　三人按少数服从多数原则对某事进行表决，但其中一人有决定权，即只要他同意，不论同意者是否达到多数，表决都将通过。试用“与非”门设计该表决器。

解：（1）由题意可知，该表决器有三个输入变量和一个输出变量。设 A、B、C 为输入变量（“1”表示同意，“0”表示不同意），且 A 为有表决权的变量，F 为输出变量（“1”表示通过，“0”表示不通过）。将表决器的逻辑功能描述为：A 或者 B、C 均为“1”时，F 才为“1”，否则 F 为“0”。由此，可以列出真值表如表 6.4 所示。

（2）由真值表列出逻辑表达式为

$$F = \overline{A}BC + A\,\overline{B}\,\overline{C} + A\overline{B}C + AB\overline{C} + ABC$$

化简逻辑函数，得到最简“与或”表达式：

$$F = A + BC$$

（3）将表达式转换成“与非”形式：

$$F = A + BC = \overline{\overline{A} \cdot \overline{BC}}$$

（4）根据逻辑表达式画出如图 6.13 所示的逻辑电路。这里假设系统能提供所有的原、反变量，否则还需增加一个“非”门以实现 $\overline{A}$。

表 6.4　例 6.10 真值表

A	B	C	F
0	0	0	0
0	0	1	0
0	1	0	0
0	1	1	1
1	0	0	1
1	0	1	1
1	1	0	1
1	1	1	1

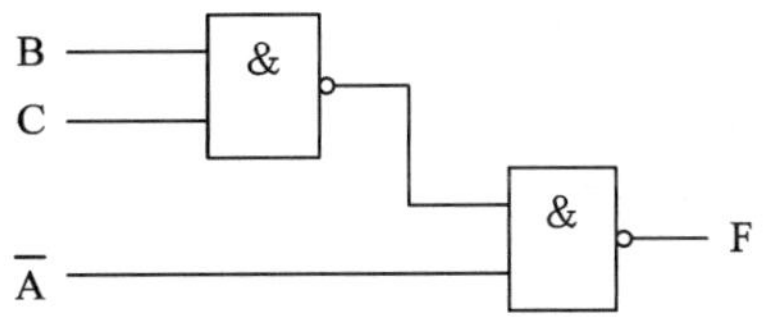

图 6.13　例 6.10 电路

2）多输出组合逻辑电路设计

例 6.11　某工厂有三个用电量相同的车间和一大、一小两台自备发电机，大发电机的供电量是小的两倍。若只有一个车间开工，小发电机便可以满足供电要求；若两个车间同时开工，大发电机可满足供电要求；若三个车间同时开工，需大、小发电机同时启动才能满足供电要求。试用“与非”门设计一个控制器，以实现对两个发电机启动的控制。

解：（1）由题意可知，该控制器有三个输入变量和两个输出变量。设 A、B、C 为三个车间开工情况输入变量（“1”表示开工，“0”表示关闭）。N 为小发电机的工作状况，M 为大发电机的工作状况，“1”表示工作，“0”表示停止。可将控制器的逻辑功能描述为：当 A、B、C 中仅有一个为“1”时，N 为“1”；当 A、B、C 中有两个同时为“1”时，M 为“1”；当 A、B、C 全为“1”时，M、N 均为“1”；当 A、B、C 全为“0”时，M、N 均为“0”。由此列出真值表如表 6.5 所示。

（2）由真值表列出逻辑表达式，并将它们转换为最简表达式：

$$M=\bar{A}BC+A\bar{B}C+AB\bar{C}+ABC=BC+AC+AB$$

$$N=\bar{A}\bar{B}C+\bar{A}B\bar{C}+A\bar{B}\bar{C}+ABC$$

(3) 将表达式转换成“与非”形式：

$$M=\overline{\overline{BC+AC+AB}}=\overline{\overline{BC}\cdot\overline{AC}\cdot\overline{AB}}$$

$$N=\overline{\overline{\bar{A}\bar{B}C+\bar{A}B\bar{C}+A\bar{B}\bar{C}+ABC}}$$

$$=\overline{\overline{\bar{A}\bar{B}C}\cdot\overline{\bar{A}B\bar{C}}\cdot\overline{A\bar{B}\bar{C}}\cdot\overline{ABC}}$$

(4) 根据逻辑表达式画出如图 6.14 所示的逻辑电路。这里假设系统能提供所有的原、反变量，否则还需增加三个“非”门以实现 $\bar{A}$、$\bar{B}$、$\bar{C}$。

表 6.5　例 6.11 真值表

A	B	C	M	N
0	0	0	0	0
0	0	1	0	1
0	1	0	0	1
0	1	1	1	0
1	0	0	0	1
1	0	1	1	0
1	1	0	1	0
1	1	1	1	1

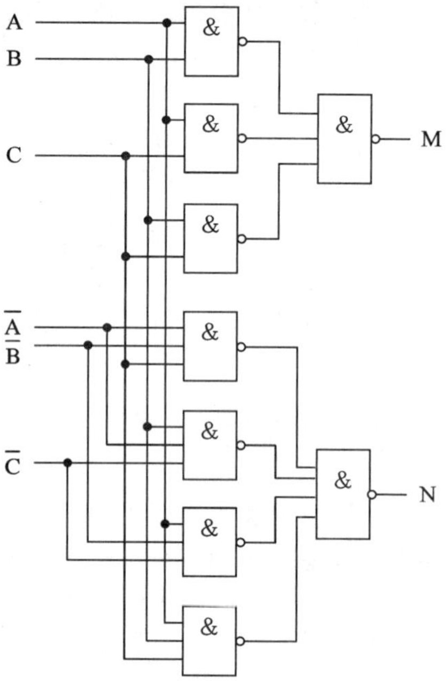

图 6.14　例 6.11 逻辑图

6.3.2　组合逻辑电路的分析方法

组合逻辑电路的特点：电路任一时刻的输出状态只决定于该时刻各输入状态的组合，而与电路的原状态无关。组合电路由门电路组合而成，电路中没有记忆单元，没有反馈通路，如图 6.15 所示。

组合逻辑电路中，每一个输出变量是全部或部分输入变量的函数：

$$L_1=f_1(A_1, A_2, \cdots, A_i)$$

$$L_2=f_2(A_1, A_2, \cdots, A_i)$$

$$\vdots$$

$$L_j=f_j(A_1, A_2, \cdots, A_i)$$

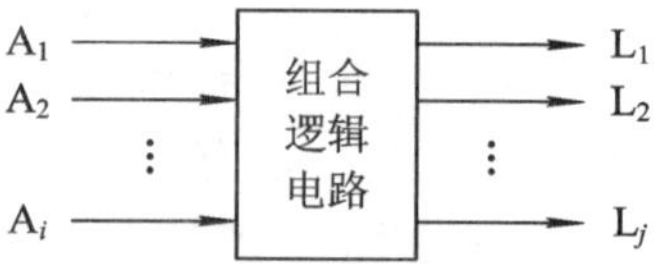

图 6.15　组合逻辑示意图

一般按如图 6.16 所示步骤对组合逻辑电路进行分析。

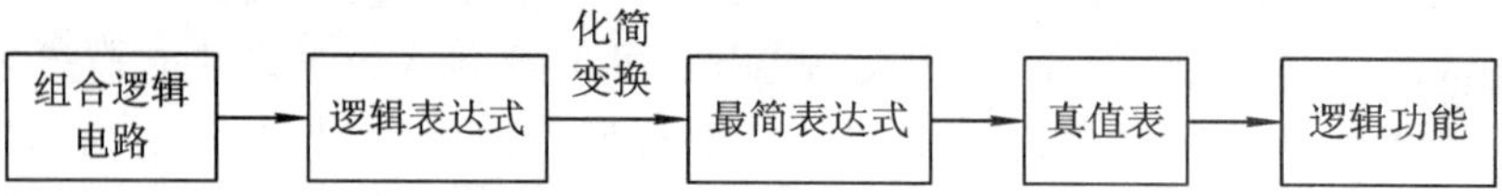

图 6.16　组合逻辑电路分析示意图

（1）根据给定的逻辑电路图，写出输出端的逻辑表达式。

（2）对逻辑表达式进行化简和变换，得到最简表达式。

（3）根据最简逻辑表达式列出真值表。

（4）根据真值表分析电路的逻辑功能。

例 6.12　组合电路如图 6.17 所示，分析该电路的逻辑功能。

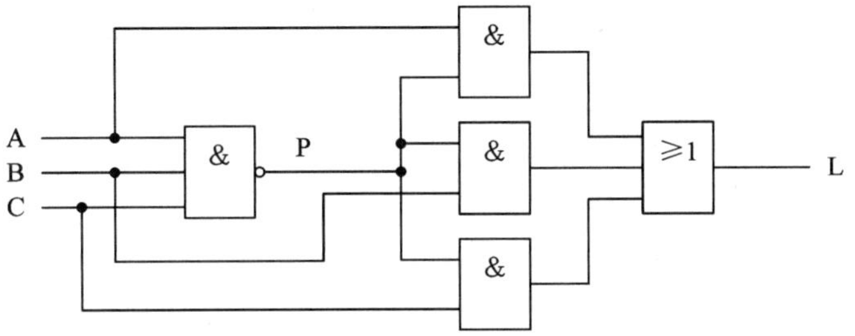

图 6.17　例 6.12 逻辑图

解：（1）由逻辑图逐级写出逻辑表达式。为了写表达式方便，借助中间变量 P。

$$P = \overline{ABC}$$

$$L = AP + BP + CP$$

$$= A\,\overline{ABC} + B\,\overline{ABC} + C\,\overline{ABC}$$

（2）化简与变换：

$$L = \overline{ABC}(A + B + C)$$

$$= \overline{\overline{ABC} + \overline{A + B + C}}$$

$$= \overline{ABC + \overline{A}\,\overline{B}\,\overline{C}}$$

（3）由表达式列出真值表，如表 6.6 所示。

表 6.6　例 6.12 的真值表

A	B	C	L
0	0	0	0
0	0	1	1
0	1	0	1
0	1	1	1
1	0	0	1
1	0	1	1
1	1	0	1
1	1	1	0

（4）分析逻辑功能：当 A、B、C 三个变量不一致时，电路输出为“1”，所以这个电路称为“不一致电路”。

6.3.3　译码器

1. 译码器的基本知识

译码是编码的逆过程，它的功能是对具有特定含义的二进制码进行辨别，并将其转换成控制信号。具有译码功能的逻辑电路称为译码器。

在数字系统中，处理的是二进制代码，而人们习惯于用十进制，故常常需要将二进制代码翻译成十进制数字或字符，并直接显示出来。这一类译码器在各种数字仪表中得到广泛使用。

1）二-十进制译码器

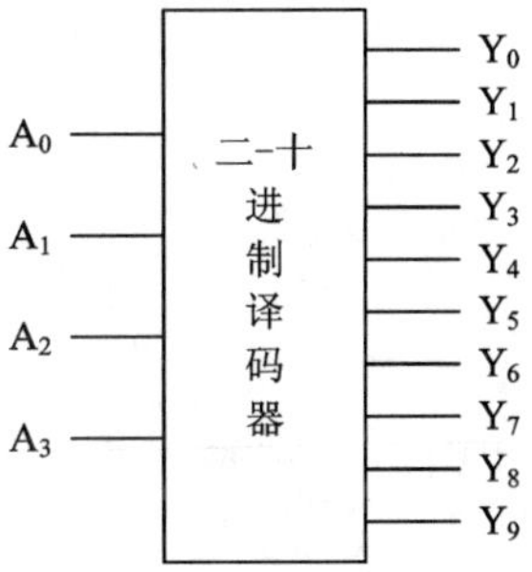

图 6.18　二-十进制译码器

二-十进制译码器（见图 6.18）是最基本的二进制译码

器，它有 4 个输入端，需要译码的 4 位二进制代码从这里并行输入；有 10 个译码输出端。该译码器的功能是根据 4 位并行输入的二进制代码，选择 10 个输出中的一个输出译码信息。

二进制译码器假定输入的任何组合都可能出现，且每一个输出对应一个输入组合。表 6.7 所示为二-十进制译码器的真值表。

表 6.7 二-十进制译码器的真值表

A_3	A_2	A_1	A_0	Y_9	Y_8	Y_7	Y_6	Y_5	Y_4	Y_3	Y_2	Y_1	Y_0
0	0	0	0	0	0	0	0	0	0	0	0	0	1
0	0	0	1	0	0	0	0	0	0	0	0	1	0
0	0	1	0	0	0	0	0	0	0	0	1	0	0
0	0	1	1	0	0	0	0	0	0	1	0	0	0
0	1	0	0	0	0	0	0	0	1	0	0	0	0
0	1	0	1	0	0	0	0	1	0	0	0	0	0
0	1	1	0	0	0	0	1	0	0	0	0	0	0
0	1	1	1	0	0	1	0	0	0	0	0	0	0
1	0	0	0	0	1	0	0	0	0	0	0	0	0
1	0	0	1	1	0	0	0	0	0	0	0	0	0
1	0	1	0	×	×	×	×	×	×	×	×	×	×
1	0	1	1	×	×	×	×	×	×	×	×	×	×
1	1	0	0	×	×	×	×	×	×	×	×	×	×
1	1	0	1	×	×	×	×	×	×	×	×	×	×
1	1	1	0	×	×	×	×	×	×	×	×	×	×
1	1	1	1	×	×	×	×	×	×	×	×	×	×

由以上真值表我们可以推导出二-十进制译码器的逻辑表达式：

$$Y_0 = \overline{A}_3\,\overline{A}_2\,\overline{A}_1\,\overline{A}_0,\quad Y_5 = A_2\,\overline{A}_1 A_0$$

$$Y_1 = \overline{A}_3\,\overline{A}_2\,\overline{A}_1 A_0,\quad Y_6 = A_2 A_1\,\overline{A}_0$$

$$Y_2 = \overline{A}_2 A_1\,\overline{A}_0,\quad Y_7 = A_2 A_1 A_0$$

$$Y_3 = \overline{A}_2 A_1 A_0,\quad Y_8 = A_3\,\overline{A}_0$$

$$Y_4 = A_2\,\overline{A}_1\,\overline{A}_0,\quad Y_9 = A_3 A_0$$

根据以上逻辑表达式，我们可以绘制出二-十进制译码器的逻辑电路图，如图 6.19 所示。

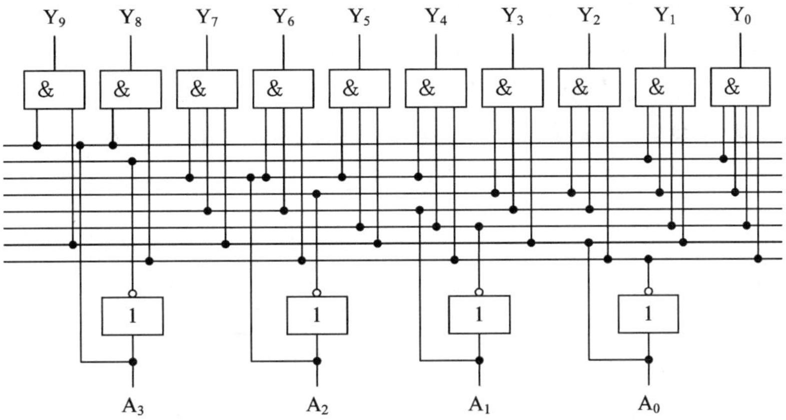

图 6.19　二-十进制译码器逻辑电路图

2) 三-八进制译码器

三-八进制译码器有 3 个输入端，需要译码的 3 位二进制代码并行输入；有 8 个译码输出端。该译码器的功能是根据 3 位并行输入的二进制代码，选择 8 个输出中的一个输出译码信息。典型的三-八进制译码器是 74LS138。

74LS138 有三个地址输入端 A、B、C，它们共有 8 种状态的组合，即可译出 8 个输出信号 $Y_0 \sim Y_7$。另外它还有三个使能输入端 E_1、E_2、E_3。当 E_3＝“0”时，无论其他输入信号是什么，输出都是高电平，即无效信号。当 E_3＝“1”，E_1+E_2＝“0” 时，输出信号 $Y_0 \sim Y_7$ 才取决于输入信号 C、B、A 的组合。输出信号 $Y_0 \sim Y_7$ 为低电平有效。

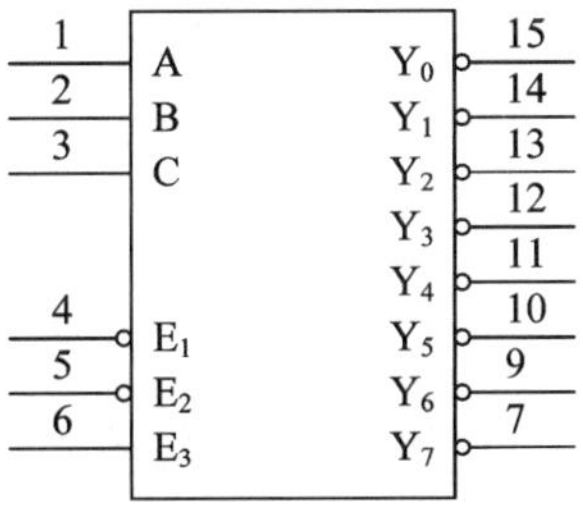

图 6.20　74LS138 的管脚排列图

74LS138 的管脚排列见图 6.20，功能表见表 6.8。

表 6.8　74LS138 的功能表

输入						输出							
E_3	E_1	E_2	C	B	A	Y_0	Y_1	Y_2	Y_3	Y_4	Y_5	Y_6	Y_7
×	1	×	×	×	×	1	1	1	1	1	1	1	1
×	×	1	×	×	×	1	1	1	1	1	1	1	1
0	×	×	×	×	×	1	1	1	1	1	1	1	1
1	0	0	0	0	0	0	1	1	1	1	1	1	1
1	0	0	0	0	1	1	0	1	1	1	1	1	1
1	0	0	0	1	0	1	1	0	1	1	1	1	1
1	0	0	0	1	1	1	1	1	0	1	1	1	1
1	0	0	1	0	0	1	1	1	1	0	1	1	1
1	0	0	1	0	1	1	1	1	1	1	0	1	1
1	0	0	1	1	0	1	1	1	1	1	1	0	1
1	0	0	1	1	1	1	1	1	1	1	1	1	0

除了三-八进制译码器(也称为 3－8 线二进制译码器)外，常用的还有 2－4 线二进制译

码器、4－16线二进制译码器等。也可以用两片3－8线译码器构成4－16线译码器，或者用两片4－16线译码器构成5－32线二进制译码器。

例如，用两片3－8线译码器74LS138构成4－16线译码器，其具体连接如图6.21所示。4位输入变量$D_3D_2D_1D_0$的最高位D_3接到74LS138(1)的E_1、E_2和74LS138(2)的E_3上，其他3位输入变量$D_2D_1D_0$分别接两块74LS138的变量输入端C、B、A。

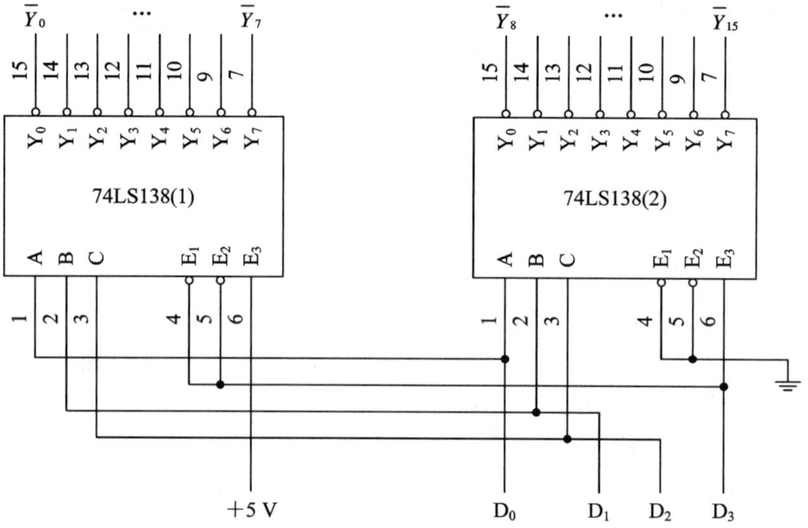

图6.21　两片74LS138扩展成4－16线译码器

2. LED数码管及其驱动电路

1）LED数码管

LED数码管（也称发光二极管数码管）是用来显示数字、文字和符号的常用器件。LED数码管采用分段式显示形式，即将七个（或八个）条状的发光PN结封装在一起，利用七个发光段的不同组合，来组成0～9这10个不同的数字，其外形如图6.22所示。

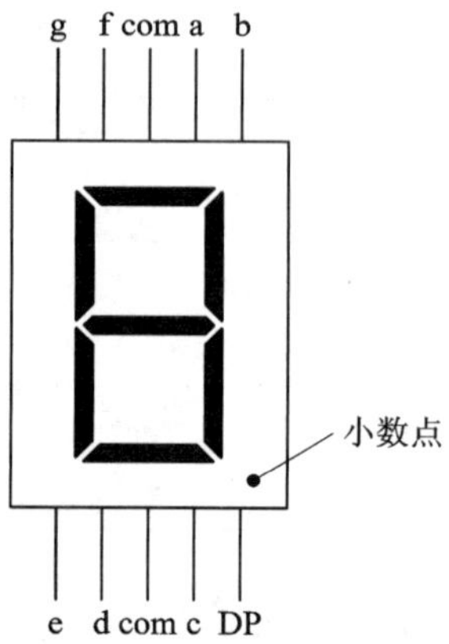

图6.22　LED数码管外形

LED数码管根据管内PN结的连接方式不同，可分为共阴数码管和共阳数码管两种。共阴数码管就是管内所有PN结的阴极都连在一起，如图6.23(a)所示。使用时应将共阴端接低电平，阳极接显示译码器的各个输出端。当某字段有高电平时数码管发亮，反之不亮。共阳数码管就是管内所有PN结的阳极都连在一起，如图6.23(b)所示。使用时应将共阳端接高电平，阴极接显示译码器的各个输出端，当某字段有低电平时数码管发亮，反之不亮。

2）集成LED译码器

在数字测量仪表和各种数字系统中，都需要将数字量直观地显示出来，一方面供人们直接读取测量和运算的结果，另一方面用于监视数字系统的工作情况。因此，数字显示电路是许多数字设备不可缺少的部分。数字显示电路通常由译码器、驱动器和显示器等部分组成。

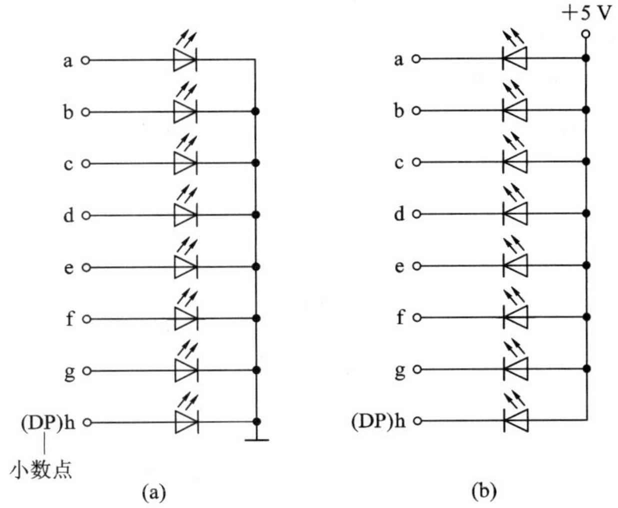

图 6.23　LED数码管内部接线图
(a) 共阴极接法；(b) 共阳极接法

集成LED译码器的功能是将输入的BCD码经过译码后，驱动LED数码管显示相应的十进制数。下面介绍常用的字符显示译码器CD4511。

CD4511是一个用于驱动共阴极 LED（数码管）显示器的BCD码七段码译码器，它具有BCD转换、消隐和锁存控制、七段译码及驱动功能的CMOS电路，能提供较大的拉电流，可直接驱动LED显示器。

图 6.24 描述了CD4511的引脚设置及其与LED连接的方法。其功能见表 6.9。

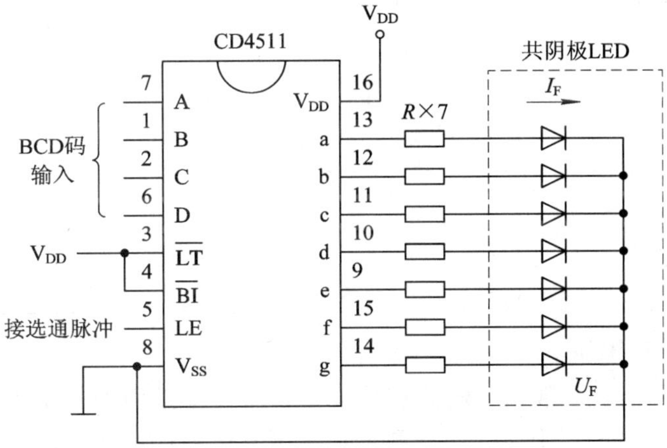

图 6.24　CD4511与LED的连接示意图

CD4511主要管脚功能介绍如下：

BI：消隐输入控制端，当LT=1，BI=0时，不管其他输入端状态如何，七段数码管均处于熄灭（消隐）状态，不显示数字。

LT：测试输入端，当LT=0时，译码输出全为1，不管输入信号状态如何，七段数码管均发亮，显示“8”。它主要用来检测数码管是否损坏。

LE：锁定控制端。当 LE＝0 时，允许译码输出；当 LE＝1 时，译码器是锁定保持状态，译码器输出被保持为 LE＝0 时的数值。

A、B、C、D：8421BCD 码输入端。

a、b、c、d、e、f、g：译码输出端，输出为高电平 1 有效。

CD4511 的内部有上拉电阻，在输出端与数码管字段端接上限流电阻就可工作。

表 6.9　CD4511 的功能表

输入							输出							
LE	BI	LI	D	C	B	A	a	b	c	d	e	f	g	显示
×	×	0	×	×	×	×	1	1	1	1	1	1	1	8
×	0	1	×	×	×	×	0	0	0	0	0	0	0	消隐
0	1	1	0	0	0	0	1	1	1	1	1	1	0	0
0	1	1	0	0	0	1	0	1	1	0	0	0	0	1
0	1	1	0	0	1	0	1	1	0	1	1	0	1	2
0	1	1	0	0	1	1	1	1	1	1	0	0	1	3
0	1	1	0	1	0	0	0	1	1	0	0	1	1	4
0	1	1	0	1	0	1	1	0	1	1	0	1	1	5
0	1	1	0	1	1	0	0	0	1	1	1	1	1	6
0	1	1	0	1	1	1	1	1	1	0	0	0	0	7
0	1	1	1	0	0	0	1	1	1	1	1	1	1	8
0	1	1	1	0	0	1	1	1	1	0	0	1	1	9
0	1	1	1	0	1	0	0	0	0	0	0	0	0	消隐
0	1	1	1	0	1	1	0	0	0	0	0	0	0	消隐
0	1	1	1	1	0	0	0	0	0	0	0	0	0	消隐
0	1	1	1	1	0	1	0	0	0	0	0	0	0	消隐
0	1	1	1	1	1	0	0	0	0	0	0	0	0	消隐
0	1	1	1	1	1	1	0	0	0	0	0		0	消隐
1	1	1	×	×	×	×	锁存							锁存

3. 常见组合逻辑电路

加法器、数据选择器、数据分配器及数值比较器都是常用的基本组合逻辑器件，在逻辑功能的构造中发挥着重要作用。下面我们简要了解一下这几种器件的特点。

1）加法器

实现两个二进制数相加功能的电路称为加法器。加法器有一位加法器和多位加法器之分。实现两个一位二进制数相加的电路称为一位加法器。一位加法器又分为半加器和全加器。

（1）半加器。只考虑本位两个一位二进制数 A 和 B 相加，而不考虑低位进位的加法，称为半加。实现半加功能的电路称为半加器。半加器的真值表如表 6.10 所示。表中的 A 和 B 分别表示两个相加的一位二进制数，S 是本位和，C_{out} 是本位向高位的进位。

由真值表可以直接写出如下函数表达式：

$$S = A\overline{B} + \overline{A}B = A \oplus B$$

$$C_{out} = AB$$

半加器的逻辑符号和逻辑图如图 6.25 所示。

表 6.10　半加器的真值表

A	B	S	C_{out}
0	0	0	0
0	1	1	0
1	0	1	0
1	1	0	1

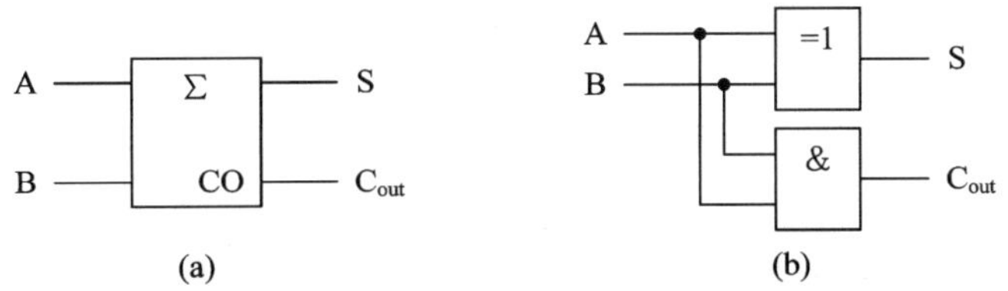

图 6.25　半加器的逻辑符号和逻辑图
(a) 逻辑符号；(b) 逻辑图

(2) 全加器。将本位两个一位二进制数和来自低位的进位相加，叫做全加。具有全加功能的电路称为全加器。全加器的真值表如表 6.11 所示。表中的 A 和 B 分别表示两个相加的一位二进制数，C_{in} 是来自低一位向本位的进位；S 是本位和；C_{out} 是本位向高一位的进位。

表 6.11　全加器真值表

C_{in}	A	B	S	C_{out}
0	0	0	0	0
0	0	1	1	0
0	1	0	1	0
0	1	1	0	1
1	0	0	1	0
1	0	1	0	1
1	1	0	0	1
1	1	1	1	1

由真值表我们可以推导出全加器的逻辑表达式：

$$S = \overline{C}_{in}A\overline{B} + \overline{C}_{in}\overline{A}B + C_{in}\overline{A}\,\overline{B} + C_{in}AB$$

$$C_{out} = AB + C_{in}A + C_{in}B = AB + (A + B)C_{in}$$

全加器的逻辑图和逻辑符号如图 6.26 所示。

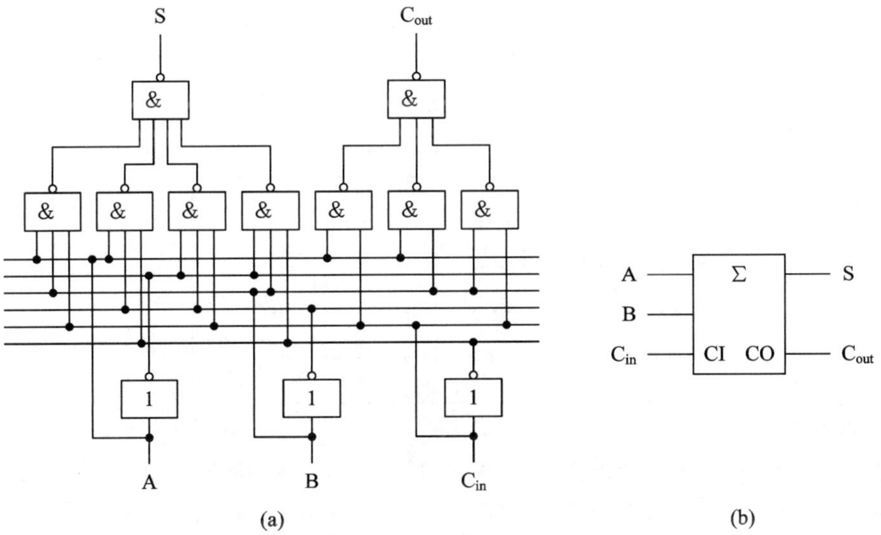

图 6.26　全加器的逻辑图和逻辑符号
(a) 逻辑图；(b) 逻辑符号

2）数据选择器

数据选择器又称多路选择器(Multiplexer，简称 MUX)，其原理框图如图 6.27 所示。它有 n 位地址输入、2^n位数据输入和 1 位输出。每次在地址输入的控制下，从多路输入数据中选择一路输出，其功能类似于一个单刀多掷开关。

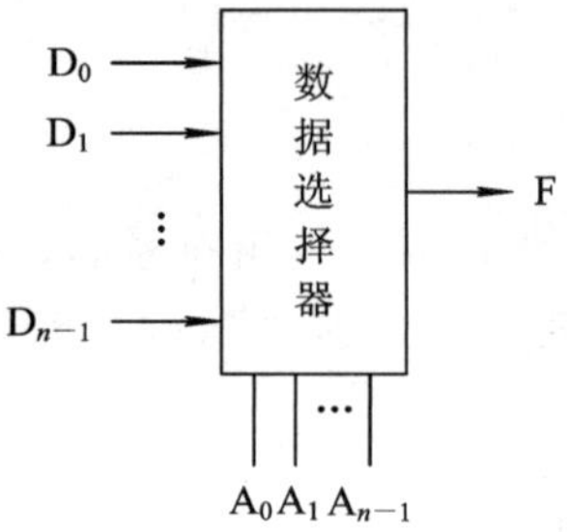

图 6.27 数据选择器原理框图

常用的数据选择器有 2 选 1、4 选 1、8 选 1、16 选 1 等。图 6.28 是 4 选 1 数据选择器的逻辑图及符号，其中 D_0～D_3 是数据输入端，也称为数据通道；A_1、A_0 是地址输入端，或称选择输入端；Y 是输出端；E 是使能端，低电平有效。当 E=1 时，输出 Y=0，即无效；当 E=0 时，在地址输入 A_1、A_0 的控制下，从 D_0～D_3 中选择一路输出。其功能表见表 6.12。

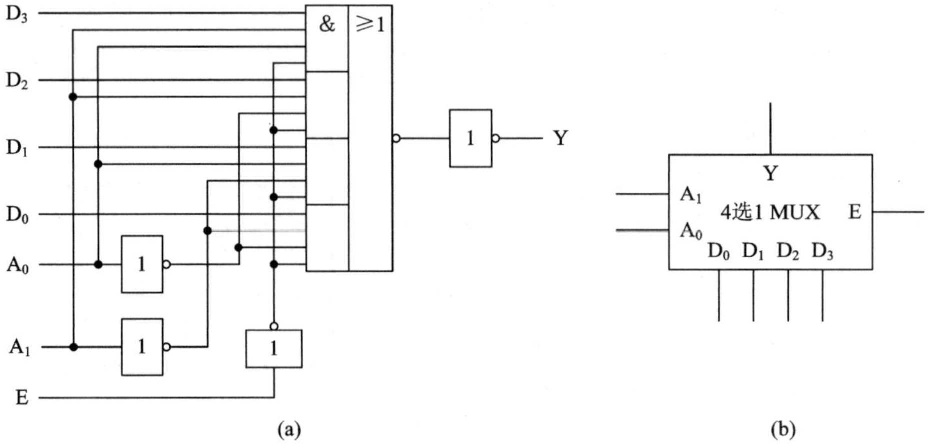

图 6.28 4 选 1 数据选择器的逻辑图及符号

(a) 逻辑图；(b) 逻辑符号

表 6.12 4 选 1 数据选择器功能表

E	A_1	A_0	Y
0	0	0	D_0
0	0	1	D_1
0	1	0	D_2
0	1	1	D_3
1	×	×	0

3）数据分配器

数据分配器又称多路分配器(DEMUX)，其功能与数据选择器相反，它可以将一路输入数据按 n 位地址分送到 2^n个数据输出端上。图 6.29 为 2 - 4 DEMUX 的逻辑符号，其功能表如表 6.13 所示。其中 D 为数据输入，A_1、A_0 为地址输入，Y_0～Y_3 为数据输出，E 为使能端。

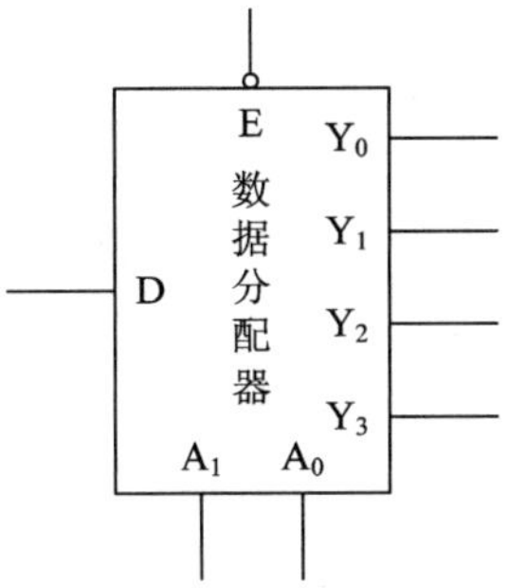

图 6.29　2－4 数据分配器逻辑符号

表 6.13　2－4 数据分配器功能表

E	A_1	A_0	Y_0	Y_1	Y_2	Y_3
1	×	×	1	1	1	1
0	0	0	D	1	1	1
0	0	1	1	D	1	1
0	1	0	1	1	D	1
0	1	1	1	1	1	D

用前面学习的 74LS138 就可以实现数据分配器功能(见图 6.30)。

74LS138 的数据输入端 A、B、C 作为地址输入端，若在 E_3 端输入数据信息，E_1 和 E_2 引脚接地，则地址码所对应的输出是 E_3 数据的反码；若从 E_2 端输入数据信息，令 $E_3=1$，$E_1=0$，则地址码所对应的输出是 E_2 端数据信息的原码。

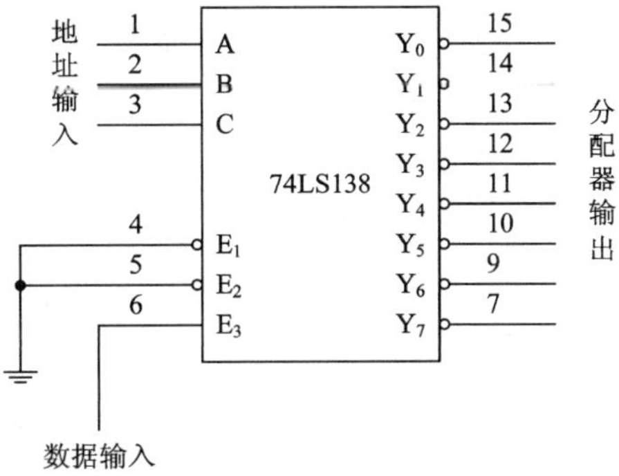

图 6.30　由 74LS138 实现的数据分配器

4）数值比较器

顾名思义，数值比较器就是用来判断输入数据大小的逻辑器件。数值比较器可以按位数分为一位数值比较器和多位数值比较器。在这里，我们简要介绍一下一位数值比较器的功能和特点。

将两个一位数 A 和 B 比较大小，一般有三种可能：A>B，A<B 和 A=B。由此可知，该比较器应有两个输入端：A 和 B；三个输出端：A>B、A=B、A<B，分别用 L、G、M 表示。假设与比较结果相符的输出为 1，不符的为 0，则可列出其真值表如表 6.14 所示。

由真值表可以得到下列逻辑表达式：

$$L = A\overline{B}$$
$$G = \overline{A}\,\overline{B} + AB = \overline{A\overline{B} + \overline{A}B}$$
$$M = \overline{A}B$$

根据上面的表达式可画出如图 6.31 所示的逻辑电路图。

表 6.14　一位比较器真值表

A	B	L	G	M
0	0	0	1	0
0	1	0	0	1
1	0	1	0	0
1	1	0	1	0

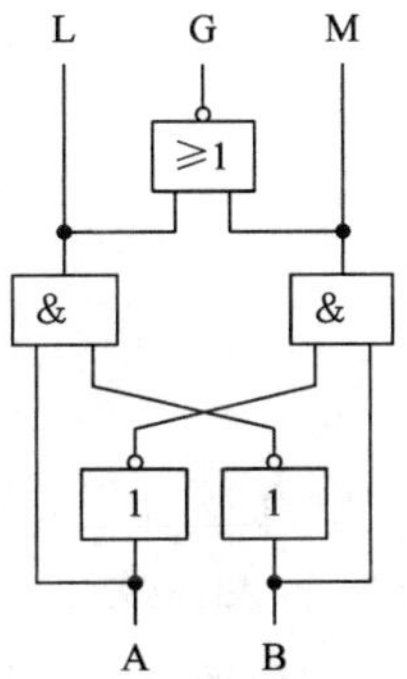

图 6.31　一位比较器逻辑电路图

6.4 时序逻辑电路

时序数字电路的定义是：某一个时刻该电路的输出不仅仅由该时刻的输入所确定，而且和电路过去的输入有关，或者说某一个时刻它的输出不仅仅与该时刻的输入有关，而且和电路的状态有关。也就是说，此类电路必须有记住过去状态的本领。触发器就具有记忆的功能。

6.4.1 触发器

触发器是时序数字电路的重要组成部分。触发器是由逻辑门加反馈线构成的，具有存储数据、记忆信息等多种功能，在数字电路和计算机电路中具有重要应用。

触发器是数字逻辑电路中的另一类基本单元电路。它具有两种稳定状态：0 和 1。如果外加合适的触发信号，触发器的状态可以相互转换。这种电路的特点是具有记忆功能，因此触发器属于时序逻辑电路，它是构成寄存器、计数器等数字电路的基本单元电路。

1. RS 触发器

触发器按结构分为基本 RS 触发器、同步 RS 触发器、主从 RS 触发器、JK 触发器、D 触发器和 T 触发器。

在一定的外界条件信号作用下，触发器可以从一个稳态翻转为另一个稳态，而且当外界信号消失后，能将新建立的状态保持下来，此即为记忆功能。所谓翻转，是指触发器从 0 的状态变化为 1 的状态，或从 1 的状态变化为 0 的状态。

1）基本 RS 触发器

（1）符号及电路组成。如图 6.32 所示，Q、$\overline{Q}$ 为输出端，其电平总是一高一低互补输出。$\overline{S}$、$\overline{R}$ 输入端为低电平有效，即只有输入信号为低电平 0 时，才能触发电路；为高电平 1 时，对电路无影响。

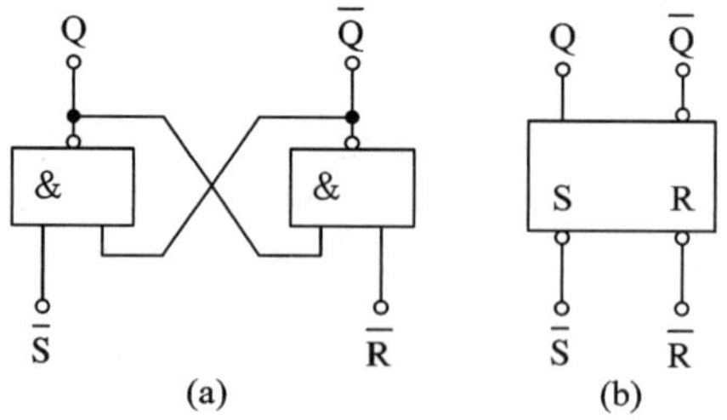

图 6.32 基本 RS 触发器的组成及表示符号

（a）逻辑图；（b）逻辑符号

（2）逻辑功能。

用 Q^n 表示触发器当前的输出状态——现态。

用 Q^{n+1} 表示触发器发生变化后的状态——次态。

当 $\overline{R}=\overline{S}=1$ 时，触发器保持原状态不变(即 $Q^{n+1}=Q^n$)；

当 $\overline{R}=0$，$\overline{S}=1$ 时，触发器置 0(即 $Q^{n+1}=0$)；

当 $\bar{R}=1$，$\bar{S}=0$ 时，触发器置 1(即 $Q^{n+1}=1$)；

当 $\bar{R}=\bar{S}=0$ 时，触发器状态不定(即 Q^{n+1}不定)。

(3) 基本 RS 触发器真值表，如表 6.15 所示。

表 6.15　基本 RS 触发器真值表

$\bar{S}$	$\bar{R}$	Q^n	Q^{n+1}
1	1	×	Q^n(保持)
0	1	×	1(置位)
1	0	×	0(复位)
0	0	×	不定(禁态)

2) 应用——开关去抖动电路

利用基本 RS 触发器可以产生点动单脉冲。简单的机械开关由于机械振动，不能产生点动单脉冲。如图 6.33(a)所示，当 S 一合一断后，u_o的波形不是单脉冲，如图 6.33(b)所示。利用基本 RS 触发器可以产生点动单脉冲，如图 6.34 所示，当 S 先接触一下 A，再接触一下 B，虽然 u_A、u_B 有振动，但是根据基本 RS 触发器的特性，Q 是一个标准的单脉冲，如图 6.35 所示。点动脉冲在数字电路中经常需要用到。

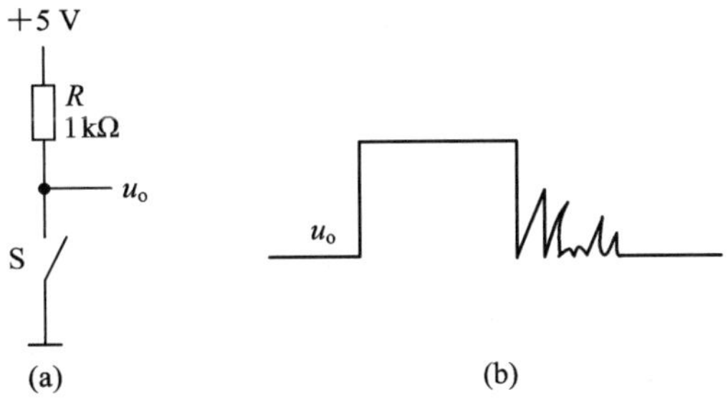

图 6.33　开关触点的机械振荡

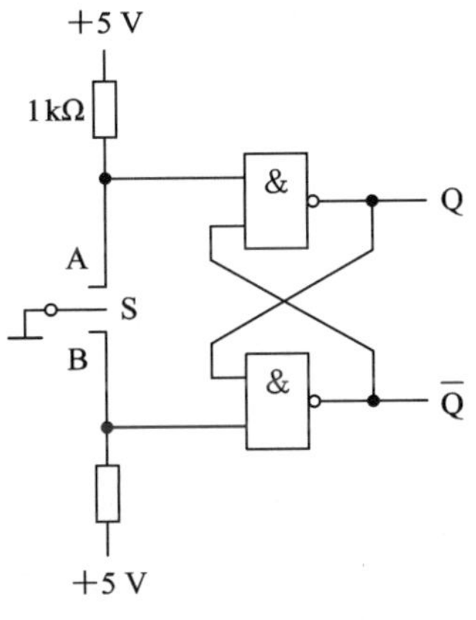

图 6.34　由基本 RS 组成的开关

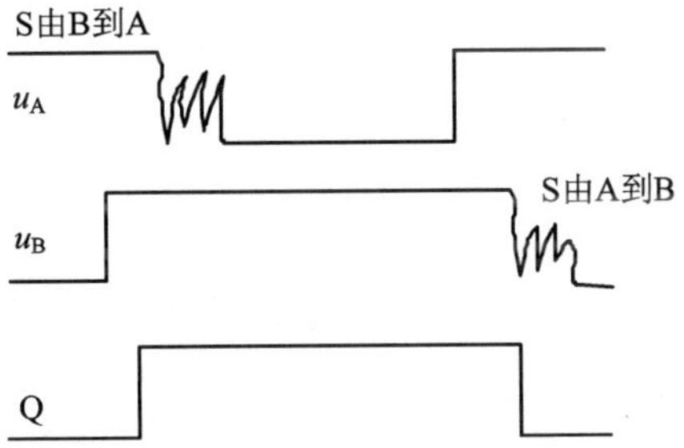

图 6.35　基本 RS 组成的开关输出波形图

2. 门电路的控制功能

门电路不仅可以进行逻辑关系的变换，而且还具有控制功能，可以控制信号的通断。例如，图 6.36 所示的电路，当与门的输入 B 为低电平时，脉冲信号 A 不能通过，而只有在输入 B 为高电平时，脉冲信号 A 才能传输到输出端 Y。

在设计校时电路时可以考虑用门电路来控制传输到计数器的信号，它可以是校时信号，还可以是脉冲计数信号。

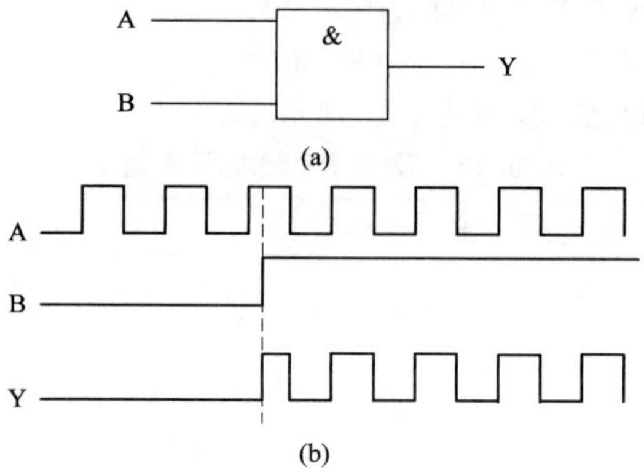

图 6.36 门电路的控制作用

3. JK 触发器

JK 触发器一般分为主从结构的 JK 触发器和维持-阻塞边沿 JK 触发器。

JK 触发器的电路符号如图 6.37 所示。CP 端的三角符号表示边沿触发，圆圈表示负跳变沿有效，即在脉冲的下降边沿触发器的状态发生变化。

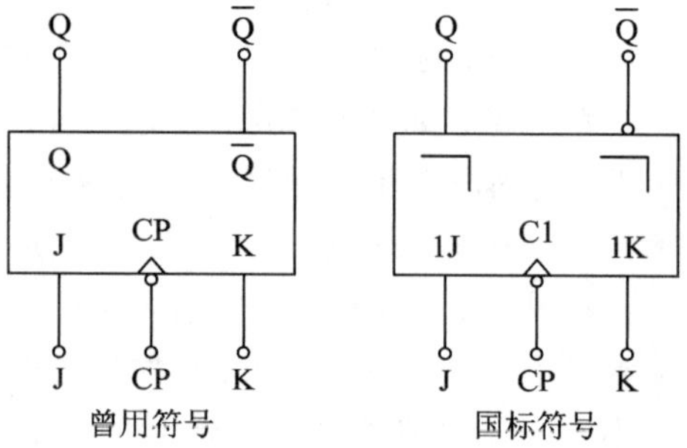

图 6.37 JK 触发器的表示符号

注意，状态的变化一定是发生在 CP 脉冲的变化时刻，即上升沿或下降沿。

JK 触发器的特性方程为

$$Q^{n+1} = J\overline{Q}^n + \overline{K}Q^n \tag{6.6}$$

4. D 触发器

(1) 电路符号。D 触发器的表示符号如图 6.38 所示。

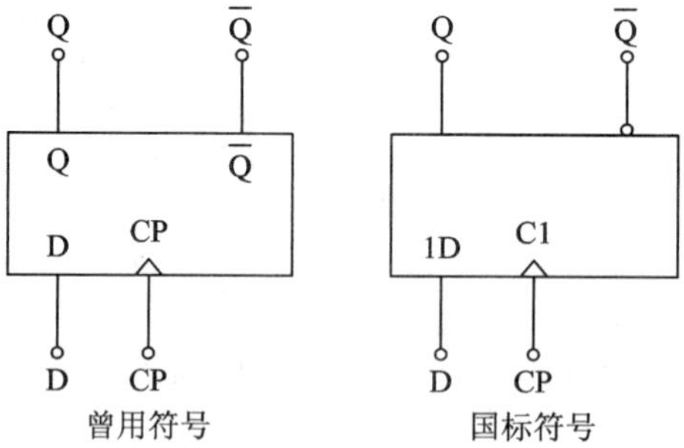

图 6.38 D 触发器表示符号

(2) 功能。D 触发器只有一个触发输入端 D，因此其逻辑关系非常简单。

D 触发器的特性方程为

$$Q^{n+1} = D \tag{6.7}$$

5. 集成触发器

这里主要介绍高速 CMOS 边沿 D 触发器 74HC74。74HC74 为单输入端的双 D 触发器，即一个片子里封装着两个相同的 D 触发器，每个触发器只有一个 D 端，它们都带有直接置 0 端 R_D 和直接置 1 端 S_D，均为低电平有效。CP 上升沿触发。74HC74 的逻辑符号和管脚排列分别如图 6.39(a)和(b)所示。它的功能如表 6.16 所示。

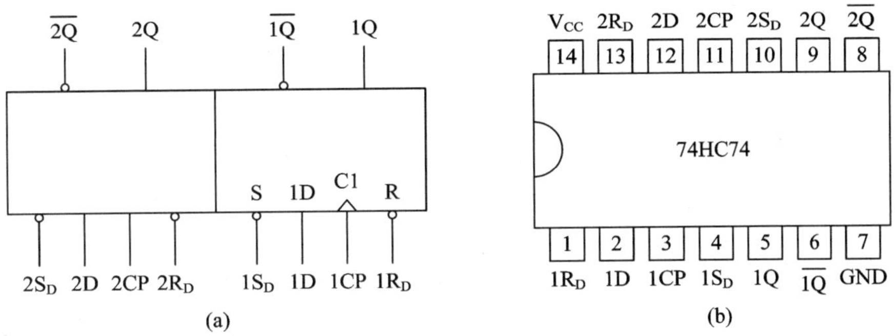

图 6.39　高速 CMOS 边沿 D 触发器 74HC74

(a) 逻辑符号；(b) 管脚排列

表 6.16　74HC74 的功能表

输入				输出	
R_D	S_D	CP	D	Q	$\overline{Q}$
0	1	×	×	0	1
1	0	×	×	1	0
1	1	↑	0	0	1
1	1	↑	1	1	0

6.4.2　计数器

1. 计数器的功能

计数器的基本功能就是对输入脉冲的个数进行计数。计数器是数字系统中应用最广泛的时序逻辑部件之一，除了计数以外，还可以用作定时、分频、信号产生和执行数字运算等，是数字设备和数字系统中不可缺少的组成部分。

2. 分类

计数器种类很多，分类方法也不相同。

根据计数脉冲的输入方式不同，可把计数器分为同步计数器和异步计数器。计数器是由若干个基本逻辑单元——触发器和相应的逻辑门组成的。如果计数器的全部触发器共用同一个时钟脉冲，而且这个脉冲就是计数输入脉冲，那么这种计数器就是同步计数器。如果计数器中只有部分触发器的时钟脉冲是计数输入脉冲，另一部分触发器的时钟脉冲是由其他触发器的输出信号提供的，那么这种计数器就是异步计数器。

根据计数进制的不同，又可把计数器分为二进制、十进制和任意进制计数器。各计数器按其各自计数进位规律进行计数。

根据计数过程中计数的增减不同，又将计数器分为加法计数器、减法计数器和可逆计数器。对输入脉冲进行递增计数的计数器叫做加法计数器，进行递减计数的计数器叫做减法计数器。如果在控制信号作用下，既可以进行加法计数又可以进行减法计数，则叫可逆计数器。

3. 计数器的一般模型

计数器的一般模型如图 6.40 所示。CLK_1、CLK_2 为时钟输入端，计数脉冲从这里输入。这两个时钟输入端，一个为加法计数脉冲输入端，另一个为减法计数脉冲输入端。TCU、TCD 分别为加法计数进位端和减法计数借位端。$D_0 \sim D_n$为数据加载端，在其上加载的数据决定了计数的初始值。$Q_0 \sim Q_n$ 为计数器输出端，计数器的输出数据由此取出。MR 为清零端。

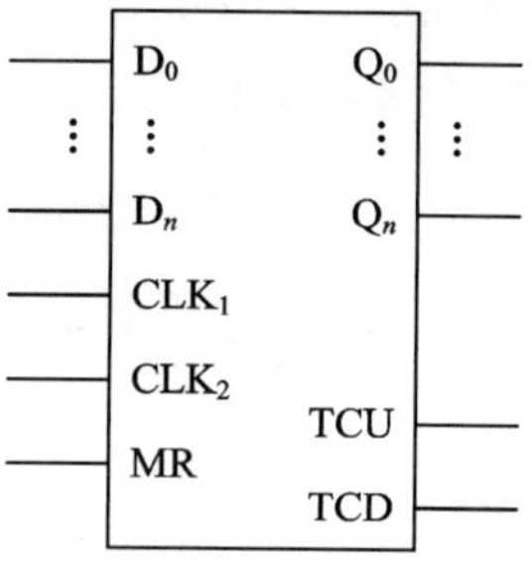

图 6.40 计数器模型

6.4.3 数模混合集成电路 555

555 定时器是一种多用途的数字模拟混合集成电路，其最大的优点是电源电压范围大，为 4.5 V～18 V，可以和 TTL 和 CMOS 兼容，同时驱动电流大约为 200 mA。手册上可查到的 555 的常用型号有 NE555、5G555。至于 555 的内部电路，读者可参阅有关资料。

1. 555 定时器

555 定时器的管脚图和内部电路图如图 6.41 所示。

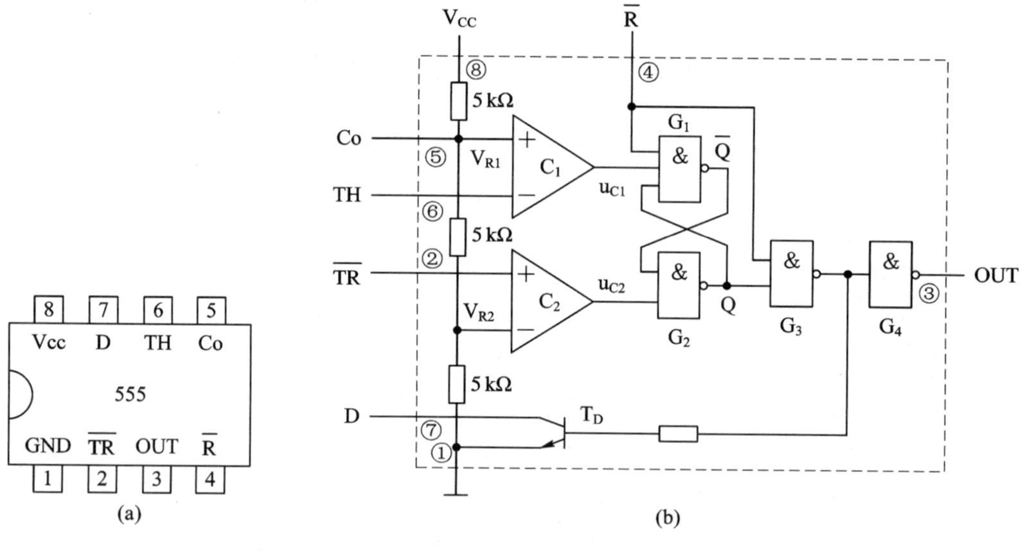

图 6.41 555 管引脚及内部电路图

(a) 555 管脚图；(b) 内部电路图

555 定时器由上、下两个电压比较器，三个 5 kΩ 电阻，一个 RS 触发器，一个放电三极管 VT 以及功率输出级组成。比较器 C_1 的同相输入端⑤接到由三个 5 kΩ 电阻组成的分压网络的(2/3)V_{CC}处，反相输入端⑥为阈值电压输入端。比较器 C_2 的反相输入端接到分压电阻网络的(1/3)V_{CC}处，同相输入端②为触发电压输入端，用来启动电路。两个比较器的输出端控制由两个与非门交叉连接构成的 RS 触发器实现。RS 触发器设置有复位端 $\overline{R}$

(引脚 ④)，当复位端处于低电平时，输出③为低电平。控制电压端⑤是比较器 C_1 的基准电压端，通过外接元件或电压源可改变控制端的电压值，即可改变比较器 C_1、C_2 的参考电压。不用时可将它与地之间接一个 0.01 μF 的电容，以防干扰电压引入。

555 的电源电压范围是+4.5 V～+18 V，输出电流可达 100 mA～200 mA，能直接驱动小型电机、继电器和低阻抗扬声器。CMOS 集成定时器 CC7555 的功能和 TTL 集成定时电路完全一样，但驱动能力小一些，内部结构也不同。

555 定时器的功能见表 6.17。

表 6.17　555 芯片功能

$\overline{TR}$ 触发	TH 阈值	$\overline{R}$ 复位	D 放电端	OUT 输出
$>\frac{1}{3}V_{CC}$	$>\frac{2}{3}V_{CC}$	H	导通	L
$>\frac{1}{3}V_{CC}$	$<\frac{2}{3}V_{CC}$	H	原状态	
$<\frac{1}{3}V_{CC}$	$<\frac{2}{3}V_{CC}$	H	截止	H
×	×	L	导通	L

2. 555 定时器的应用

由 555 定时器外加电阻、电容可以组成性能稳定而精确的多谐振荡器、单稳态电路、施密特触发器等。

多谐振荡器的电路图和波形图如图 6.42 所示。

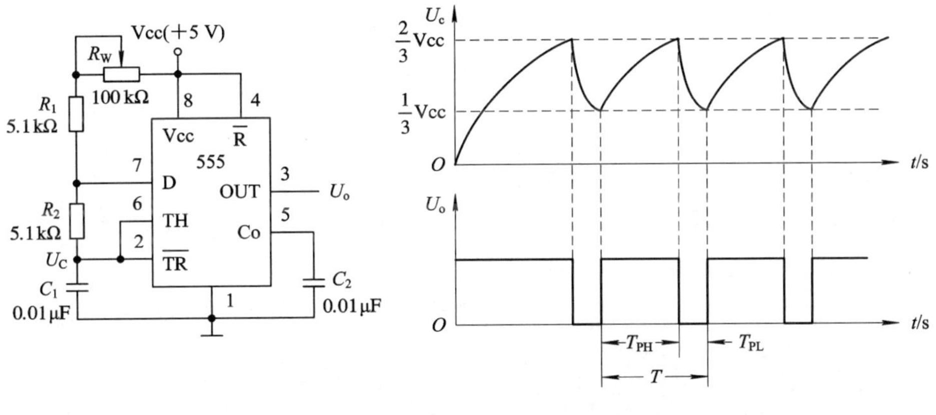

图 6.42　多谐振荡器的电路图和波形图

工作过程解释说明：接通电源 V_{CC} 后，555 定时器经电阻 R_1(包括 R_w)和 R_2 对电容 C_1 充电，当 U_C 上升到略高于(2/3)V_{CC} 时，比较器 C_1 的输出为“0”，将触发器置“0”，输出 U_o 为“0”，这时 $\overline{Q}=1$，放电管 VT 导通，电容 C_1 通过 R_2 和 VT 放电，U_c 下降。当 U_c 下降到略低于(1/3)V_{CC} 时，比较器 C_2 的输出为“0”，将触发器置“1”，U_o 又由“0”变为“1”。由于 $\overline{Q}=0$，放电管截止，V_{CC} 又经 R_1 和 R_2 对电容 C_1 充电。如此重复上述过程，U_o 为连续的矩形波。

振荡周期：

$$T = T_{PH} + T_{PL} \approx 0.7(R_1 + 2R_2)C(R_1 \text{ 包括 } R_W \text{ 部分}) \tag{6.8}$$

振荡频率：

$$f = \frac{1}{T} = \frac{1}{T_{PH} + T_{PL}} \approx \frac{1.43}{(R_1 + 2R_2)C} \tag{6.9}$$

占空系数：

$$D = \frac{T_{TP}}{T} = \frac{R_1 + R_2}{R_1 + 2R_2} \tag{6.10}$$

当 $R_2 \gg R_1$ 时，占空系数近似为 50%。

本 章 小 结

通过本章的学习，可以回答学习情境七提出的问题，这也是本章的重点内容。

1. 二进制数、十六进制数、十进制数及其相互转换。

2. 主要逻辑门及逻辑关系。

与：Y=AB；或：Y=A+B；非：$Y=\overline{A}$；与非：$Y=\overline{AB}$；或非：$Y=\overline{A+B}$。

3. 逻辑的表示：逻辑关系可以用真值表、逻辑函数、逻辑电路图等方式表示。

4. 常见组合逻辑电路：译码器、加法器。

5. 组合逻辑电路的分析与设计。

6. 基本触发器、同步二进制计数器。

(1) 基本触发器：基本 RS 触发器、时钟 RS 触发器、JK 触发器、D 触发器。

(2) 同步计数器：包括同步二进制计数器的模型及概念。

7. 数模混合集成电路 555 的工作原理及使用方法。

习 题 六

一、填空题

1. 数字电路是处理______的信号的电路。

2. 模拟电路中，三极管用作______器件；而在数字电路中，三极管用作______器件。

3. 模拟信号是______；数字信号是______。

4. 将下列十进制数转换成二进制数和十六进制数：

$29=(\quad)_2=(\quad)_{16}$，$40=(\quad)_2=(\quad)_{16}$，$1021=(\quad)_2=(\quad)_{16}$，$185=(\quad)_2=(\quad)_{16}$，$3.125=(\quad)_2=(\quad)_{16}$，$8.125=(\quad)_2=(\quad)_{16}$，$0.625=(\quad)_2=(\quad)_{16}$，$0.5=(\quad)_2=(\quad)_{16}$

5. 将下列二进制数转换成十进制数及十六进制数：

$1101=(\quad)_{16}=(\quad)_{10}$，$101001=(\quad)_{16}=(\quad)_{10}$，$110101=(\quad)_{16}=(\quad)_{10}$，$11.101=(\quad)_{16}=(\quad)_{10}$，$101.101=(\quad)_{16}=(\quad)_{10}$，$1001.11=(\quad)_{16}=(\quad)_{10}$，$0.001=(\quad)_{16}=(\quad)_{10}$，$0.011=(\quad)_{16}=(\quad)_{10}$

6. 将下列十进制数用 8421BCD 码表示：

$1987=(\quad)_{BCD}$，$2361=(\quad)_{BCD}$，$78.24=(\quad)_{BCD}$，$13.01=(\quad)_{BCD}$，

$25.3=(\qquad)_{BCD}$，$0.785=(\qquad)_{BCD}$

7*. 晶体管处于饱和状态的特征是：I_B______I_{CS}/β(I_{CS}是集电极饱和电流)；发射结处于______状态，集电结处于______状态；$U_{CE}=$______V。晶体管处于截止状态的特征是：发射结处于______状态，集电结处于______状态；U_{CE}______U_{CC}；$I_C\approx$______。在数字电路中三极管经常处于______和______状态。

8*. TTL 三态门的输出有三种状态：______、______和______状态。

9*. CMOS 非门电路的驱动管和负载管是______和______。CMOS 传输门又叫______。

10. 组合逻辑电路的输出只与____有关。两个输入电平相同时输出为高电平，而输入电平相异时输出为低电平的逻辑门是____门。

11. 根据摩根定律，$\overline{AB}=$______，$\overline{A+B}=$______。

12. 已知：F=AB+CD，它的与非表达式是________。

13. 异或逻辑表示的是：两输入相异输出为______，相同为______。

14. 74LS138 既可作译码器使用，又可作______使用。编码的过程与______相反，二进制编码器将输入的 8 个状态编码输出的二进制数的位数最少为______位。______编码器允许多个输入端上同时出现待编码信号。

15. 集成触发器按功能分为______、______、______、T 触发器和 T′触发器。

16. 在数字电路中______电路的输出只与输入有关；而______电路的输出不仅与输入有关，还与电路的原来状态有关。

17. 所谓时序电路，是指电路的输出状态不仅与______有关，还与电路______有关。

18. 计数器分为同步计数器与异步计数器，______计数器的计数脉冲不同时加到各触发器的计数输入端，而______计数器的计数脉冲同时加到各触发器的计数输入端。n 位加法计数器的计数最大值为______，减法计数器每输入一个计数脉冲，输出值______。十进制计数器有______个计数状态。

19. 四位二进制计数器的计数范围是 0000～______。四位二进制计数器能计数的最大值是______。

20. 时序逻辑电路一般由______和______组成。

21. 计数器是记忆______的个数，它是______逻辑电路。

22. 十进制计数器至少由______个触发器组成。

二、选择题

1. 下列说法中错误的是(　　)。

A) 模拟信号是幅度与时间上都连续的信号

B) 数字信号是指在时间上及幅度上不连续的信号

C) 模拟信号比数字信号差，使用时应全部淘汰

D) 数字信号与模拟信号相比，在保密性与抗干扰能力上有巨大优势

2. 下列关于模拟电路与数字电路的说法中，错误的是(　　)。

A) 模拟电路就是处理模拟信号的电子电路

B) 数字电路就是处理数字信号并完成对数字量进行算术运算和逻辑运算的电路

C) 数字电路在电路结构与组成上与模拟电路没有联系

D）数字电路具有逻辑运算和逻辑处理功能，所以又称数字逻辑电路

3. 下列不属于组合逻辑电路的是(　　)。

A）加法器　　B）存储器　　C）译码器　　D）编码器

4. 在数字系统中，所使用的数制是(　　)。

A）十进制　　B）二进制　　C）十六进制　　D）八进制

5. 下列不属于BCD码的是(　　)。

A）"8421码"　　B）余3码　　C）十六进制数　　D）格雷码

6. 在正逻辑系统中，只有全部输入为高电平，输出才为低电平的门是(　　)。

A）与门　　B）与非门　　C）或门　　D）或非门

7. 在正逻辑系统中，只有全部输入为低电平，输出才为高电平的门是(　　)。

A）与门　　B）与非门　　C）或门　　D）或非门

8. 在正逻辑系统中，只要有一个输入为低电平，输出就为低电平的门是(　　)。

A）与门　　B）与非门　　C）或门　　D）或非门

9）在正逻辑系统中，只要有一个输入为高电平，输出就为高电平的门是(　　)。

A）与门　　B）与非门　　C）或门　　D）或非门

10. 下列关于逻辑电路的说法中，错误的是(　　)。

A）在分析逻辑电路时只用两种相反的工作状态，并用"1"和"0"来代表

B）$1+1=10$

C）$0=\overline{1}$

D）$1=\overline{0}$

11. 下列关于逻辑与的说法中，错误的是(　　)。

A）"与"逻辑关系可用下式表示：$Y=A\cdot B$

B）实现与运算功能的门电路称为与门，其电路符号如图6.43所示

C）与门的输出只有当输入全为"1"时，输出才为"1"

D）如图6.43所示，左边为国际通用符号，右边为国标符号

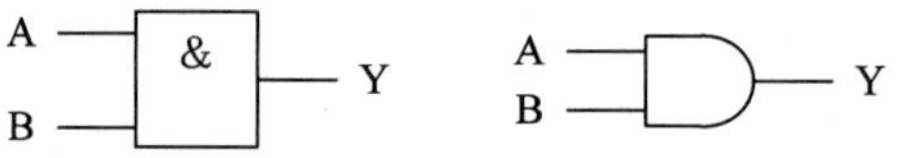

图6.43　与门表示符号

12. 下列关于逻辑或的说法中，错误的是(　　)。

A）"或"逻辑关系可用下式表示：$Y=A+B$

B）式中"＋"号是逻辑"或"运算或称逻辑加法运算。

C）表示此关系的电路符号如图6.44所示，称为或门

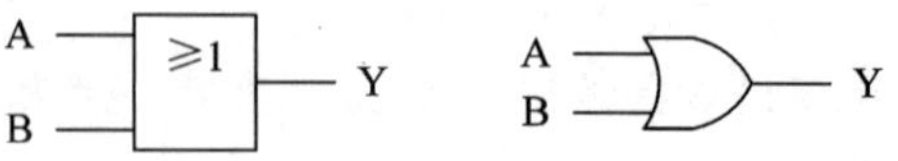

图6.44　或门的电路符号

D）或门有关系：$1+1=10$

13. 下列关于逻辑非的说法中，错误的是(　　)。

A）“非”逻辑关系可用下式表示：$Y=\overline{A}$

B）图 6.45 是非门的电路符号

C）非门输入端与输出端串联到电路中，因而电流相同

D）非门只能有一个输入

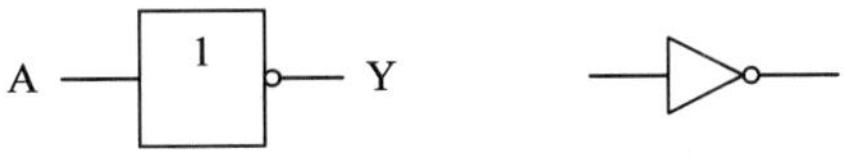

图 6.45 非门的电路符号

14. 满足输入相异，输出为“1”，输入相同，输出为“0”的门是(　　)。

A）与非门　　B）或非门　　C）异或门　　D）与或非门

15. 下列不属于 MOS 门电路优点的是(　　)。

A）工作速度快　　B）功耗低　　C）集成度高　　D）抗干扰能力强

16. CMOS 与非门多余输入端应该(　　)。

A）接地　　B）接电源电压　　C）悬空　　D）接输出端

17. 下列关于 CMOS 门电路说法中，错误的是(　　)。

A）CMOS 门电路具有输入电阻高、功耗小、制造工艺简单、集成度高、电源电压变化范围大(3～18 V)、输出电压摆幅大和噪声容限高等优点

B）CMOS 门电路在数字电路中得到了广泛的应用

C）CMOS 门电路是由晶体三极管组成的

D）CMOS 门电路高电平的典型值是电源电压 V_{DD}，低电平的典型值是 0 V

18. 下列逻辑运算中错误的是(　　)。

A）$A(B+C)=AB+AC$　　B）$AB=BA$

C）$A+B=B+A$　　D）$A+BC=(A+B)(B+C)$

19. 下列逻辑运算中错误的是(　　)。

A）$0\cdot A=0$　　B）$1\cdot A=A$　　C）$A\cdot A=A^2$　　D）$A\cdot\overline{A}=0$

20. 下列逻辑运算中错误的是(　　)。

A）$0+A=A$　　B）$1+A=1$　　C）$A+A=2A$　　D）$A+\overline{A}=1$

21. 下列逻辑运算中错误的是(　　)。

A）$\overline{AB}=\overline{A}+\overline{B}$　　B）$\overline{A+B}=\overline{A}\,\overline{B}$　　C）$\overline{AB}=\overline{A}\cdot\overline{B}$　　D）$\overline{A+B}=\overline{B}\,\overline{A}$

22. 下列由真值表写出逻辑函数表达式的一般方法中，错误的是(　　)。

A）由真值表中找出使逻辑函数输出为 1 的对应输入变量取值组合

B）每个输入变量取值组合状态以逻辑乘形式表示，用原变量表示变量取值 1，用反变量表示变量取值 0

C）将所有使输出为 1 的输入变量取值逻辑乘进行逻辑加，即得到逻辑函数表达式

D）由真值表得到的逻辑函数表达式是最简的

23. 下列关于组合逻辑电路的设计步骤中，错误的是(　　)。

A）首先分析设计要求

B）对各变量进行逻辑赋值时，高电平只能赋“1”，低电平只能赋“0”

C）列真值表

D）写出逻辑表达式并化简

E）根据最简逻辑表达式，画出相应的逻辑图

24. 逻辑式 $ABC+AB\overline{D}+CD+B\overline{D}+\overline{A}B\overline{C}$ 的最简式是（　　）。

A）$AB+B\overline{C}+CD+B\overline{D}$　　B）$B+CD$

C）$AB+CD+B$　　D）B

25. 下列关于组合逻辑电路的分析方法中，错误的说法是（　　）。

A）根据给定的逻辑电路图，写出输出端的逻辑表达式

B）对逻辑表达式进行化简和变换，得到最简表达式

C）根据最简逻辑表达式列出真值表

D）根据真值表分析电路的逻辑功能

E）根据逻辑功能画出逻辑电路图

26. 如果一个逻辑电路有三个输入，则真值表中所有可能的组合的项数是（　　）。

A）1 项　　B）3 项　　C）8 项　　D）7 项

27. 一位半加器对 $A=1$，$B=1$，$C_{i-1}=1$ 相加的结果为（　　）。（A、B 为两加数，C_{i-1} 为低位来的进位，S 为和，C 为向高位的进位。）

A. $S=0$，$C=1$　　B. $S=1$，$C=1$　　C. $S=1$，$C=0$　　D. $S=0$，$C=0$

28. 在下列一组数中，最大数是（　　）。

A. $(258)_{10}$　　B. $(100000001)_2$　　C. $(101)_2$　　D. $(001001010111)_{BCD}$

29. 在以下各种电路中，属于时序电路的是（　　）。

A. 反相器　　B. 编码器　　C. 寄存器　　D. 数据选择器

30. 由与非门构成的基本 RS 触发器，要使输出 Q 置“1”，下列条件正确的是（　　）。

A. $\overline{R}=0$，$\overline{S}=1$　　B. $\overline{R}=1$，$\overline{S}=0$　　C. $\overline{R}=1$，$\overline{S}=1$　　D. $\overline{R}=0$，$\overline{S}=0$

31. JK 触发器作计数器使用，则应（　　）。

A. $J=K=0$　　B. $J=K=1$　　C. CP 应接高电平　D. CP 应接低电平。

32. JK 触发器输入 $J=1$，$K=1$ 时，每来一个时钟脉冲，输出 Q^{n+1} 为（　　）。

A. Q_n　　B. 0　　C. 1　　D. $\overline{Q}_n$

33. 要使 D 触发器处于计数状态，即 $Q^{n+1}=\overline{Q}^n$，应使（　　）。

A. $D=Q$　　B. $D=\overline{Q}$　　C. $D=C$　　D. $D=1$

三、作图与设计题

1. 试画出图 6.46 中“与非”门输出 Y 的波形。

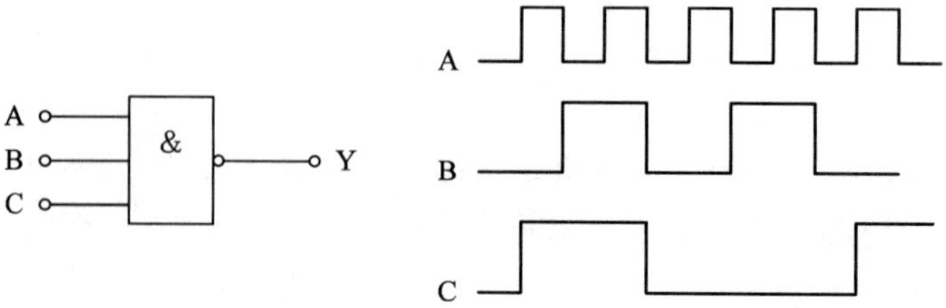

图 6.46　题 1 图

2. 图 6.47 给出了输入信号 A、B 的波形，试画出“与”门输出 Y＝A·B 和“或”门输出 Y＝A＋B 的波形。

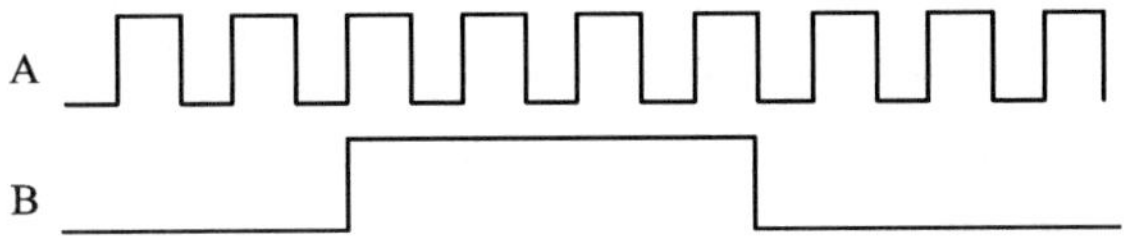

图 6.47　题 2 图

3. 试用与非门实现逻辑函数关系：L＝AB＋AC。

4. 试画出在 CP 作用下，如图 6.48 所示 JK 触发器的输出端 Q 的波形，设初态为 0。

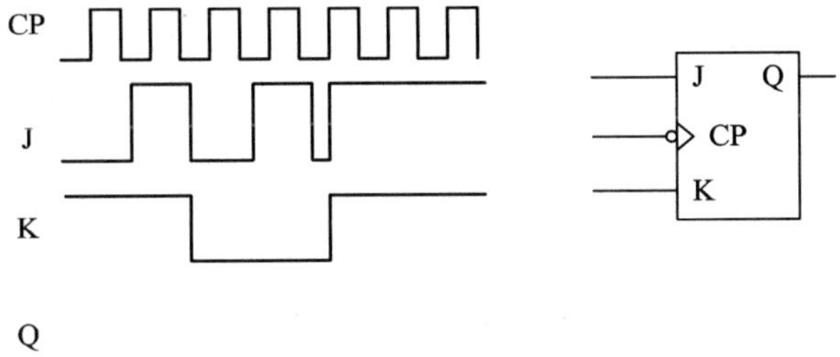

图 6.48　题 4 图

5. 试画出图 6.49 在 CP 作用下，D 触发器的输出端 Q 的波形(设初态为 0)。

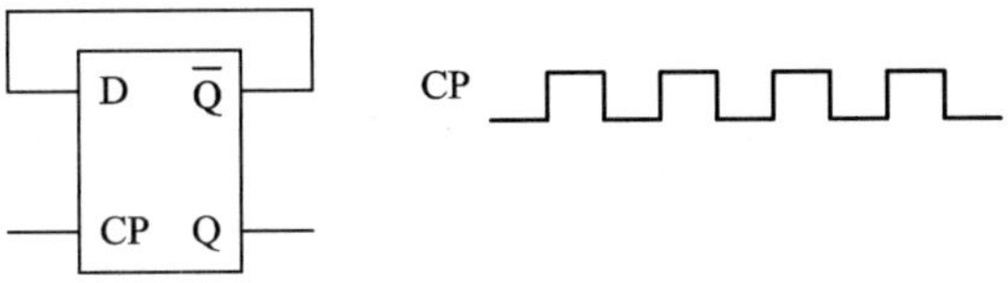

图 6.49　题 5 图

6. 设主从 JK 负边沿触发器的初始状态为 1，CP、J、K 信号如图 6.50 所示，试画出触发器 Q 端的波形。

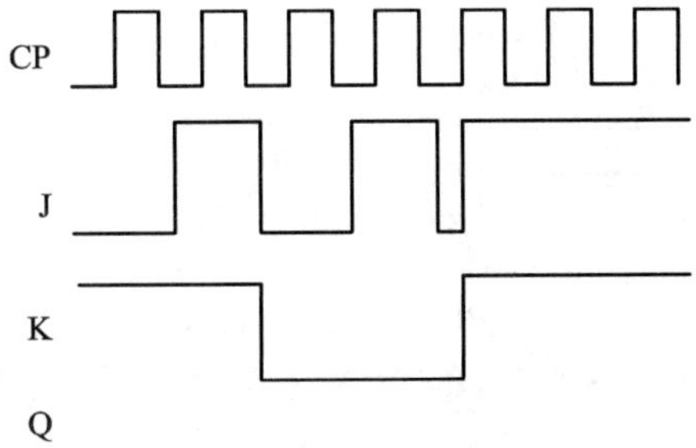

图 6.50　题 7 图

四、分析与设计题

1. 分析图 6.51 所示的电路，写出 Y 的逻辑表达式。

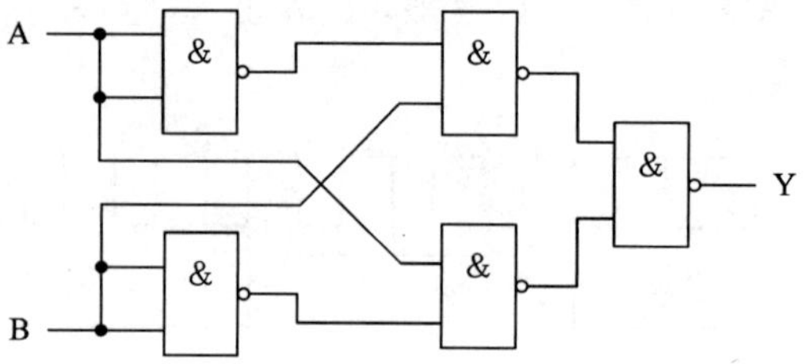

图 6.51 题 1 图

2. 一个由 3-8 线译码器和与非门组成的电路如图 6.52 所示，试写出 Y_1 和 Y_2 的逻辑表达式。

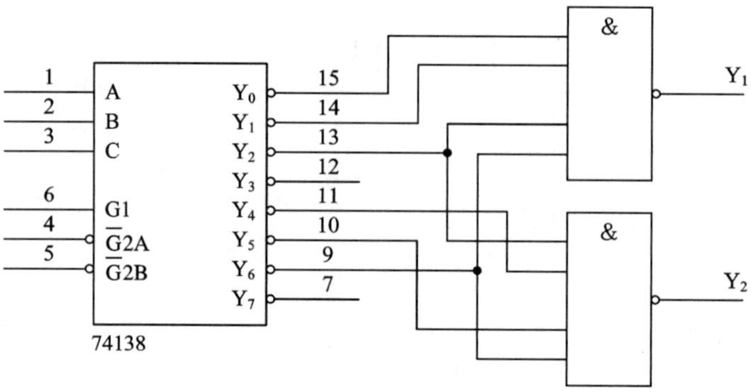

图 6.52 题 5 图

3. 八选一数据选择器电路如图 6.53 所示，其中 ABC 为地址，$D_0 \sim D_7$ 为数据输入，试写出输出 Y 的逻辑表达式。

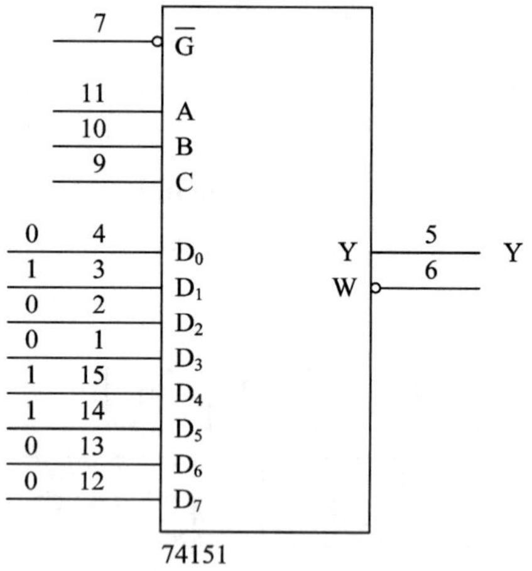

图 6.53 题 6 图

4. 试设计四变量的多数表决电路，当输入变量 A、B、C、D 中有 3 个或 3 个以上为 1 时输出为 1。

5. 某医院有 4 间病房，各个房间按病人病情的严重程度分类，1 号房间病人病情最重，4 号房间病情最轻。试设计一个病人呼叫装置，该装置按病人的病情严重程度呼叫大夫，就是若两个或两个以上的病人同时呼叫大夫，则只显示病情较重病人的呼叫。

模块六　模 拟 电 路

本模块主要涉及常用半导体器件、晶体管电压放大电路、功率放大电路、运算放大电路、直流稳压电源及电子识图等方面的内容。

第七章 常用半导体器件

学习引导(课堂学时：6～8 学时)

学习目标	掌握二极管、三极管的基本特性及使用方法；掌握场效应管、晶闸管的基本特性；能识别二极管、三极管并检测其性能；能识别场效应管、晶闸管； 养成在使用元件前先检测元件的习惯，初步形成质量意识
重点	1. 二极管及其单向导电性 2. 三极管及其电流放大作用 3. 二极管及三极管的识别与检测
难点	对三极管的检测；对半导体器件内部过程的疑惑
预备知识	电学常识
学习方法	通过做实验，一方面建立各种半导体器件的感性认识，另一方面掌握二极管及三极管的判断与检测技能；对于半导体内部过程，直接接受，不去探究；记忆三极管的各种结论，并运用之，不用追究其原理；对场效应管及晶闸管建立一个概念即可

教学情境八 二极管的单向导电特性实验及三极管电流分配与放大关系的研究实验

情境描述：

(1) 二极管的单向导电特性实验。分别按图 7.1(a)、(b)所示搭接电路。检查无误后合上开关 S。

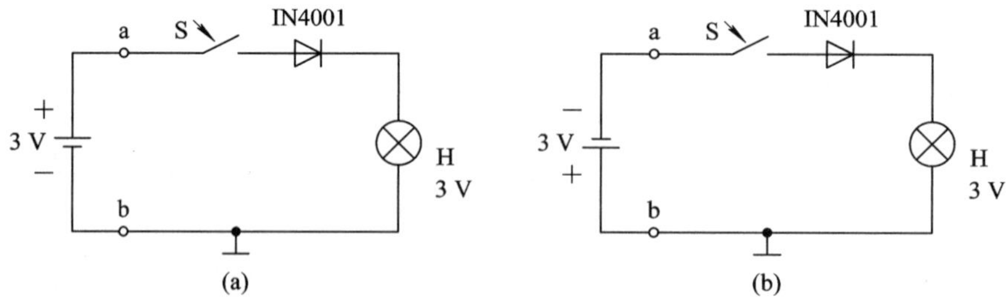

图 7.1 二极管单向导电性实验

(a) 二极管导通实验；(b) 二极管截止实验

① 通过观察灯泡发光情况，说明二极管的导电特性。

② 调节直流电源电压，观察使灯泡刚好发光时的直流电源电压值，并做好记录。

(2) 三极管电流分配与放大关系的研究实验。按图 7.2 所示搭接电路。检查无误后接通电源。利用电流表与电压表监测电流、电压值。将所测数值填入表 7.1 中。

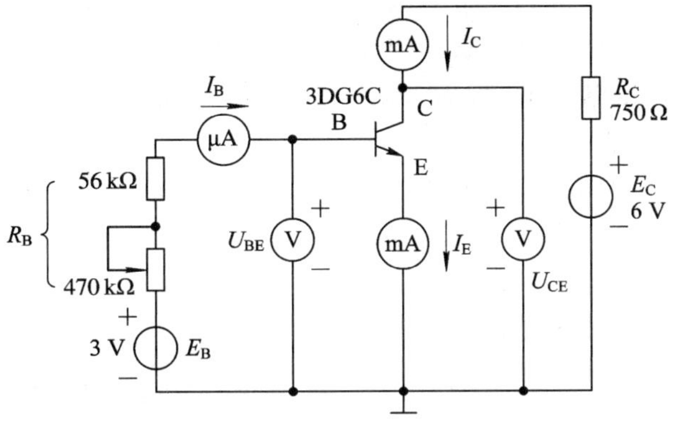

图 7.2　晶体管电流分配与放大实验电路

表 7.1　晶体管的电流关系表

I_B/mA	0	0.02	0.04	0.06	0.08	0.10
I_C/mA						
I_E/mA						

情境分析：电子元器件是组成电子电路的基础，上面实验中的二极管及三极管就是最基本的电子元器件。它们各有什么特性？如何使用？除了上面介绍的，还有哪些电子元器件？掌握电子元器件的基本知识是学习电子技术的基础。本章将主要研究半导体器件。

7.1　半导体与 PN 结

7.1.1　杂质半导体

由于半导体具有杂敏性，因此利用掺杂可以制造出不同导电能力、不同用途的半导体器件。根据掺入杂质的不同，半导体又可分为 P 型(空穴型)半导体和 N 型(电子型)半导体。

1. P 型半导体

在四价的本征硅(或锗)中掺入微量的三价元素硼(B)之后，硼原子和周围相邻的硅原子组成共价键结构，如图 7.3 所示。

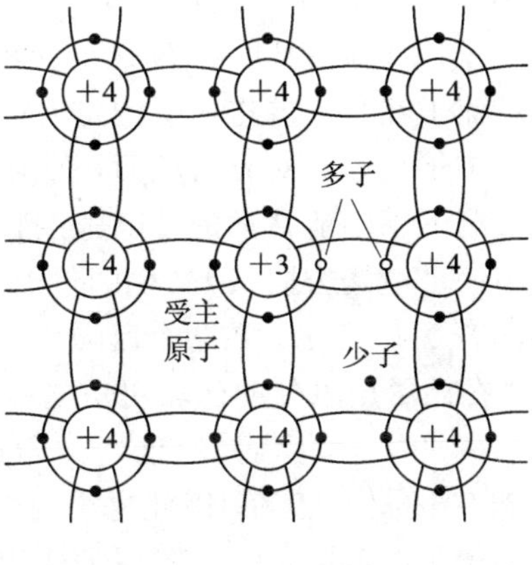

图 7.3　P 型半导体

三价硼原子的最外层只有三个价电子，和相邻的三个硅原子组成共价键后，尚缺一个价电子不能组成共价键，因此出现了一个空位，即空穴。这样邻近原子的价电子就可以跳过来填补这个空位。所以硼原子掺入后一方面提供了一个带正电荷的空穴，一方面使自己成为了带负电的离子，即掺入一个硼原子就相当于掺入了一个能接受电子的空穴，所以称三价元素硼为受主杂质，此时杂质半导体中的空穴浓度约等于掺杂浓度，远远大于自由电子浓度，所以称空穴为多子、自由电子为少子。这种杂质半导体叫作P型(空穴型)半导体。

同样，这种P型半导体在外加电场的作用下，总的电路电流应为

$$I = I_N + I_P \approx I_P$$

其中，I_N为电子电流，I_P为空穴电流。

整块半导体宏观上仍为电中性。

2. N型半导体

在四价的本征硅(或锗)中掺入微量的五价元素磷(P)之后，磷原子由于数量较少，不能改变本征硅的共价键结构，而是和本征硅一起组成共价键，如图7.4所示。

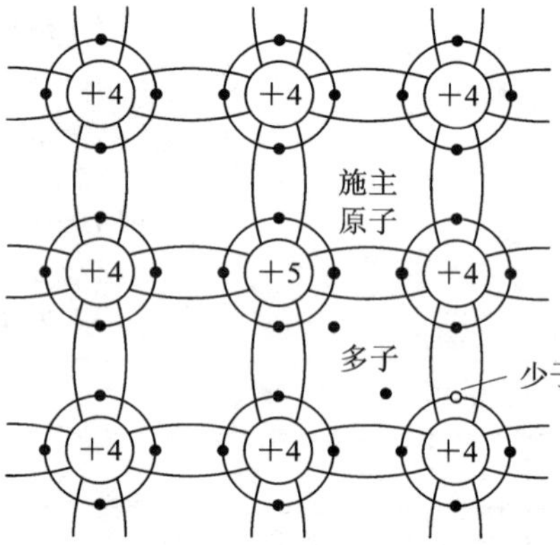

图7.4 N型半导体

在N型半导体中，由于掺杂带来的自由电子浓度远远高于本征载流子浓度，因此多子电子的浓度约等于掺杂的杂质浓度，远远高于少子空穴的浓度。所以当外加电场时，流过N型半导体的电流应为

$$I = I_N + I_P \approx I_N$$

整块半导体仍呈现电中性。

7.1.2 PN结的形成及单向导电性

1. PN结的形成

在一块本征半导体上通过某种掺杂工艺，使其形成N型区和P型区两部分后，在它们的交界处就形成了一个特殊薄层，这就是PN结。

(1) 多子的扩散运动建立内电场。如图7.5(a)所示，⊖和⊕分别代表P区和N区的受主和施主离子(为了简便起见，硅原子未画出)，由于P区的多子是空穴，N区的多子是自由电子，因此在P区和N区的交界处自由电子和空穴都要从高浓度处向低浓度处扩散。这种载流子在浓度差作用下的定向运动，叫作扩散运动。

多子扩散到对方区域后，使对方区域的多子因复合而耗尽，所以P区和N区的交界处就仅剩下了不能移动的带电施主和受主离子，N区形成正离子区，P区形成负离子区，形成了一个电场方向从N区指向P区的空间电荷区，这个电场称为内建电场，简称内电场，如图7.5(b)所示。在这个区域内，多子已扩散到对方且因复合而消耗殆尽，所以又称耗尽层。在耗尽层以外的区域仍呈电中性。

(2) 内电场阻碍多子扩散、帮助少子漂移运动，形成平衡PN结。由于内电场的方向是从N区指向P区的，因此这个内电场的方向对多子产生的电场力正好与其扩散方向相反，对多子的扩散起了一个阻碍的作用，使多子扩散运动逐渐减弱。内电场对P区和N区的少子同样产生了电场力的作用。由于P区的少子是自由电子，N区的少子是空穴，因此内电

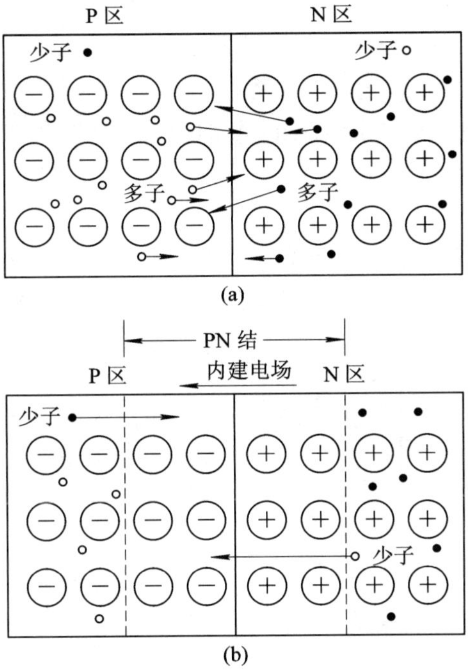

图 7.5　PN 结的形成

(a) 多子的扩散运动；(b) PN 结中的内电场与少子漂移

场对少子的运动起到了加速的作用。这种少数载流子在电场力作用下的定向移动，称为漂移运动，如图 7.5(b)所示。

2. PN 结的单向导电特性

未加外部电压时，PN 结内无宏观电流，只有外加电压时，PN 结才显示出单向导电性。

(1) 外加正偏电压时 PN 结导通。将 PN 结的 P 区接较高电位(比如电源的正极)，N 区接较低电位(比如电源的负极)，称为给 PN 结加正向偏置电压，简称正偏，如图 7.6 所示。

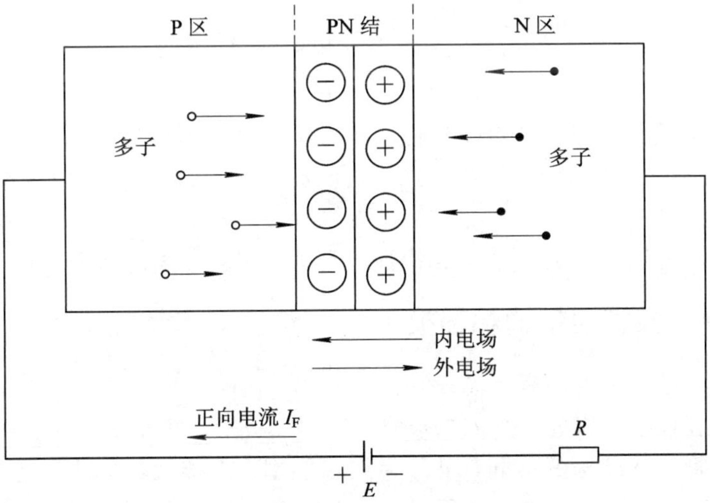

图 7.6　PN 结外加正偏电压

PN结正偏时，外加电场使PN结的平衡状态被打破。由于外电场与PN结的内电场方向相反，内电场被削弱，扩散增强，漂移几乎减弱为0，因此，PN结中形成了以扩散电流为主的正向电流 I_F。因为多子数量较多，所以 I_F 较大。为了防止较大的 I_F 将PN结烧坏，应串接限流电阻 R。扩散电流随外加电压的增加而增加，当外加电压增加到一定值后，扩散电流随正偏电压的增大而呈指数上升。由于PN结对正向偏置呈现较小的电阻(理想状态下可以看成是短路情况)，因此称之为正偏导通状态。

(2) 外加反偏电压时PN结截止。将PN结的P区接较低电位(比如电源的负极)，N区接较高电位(比如电源的正极)，称为给PN结加反向偏置电压，简称反偏，如图7.7所示。

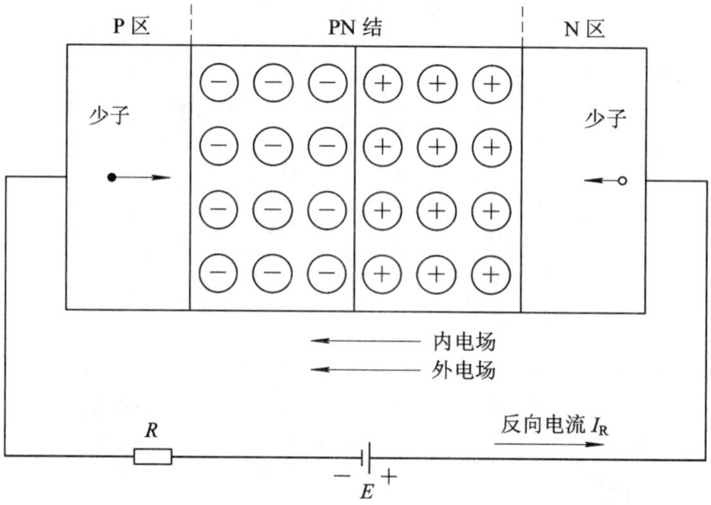

图7.7 PN结外加反偏电压

PN结反偏时，外加电场方向与内电场方向相同，内电场增强，使多子扩散减弱到几乎为零，而漂移运动在内电场的作用下有所增强，在PN结电路中形成了少子漂移电流。漂移电流和正向电流的方向相反，称之为反向电流 I_R。

7.2 半导体二极管

二极管是电子线路中的一个重要器件，利用二极管的单向导电特性，可以做成整流电路、检波电路等。同时，二极管的结构与三极管也存在关联性，要正确认识三极管的结构，也应该先认识二极管。

为了更深刻地认识二极管的结构和特性，下面对相关知识进行介绍。

7.2.1 半导体二极管的结构和种类

按材料划分有硅二极管、锗二极管等。

按用途划分有检波二极管、整流二极管、稳压二极管、发光二极管、光敏二极管等。

半导体二极管按其结构的不同，可分为点接触型、面接触型和平面型三种。常见二极管的结构、外形和电路符号如图7.8所示。二极管的两极分别叫作正极(或阳极)(P区)和负极(或阴极)(N区)。

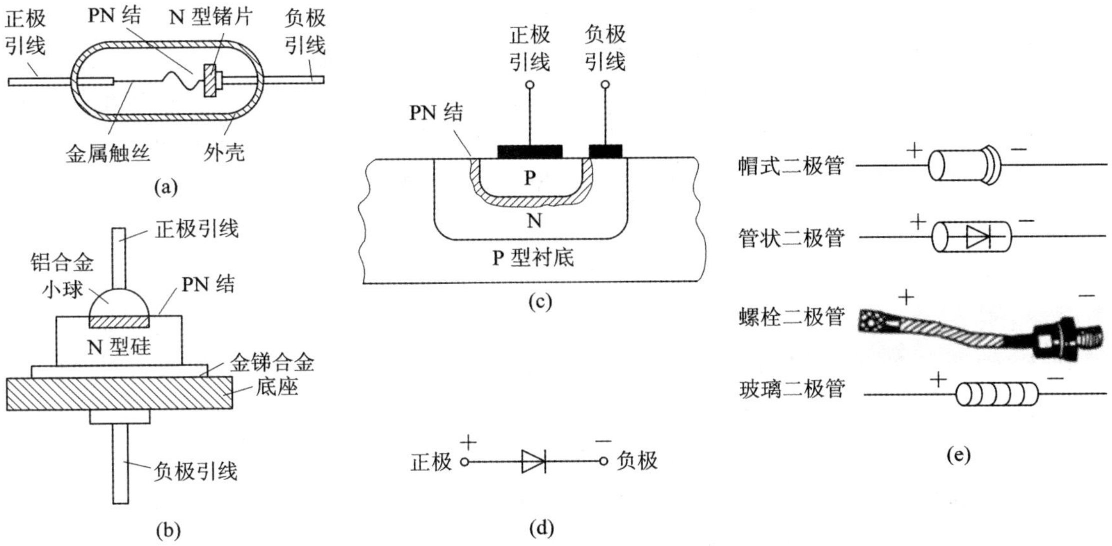

图 7.8 半导体二极管的结构、外形与电路符号
(a) 点接触型；(b) 面接触型；(c) 平面型；
(d) 电路符号；(e) 常见二极管的外形

7.2.2 半导体二极管的伏安特性

二极管的伏安特性也就是 PN 结的伏安特性。把二极管的电流随外加偏置电压的变化规律称为二极管的伏安特性，以曲线的形式描绘出来，就是伏安特性曲线。二极管的伏安特性曲线如图 7.9 所示，下面分三部分对二极管的伏安特性曲线进行分析。

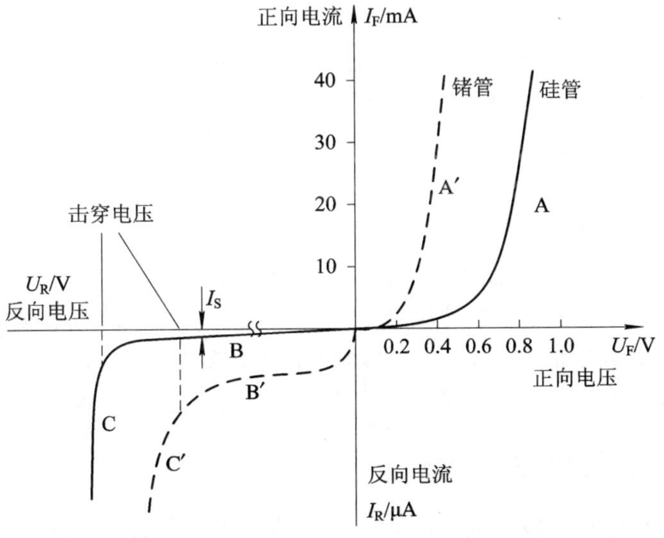

图 7.9 二极管的伏安特性曲线

1. 正向特性——外加正偏电压 U_F

当 $U_F=0$ 时，$I_F=0$，PN 结处于平衡状态，即图 7.9 中的坐标原点。当 U_F 开始增加时，即正向特性的起始部分。由于此时 U_F 较小，外电场还不足以克服 PN 结的内电场，正向扩散电流仍几乎为零。只有当 U_F 大于死区电压(锗管约为 0.1 V，硅管约为 0.5 V)后，外加电场才足以克服内电场，使扩散运动迅速增加，才开始产生正向电流 I_F。

2. 反向特性——外加反向偏压 U_R

当外加反向偏压时，宏观电流是由少子组成的反向漂移电流。当反向电压 U_R 在一定范围内变化时，反向电流 I_R 几乎不变，所以又称为反向饱和电流 I_S。当温度升高时，少子数目增加，所以 I_S 增加。室温下一般硅管的反向饱和电流小于 1 μA，锗管为几十到几百微安，如图 7.9 中 B 段所示。

3. 击穿特性——外加反压增大到一定程度

击穿特性属于反向特性的特殊部分。当 U_R 继续增大，并超过某一特定电压值时，反向电流将急剧增大，这种现象称为击穿。发生击穿时的 U_R 叫作击穿电压 U_{BR}，如图 7.9 中 C 段所示。

如果 PN 结击穿时的反向电流过大(比如没有串接限流电阻等)，使 PN 结的温度超过 PN 结的允许结温(硅 PN 结约为(150～200)℃，锗 PN 结约为(75～100)℃)时，PN 结将因过热而损坏。

4. 二极管的近似模型

(1) 理想模型。所谓理想模型，就是将二极管的单向导电特性理想化，认为正偏二极管的管压降为 0 V，忽略其 0.7 V 或 0.3 V 的导通电压，相当于短路导线，而当二极管处于反偏状态时，认为二极管的等效电阻为无穷大，反向电流为 0，如图 7.10(a) 的伏安特性曲线所示。在这种情况下，二极管可等效为开关。一般在电源电压远大于二极管的导通压降时，利用理想模型来分析，不会产生较大的误差。

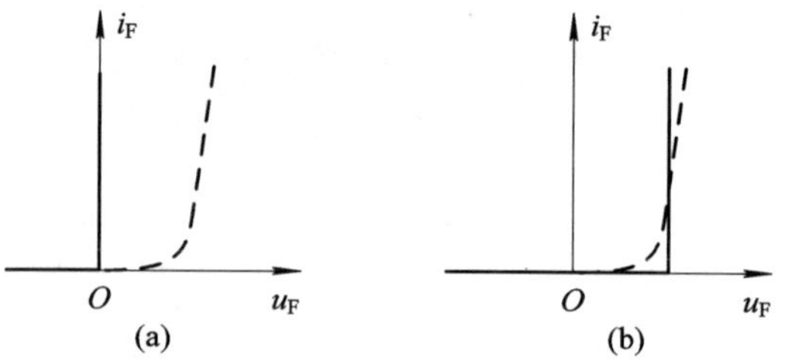

图 7.10 二极管的近似模型
(a) 理想模型；(b) 恒压降模型

(2) 恒压降模型。恒压降模型的伏安特性曲线如图 7.10(b) 所示，其反偏模型还是理想的，但认为二极管正偏导通后的管压降是一个恒定值。对于硅管和锗管来说，此值分别取 0.7 V 和 0.3 V 的典型值。这个模型比理想模型更接近实际情况，因此应用比较广泛，一般在二极管电流大于 1 mA 时，恒压降模型的近似精度还是相当高的。

7.2.3 半导体二极管的主要参数

为了正确选用及判断二极管的好坏，必须对其主要参数有所了解。

1. 最大整流电流 I_F

I_F 指二极管在一定温度下，长期允许通过的最大正向平均电流。超过此电流，会使二极管因过热而损坏。另外，对于大功率二极管，必须加装散热装置。

2. 反向击穿电压 U_{BR}

二极管反向击穿时的电压值称为反向击穿电压 U_{BR}。一般手册上给出的最高反向工作电压 U_{RM} 约为反向击穿电压的一半，以保证二极管正常工作的余量。

7.2.4 特殊二极管

1. 稳压二极管

稳压二极管简称稳压管，是一种用特殊工艺制造的面接触型硅半导体二极管，可以稳定地工作于击穿区而不损坏。稳压二极管的外形、内部结构均与普通二极管相似，其电路符号、伏安特性曲线如图 7.11 所示。稳压二极管工作时一般应加反向电压。

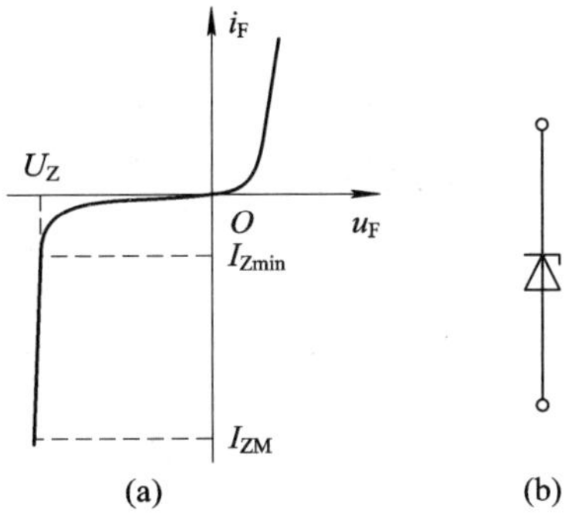

图 7.11 稳压二极管的伏安特性曲线与电路符号
(a) 伏安特性曲线；(b) 电路符号

稳压管的主要参数是稳定电压 U_Z。U_Z 就是稳压管的反向击穿电压，它的大小取决于制造时的掺杂浓度。

2. 发光二极管

发光二极管属于电光转换器件的一种，是可以将电能直接转换成光能的半导体器件，简称“LED”，是英文 Light Emitting Diode 的缩写。

发光二极管也具有单向导电性：当外加反偏电压时，二极管截止，不发光；当外加正偏电压时，二极管因流过正向电流而发光。发光二极管与指示灯相比，具有体积小、工作电压低、工作电流小、发光均匀稳定、响应速度快和寿命长等优点，因而 LED 是一种优良的发光器件，在各种电子设备、家用电器以及显示装置中得到广泛应用。

如图 7.12 所示为发光二极管直流电流驱动电路。

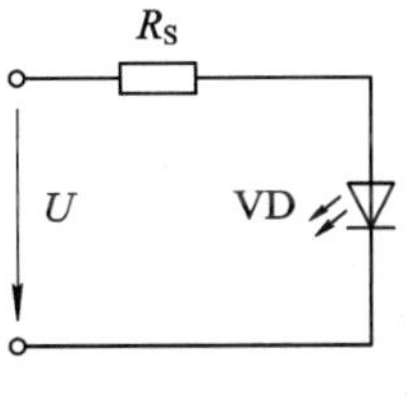

图 7.12 发光二极管直流电流驱动电路

发光二极管的正向工作电压比普通二极管高，约为 1 V～2 V；反向击穿电压比普通二极管低，约为 5 V 左右。其发光亮度一般与工作电流有关。其工作电流为几毫安到几十毫安。

7.2.5 认识及测量二极管

1. 二极管的实际结构

二极管的实际结构如图 7.13 所示。

(a)

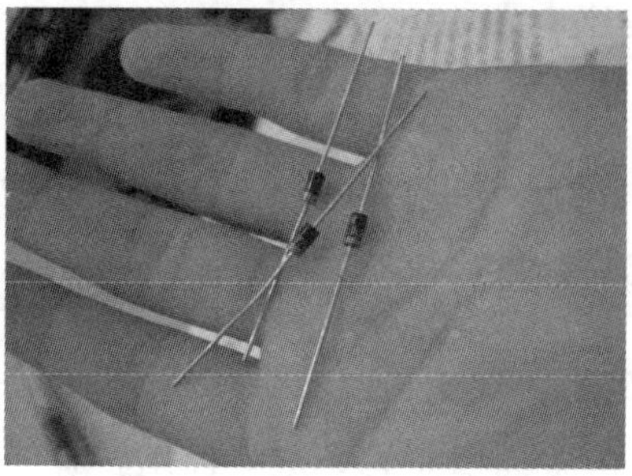

(b)

图 7.13　二极管的实际结构

(a) 二极管实物图；(b) 二极管实际大小

2. 二极管的极性判别及质量检测

(1) 二极管极性的判别。

· 直观法：一般二极管在管壳上有极性的标志。

· 用万用表检测：用万用表 R×100 Ω 或 R×1 kΩ 挡测量二极管正反两次阻值，所测得阻值小的一次，黑表笔接的是二极管的正极，红表笔接的是二极管的负极，如图 7.14 所示。

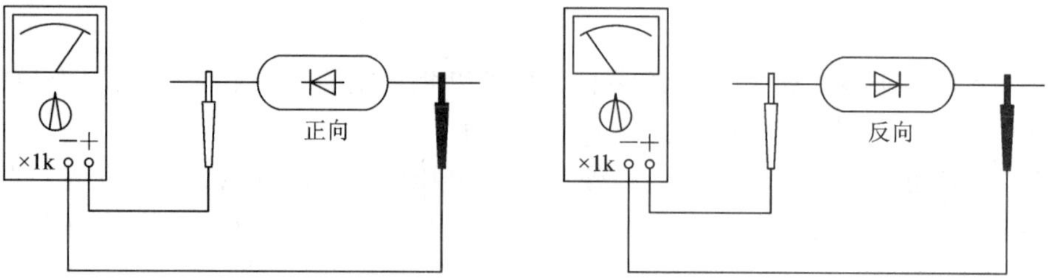

图 7.14　二极管极性的测试

(2) 二极管质量的检测。用万用表检测二极管的正反向电阻。正常时，正向电阻应很小(几千欧以下)，反向电阻应很大(几百千欧以上)，且二者相差得越大越好，表明二极管性能良好。

若测得的反向电阻和正向电阻都很小，表明二极管短路，已损坏。若测得的反向电阻和正向电阻都很大，则表明二极管断路，已损坏。

注意：普通二极管加正向电压工作。

3. 特殊二极管的检测

(1) 稳压二极管。稳压二极管的检测方法与一般二极管一样。

(2) 发光二极管。发光二极管极性的检测方法也与一般二极管相似。不同于一般二极管的是，万用表欧姆挡此时用 R×10 kΩ 挡，此挡的电池电压能使发光二极管正向导通。(请思考万用表此时换挡的原因。)

用 R×10 kΩ 挡测正、反向电阻，正向小于 100 kΩ，反向为无穷大，且在暗处测量正向电阻可看到微光。

如图 7.15 所示为发光二极管实物图。

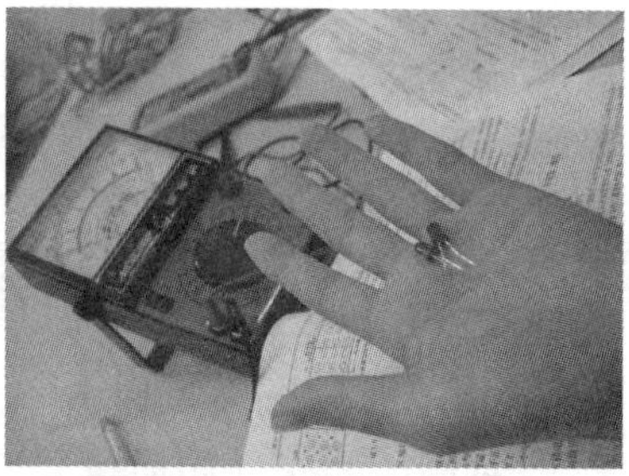

图 7.15　发光二极管实物图

7.3 晶体三极管

三极管是放大电路中的一个核心器件，利用三极管对电流的放大作用，可以做成各种形式的放大电路。

为了更深刻地认识三极管的结构和特性，下面对相关知识进行介绍。半导体三极管的种类很多，按照半导体材料的不同可分为硅管、锗管；按功率分有小功率管、中功率管和大功率管；按照频率分有高频管和低频管；按照制造工艺分有合金管和平面管等。通常，按照结构的不同，三极管还可分为两种类型：NPN 管和 PNP 管。

7.3.1 三极管的结构

图 7.16 给出了 NPN 和 PNP 管的结构示意图和电路符号，符号中发射极上的箭头方向表示发射结正偏时电流的流向。

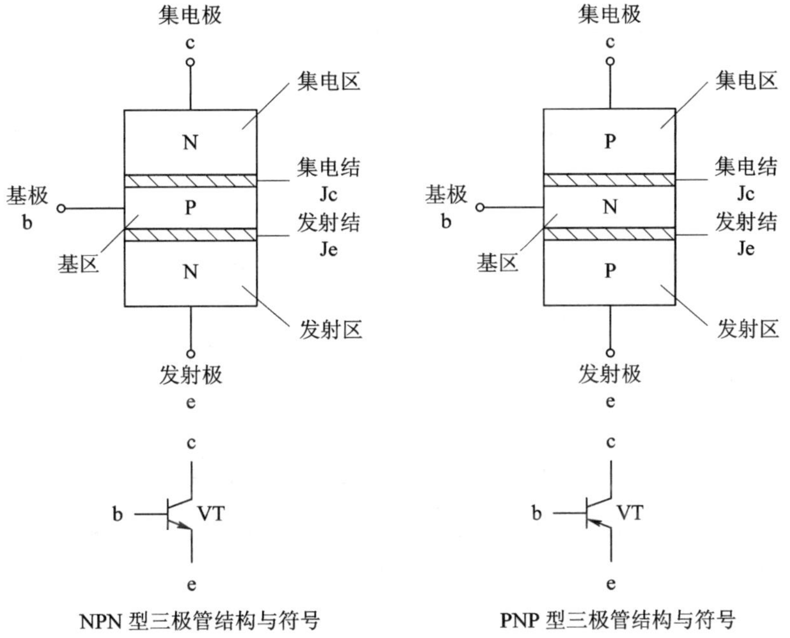

图 7.16 三极管的结构示意图和符号

半导体三极管又称晶体三极管(下称三极管)，一般简称晶体管或双极型晶体管。三极管通过一定的制作工艺，将两个 PN 结结合在一起，两个 PN 结相互作用，使三极管成为一个具有电流控制作用的半导体器件。三极管可以用来放大微弱的信号和作为无触点开关。

制作三极管时，通常它们的基区做得很薄(几微米到几十微米)，且掺杂浓度很低，其掺杂浓度比发射区和集电区要低得多；发射区的杂质浓度则比较高；集电区的面积则比发射区做得大，但掺杂浓度比发射区要小很多。这是三极管实现电流放大的内部条件。

7.3.2 三极管的电流分配原理及放大作用

1. 三极管放大电流的条件

要实现三极管的电流放大作用，首先要给三极管各电极加上正确的电压。三极管实现电流放大的外部条件是：其发射结必须加正向电压(正偏)，而集电结必须加反向电压(反偏)。

2. 实验结论

为了定量地说明晶体管的电流放大与分配关系，可用实验电路来测量三个极的电流。所得数据如表 7.2 所示。

表 7.2 晶体管的电流关系表(参考数值)

I_B/mA	0	0.02	0.04	0.06	0.08	0.10
I_C/mA	<0.001	0.70	1.50	2.30	3.10	3.95
I_E/mA	<0.001	0.72	1.54	2.36	3.18	4.05

由实验及测量结果可以得出以下结论：

(1) 实验数据中的每一列数据均满足关系：

$$I_E = I_B + I_C \tag{7.1}$$

此结果符合基尔霍夫电流定律。

(2) 将每一列数据中的 I_C 与 I_B 相除的结果作比较，可以发现，I_C 与 I_B 的比值近似相等，大约等于 40。I_C 与 I_B 的比值称为晶体管共射接法时的静态(直流)电流放大系数，用 $\bar{\beta}$ 表示，即

$$\bar{\beta} = \frac{I_C}{I_B} \tag{7.2}$$

(3) 对表 7.2 中任两列数据求 I_C 和 I_B 变化量的比值，结果仍然近似相等，约等于 40。基极电流 I_B 的微小变化 ΔI_B，会引起集电极电流 I_C 的很大变化 ΔI_C，ΔI_C 与 ΔI_B 的比值称为晶体管共射接法时的动态(交流)电流放大系数，用 β 表示，即

$$\beta = \frac{\Delta I_C}{\Delta I_B} \tag{7.3}$$

由上面的分析可知，$\bar{\beta}$ 与 β 的数值很接近，工程上不需作严格区别，统称为电流放大系数 β，即

$$I_C = \beta I_B \tag{7.4}$$

必须注意，晶体管的电流放大作用实质上是电流控制作用，是用一个较小的基极电流去控制一个较大的集电极电流，这个较大的集电极电流是由直流电源 U_{CC} 提供的，并不是晶体管本身把一个小的电流放大成了一个大的电流，这一点须用能量守恒的观点去分析。所以晶体管是一种电流控制元件。

由于 NPN 管和 PNP 管的结构对称，工作原理完全相同，下面以 NPN 管为例，讨论三

极管的基本工作原理。

7.3.3 三极管的特性曲线

三极管的特性曲线是指三极管的各电极电压与电流之间的关系曲线，它反映出三极管的特性。它可以用专用的图示仪进行显示，也可通过实验测量得到。以 NPN 型硅三极管为例，其常用的特性曲线有以下两种。

1. 输入特性曲线

输入特性曲线是指在一定的集电极—发射极电压 U_{CE}下，三极管的基极电流 I_B与发射结电压 U_{BE}之间的关系曲线。实验测得三极管的输入特性曲线如图 7.17 所示。

2. 输出特性曲线

输出特性曲线是指在一定的基极电流 I_B下，三极管的集电极电流 I_C与 U_{CE}之间的关系曲线。实验测得三极管的输出特性曲线如图 7.18 所示。图中有多条曲线，其实每一条曲线都对应于一个基极电流。

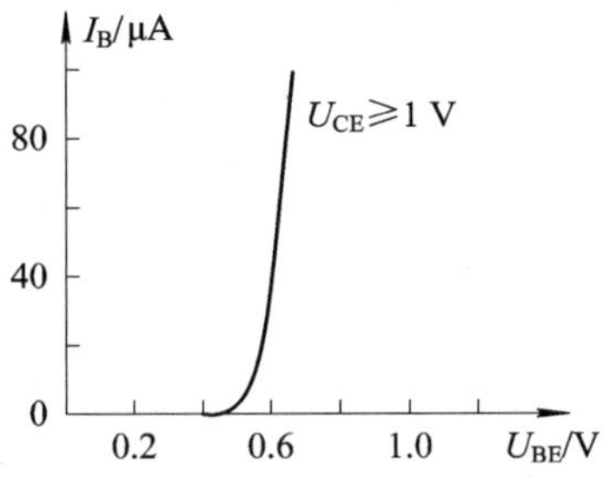

图 7.17 三极管的输入特性曲线

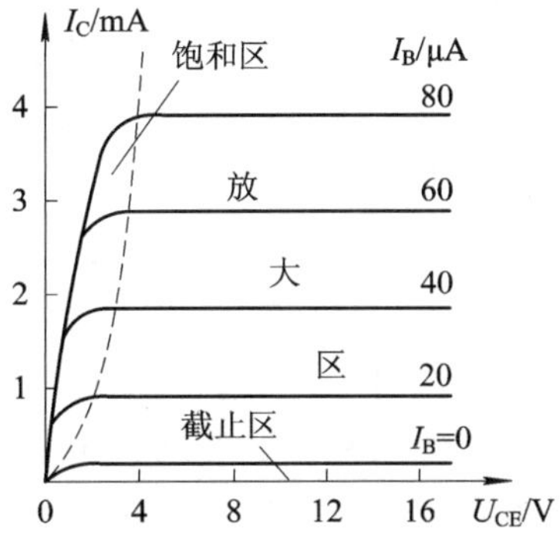

图 7.18 三极管的输出特性曲线

一般把三极管的输出特性分为 3 个工作区域，下面分别介绍。

(1) 截止区。三极管工作在截止状态时，具有以下几个特点：

① 发射结和集电结均反向偏置。

② I_B、I_C近似为 0。

③ 三极管的集电极和发射极之间电阻很大，三极管相当于一个开关断开。

(2) 放大区。图 7.18 中，输出特性曲线近似平坦的区域称为放大区。三极管工作在放大状态时，具有以下特点：

① 三极管的发射结正向偏置，集电结反向偏置。

② 基极电流 I_B微小的变化会引起集电极电流 I_C较大的变化，有电流关系式：$I_C=\beta I_B$。

③ 对于 NPN 型的三极管，有电位关系：$U_C>U_B>U_E$。

④ 对于 NPN 型硅三极管，有发射结电压 $U_{BE}\approx 0.7$ V；对于 NPN 型锗三极管，有 $U_{BE}\approx 0.2$ V。

(3) 饱和区。三极管工作在饱和状态时具有如下特点：

① 三极管的发射结和集电结均正向偏置。

② 三极管的电流放大能力下降，通常有 $I_C<\beta I_B$。

③ 三极管饱和时，称此时的电压 U_{CE} 为三极管的饱和压降，用 U_{CES} 表示。U_{CES} 的值很小，一般硅三极管的 U_{CES} 约为 0.3 V，锗三极管的 U_{CES} 约为 0.1 V。

④ 三极管的集电极和发射极近似短接，三极管类似于一个开关导通。

故三极管作为开关使用时，通常工作在截止和饱和导通状态；而作为放大元件使用时，则要工作在放大状态。

7.3.4 三极管的主要参数

1. 三极管的主要参数

三极管的参数有很多，如电流放大系数、反向电流、耗散功率、集电极最大电流、最大反向电压等，这些参数可以通过查半导体手册来得到。三极管的参数是正确选定三极管的重要依据，下面介绍三极管的几个主要参数。

(1) 共发射极电流放大系数 β。它是指从基极输入信号，从集电极输出信号，此种接法(共发射极)下的电流放大系数。

(2) 极间反向电流，包括：

① 集电极与基极间的反向饱和电流 I_{CBO}；

② 集电极与发射极间的穿透电流 I_{CEO}。

(3) 极限参数，包括：

① 集电极最大允许电流 I_{CM}；

② 集电极最大允许功率损耗 P_{CM}；

③ 反向击穿电压 U_{CBO}、U_{CEO}、U_{EBO}。

三极管的安全工作区如图 7.19 所示，只有在这一区域三极管才能安全地工作。

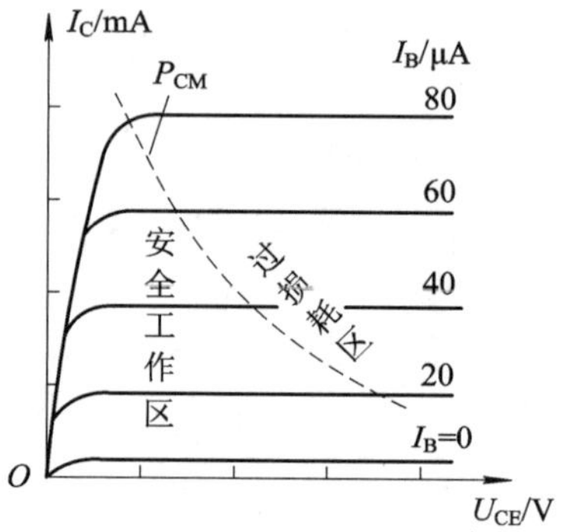

图 7.19 三极管的安全工作区

2. 温度对三极管特性的影响

需要指出的是，同二极管一样，三极管也是一种对温度十分敏感的器件。随着温度的变化，三极管的性能参数也会改变。

7.3.5 认识及测量三极管

1. 认识三极管

三极管实物及常见外形分别如图 7.20、图 7.21 所示。

图 7.20 三极管实物

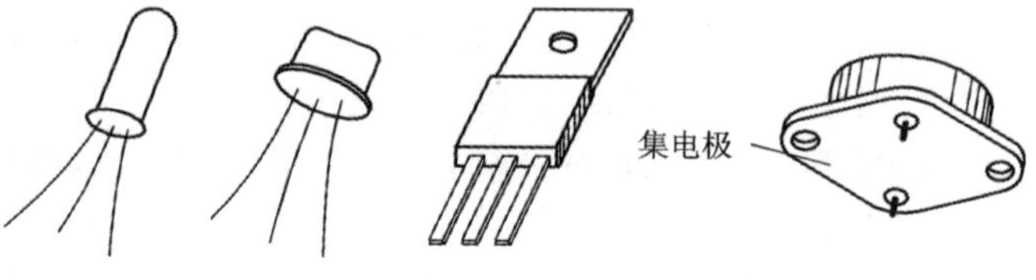

图 7.21 常见的三极管外形

2. 三极管的极性判别

(1) 判别基极及类型。先假定某一管脚为基极，将万用表量程开关置于 R×100Ω 或 R×1 kΩ 挡，用黑表笔接假定的基极，用红表笔分别接触另外两管脚。若测得的阻值相差很大，则原先假定的基极错误，需要另换一个管脚作为基极重复上述测量；若两次测得的阻值都很大，此时将两表笔对换后继续测试；若对换表笔后测得的阻值都小，则说明该电极是基极，且此三极管为 PNP 型。同理，黑表笔接假设的基极，红表笔分别接其他两个电极时测得的阻值都很小，则该三极管为 NPN 型。

(2) 判别集电极和发射极(以 NPN 型管为例)。如图 7.22 所示，确定基极和管型后，将黑表笔接在假设的集电极上，红表笔接在假设的发射极上，用手指将已知的基极和假设的集电极捏在一起(但不要碰触)，记下表指针偏转的位置。然后再进行相反的假设(即原先的集电极假设为发射极，原先的发射极假设为集电极)，重复上述过程，并记下表指针偏转的位置。比较两次测试的结果，指针偏转大的(即阻值小的)那次假设是正确的。若为 PNP 型管，测试时，将红表笔接假设的集电极，黑表笔接假设的发射极，其余不变，仍然是电阻值较小的那次假设正确。

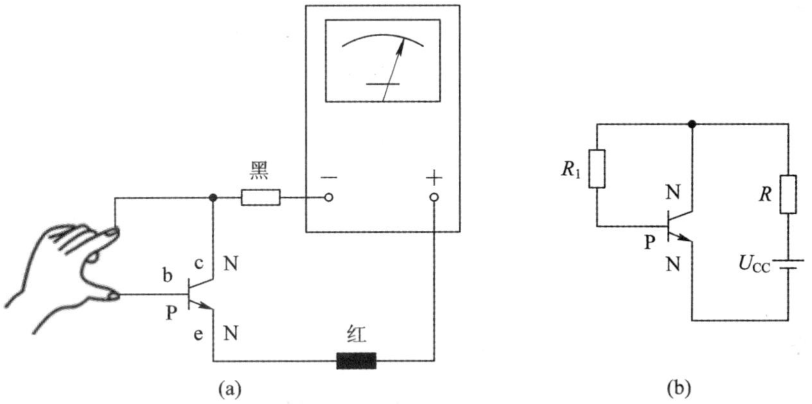

图 7.22 判别三极管 c、e 电极的原理图

(a) 判别示意图；(b) 等效电路图

(3) 三极管质量的检测。从三极管基极到发射极和基极到集电极间是 PN 结，所以应符合正向电阻小、反向电阻大的特点，而从集电极到发射极的正、反向电阻均应为无穷大。

7.3.6 其他晶体管

1. 场效应管

前面介绍的三极管是利用基极电流来控制集电极电流的，是电流控制器件。而场效应管是一种电压控制器件，它只用信号源电压的电场效应来控制三极管的输出电流，输入电流几乎为零，因此具有高输入电阻的特点；同时场效应管受温度和辐射的影响也比较小，又便于集成化，因此场效应管已广泛地应用于各种电子电路中，成为当今集成电路发展的重要方向。

场效应管可分为结型和绝缘栅型两类，而使用最广泛的是绝缘栅型。下面以绝缘栅型场效应管为例，对场效应管进行介绍。

绝缘栅型场效应管是由金属(Metal)、氧化物(Oxide)和半导体(Semiconductor)材料构成的，因此又叫 MOS 管。根据导电方式的不同，它又可以分为增强型和耗尽型两类，每一类又包括 N 沟道和 P 沟道两种，如图 7.23 所示。故绝缘栅型场效应管一共可分为四种类型：N 沟道增强型 MOS 管、N 沟道耗尽型 MOS 管、P 沟道增强型 MOS 管、P 沟道耗尽型 MOS 管。图 7.24 和图 7.25 为 P 沟道的两种场效应管。

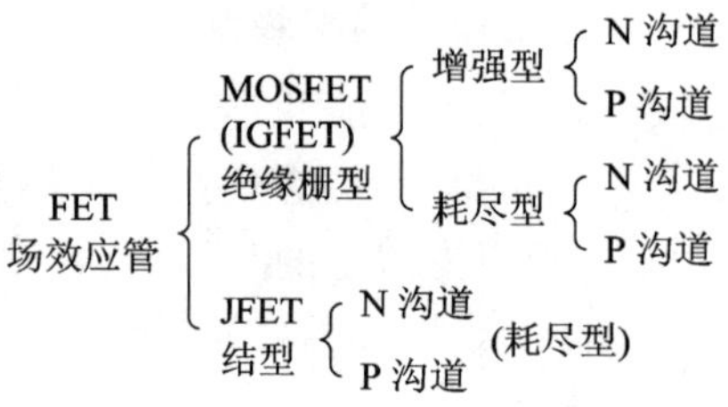

图 7.23 场效应管的分类

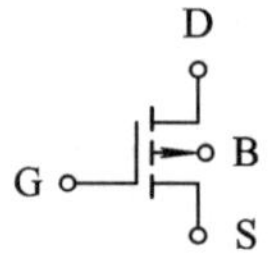

图 7.24 P 沟道增强型 MOS 管的符号

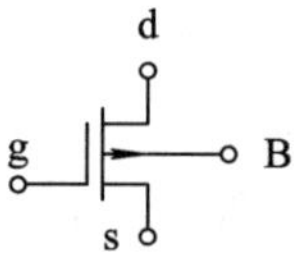

图 7.25 P 沟道耗尽型 MOS 管的符号

2. 晶闸管

晶体闸流管简称晶闸管，也称为可控硅整流元件(SCR)，是由三个 PN 结构成的一种大功率半导体器件。在性能上，晶闸管不仅具有单向导电性，而且还具有比硅整流元件更为可贵的可控性，它只有导通和关断两种状态。

晶闸管的优点很多，例如：以小功率控制大功率，功率放大倍数高达几十万倍；反应极快，在微秒级内开通、关断；无触点运行，无火花，无噪声；效率高，成本低等。因此，晶闸管在整流电路、静态旁路开关、无触点输出开关等电路中，特别是在大功率 UPS 供电系统中得到了广泛的应用。

晶闸管的实物图及图形符号如图 7.26 所示。

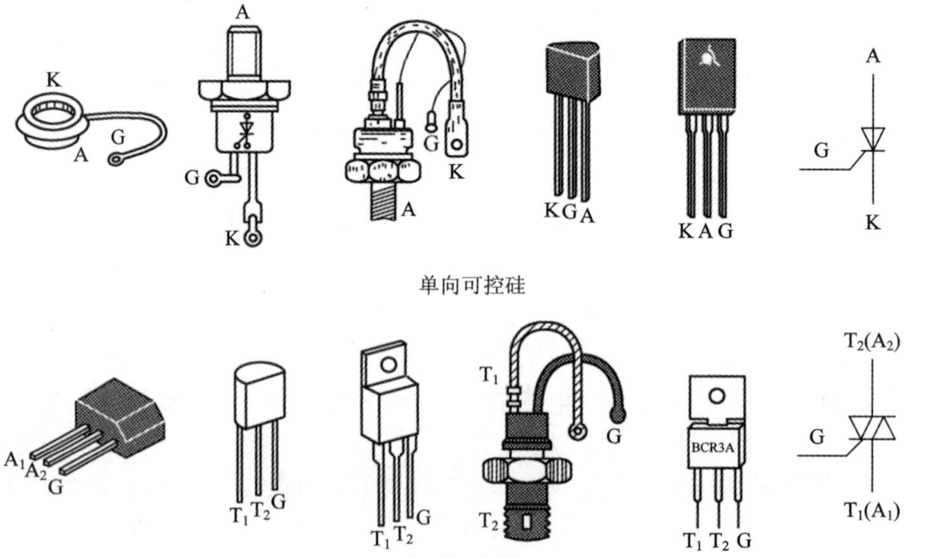

图 7.26 常见晶闸管的实物图及图形符号

晶闸管也有三个电极；阳极 A、阴极 K 及门极 G。它的主要特点是：

(1) 阳极、阴极间加反向电压时不导通；

(2) 阳极、阴极间只加正向电压时也不导通；

(3) 阳极、阴极间加正向电压，同时门极也加上控制电压时，阳极、阴极之间导通，且导通之后门极失去控制作用，也就是说即使去掉门极电压，它仍然导通。

(4) 要使导通了的晶闸管截止，必须在阳极与阴极之间加上反向电压，或使电路中的电流降低到一定电流之下。

本 章 小 结

通过本章的学习，可以回答教学情境八中提出的问题，这也是本章的重点内容。

(1) 主要知识及相互联系，如图 7.27 所示。

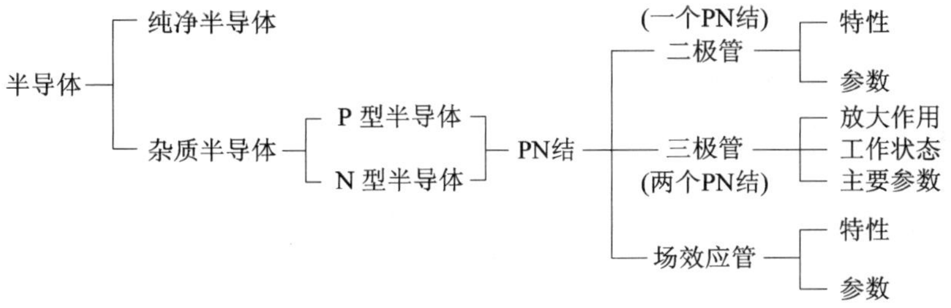

图 7.27 本章主要知识及相互联系

(2) 电子电路中常用的半导体器件有二极管、三极管、场效应管和晶闸管等。制造这些器件的材料多为硅和锗。

半导体是导电能力介于导体和绝缘体之间的物质，它内部参与导电的载流子是电子和空穴。杂质半导体分为两种：P 型半导体，其多数载流子是空穴；N 型半导体，其多数载流子是自由电子。

将 P 型半导体和 N 型半导体结合在一起时，两者的交界面形成一个 PN 结，它是制造各种半导体器件的基础。PN 结具有单向导电性：加正向电压(P 电位高 N 电位低)时导通，加反向电压时截止。

(3) 二极管是由一个 PN 结封装起来引出金属电极而制成的，其主要特点是具有单向导电性。稳压管是利用二极管的反向击穿特性制成的，通常工作在反向击穿区，只要不超过它的最大耗散功率和最大工作电流，管子是不会损坏的。但是普通二极管不允许工作在反向击穿区。发光二极管(LED)加反向电压截止，加上适当的正向电压后导通并发光。

(4) 三极管是由三层不同性质的半导体组合而成的，有 NPN 型和 PNP 型两种类型，其特点是具有电流放大作用，即 $I_C=\beta I_B$。

三极管实现放大作用的条件是：发射结正偏、集电结反偏。

三极管有三个工作区域：放大区、饱和区、截止区。在放大区，三极管的基极电流与集电极电流之间成线性关系；在饱和区和截止区，三极管具有开关特性。

(5) 场效应管是一种电压控制器件，它是利用栅源电压来控制漏极电流的。场效应管分为结型和绝缘栅型两大类，后者又称为 MOS 管。

(6) 晶闸管也称为可控硅整流元件(SCR)，是由三个PN结构成的一种大功率半导体器件。晶闸管不仅具有单向导电性，而且还具有可控性，它只有导通和关断两种状态。

习 题 七

一、填空题

1. 导体中的两种基本载流子是电子和______；P型半导体中多数载流子是______；N型半导体中多数载流子是______。

2. 半导体二极管的基本特性是______。

3. PN结的基本特性是______。

4. PN结在正向电压下呈现________，在反向电压下呈现______。

5. 按导电能力分，物质可分为导体、绝缘体和______。

6. PN结加正向电压指P型半导体接电源______极，N型半导体接电源______极。

7. PN结加反向电压指P型半导体接电源______极，N型半导体接电源______极。

8. 稳压二极管正常工作时，应加电压为______。

9. 半导体三极管是______放大器件。

10. 半导体三极管放大时，发射结须______，集电结须______。

11. 表示二极管的符号是：______；表示NPN型三极管的符号是：______。

12. 光电二极管是将______信号转成______信号的常用器件。

13. 晶体三极管三个电极分别是______、______、______。

14. 按材料分，晶体三极管可分为______和______。

15. 放大电路中，硅管发射结工作电压是______；锗管发射结工作电压是______。

16. 根据频率不同，晶体三极管可分为______管和______管。

17. 根据功率不同，晶体三极管可分为______管和______管。

二、选择题

1. 导电能力受温度影响大的物质是(　　)。

A) 导体　　B) 半导体　　C) 绝缘体

2. 导电能力受光照影响大的物质是(　　)。

A) 导体　　B) 半导体　　C) 绝缘体

3. 导电能力受掺杂浓度影响大的物质是(　　)。

A) 导体　　B) 半导体　　C) 绝缘体

4. 下列关于半导体材料的说法中，正确的是(　　)。

A) P型半导体中由于多数载流子为空穴，所以它带正电

B) P型半导体中由于多数载流子为自由电子，所以它带负电

C) N型半导体中由于多数载流子为空穴，所以它带正电

D) N型半导体中由于多数载流子为自由电子，所以它带负电

E) P型和N型半导体材料本身都不带电

5. 下列关于PN结的说法中，错误的是(　　)。

A) P型半导体主要是空穴导电

B) N 型半导体主要是自由电子导电

C) P 型半导体负离子导电

D) N 型半导体离子不导电

6. 下列关于 PN 结的单向导电性的说法中，错误的是(　　)。

A) 将 PN 结的 P 区接较高电位(比如电源的正极)，N 区接较低电位(比如电源的负极)，称为给 PN 结加正向偏置电压，简称正偏

B) 将 PN 结的 P 区接较低电位(比如电源的负极)，N 区接较高电位(比如电源的正极)，称为给 PN 结加反向偏置电压，简称反偏

C) PN 结加正向偏置电压时，PN 结导通

D) PN 结加反向偏置电压时，PN 结短路

7. PN 结加正偏电压呈现(　　)。

A) 高阻性　　B) 低阻性　　C) 电容性

8. PN 结加反偏电压呈现(　　)。

A) 高阻性　　B) 低阻性　　C) 电容性

9. 阴极电位(　　)阳极电位，二极管导通。

A) 高于　　B) 低于　　C) 等于

10. 阴极电位(　　)阳极电位，二极管截止。

A) 高于　　B) 低于　　C) 等于

11. LED 是指(　　)。

A) 整流二极管　B) 稳压二极管　C) 发光二极管　D) 光敏二极管

12. 关于二极管的两极的说法中，错误的是(　　)。

A) 叫作正负极　　B) 又叫作阳极阴极

C) 有标识的一边为负极　　D) 用万用表测量两极，电阻总是很大

13. 整流采用的器件是(　　)。

A) 二极管　　B) 三极管　　C) 场效应管

14. 在同一测试条件下，测得三个同型号二极管的参数如表 7.3 所示，其中性能最好的一个二极管是(　　)。

表 7.3　题 14 参数表

序号	正向电流（正向电压相同）	反向电流（反向电压相同）	反向击穿电压
A	100 mA	8 μA	200 V
B	100 mA	2 μA	200 V
C	100 mA	6 μA	200 V

A) A 管　　B) B 管　　C) C 管

15. 利用二极管反向特性的是下列中的(　　)。

A) 整流二极管　B) 稳压二极管　C) 发光二极管　D) 光敏二极管

16. 下列关于稳压二极管的说法中，错误的是(　　)。

A）利用二极管的正向导通特性

B）稳压二极管简称稳压管

C）一种用特殊工艺制造的面结型硅半导体二极管，可以稳定地工作于击穿区而不损坏

D）主要参数为稳定电压U_z

17. 下列关于发光二极管的说法中，错误的是（　　）。

A）也具有单向导电性

B）当外加反偏电压时，二极管截止，不发光

C）只要加正偏电压，就因流过正向电流而发光

D）发光二极管与指示灯相比，具有体积小、工作电压低、工作电流小、发光均匀稳定、响应速度快和寿命长等优点

18. 下列关于三极管的分类的说法中，错误的是（　　）。

A）按照结构的不同，三极管可分为两种类型：NPN管和PNP管

B）按照频率分，有中频管和低频管

C）按照半导体材料的不同，可分为硅管和锗管

D）按功率分，有小功率管、中功率管和大功率管

19. 三极管工作在（　　）时，$I_C<\beta I_B$。

A）饱和区　　B）放大区　　C）截止区

20. 三极管工作在（　　）时，$I_C=\beta I_B$。

A）饱和区　　B）放大区　　C）截止区

21. 三极管工作在（　　）时，$I_C=0$。

A）饱和区　　B）放大区　　C）截止区

22. 下列不是三极管的三个电极的是（　　）。

A）基极　　B）发射极　　C）阳极　　D）集电极

23. 三极管有（　　）个PN结。

A）1　　B）2　　C）3　　D）4

24. 三极管是（　　）放大器件。

A）电压　　B）电流　　C）功率

25. 下列三极管工作在放大状态时具有的特点中，错误的是（　　）。

A）三极管的发射结正向偏置，集电结反向偏置

B）基极电流I_B的微小变化会引起集电极电流I_C的较大变化，有电流关系式：$I_C=\beta I_B$

C）对于PNP型三极管，有电位关系：$U_C>U_B>U_E$

D）对于NPN型三极管，有电位关系：$U_C>U_B>U_E$

26. 晶体三极管正常工作时，不会处于的区域是（　　）。

A）放大区　　B）截止区　　C）击穿区　　D）饱和区

27. 在放大电路中，若测得某管的三个极的电位分别为−2.5 V、−3.2 V、−9 V，这个三极管的类型是（　　）。

A）PNP型Ge管　　B）PNP型Si管

C）NPN型Ge管　　D）NPN型Si管

28. 在放大电路中，若测得某管的三个极的电位分别为−2.5 V、−3.2 V、−9 V，则

分别对应管子的三个极是(　　)。

A) e 、c、b　　B) e、b、c　　C) b、c、e　　D) c、b、e

29. 当三极管的两个PN结都正偏时，则三极管处于(　　)。

A) 截止状态　　B) 饱和状态　　C) 放大状态　　D) 反向放大

30. 某三极管接在电路中，今测它的三个管脚的电位分别为6.7 V、9 V、6 V，则电位为6 V的管脚是(　　)。

A) 基极　　B) 发射极　　C) 集电极

31. 下列关于三极管的使用中，错误的说法是(　　)。

A) 三极管作为开关使用时，通常工作在截止和饱和导通状态

B) 作为放大元件使用时，则工作在放大状态

C) 在数字电路中，三极管一般处于开关状态

D) 在功率放大电路中三极管总处于放大状态

32. 下列不是三极管的主要参数的是(　　)。

A) 电流放大系数　　B) 反向电流

C) 最大整流电流　　D) 集电极最大电流

33. 放大电路中，温度升高，I_{CBO}会(　　)。

A) 减小　　B) 不变　　C) 增大

34. 下列不属于场效应管特性的是(　　)。

A) 三极管是利用基极电流来控制集电极电流的，是电流控制器件

B) 场效应管是一种电压控制器件

C) 它只用信号源电压的电场效应来控制管子的输出电流，输入电流几乎为零

D) 场效应管受温度和辐射的影响比较大，又便于集成化

35. 下列关于晶闸管的主要特点中，错误的是(　　)。

A) 晶闸管也有三个电极；阳极A、阴极K及门极G

B) 阳极、阴极间加反向电压时不导通

C) 阳极、阴极间只加正向电压时也不导通

D) 要使导通了的晶闸管截止，只要去掉门极电压即可

三、计算分析题

1. 二极管电路如图7.28所示，判断图中的二极管是导通还是截止，并求U_{AO}。设二极管是理想的。

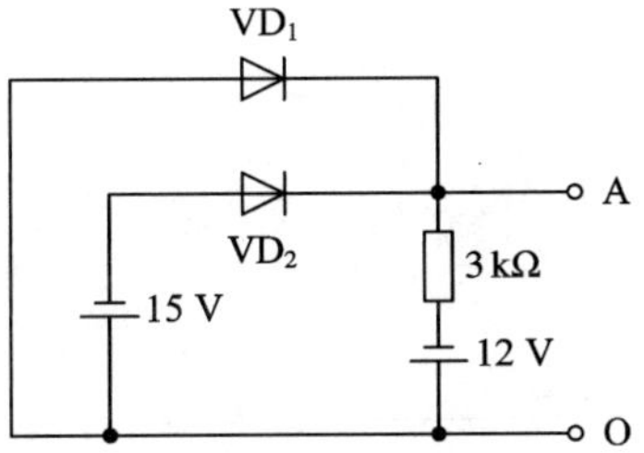

图7.28　题1电路图

2. 测得某放大电路中三极管的三个电极A、B、C的对地电位分别为$U_A=-9$ V，

$U_B=-6$ V，$U_C=-6.2$ V，试分析 A、B、C 中哪个是基极、哪个是发射极、哪个是集电极，并说明此三极管是锗管还是硅管，是 PNP 型还是 NPN 型。

3. 某放大电路中三极管的三个电极 A、B、C 的电流如图 7.29 所示，$I_A=-2$ mA，$I_B=-0.04$ mA，$I_C=+2.04$ mA，试分析 A、B、C 中哪个是基极、哪个是发射极、哪个是集电极，并说明此三极管是 PNP 型还是 NPN 型，β 是多少。

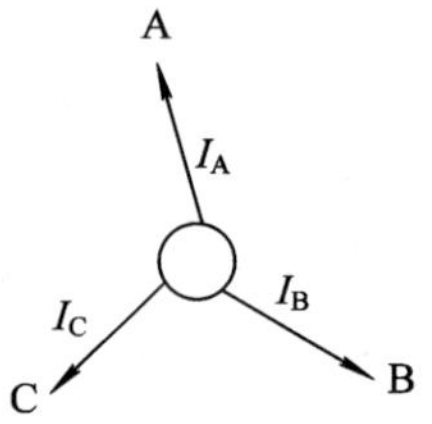

图 7.29 题 3 电路图

4. 有两个三极管，其中一个管子的 β 是 150，$I_{CEO}=200$ μA，另一个管子的 β 是 50，$I_{CEO}=10$ μA，其他参数一样，应选择哪个管子？为什么？

5. 某三极管的极限参数 $I_{CM}=100$ mA，$P_{CM}=150$ mW，$U_{CEO}=30$ V，若它的工作电压 $U_{CE}=10$ V，则工作电流 I_C 不得超过多大？若它的工作电流 $I_C=1$ mA，则其工作电压极限值为多少？

6. 测量某硅三极管各电极对地的电压值为 $U_C=6$ V，$U_B=0.7$ V，$U_E=0$ V，试分析判断它工作在什么区域，是 NPN 还是 PNP，是 Si 管还是 Gc 管。

7. 测量某硅三极管各电极对地的电压值为 $U_C=6$ V，$U_B=4$ V，$U_E=4.1$ V，试分析判断它工作在什么区域。

第八章　晶体管放大电路

学习引导(课堂学时：14 学时)

学习目标	掌握基本放大电路图及静态工作点的计算方法、放大倍数等公式并运用之；掌握负反馈的概念及对放大电路性能的主要影响；掌握运算放大器的特点及比例、加法等放大电路的分析方法；掌握功率放大电路的主要特点。 能画出基本放大电路图并说明各元件的作用；能正确连接放大电路并检测其工作状态。 养成在学习过程中将理论知识与实际电路及实物相联系的学习习惯；养成估算工程问题的习惯
重点	1. 基本放大电路 2. 静态工作点的意义及计算方法 3. 负反馈对放大器性能的影响 4. 运算放大电路的计算方法
难点	看懂放大电路图等复杂的电路图；记忆公式；估算静态工作点
预备知识	三极管的知识及放大器的基本模型
学习方法	通过实验及与实际相联系建立放大电路的基本概念；重点把握基本放大电路，对其他电路只是重在训练看电路图；重点学习静态工作点的分析与计算方法；理解负反馈的概念并掌握其作用；把握功率放大与电压放大的区别及其特点

教学情境九　放大电路放大电压信号实验

情境描述：

按图 8.1 搭接电路。检查无误后接通电源。

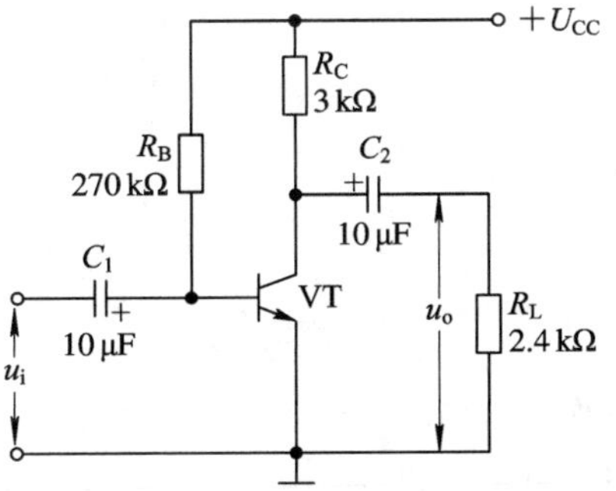

图 8.1　基本放大电路实验电路

在输入 u_i 处加入一个 1 kHz、10 mV 的正弦小信号，用示波器观察输出 u_o 处的波形。

用毫伏表测量此时的u_o值，并用双踪示波器观察u_o和u_i的相位关系，记入表8.1中。

表8.1 输入、输出电压关系表

u_i/mV	u_o/mV	观察并记录u_o和u_i的波形

情境分析：从上面的实验可以看出，通过这一放大电路后，输出信号u_o比输入信号u_i大了很多倍。那么，信号是怎样被放大的？放大电路有什么特性？电路参数如何设定？放大信号还有哪些方法与具体电路？这就是本章要研究的晶体管放大电路。

8.1 基本放大电路

8.1.1 电路组成分析

1. 放大电路的模型及基本概念

任何放大电路都可等效成如图8.2所示的模型，并由此给出四种放大倍数的定义：

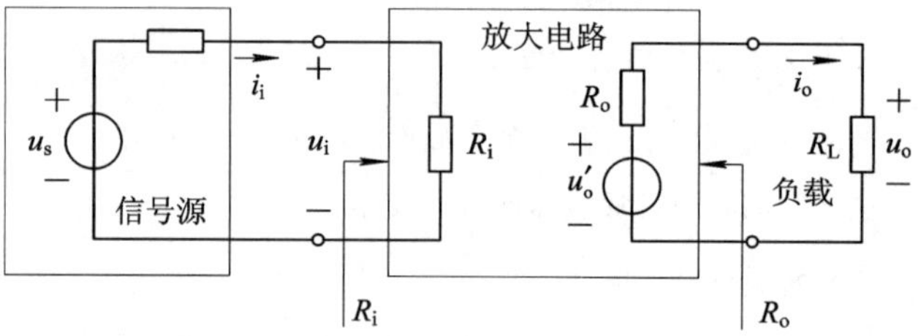

图8.2 放大电路模型图

(1) 电压放大倍数定义为

$$A_u = \frac{u_o}{u_i} \tag{8.1}$$

(2) 电流放大倍数定义为

$$A_i = \frac{i_o}{i_i} \tag{8.2}$$

(3) 互阻增益定义为

$$A_r = \frac{u_o}{i_i} \tag{8.3}$$

(4) 互导增益定义为

$$A_g = \frac{i_o}{u_i} \tag{8.4}$$

在本教材中主要讨论电压放大倍数A_u。

另外还可引入输入电阻及输出电阻的概念。

输入电阻R_i——从放大电路输入端看进去的等效电阻。对于输入电压来说，R_i越大越好。因为：

(1) R_i越大，i_i就越小，从信号源索取的电流越小。

（2）当信号源有内阻时，R_i越大，u_i就越接近 u_s。

输出电阻 R_o——从放大电路输出端看进去的等效电阻。对于放大电路的输出电压来讲，输出电阻表明放大电路带负载的能力，R_o 越小，放大电路带负载的能力越强，反之则越弱。因为在输出电路中，R_o 与 R_L是分压关系。R_o 越小，则负载上得到的电压越大，即放大器有更多的电压输出，而不是损耗在输出电阻 R_o 上。

2. 电路的组成

图 8.3 中，R_B、U_{BB}是用来给三极管的 b、e 之间提供一个正偏电压的。如果没有 R_B、U_{BB}支路，放大电路将没办法放大输入信号 u_i。因为 u_i的幅值通常很小，比如天线接收的电台信号往往只有 200 μV 左右，这么小的幅值是不可能使三极管的 b、e 之间导通的，故采用 R_B、U_{BB}给三极管的 b、e 之间提供一个预偏置电压 U_{BE}，并且保证 $u_{BE}=U_{BE}+u_i$的值大于三极管的死区电压值，这样三极管就可以始终处于工作状态了。

图 8.3 中，R_C、U_{CC}是用来给三极管的 b、c 之间提供一个反偏电压的，这样才能保证发射区发送到基区的电子被可靠地吸引到集电区，形成集电极电流。

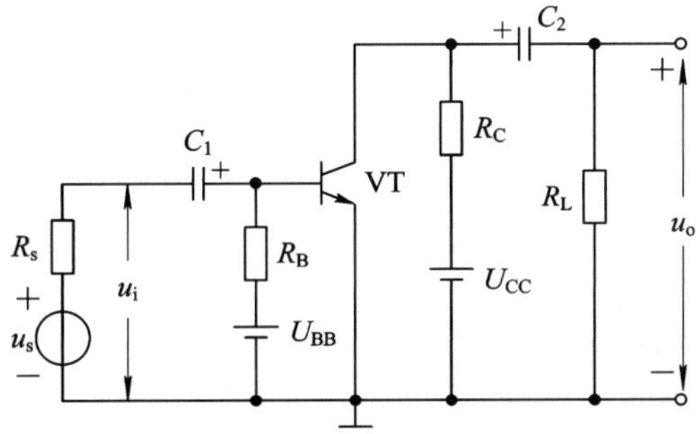

图 8.3　b、c 独立供电放大电路

8.1.2　电路中各元件的作用

为了使电路清晰简单，U_{BB}、U_{CC}可以用一个电源来代替，电路如图 8.4(a)所示。通过调整电阻 R_C、R_B 来控制三极管三个管脚的电位，使之满足 $U_C>U_B>U_E$ 的条件。所以可以将图 8.3 改画为图 8.4(b)。图 8.4(b)是以后常用的基本放大电路。

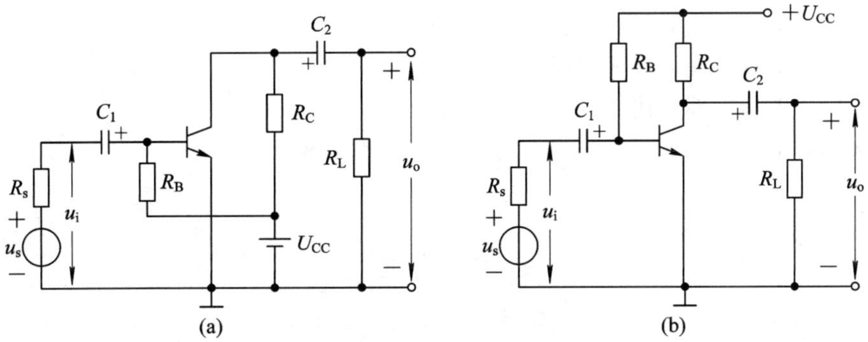

图 8.4　基本共射极放大电路

(a) 用一个电源代替两个电源；(b) 用电位的方式表示 U_{CC}

（1）三极管是该电路的核心放大器件，起到放大电流的作用。

（2）R_B 的作用是给三极管的 b、e 之间提供一个合适的预偏置电压 U_{BE}，使输入信号 u_i 可以得到无失真的放大。

（3）电源 U_{CC} 通过电阻 R_C 给三极管集电极提供一个合适的偏置电压，保证 $U_C > U_B$，并且给整个电路提供能量；同时，电阻 R_C 还起到将电流的放大转化为电压的放大的作用。

（4）电容 C_1、C_2 称为耦合电容，起到隔直流、通交流的作用，使该电路中的直流参量部分不影响到外电路，而外电路的待放大信号(交流信号)能通过电容，进入到电路中进行放大。

8.1.3 基本共射极放大电路工作流程

输入信号加到放大电路的输入端后，是如何被放大的呢？

首先，信号 u_i 经过电容 C_1 隔直，到达三极管的基极，之后与 U_{CC} 提供的直流电压 U_{BE} 相叠加，变成电压 u_{BE}（$u_{BE} = U_{BE} + u_i$）；u_{BE} 产生电流 i_B（见输入特性曲线），i_B 经三极管放大为电流 i_C，i_C 再由直流负载 R_C 转换为电压 u_{CE}，u_{CE} 经过电容 C_2 隔直后，成为电压 u_o 输出，其流程如下所示：

$$u_i \to u_{BE} \to i_B \to i_C \to u_{CE} \to u_o$$

电路中各电极电流和电压除了有直流成分外，还有交流成分。当 u_i 为正弦波时，各电极电流及电压波形如图 8.5 所示。

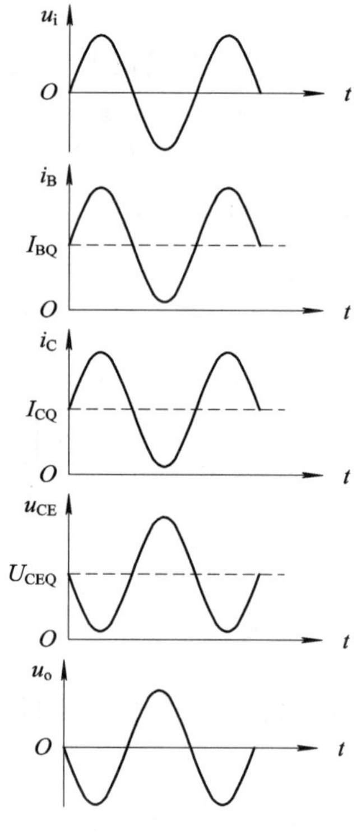

图 8.5 各电极电流和电压波形

8.1.4 放大电路中电流、电压符号使用规定

任何放大电路都是由两大部分组成的：一是直流偏置电路，二是交流信号通路。因此，放大电路中电流、电压有交直流之分。为了清楚地表示这些电量，做出如下规定。

字母大写，下标大写，代表该参数为纯直流量；

字母小写，下标小写，代表该参数为纯交流量；

字母小写，下标大写，代表该参数为交直流量；

字母大写，下标小写，代表该参数为交流量的有效值。

例如：

$$i_B = I_B + i_b = I_B + I_{bm} \sin\omega t$$

$$u_{BE} = U_{BE} + u_{be} = U_{BE} + U_{bem} \sin\omega t$$

$$i_C = I_C + i_c = I_C + I_{cm} \sin\omega t$$

$$u_{CE} = U_{CE} + u_{ce} = U_{CE} + U_{cem} \sin\omega t$$

8.1.5　基本放大电路的分析

对于放大电路的分析，可以分为“静态”和“动态”两种情况来讨论。所谓静态，是指放大电路没有信号输入时的情况，动态则是指放大电路有信号输入时的情况。静态分析是要确定放大电路的静态值(直流值)U_{BE}、I_B、U_{CE}、I_C，放大电路的质量与其静态值的关系很大；动态分析是要确定放大电路的电压放大倍数 A_u、输入电阻 R_i、输出电阻 R_o 等。

1. 用放大电路的直流通路确定静态工作点

静态值既然是直流值，便可以用放大电路的直流通路来分析计算。图 8.6 为图 8.4(b)的直流通路。画直流通路时，电容 C_1、C_2 可视作开路。

由图 8.6 可得出静态时的基极电流为

$$I_B = \frac{U_{CC} - U_{BE}}{R_B} \tag{8.5}$$

由三极管放大特性可知

$$I_C \approx \beta I_B \tag{8.6}$$

输出端有

$$U_{CE} = U_{CC} - I_C R_C \tag{8.7}$$

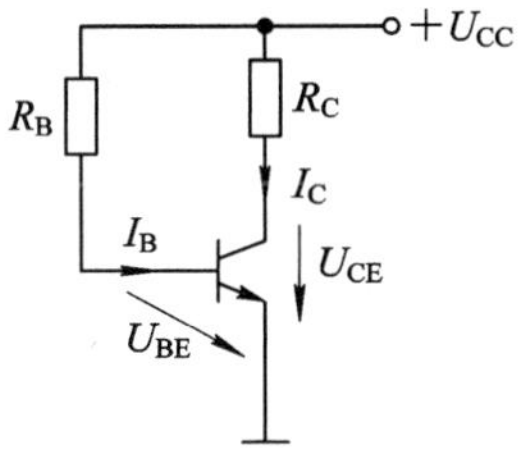

图 8.6　图 8.4(b)的直流通路

例 8.1　在图 8.4 中，已知 $U_{CC}=12$ V，$R_C=3$ kΩ，$R_B=280$ kΩ，$R_L=3$ kΩ，三极管的 $\beta=50$，求静态工作点。

解：

$$I_B = \frac{U_{CC} - U_{BE}}{R_B} = \frac{12 - 0.7}{280 \times 10^3} = 0.04\ \text{mA} = 40\ \mu\text{A}$$

$$I_C \approx \beta I_B = 50 \times 0.04 = 2\ \text{mA}$$

$$U_{CE} = U_{CC} - I_C R_C = 12 - 2 \times 3 = 6\ \text{V}$$

2. 放大电路的性能指标

放大电路的性能是通过性能指标描述的。放大电路的性能指标有许多，这里只介绍基本的性能指标。

(1) 放大倍数。放大倍数是衡量放大电路放大能力的指标。

这里主要讨论电压放大倍数：

$$A_u = \frac{u_o}{u_i}$$

(2) 输入电阻。输入电阻是指从放大电路输入端看进去的等效电阻，它反映了放大电路对信号源的影响程度。

进行电压放大时，输入电阻要大，因为由电压放大电路的基本模型图 8.2 可见，输入电阻越大，信号源的电压信号耦合进放大电路的就越大。

(3) 输出电阻。输出电阻是指从放大电路输出端看进去的等效电阻，它反映了放大电路带负载能力的大小。

进行电压放大时，输出电阻要小，因为由电压放大电路的基本模型可见，输出电阻越小，就有更多的放大了的信号电压送到负载上，放大器的带负载能力就越强。

3. 基本放大电路的动态分析

(1) 三极管的输入电阻：

$$r_{be} = 300\ \Omega + (1+\beta)26\ \text{mV}/I_E\ \text{mA} \tag{8.8}$$

式中，I_E为发射极静态电流，已在静态分析中求出；r_{be}是三极管的微变等效电路中从基极b及发射极e看过去的等效输入电阻。这里略去三极管的微变等效电路(可参考书后所附的参考文献)。

(2) 放大电路的电压放大倍数：

$$A_u = \frac{u_o}{u_i} = -\beta\frac{R_C\ /\!/\ R_L}{r_{be}} \tag{8.9}$$

A_u为负值，所以此式中的负号不能少，它表明输出信号 u_o 与输入信号 u_i反相。

(3) 放大电路的输入电阻 R_i：

$$R_i = \frac{u_i}{i_i} = R_B\ /\!/\ r_{be} \approx r_{be} \tag{8.10}$$

(4) 放大电路的输出电阻 R_o：

$$R_o = R_C \tag{8.11}$$

8.1.6 放大电路的失真

各种原因都可能造成放大电路中信号的失真，如工作点不合适可引起失真。

工作点不合适引起的失真有两种：截止失真和饱和失真。

(1) 截止失真：由于静态工作点设置过低所产生的失真，如图 8.7 所示。

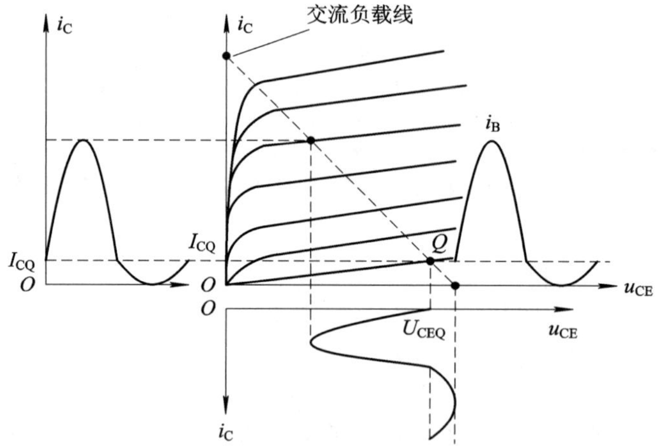

图 8.7 截止失真

由 NPN 管构成的放大电路的截止失真波形特点：顶部失真。消除方法：减小 R_B，增大 I_B，提高 Q 点。

由 PNP 管构成的放大电路出现截止失真时是底部失真。

(2) 饱和失真：由于静态工作点设置过高所产生的失真，如图 8.8 所示。

由 NPN 管构成的放大电路的饱和失真波形特点：底部失真。消除方法：增大 R_B，减小 I_{BQ}，降低 Q 点。

由 PNP 管构成的放大电路出现饱和失真时是顶部失真。

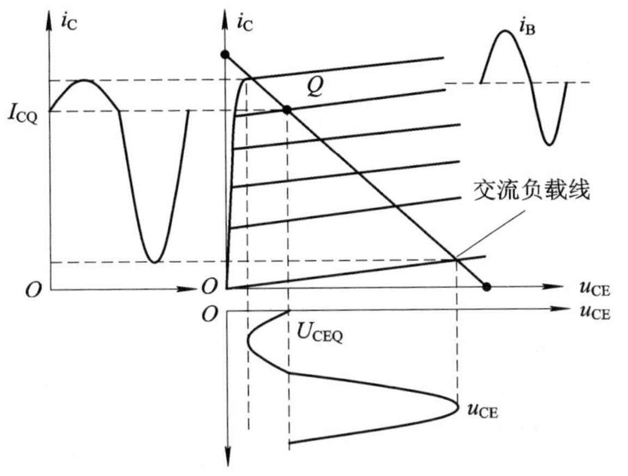

图 8.8　饱和失真

(3) 最大不失真输出电压。如果被放大的输入信号过大，也会造成输出信号失真，其表现往往是顶部和底部都被消除掉。

最大不失真输出电压即输出不产生失真时，电路所能输出的最大电压。

最大不失真输出电压受截止失真和饱和失真的限制，可用图解法确定，如图 8.9 所示。

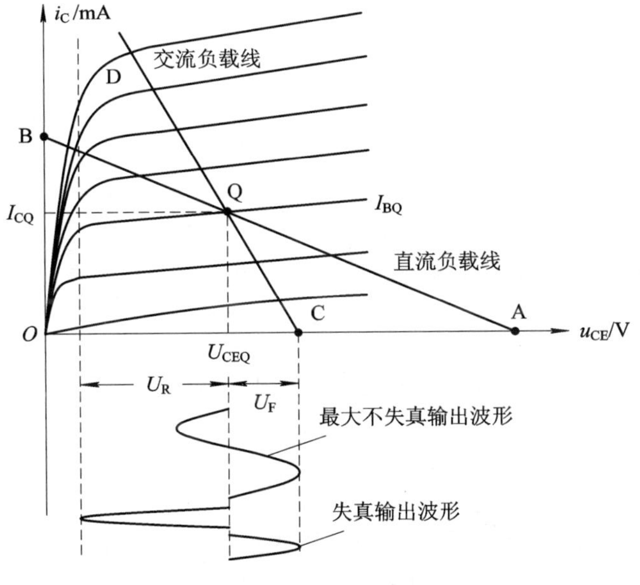

图 8.9　最大不失真输出电压

例 8.2　试说明图 8.10 中各电路对交流信号能否放大。

解：(1) 在图 8.10(a)中，$R_C=0$。从交流通路可以看出，输出端被短路，输出电压 $U_o=0$，故电路无放大作用。

(2) 在图 8.10(b)中，$R_{B1}=0$，从交流通路可以看出，输入端被短路，信号不能送入，$U_{be}=0$，故电路无放大作用。

(3) 在图 8.10(c)中，电路有放大作用。

(4) 在图 8.10(d)中，无偏流，故电路无放大作用。

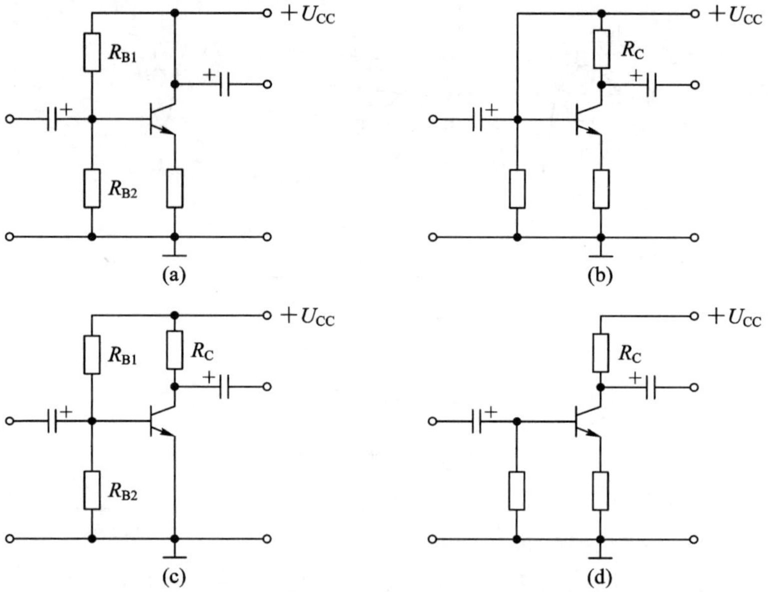

图 8.10 例 8.2 电路图

例 8.3 共射放大电路如图 8.1 所示。设：$U_{CC}=12$ V，$R_B=300$ kΩ，$R_C=3$ kΩ，$R_L=3$ kΩ，BJT 的 $\beta=50$。

(1) 试求电路的静态工作点 Q。

(2) 估算电路的电压放大倍数、输入电阻 R_i 和输出电阻 R_o。

解：

$$I_B \approx \frac{U_{CC}}{R_B} = \frac{12}{300\ \text{k}} = 40\ \mu\text{A}$$

$$I_C = \beta I_B = 50 \times 40 \times 10^{-6} = 2\ \text{mA}$$

$$U_{CE} = U_{CC} - I_C R_C = 12\ \text{V} - 2 \times 10^{-3} \times 3\ \text{k} = 6\ \text{V}$$

$$r_{be} = 300 + (1+\beta)\frac{26 \times 10^{-3}}{I_E \times 10^{-3}} = 300 + 51\,\frac{26 \times 10^{-3}}{2 \times 10^{-3}} = 963\ \Omega$$

$$A_u = \frac{-\beta R_L'}{r_{be}} = \frac{-50 \times 3\ \text{k} \,/\!/\, 3\ \text{k}}{0.963\ \text{k}} = -78$$

$$R_i = r_{be} \,/\!/\, R_B \approx r_{be} = 963\ \Omega$$

$$R_o = R_C = 3\ \text{k}\Omega$$

8.2 负反馈放大电路

基本放大电路只是解决了将“小信号”放大成“大信号”的问题，但放大电路的性能并不完美。改进型放大电路是用来对放大电路的各种性能进行改进的，它可使放大电路的放大性能变得更加完美。

对放大电路的各种性能进行改进，是由反馈技术来实现的。反馈技术在电子技术中得到了广泛的应用，凡是在精度、稳定度等方面要求比较高的电路，基本上都包含着某种形式的反馈。

8.2.1 负反馈的基本概念

1. 反馈放大电路的组成

含有反馈网络的放大电路称为反馈放大电路，其组成如图 8.11 所示。图中，A 称为基本放大电路，F 表示反馈网络。反馈网络一般由线性元件组成。由图可见，反馈放大电路由基本放大电路和反馈网络构成一个闭环系统，因此又把它称为闭环放大电路，而把基本放大电路称为开环放大电路。x_i、x_f、x_{id}和 x_o分别表示输入信号、反馈信号、净输入信号和输出信号，它们可以是电压，也可以是电流。图中箭头表示信号的传输方向，由输入端到输出端称为正向传输，由输出端到输入端则称为反向传输。

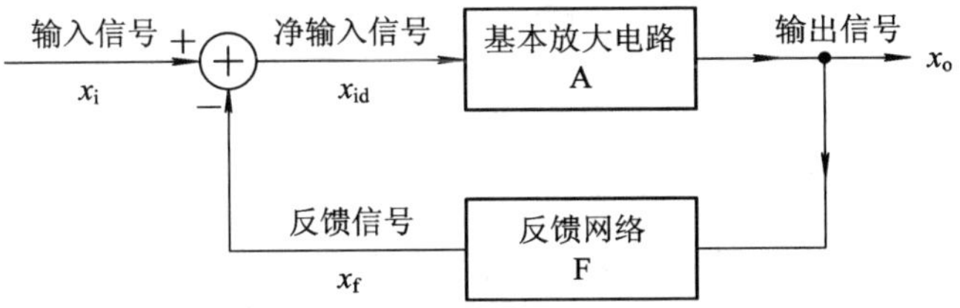

图 8.11 反馈放大电路的组成

2. 反馈放大电路的基本关系式

由图 8.11 可得，基本放大电路的放大倍数(也称开环增益)为

$$A = \frac{x_o}{x_{id}} \tag{8.12}$$

反馈网络的反馈系数为

$$F = \frac{x_f}{x_o} \tag{8.13}$$

反馈放大电路的放大倍数(也称闭环增益)用 A_f表示，A_f为

$$A_f = \frac{x_o}{x_i} \tag{8.14}$$

x_i、x_f和 x_{id}三者之间的关系为

$$x_{id} = x_i - x_f \tag{8.15}$$

将式(8.12)、式(8.13)和式(8.15)代入式(8.14)，可得

$$A_f = \frac{A}{1 + AF} \tag{8.16}$$

式(8.16)称为反馈放大电路的基本关系式，它表明了闭环放大倍数与开环放大倍数、反馈系数之间的关系。$1+AF$ 称为反馈深度。

3. 正反馈与负反馈

反馈有正、负之分。若放大电路中引入反馈后使净输入信号 x_{id}减小，即 x_{id}比 x_i小，则称其为负反馈。由式(8.12)和式(8.14)可知，此时增益 A_f小于 A，因此负反馈使放大电路增益减小；由式(8.16)可知，负反馈放大电路中反馈深度$(1+AF)>1$。若放大电路中引入反馈后使净输入信号 x_{id}增大，即 x_{id}比 x_i大，则称其为正反馈。正反馈使放大电路增益提高，即闭环增益 A_f 大于开环增益 A；此时反馈深度 $(1+AF)<1$。

正反馈虽能提高增益，但会使放大电路的工作稳定度、失真度、频率特性等性能显著变坏；负反馈虽然降低了放大电路的增益，但却使放大电路许多方面的性能得到改善。所以，实际放大电路中均采用负反馈，而正反馈主要用于振荡电路中。

4. 直流反馈与交流反馈

反馈还有直流反馈与交流反馈之分，电路如图 8.12 所示。若反馈信号只含有直流量，称为直流反馈；若反馈信号只含有交流量，则称为交流反馈。直流负反馈影响放大电路的直流性能，常用以稳定静态工作点；交流负反馈影响放大电路的交流性能，常用以改善放大电路的动态性能。交、直流负反馈的区别将在静态工作点的稳定电路中加以介绍，下面主要讨论交流负反馈放大电路的结构以及负反馈对放大电路性能的影响。

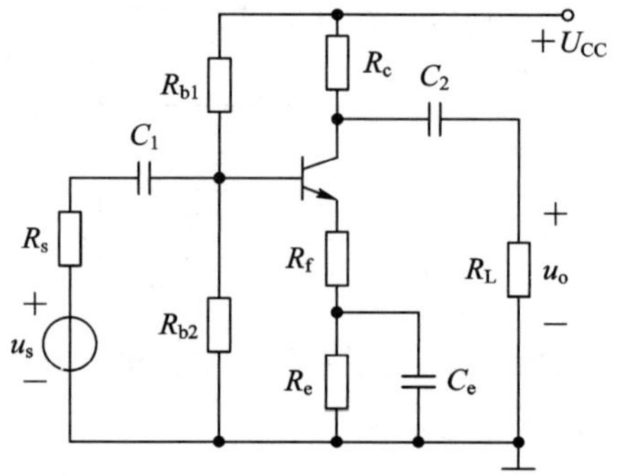

图 8.12 交、直流负反馈电路

8.2.2 负反馈放大电路类型及对电路性能的影响

反馈网络与基本放大电路在输入、输出端有不同的连接方式，根据输入端连接方式的不同分为串联反馈和并联反馈；根据输出端连接方式的不同分为电压反馈和电流反馈。

1. 负反馈放大电路的分类

1）电压负反馈与电流负反馈

按取样方式划分，反馈可分为电压负反馈和电流负反馈。

(1) 电压负反馈。在反馈电路中，若反馈信号与输出信号电压成正比(即反馈信号取自输出电压)，称为电压反馈，如图 8.13 所示。

(2) 电流负反馈。在反馈电路中，若反馈信号与输出信号电流成正比(即反馈信号取自输出电流)，称为电流反馈，如图 8.14 所示。

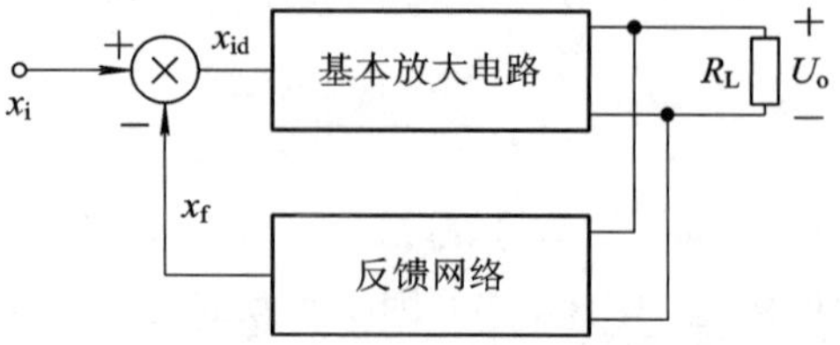

图 8.13 电压负反馈示意图

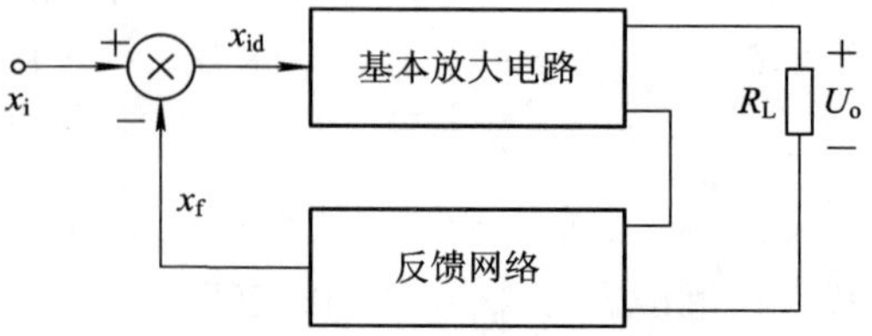

图 8.14 电流负反馈示意图

2) 串联反馈与并联反馈

按比较方式划分，反馈可分为串联反馈与并联反馈。

(1) 串联反馈。如果反馈信号与输入信号在输入回路中相串联而起作用，称为串联反馈，如图 8.15 所示。既然相串联，必然以电压的形式相比较。

(2) 并联反馈。如果反馈信号与输入信号在输入回路中相并联而起作用，称为并联反馈，如图 8.16 所示。既然相并联，必然以电流的形式相比较。

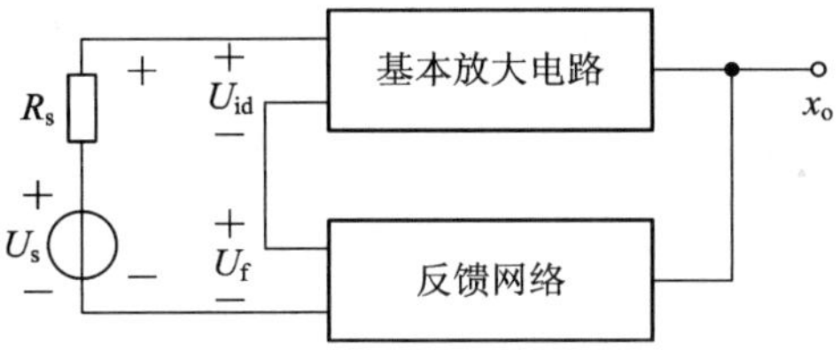

图 8.15　串联反馈示意图

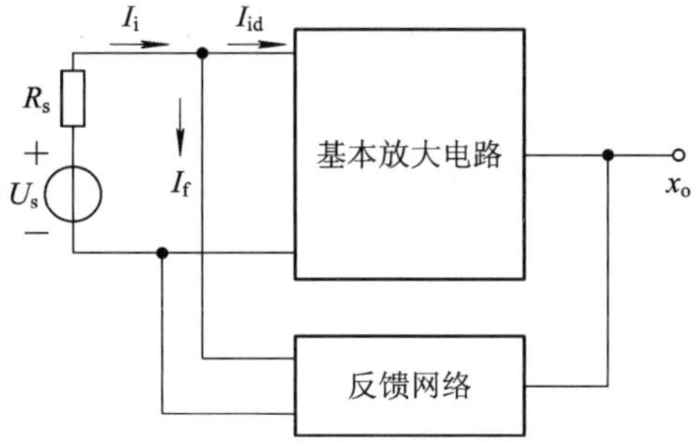

图 8.16　并联反馈示意图

3) 四种组态的负反馈电路

负反馈放大器根据输出端取样对象和输入端连接方式的不同，归纳为四种组态：电压串联负反馈、电压并联负反馈、电流串联负反馈和电流并联负反馈。

2. 负反馈对放大电路性能的影响

基本放大电路引入负反馈后，虽然使闭环放大倍数下降，却能使放大器的性能得到改善，例如提高放大倍数的稳定性、改变输入电阻和输出电阻、展宽通频带以及减小非线性失真和抑制干扰等。

1) 提高放大倍数的稳定性

由于环境温度变化、负载变动、电源波动以及其他干扰影响，放大电路的开环放大倍数是不稳定的。负反馈的引入使放大电路的输出电压或输出电流稳定，进而也就使放大倍数的稳定性得到提高。通常用相对变化量衡量放大倍数的稳定性。

对于任何一个负反馈放大器，其闭环放大倍数均为

$$A_f = \frac{A}{1+AF}$$

对 A 求导，得

$$\frac{dA_f}{dA} = \frac{1}{(1+AF)^2} \quad 或 \quad dA_f = \frac{dA}{(1+AF)^2}$$

将上式等号两边分别除以 A_f 等号两边，得

$$\frac{dA_f}{A_f} = \frac{1}{1+AF} \cdot \frac{dA}{A} \tag{8.17}$$

式(8.17)表明，闭环放大倍数 A_f 的相对变化量 dA_f/A_f 仅仅是开环放大倍数 A 的相对变化量 dA/A 的 $1/(1+AF)$。或者说，引入负反馈后，虽然放大倍数下降为 $A/(1+AF)$，但其稳定性提高了 $(1+AF)$ 倍。例如，当 $(1+AF)=100$，$dA/A=1\%$ 时，$dA_f/A_f=$

0.01%。

2）改变输入电阻和输出电阻

在放大电路中引入不同方式的负反馈，将对输入电阻和输出电阻产生不同的影响。

(1) 引入串联负反馈，增大输入电阻。引入串联负反馈后，放大电路的输入电阻将增大到原来的$(1+AF)$倍。

(2) 引入并联负反馈，减小输入电阻。引入并联负反馈后，放大电路的输入电阻将减小为原来的$1/(1+AF)$。

注意：负反馈对输入电阻的影响只取决于输入端的连接方式，而与输出端的采样方式无关。

(3) 引入电压负反馈，减小输出电阻。引入电压负反馈后，放大电路的输出电阻将减少为原来的$1/(1+AF)$。

(4) 引入电流负反馈，增大输出电阻。引入电流负反馈后，放大电路的输出电阻将增大到原来的$(1+AF)$倍。

注意：负反馈对输出电阻的影响只取决于输出端的采样方式，而与输入端的连接方式无关。

综上所述，引入负反馈后，改变了放大电路的输入电阻和输出电阻。具体使用时，可以根据实际情况选择合适的反馈形式。

3）展宽通频带

通常放大器的频率特性不管在低频段还是高频段，放大倍数都会下降。其上、下限频率之差定义为通频带$BW=f_H-f_L$。引入负反馈后，可以使放大器的闭环通频带比开环时宽$(1+AF)$倍（如图8.17所示），即

$$BW_f=(1+AF)BW \tag{8.18}$$

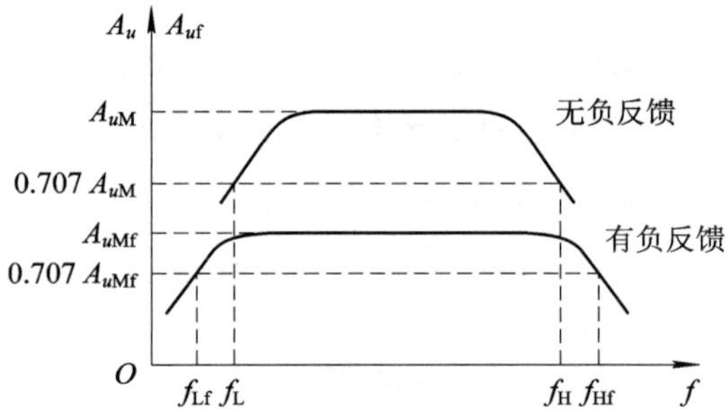

图8.17 负反馈展宽放大器通频带

4）减小非线性失真和抑制干扰

由于放大电路中三极管伏安特性的非线性和集成放大器电压传输特性的非线性，在输入信号较大时，输出端波形会产生失真。可以用图8.18来定性说明负反馈减小非线性失真的情况。

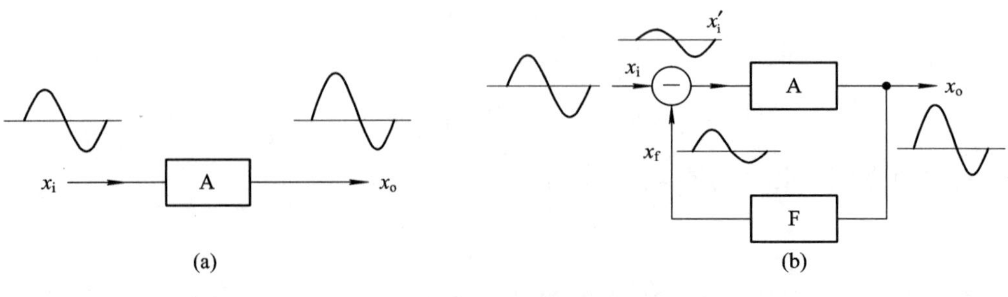

图8.18 负反馈减小非线性失真

开环情况下，输出正、负半周不对称。负反馈使放大器形成闭环后，不对称输出波形

经反馈网络送到输入端，与不失真的输入信号相减。其相减后的波形送入放大器就可以减小输出波形失真。例如，设输出信号 x_o的波形正大负小，反馈信号 x_f也是正大负小，差值 x_i'则为正小负大，从而减小了 x_o的波形失真，使输出波形上下趋于对称。减小非线性失真的效果取决于反馈深度$(1+AF)$的大小。

由此可见，负反馈对闭环内部的干扰具有一定的抑制作用，但对于反馈外部的干扰以及与信号同时混入的噪声，采用负反馈的办法是不能抑制的。

5）负反馈的应用原则

利用负反馈展宽通频带的特点可以得到宽带放大器，利用负反馈可以改变输入、输出电阻的特点，可以得到高输入阻抗、低输出阻抗放大器，以实现多级放大器之间的阻抗变换和匹配或提高放大器的带负载能力。负反馈的应用原则如下：

（1）若要稳定放大器的静态工作点，应引入直流负反馈；若需改变其动态性能指标，应引入交流负反馈。

（2）若要稳定输出电压，应引入电压负反馈；若要稳定输出电流，应引入电流负反馈。

（3）若要提高输入电阻，应采用串联负反馈；反之，应采用并联负反馈。

（4）若要降低输出电阻，应采用电压负反馈；反之，应采用电流负反馈。

例 8.4　在图 8.19 所示分压式偏置电路中，已知晶体管的 $\beta=100$，$U_{BEQ}=0.7\ \text{V}$，$R_s=1\ \text{k}\Omega$，$R_{B1}=62\ \text{k}\Omega$，$R_{B2}=20\ \text{k}\Omega$，$R_C=3\ \text{k}\Omega$，$R_E=1.5\ \text{k}\Omega$，$R_L=5.6\ \text{k}\Omega$，$U_{CC}=15\ \text{V}$，各电容的容量足够大。试：

（1）分析电路及其性能；

（2）计算静态工作点。

解：（1）电路组成。电路形式如图 8.19 所示，与共射放大电路相比有如下区别：

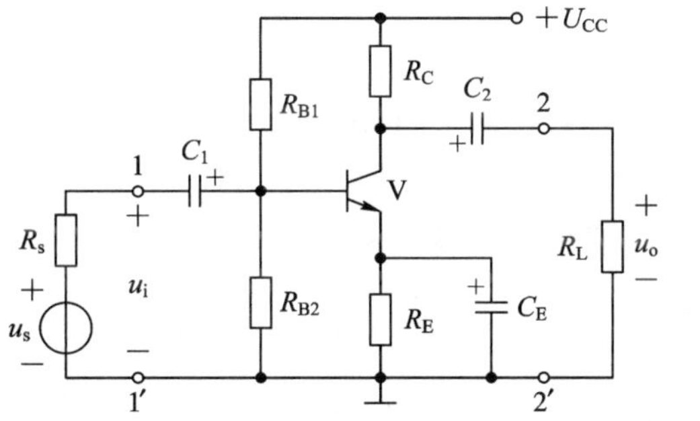

图 8.19　分压式共射极偏置电路

① 基极电压由 R_{B1}、R_{B2}分压；

② 发射极串入射极电阻 R_E。

（2）稳定静态工作点的原理。适当选取 R_{B1}和 R_{B2}，使 $I_1\gg I_B$时，基极电位 U_B基本不变，即

$$U_B\approx\frac{R_{B2}}{R_{B1}+R_{B2}}U_{CC}\tag{8.19}$$

当 $U_B\gg U_{BE}$，则有

$$I_E=\frac{U_B-U_{BE}}{R_E}\approx\frac{U_B}{R_E}\tag{8.20}$$

显然因 I_E 不变，$I_C \approx I_E$ 也是固定不变的，与三极管 I_{CEO}、β 无关。

静态工作点的稳定过程：由于环境温度升高，所以

$$I_C \uparrow \rightarrow I_E \uparrow \rightarrow U_E \uparrow \rightarrow U_{BE}=(U_B-U_E)\downarrow \rightarrow I_B \downarrow \rightarrow I_C \downarrow$$

当三极管参数因外界因素的影响(例如温度的升降或者更换三极管)发生变化时，引起 I_C 增加，随之 U_E 也增加，而基极电位 U_B 固定不变，则 U_{BE} 减小，驱使 I_B 减小，结果 I_C 也减小，限制了 I_C 的变化，达到稳定 I_C 的目的。很明显，R_E 愈大，I_C 变化引起 U_E 的变化也愈大，稳定静态工作点的效果就愈好。但 R_E 也不能取得过大，因为电源电压 U_{CC} 选定以后，R_E 愈大，U_{CEQ} 愈小，会限制三极管的动态范围。

R_E 的存在会影响放大电路的动态性能，为了消除电阻 R_E 的存在对动态工作的影响(如电压放大倍数)，需在 R_E 两端并联一个容量较大的旁路电容 C_E，它对交流等效电路而言相当于短路，故不接 C_E，R_E 对交、直流信号均起到负反馈作用，并接 C_E 后，R_E 只对直流信号起反馈作用，而对交流信号不起反馈作用。

(3) 静态工作点的计算。图 8.19 的直流通路如图 8.20 所示。

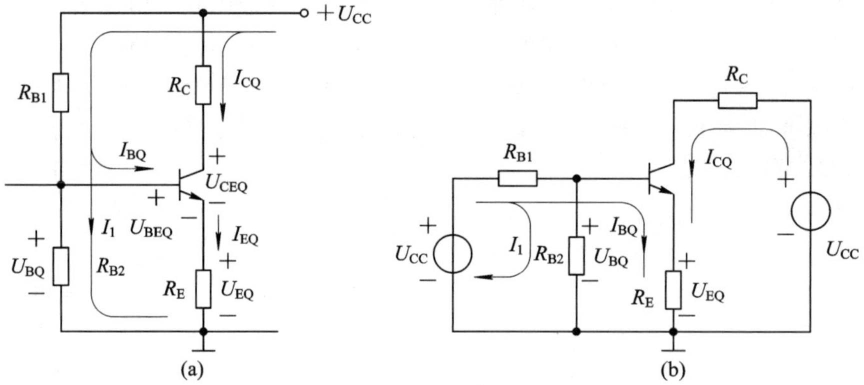

图 8.20 共发射极电路的直流通路

(a) 直流通路；(b) 直流通路的等效电路

根据式(8.19)和式(8.20)可求得静态工作点为

$$U_{BQ}=\frac{R_{B2}}{R_{B1}+R_{B2}}U_{CC}=\frac{20\ \text{k}\Omega}{(62+20)\ \text{k}\Omega}\times 15\ \text{V}\approx 3.7\ \text{V}$$

$$I_{CQ}\approx I_{EQ}=\frac{U_{BQ}-U_{BEQ}}{R_E}=\frac{(3.7-0.7)\ \text{V}}{1.5\ \text{k}\Omega}\approx 2\ \text{mA}$$

$$I_{BQ}=\frac{I_{CQ}}{\beta}=\frac{2\ \text{mA}}{100}\approx 20\ \mu\text{A}$$

$$U_{CEQ}=U_{CC}-I_{CQ}(R_E+R_C)=15\ \text{V}-2\ \text{mA}(3\ \text{k}\Omega+1.5\ \text{k}\Omega)=6\ \text{V}$$

8.3 集成运算放大电路

集成运算放大电路简称集成运放，其实质就是一个多级放大电路，它对输入信号的电压放大倍数趋向于无穷大，所以可以利用集成运放组建放大电路。因为 $A_u \rightarrow \infty$，所以只要引入负反馈技术，就可以使输出信号的电压放大倍数随意可调，且输出信号不出现失真。

8.3.1　集成运算放大器的组成和主要参数

1. 集成电路的特点

前面介绍的电路都是由晶体管、场效应管、电阻、电容等器件根据不同的连接方式组成的，这种电路称为分立电路。随着电子技术的发展，目前的半导体器件制造工艺可实现将分立元件组成的完整电路制作在同一块硅片上而形成集成电路。

集成电路有双极型晶体管集成电路、单极型场效应管集成电路、模拟集成电路、数字集成电路等。模拟集成电路主要有集成运放电路、集成功放电路和集成稳压电源电路等。集成电路还有小规模、中规模、大规模和超大规模之分。目前，超大规模集成电路能在几十平方毫米的硅片上集成几百万个元器件。根据半导体制作工艺的特点，集成运放电路具有如下的几个特点：

(1) 因为硅片上不可能制作大电容，所以集成运放的耦合方式均采用直接耦合，在需要大容量电容和高阻值电阻的场合，采用外接法。

(2) 因为集成电路内部相邻的元件具有良好的对称性，所以它们在受到各种因素影响时变化的趋势相同。为了消除这些变化的影响，在集成电路中大量采用差动放大器作为输入电路。

(3) 因为在硅片上制作三极管比制作电阻更容易，所以在集成电路中大量采用恒流源电路作为放大器的偏置电路，在需要大电阻的场合也是采用外接法。

(4) 集成电路内部放大器所用的晶体管通常采用复合管结构来改善性能。

2. 集成运放电路的组成框图

1) 集成运放电路的组成结构

集成运放电路的组成框图如图 8.21 所示。由图 8.21 可见，集成运放电路由输入级、中间级、输出级和偏置电路这四部分组成。

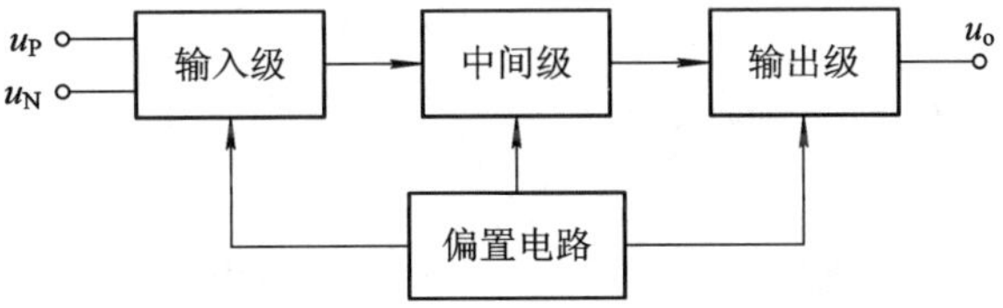

图 8.21　集成运放组成框图

(1) 输入级。集成运放的输入级又称为前置级，它通常是由一个高性能的双端输入差动放大器组成的。一般要求该放大器的输入电阻高，差模电压放大倍数大，共模抑制比大，静态电流小。集成运放输入级性能的好坏，直接影响集成运放的性能参数。

(2) 中间级。中间级是整个集成运放的主放大器，其性能的好坏，直接影响集成运放的放大倍数。在集成运放中，通常采用复合管的共发射极电路作为中间级电路。

(3) 输出级。输出级电路直接影响集成运放输出信号的动态范围和带负载的能力。为了提高集成运放输出信号的动态范围和带负载的能力，输出级通常采用互补对称的输出电路。

(4) 偏置电路。偏置电路用于设置集成运放内部各级电路的静态工作点，通常采用恒流源电路，为集成运放内部的各级电路提供合适又稳定的静态工作点电流。

2）两种常用集成运放的引脚功能及片内框图

(1) LM324运放：含四个通用运算放大器，可在收音机、音响系统、通信和仪器仪表中使用，如图8.22所示。

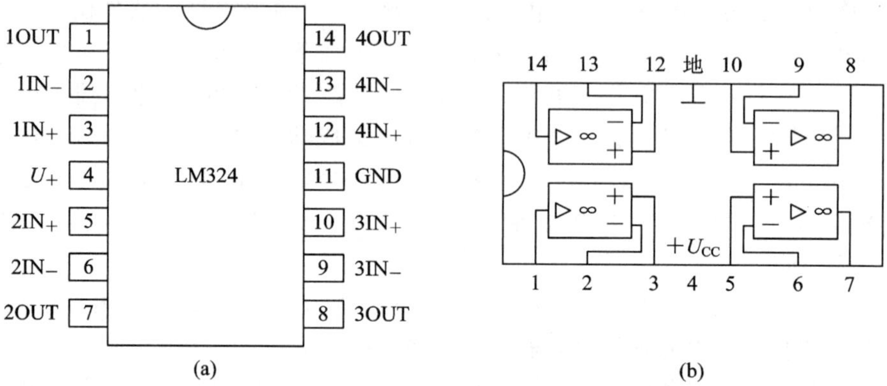

图8.22 LM324引脚排列

(2) NE5532系列器件：如图8.23所示，它是一种高性能双通用运算放大器，它具有低噪声特点，被广泛应用于高质量的音响设备中。

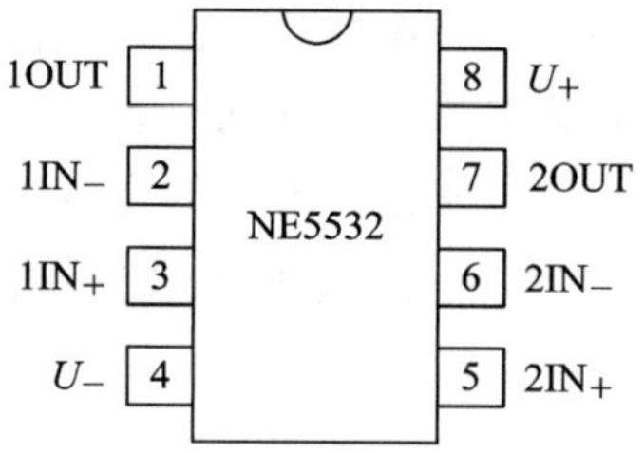

图8.23 NE5532引脚排列

3. 集成运放的主要参数

集成运放的性能可以用以下参数反映：

(1) 开环差模电压放大倍数 A_{ud}。A_{ud} 指的是运放在没有外接反馈电路时本身的差模电压放大倍数，即

$$A_{ud}=\frac{\Delta U_o}{\Delta(U_+-U_-)} \tag{8.21}$$

开环差模电压放大倍数 A_{ud} 愈高，所构成的运放电路愈稳定，运算的精度也愈高。A_{ud} 一般可达 $10^4\sim10^7$ 或(80～140) dB。

(2) 最大输出电压 U_{OPP}(输出峰-峰电压)。最大输出电压是指输出不失真时的最大输出电压值。

(3) 共模抑制比 K_{CMR}。集成运放开环差模电压放大倍数与开环共模电压放大倍数之比就是集成运放的共模抑制比 K_{CMR}。K_{CMR} 常用分贝来表示。

以上所介绍的仅是集成运放的几个主要技术参数，集成运放还有输入失调电压（输入补偿电压)、输入失调电流(输入补偿电流)、输入偏置电流、差模输入电阻、输出电阻、温度漂移、静态功耗等参数，使用时可从手册上查到，这里不再赘述。

4. 理想集成运放电路的表示和工作区

在分析各种实用电路时，通常都将集成运放的性能指标理想化。性能指标理想化的运放电路称为理想集成运放电路，其图形符号如图8.24所示。

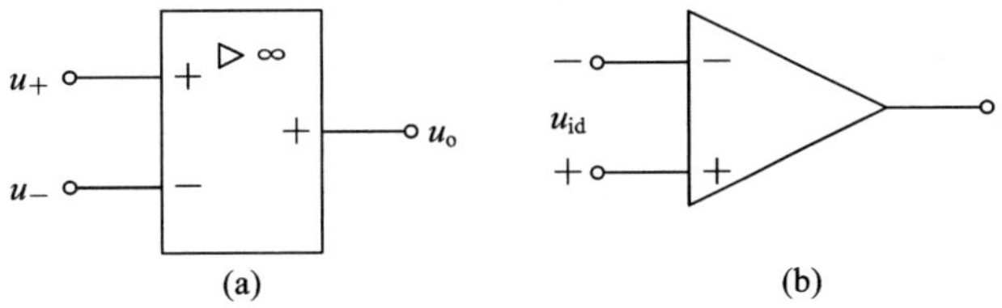

图 8.24　理想运放电路符号
(a) 国标符号；(b) 常用符号

理想集成运放有两个输入端：一个反相输入端“−”和一个同相输入端“+”；有一个输出端。下面介绍理想运放电路的性能指标。

1) 理想运放电路的主要参数

(1) 开环差模增益(放大倍数)$A_{od}=\infty$；

(2) 差模输入电阻 $R_{id}=\infty$；

(3) 输出电阻 $R_o=0$；

(4) 输入失调电压 UIO＝0；

(5) 输入失调电流 IIO＝0；

(6) 共模抑制比 $K_{CMR}=\infty$；

(7) 开环带宽 BW＝∞。

2) 理想运放工作在线性区的特征

尽管集成运放的应用电路多种多样，但就其工作区域来说却只有线性区和非线性区两个。在电路中，集成运放不是工作在线性区，就是工作在非线性区。下面来讨论运放工作在线性区的特征。

设集成运放电路同相输入端和反相输入端的电位分别为 u_P 和 u_N，电流分别为 i_P 和 i_N。当集成运放电路工作在线性区时，输出电压与输入的差模电压成线性关系，即

$$u_o = A_{od}(u_P - u_N) \tag{8.22}$$

由于 u_o 为有限值，对于理想运放电路 $A_{od}=\infty$，所以净输入电压 $u_P-u_N=0$，即

$$u_P = u_N \tag{8.23}$$

式(8.23)说明，运放电路的两个输入端没有短路，却具有与短路相同的特征，这种情况称为两个输入端“虚短路”，简称“虚短”。注意：“虚短”与短路是不同的两个概念，不能简单地替代。

因为理想运放电路的输入电阻为无穷大，所以流入理想运放电路的两个输入端的输入电流 i_P 和 i_N 也为零，即

$$i_P = i_N = 0 \tag{8.24}$$

式(8.24)说明集成运放电路的两个输入端没有断路，却具有与断路相同的特征，这种情况称为两个输入端“虚断路”，简称“虚断”。注意：“虚断”与断路也是不同的两个概念，不能简单地替代。

对于工作在线性区的运放，“虚短”和“虚断”是非常重要的两个概念，这两个概念是分析运放电路输入信号和输出信号关系的基本公式。

理想运放的电压传输特性曲线如图 8.25 所示。由图可知，当同相输入端电压比反相输入端电压高时，输出为正的最大输出电压；当反相输入端电压比同相输入端电压高时，输出为负的最大输出电压。

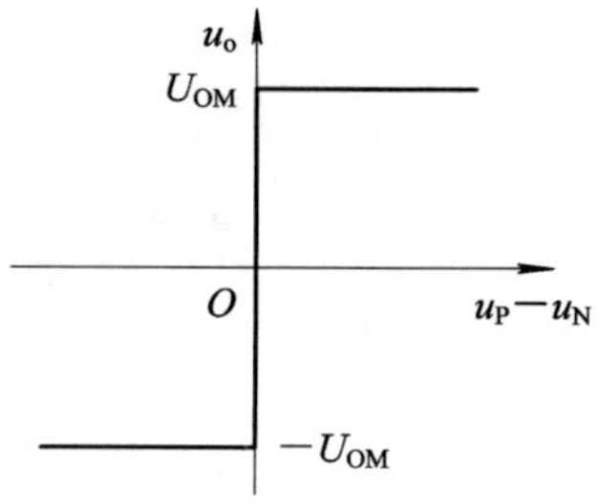

图 8.25 理想运放的电压传输特性曲线

3) 理想运放的非线性情况讨论

若理想运放电路工作在开环状态(即没有引入反馈)或正反馈的状态下，因运放电路的 A_{ud} 或 A_u 等于 ∞，所以当两个输入端之间有无穷小的输入电压时，因 $u_o=A_u u_i$，运放的输出电压 u_o 也将是∞。∞的电压值超出了运放输出的线性范围，使运放电路进入非线性工作区。

为了使运放工作在线性工作区，必须想办法减小运放的 A_{ud} 或 A_u 的值。在电路中引入负反馈，将∞的 A_{ud} 变成有限值的 A_u，就可实现减小放大器 A_u 值的目的，使集成运放电路工作在线性工作区。

注意，引入负反馈后，放大电路的闭环增益减小了，但运放的放大倍数并没有改变，仍是∞。

根据上面的分析可得集成运放电路工作在线性工作区的特征是：在电路中引入负反馈。该特征也是判断集成运放是否工作在线性工作区的重要依据。

对于单个的集成运放电路，通过无源的反馈网络将集成运放电路的输出端与反相输入端相连，即可在电路中引入负反馈，使运放工作在线性工作区，如图 8.26 所示。

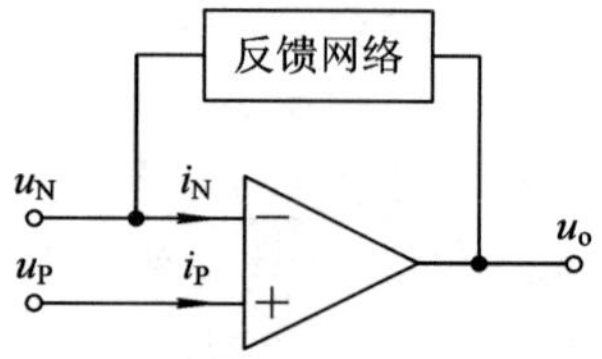

图 8.26 运放工作在线性工作区的接法

8.3.2 理想集成运算放大器的应用

集成运放的应用首先表现在它能构成各种运算电路，并因此而得名。在运算电路中，以输入电压作为自变量，以输出电压为函数：当输入电压变化时，输出电压将按一定的数学规律变化，即输出电压反映了对输入电压某种运算的结果。因此，集成运放必须工作在线性工作区。在深度负反馈的条件下，利用反馈网络能够实现各种数学运算。这些数学运算包括比例、加、减、积分、微分、对数和指数等。

注意：在运算电路中，无论是输入电压还是输出电压，均是对“地”而言的。

1. 比例运算电路

1) 反相比例运算电路

(1) 电路的组成。反相比例运算电路的组成如图 8.27 所示。由图 8.27 可见，输入电压 u_i 通过电阻 R_1 加在运放的反相输入端。R_f 是沟通输出和输入的通道，是电路的反馈网络。

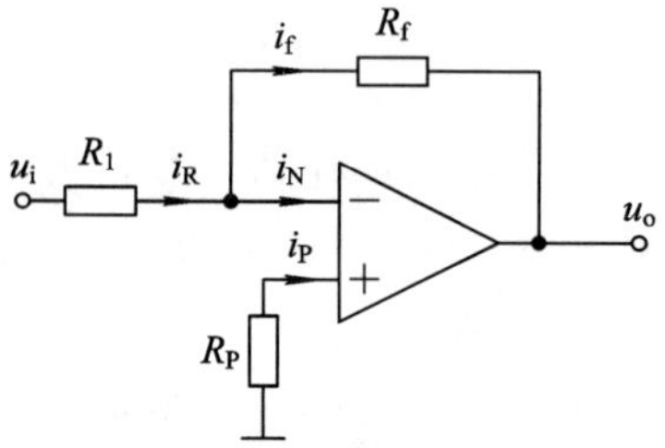

图 8.27 反相比例运算电路

因为该网络的两个端子分别将输出和输入端子接在一起，根据反馈组态的判别方法，可得该电路的反馈组态是电压并联负反馈。

同相输入端所接的电阻 R_P 称为电路的平衡电阻，该电阻等于从运放的同相输入端往外看，除源以后的等效电阻。为了保证运放电路工作在平衡状态下，R_P 的值应等于从运放的反相输入端往外看除源以后的等效电阻 R_N，即

$$R_P = R_N \tag{8.25}$$

上式是选择平衡电阻的基本关系式，对任何形式的运放电路均适用，但不同形式的运算放大器 R_P 和 R_N 的组态不相同，在本电路中 $R_N = R_1 /\!/ R_f = R_P$。

(2) 电压放大倍数。由上面的分析可知，反相比例运算放大器是电压并联负反馈放大器。这里讨论的电压放大倍数是指电路的闭环电压放大倍数，即 A_{uf}。今后为了叙述方便，将其简称为电压放大倍数，并用符号 A_u 来表示。

因反相比例运算电路带有负反馈网络，所以集成运放工作在线性工作区。利用"虚断"和"虚短"的概念可分析输出电压和输入电压的关系。根据"虚断"的概念可得

$$i_P = i_N = 0$$

将"虚断"的关系代入 KCL 可得

$$i_R = i_N + i_f$$
$$i_R = i_f$$

根据"虚短"的概念可得

$$u_- = u_+ = 0$$

上式说明运放的反相输入端没有接地，却因同相输入端接地，使反相输入端也具有与"地"相同的电位，反相输入端的这种状态称为"虚地"。

注意："虚地"和接地是不同的两个概念。"虚地"的特征是电位与地相同，但不接地，它是"虚短"在同相输入端的电位为零时的特例。

利用"虚地"的概念可得

$$u_i = i_R R_1$$
$$u_o = -i_f R_f$$

所以，电压放大倍数 A_u 为

$$A_u = \frac{u_o}{u_i} = \frac{-i_R R_f}{i_R R_1} = -\frac{R_f}{R_1} \tag{8.26}$$

上式说明输出电压和输入电压的大小成比例关系，且相位相反(式中的负号说明输出电压和输入电压相位相反)，这也是反相比例运算放大器名称的由来。

反相比例运算放大器因引入电压负反馈，且反馈深度 $1+AF=\infty$，所以有

$$r_o = 0$$

上式说明反相比例运算放大器带负载的能力很大，带负载和不带负载时的运算关系保持不变。

根据"虚地"的概念可得反相比例运算电路的输入电阻 r_i 为

$$r_i = R_1$$

由上式可见，虽然理想运放的输入电阻为无穷大，但是由于引入了并联负反馈，电路的输入电阻减小了，变成 R_1。要提高反相比例运算放大器的输入电阻，需加大电阻 R_1 的值。R_1 的值要加大，R_f 的值也必须加大，电路的噪声也将加大，稳定性变差。将图 8.27 电路中的电阻 R_f 改成 T 形网络就可以解决 R_f 电阻太大、对电路性能影响的问题。

2) 同相比例运算电路

(1) 电路的组成。同相比例运算电路的组成如图 8.28 所示。由图 8.28 可见，输入电压

u_i通过电阻R_P加在运放的同相输入端，一般$R_P=R_1 /\!/ R_f$。R_f是沟通输出和输入的通道，是电路的反馈网络。

因该网络的一个端子与输出端子接在一起，另一个端子没有与输入端子接在一起，根据反馈组态的判别方法，可得该电路的反馈组态是电压串联负反馈。电压反馈可稳定输出电压，该电路稳定输出电压的流程图如图 8.29 所示。

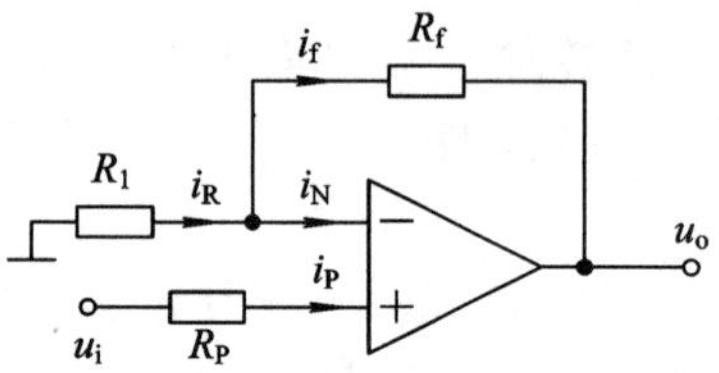

图 8.28 同相比例运算电路

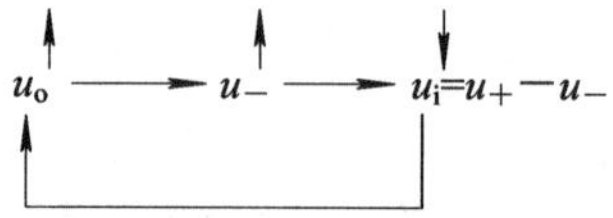

图 8.29 稳定输出电压的流程

(2) 电压放大倍数。由上面的分析可知，同相比例运算放大器是电压串联负反馈放大器。利用"虚断"和"虚短"的概念可分析输出电压和输入电压的关系。根据"虚断"的概念可得

$$i_P = i_N = 0$$

根据"虚短"的概念可得

$$u_- = \frac{R_1}{R_1 + R_f} u_o = u_+ = u_i$$

根据电压放大倍数的表达式可得

$$A_u = \frac{u_o}{u_i} = 1 + \frac{R_f}{R_1} \tag{8.27}$$

上式说明输出电压和输入电压的大小成比例关系，且相位相同，这也是同相比例运算放大器名称的由来。

3) 电压跟随器

在图 8.28 所示的电路中，若令 $R_f=0$，则电路变成如图 8.30(a)所示的形式，图 8.30 (b) 为 $R_1=\infty$的特例。

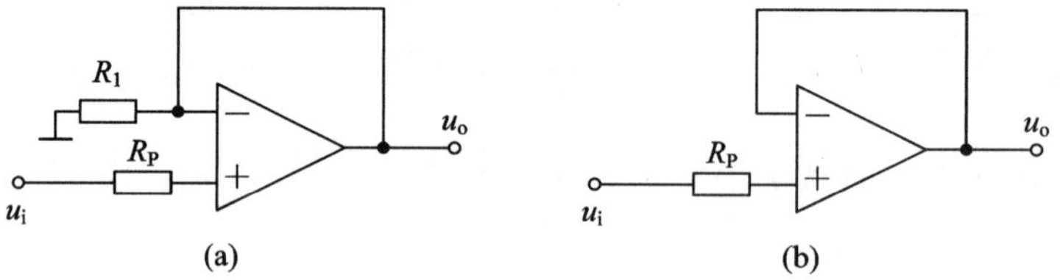

图 8.30 电压跟随器

根据同相比例运算电路电压放大倍数的表达式可得

$$A_u = 1 + \frac{R_f}{R_1} = 1$$

上式说明如图 8.30 所示电路的电压放大倍数等于 1，输出电压随着输入电压的变化而变化，具有这种特征的电路称为电压跟随器。

例 8.5 如图 8.31 所示的同相比例运算电路，已知 $A_u=10$，且 $R_1=R_2$。

（1）求 R_3 和 R_4 与 R_1 的关系；

（2）当输入电压 $u_i=2$ mV 时，R_1 的接地点因虚焊而开路，求输出电压 u_o 的值。

解：（1）此电路与同相比例放大电路相比，前面多了一级由 R_2 和 R_4 组成的分压电路，故

$$A_u=\frac{R_4}{R_2+R_4}\left(1+\frac{R_3}{R_1}\right)=10$$

$$R_P=R_2\ /\!/\ R_4=R_N=R_1\ /\!/\ R_3$$

已知 $R_1=R_2$，根据上式可得，$R_3=R_4$。将结果代入 A_u 公式可得

$$R_3=R_4=10R_1$$

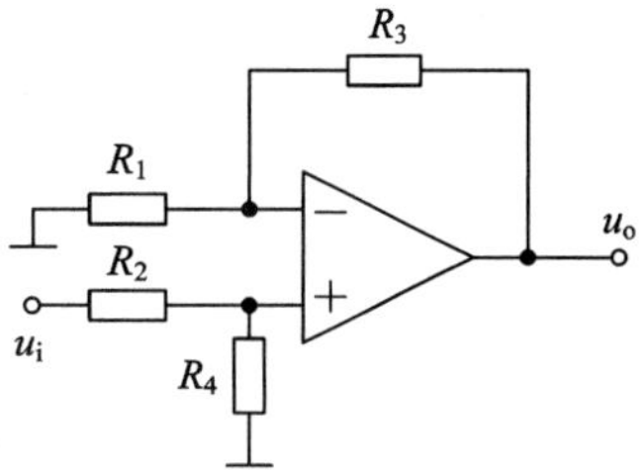

图 8.31　例 8.5 图

（2）当 R_1 的接地点断开时，相当于 $R_1=\infty$，电路变成电压跟随器。根据电压跟随器输出电压与输入电压相等的特征可得

$$u_o=u_-=\frac{R_4}{R_2+R_4}u_i=\frac{10}{11}u_i\approx 1.8\ \text{mV}$$

例 8.6　如图 8.32 所示的比例运算电路，已知 $A_u=-33$，且 $R_1=10$ kΩ，$R_2=R_4=100$ kΩ。求 R_5 和 R_6 的阻值。

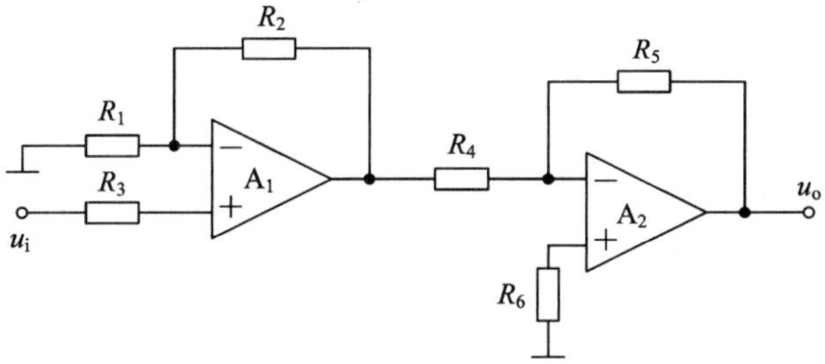

图 8.32　例 8.6 图

解：该运算电路由两级运算电路组成，第一个运放 A_1 组成同相比例运算放大器，第二级 A_2 组成反相比例运算放大器，根据多级放大器电压放大倍数的公式可得

$$A_u=\frac{u_o}{u_i}=\frac{u_{o1}}{u_i}\times\frac{u_{o2}}{u_{i2}}=A_{u1}A_{u2}=\left(1+\frac{R_2}{R_1}\right)\left(-\frac{R_5}{R_4}\right)=\frac{11}{100}R_5=-33$$

$$R_5=300\ \text{k}\Omega$$

根据 $R_P=R_N$ 的关系可得 R_6 的值为

$$R_6=R_4\ /\!/\ R_5=75\ \text{k}\Omega$$

2. 加减运算电路

1）反相求和电路

（1）电路的组成。反相求和电路的组成如图 8.33 所示。由图 8.33 可见，增加反相比例运算放大器的输入端，即构成反相求和电路。

（2）输出电压与输入电压的关系。根据 KCL 和“虚地”的概念可得

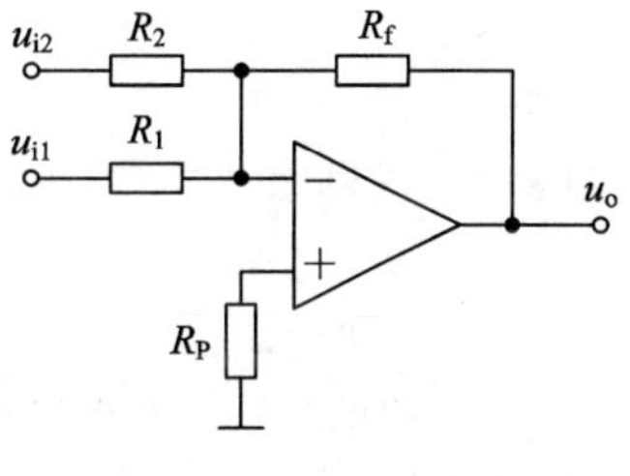

图 8.33　反相求和电路

$$\frac{u_{i1}}{R_1}+\frac{u_{i2}}{R_2}=-\frac{u_o}{R_f}$$

移项整理可得

$$u_o=-R_f\left(\frac{u_{i1}}{R_1}+\frac{u_{i2}}{R_2}\right) \tag{8.28}$$

在 $R_1=R_2=R$ 的情况下可得

$$u_o=-\frac{R_f}{R}(u_{i1}+u_{i2}) \tag{8.29}$$

由此可见，图 8.33 所示电路的输出电压与输入电压的和成正比，且反相，所以图 8.33 所示电路称为反相求和电路。

2）同相求和电路

（1）电路的组成。同相求和电路的组成如图 8.34 所示。由图 8.34 可见，增加同相比例运算放大器的输入端，即可构成同相求和电路。

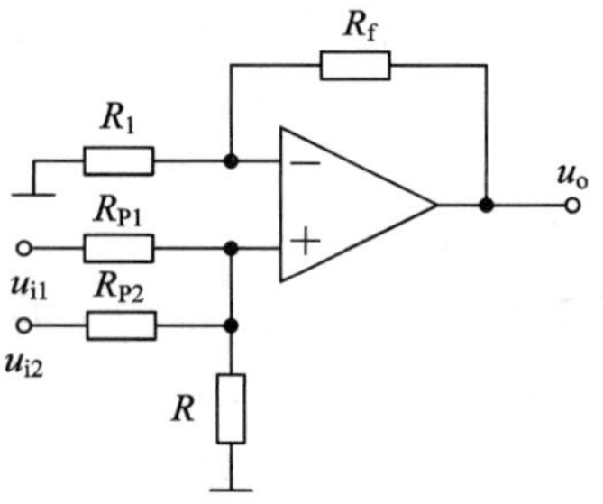

图 8.34 同相求和电路

（2）输出电压与输入电压的关系。根据叠加定理和分压公式可得

$$u_+=\frac{R_{P2}\ /\!/\ R}{R_{P1}+(R_{P2}\ /\!/\ R)}u_{i1}+\frac{R_{P1}\ /\!/\ R}{R_{P2}+(R_{P1}\ /\!/\ R)}u_{i2}$$

$$u_-=\frac{R_1}{R_1+R_f}u_o$$

根据“虚短”的概念可得

$$\frac{R_{P2}\ /\!/\ R}{R_{P1}+(R_{P2}\ /\!/\ R)}u_{i1}+\frac{R_{P1}\ /\!/\ R}{R_{P2}+(R_{P1}\ /\!/\ R)}u_{i2}=\frac{R_1}{R_2+R_f}u_o$$

移项整理可得

$$\begin{aligned}u_o&=\frac{R_1+R_f}{R_1}\left(\frac{R_{P2}\ /\!/\ R}{R_{P1}+(R_{P2}\ /\!/\ R)}u_{i1}+\frac{R_{P1}\ /\!/\ R}{R_{P2}+(R_{P1}\ /\!/\ R)}u_{i2}\right)\\&=\frac{(R_1+R_f)R_f}{R_1R_f}(R_{P1}\ /\!/\ R_{P2}\ /\!/\ R)\left(\frac{u_{i1}}{R_{P1}}+\frac{u_{i2}}{R_{P2}}\right)\end{aligned}$$

将 $R_P=R_N$ 的条件代入可得（$R_N=R_1 /\!/ R_f$，$R_P=R_{P1} /\!/ R_{P2} /\!/ R$）

$$u_o=R_f\left(\frac{u_{i1}}{R_{P1}}+\frac{u_{i2}}{R_{P2}}\right) \tag{8.30}$$

在 $R_{P1}=R_{P2}=R$ 的情况下可得

$$u_o=\frac{R_f}{R}(u_{i1}+u_{i2}) \tag{8.31}$$

由此可见，图 8.34 所示电路的输出电压与输入电压的和成正比，所以图 8.34 所示电路称为同相求和电路。

例 8.7 分析如图 8.35 所示电路的功能。

图 8.35 是一个由 4 个运算电路组成的系统，其中的运放 A_1、A_2 和 A_3 是反相求和电路，运放 A_4 是减法电路。设 4 个光电二极管的输出电压分别为 u_A、u_B、u_C 和 u_D，根据反相求和电路输出和输入的关系式可得

$$u_{o1}=-\frac{R_2}{R_1}(u_{oA1}+u_{oA2})=\left(\frac{R_2}{R_1}\right)^2(u_A+u_B+u_C+u_D)$$

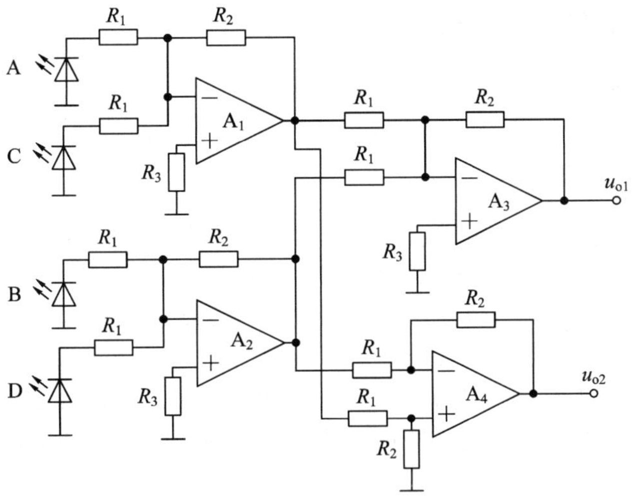

图 8.35　例 8.7 图

根据减法运算电路和反相求和电路输出和输入的关系式可得

$$u_{o2}=\frac{R_2}{R_1}(u_{oA1}-u_{oA2})=-\left(\frac{R_2}{R_1}\right)^2[(u_A+u_C)-(u_B+u_D)]$$

由输出电压表达式可见，该电路可实现 4 个输入电压相加及两两相加后再相减的功能，具有这种功能的电路可用在 CD-ROM 中实现光电转换。

CD-ROM 中实现光电转换的电路称为激光拾音器。在激光拾音器中，A、B、C、D 这 4 个光电二极管组成“田”字形，顺时针排列。

当激光拾音器中的激光束聚焦正确时，打在“田”字形排列的 4 个光电二极管上的光斑为圆，4 个光电二极管接收的光照度相等，u_{o1} 的输出信号最大，该信号就是激光拾音器从光盘上读取的信号；u_{o2} 的输出为零，说明激光拾音器聚焦透镜工作在正确的聚焦位置上。

当激光拾音器中的激光束聚焦不正确时，打在“田”字形排列的 4 个光电二极管上的光斑为椭圆，4 个光电二极管接收的光照度不相等，u_{o2} 的输出不等于零。u_{o2} 的输出信号与激光拾音器聚焦透镜聚焦的状态成正比，该信号可作为聚焦透镜的伺服信号，对聚焦透镜聚焦的状态进行自动跟踪校正。

8.4　功率放大电路

功率放大电路(器)用于对输入信号的功率进行放大，因 $p=u\times i$，故放大器只要放大了 u、i，也就放大了功率。一般在进行功率放大之前，前级放大电路都进行了足够的电压放大，故功率放大器的重点工作是放大电流，功放选择乙类或甲乙类工作状态。由于 u、i 都处于大信号状态，所以功放电路中的功放管往往工作在极限状态下。对于工作在极限状态下的三极管，不适合采用微变等效电路分析法，而必须用图解法进行分析计算。

低频功放电路主要分析三种类型：甲类功率放大器、乙类功率放大器和甲乙类功率放大器。

8.4.1 功率放大电路的任务与特点

1. 功率放大电路的特殊问题

功率放大电路的作用是将放大后的信号输出，并驱动执行机构完成特定的工作。执行机构通常称为电路的负载。不同的负载具有不同的功率，放大器要驱动负载必须输出相应的功率。能够向负载提供足够输出功率的电路称为功率放大器，简称功放。

由前面的讨论可知，放大电路的实质是能量的转换和控制电路。从能量转换和控制的角度来看，功率放大器和电压放大器没有什么本质的区别，电压放大器和功放的主要差别是所完成的任务不同。

电压放大器的任务是放大输入电压；而功放的任务是放大输入功率。功放电路在工作的过程中，不仅要追求输出高电压，而且要追求在电源电压确定的情况下，输出尽可能大的功率。因此，功率放大电路中包含一系列在电压放大电路中所没有出现的特殊问题，这些问题包括：

(1) 尽量大的输出功率，要求功放管的电压和电流都要有足够大的输出幅度，因此，三极管往往工作在极限状态下。

(2) 尽量提高功率转换的效率。放大器在信号作用下向负载提供的输出功率是由直流电源转换来的，在转换时，三极管和电路中的耗能元件(功率为 P_0)均要消耗功率。若电源消耗的功率为 P_E，则功率放人电路的效率为

$$\eta = \frac{P_0}{P_E} \tag{8.32}$$

(3) 允许适当的非线性失真。工作在大信号极限状态下的三极管，不可避免地会产生非线性失真，且同一个三极管的输出功率愈大，非线性失真就愈严重，即功放管的非线性失真和输出功率是一对矛盾。在不同的应用场合，处理这对矛盾的方法不同。

(4) 功放管的散热。在功率放大器中，因功放管的集电极电流较大，所以功放管的集电极将消耗大量的功率，使功放管的集电极温度升高。为了保护功放管不会因温度太高而损坏，必须采用适当的措施对功放管进行散热。

另外，在功率放大电路中，为了输出较大的信号功率，功放管往往工作在大电流和高电压的情况下，因此功放管损坏的概率比较大，采取措施保护功放管也是功放电路要考虑的问题。

2. 功率放大器的工作状态

功放电路的输出功率、转换效率和非线性失真等性能均与放大管的工作状态有关。根据放大电路静态工作点 Q 在直流负载线上位置的不同，可将放大器的工作状态分为甲类、乙类和甲乙类三种类型。

1) 甲类工作状态

静态工作点位于直流负载线中点的放大器称为甲类放大器。工作在甲类状态下的三极管，在输入信号的整个周期内都处于导通状态，静态工作点电流 I_{CQ} 大于信号电流 i_c 的幅值，静态工作点电压 U_{CQ} 大于信号电压 u_{ce} 的幅值，如图 8.36 所示。

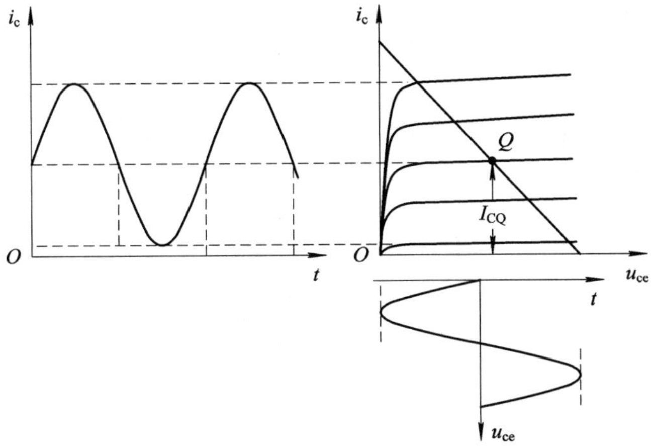

图 8.36　甲类放大器的工作状态波形图

工作在甲类状态下的放大器，在没有信号输入的时候，静态工作点的值为 I_{CQ} 和 U_{CEQ}，电路消耗的功率为 I_{CQ} 和 U_{CEQ} 的乘积，即 $P_E=I_{CQ}U_{CEQ}$。

这说明，甲类放大器在没有输入信号时，电路也要消耗能量，此时电路的能量转换效率为零。在有信号输入时，部分直流功率转换成信号功率输出，信号愈大，输出功率愈大，电路的能量转换效率也随着增大。若功放管的饱和管压降可忽略，那么在理想情况下，信号电流和信号电压的最大值约等于 I_{CQ} 和 U_{CEQ}。根据有效值和最大值的关系，可得理想情况下输出信号功率的最大值为

$$P_m = IU = \frac{I_{CQ}}{\sqrt{2}} \cdot \frac{U_{CEQ}}{\sqrt{2}} = \frac{1}{2} I_{CQ} U_{CEQ} \tag{8.33}$$

根据效率的定义式 $\eta=\dfrac{P_0}{P_E}$，可得甲类功率放大器的最高效率为 50%，说明甲类功率放大器的功率转换效率较低。

因为甲类放大器能量转换的效率较低，所以甲类放大器主要用于电压放大，在功放电路中较少应用。

2）乙类工作状态

为了提高功率放大器的能量转换效率，将电路的静态工作点移到直流负载线 I_{CQ} 为零的 Q 点，此类放大器称为乙类放大器，如图 8.37 所示。

乙类放大器的特点是，功放管只在信号的半个周期内处于导通状态，电路的静态工作点 I_{CQ} 等于零。在乙类状态下工作的放大器静态功耗等于零，随着信号的输入，电源提供的功率、放大器的输出功率和转换效率也随着发生变化。

由图 8.37 可见，若功放管的饱和管压降可忽略，则在理想情况下，乙类放大器输出信号的最大值为 U_{CC}，输出信号功率的最大值为

$$P_{OM} = \frac{U_{ce\,max}^2}{R_L} = \frac{U_{CC}^2}{2R_L} \tag{8.34}$$

因乙类放大器只在信号的半个周期内有功率输出，所以该放大器有信号输出时，电源

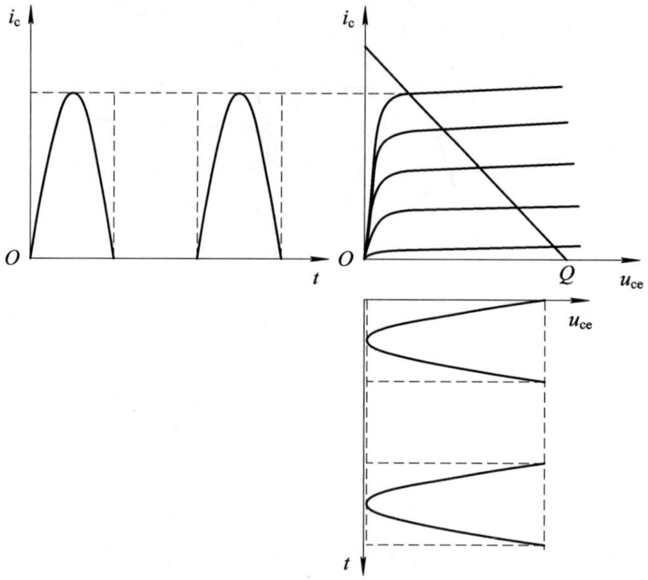

图 8.37 乙类放大器的工作状态波形图

消耗的功率 P_E 为电源电压和半波电流的平均值

$$I_{(AV)}=\frac{2I_m}{\pi}=\frac{2U_{CC}}{\pi R_L}$$

的乘积，即

$$P_E=I_{(AV)}U_{CC}=\frac{2U_{CC}^2}{\pi R_L} \tag{8.35}$$

由此可得，在理想情况下，乙类放大器的能量转换效率 η 为

$$\eta=\frac{P_0}{P_E}=\frac{\pi}{4}=78.5\% \tag{8.36}$$

3）甲乙类工作状态

乙类放大器将静态工作点取在如图 8.37 所示的 I_{CQ} 为零的 Q 点上，工作在这种状态下的放大器虽然效率比较高，但在信号交接的时候会产生交越失真。若将静态工作点的值取在如图 8.38 所示的 Q 点，则具有这种工作点特性的放大器称为甲乙类放大器。

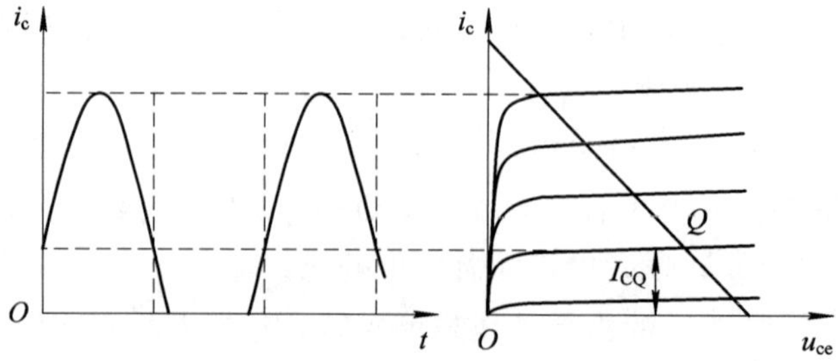

图 8.38 甲乙类放大器的工作状态

甲乙类放大器的特点是：功放管在信号半个周期以上的时间内处于导通状态，由于电路的静态工作点 I_{CQ} 较小，静态功耗也较小，因此在理想情况下，甲乙类放大器的转换率接

近乙类放大器。

由上面的分析可见，乙类和甲乙类放大器的功率转换效率较高，但都存在着波形失真的问题。既要提高效率，又要解决波形失真的问题，是功放电路结构的特点。

8.4.2 推挽功率放大电路

工作在乙类状态下的放大电路，虽然管耗小、效率高，但输入信号的半个波形被削掉了，产生了严重的失真现象。解决失真问题的方法是：用两个工作在乙类状态下的放大器，分别放大输入的正、负半周信号，同时采取措施，使放大后的正、负半周信号能加在负载上面，在负载上获得一个完整的波形。利用这种方式工作的功放电路称为乙类互补对称电路，也称为推挽功率放大电路。

推挽功率放大电路有单电源和双电源两种类型。单电源的电路通常称为OTL(无输出变压器)功率放大器，双电源的电路通常称为OCL(无输出电容)功率放大器。

1. OCL功放电路的组成

OCL功率放大器的电路组成如图8.39所示。由图8.39可见，OCL功率放大器有两个供电电源，且采用NPN和PNP组成的共集电极对称电路来实现对正、负半周输入信号的放大。

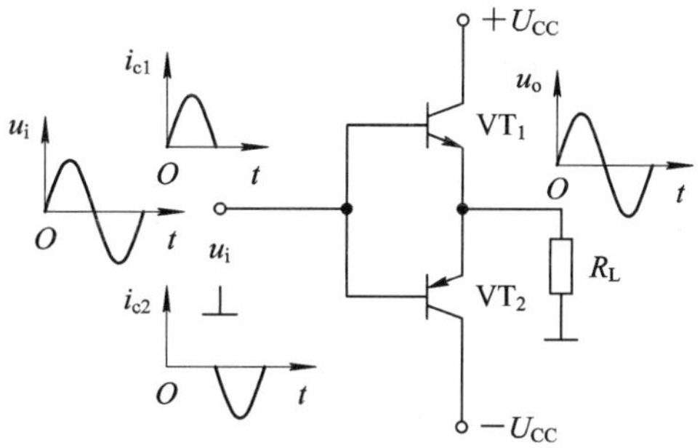

图8.39 OCL功率放大电路

该电路的工作原理是：当输入信号为正半周时，三极管VT_2因反向偏置而截止，三极管VT_1因正向偏置而导通，三极管VT_1对输入的正半周信号实施放大，在负载电阻上得到放大后的正半周输出信号；当输入信号为负半周时，三极管VT_1因反向偏置而截止，三极管VT_2因正向偏置而导通，三极管VT_2对输入的负半周信号实施放大，在负载电阻上得到放大后的负半周输出信号。虽然正、负半周信号分别是由两个三极管放大的，但两三极管的输出电路都是负载电阻R_L，输出的正、负半周信号将在负载电阻R_L上合成一个完整的输出信号，如图8.39的波形所示。

OCL电路为了使合成后的波形不产生失真，要求两个不同类型三极管的参数要对称。

2. 交越失真的消除方法

工作在乙类状态下的放大电路，因发射结“死区”电压的存在，在输入信号的绝对值小于“死区”电压时，两个三极管均不导通，输出信号电压为零，产生信号交接的失真，这种失真称为交越失真，如图8.40所示。

消除交越失真的方法是：让两个三极管工作在甲乙类的状态下。处在甲乙类工作状态下的三极管，其静态工作点的正向偏置电压很小，两个管子在静态时处在微导通的状态，当有输入信号输入时，管子即进入放大区，对输入信号进行放大。处在甲乙类工作状态下的OCL功放电路如图8.41所示。

图8.41中的电阻R_1和R_2、二极管VD_1和VD_2分别组成三极管VT_1和VT_2的偏置电路，用来消除交越失真。

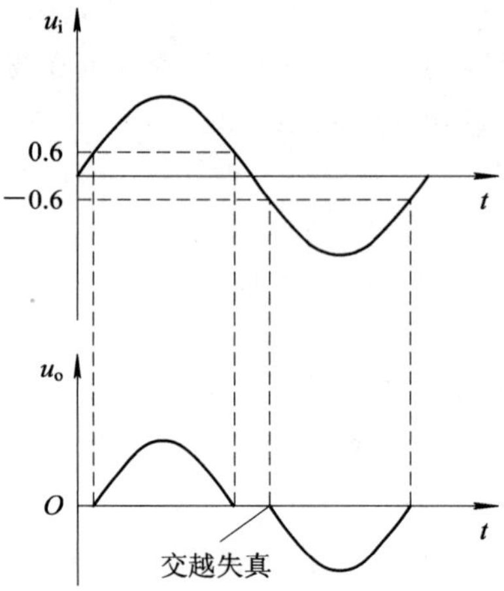

图 8.40 交越失真波形图

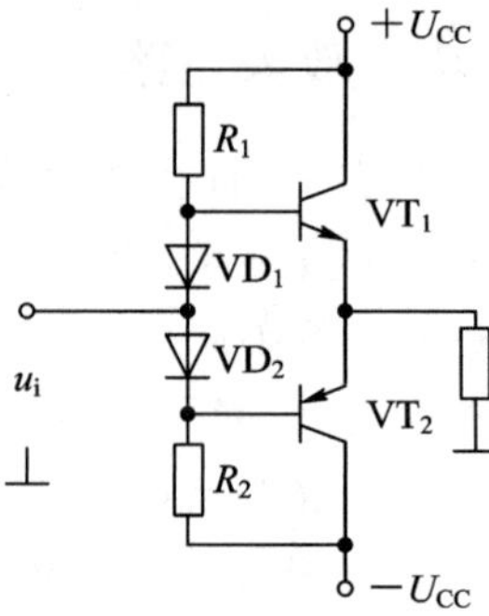

图 8.41 甲乙类工作状态下的 OCL 功放电路

由分析可知：三极管集电极最大输出电压为

$$U_{cm}=\frac{2}{\pi}U_{CC}\approx 0.6U_{CC} \tag{8.37}$$

根据功耗的表达式可得每管最大功耗为

$$P_{TM}=\frac{U_{cm}^2}{R_L}=\frac{4U_{CC}^2}{\pi^2 R_L}=\frac{2}{\pi^2}P_{OM}\approx 0.2P_{OM} \tag{8.38}$$

式中，$P_{OM}=2\dfrac{U_{cm}^2}{R_L}$是输出信号功率的最大值，该值为每个三极管输出信号功率最大值的两倍。

由式(8.38)可见，功放管集电极的最大功耗仅为输出功率最大值的 1/5，在具体选择管子时应注意留有一定的裕量。

功放电路中所使用的功放管在参数上除了要满足上述公式的要求外，还要注意功放的散热问题。功放管常用的散热片结构如图 8.42 所示。

散热片通常由铝片组成，有利于热辐射。为利于通风，功放管的散热片通常垂直安装在电路中，在条件允许的情况下，利用电风扇强制通风，可获得更大的耗散功率。

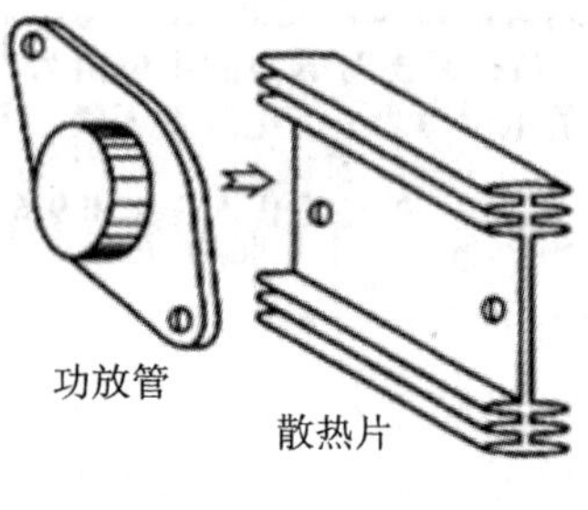

图 8.42 散热片结构图

3. OTL 功放电路的组成

OCL 功放电路需要双电源供电，在只有单电源供电的电子设备中不适用。在单电源供电的电子设备中，功放电路采用 OTL 电路，该电路的组成如图 8.43 所示。由图 8.43 可见，OTL 电路与 OCL 电路的组成基本相同，主要差别除了它是单电源供电外，还有就是其负载电阻 R_L通过大容量的电容器 C 与输出端相连。

4. OTL 功放电路的工作原理

该电路的工作原理：当正半周信号输入时，功放管 VT_1导通，VT_2截止，VT_1通过电容器 C 输出正半周信号的同时，电源也对大容量电容器 C 充电。充电电流如图 8.43 的 I_1所示；当负半周信号输入时，功放管 VT_2导通，VT_1截止，电容 C 通过 VT2 放电的同时输出负半周放大信号，放大电路电流如图 8.43 中的 I_2所示。

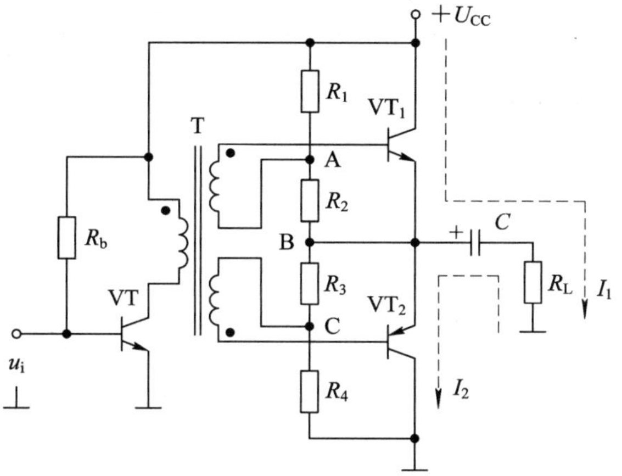

图 8.43　OTL 功放电路

由上面的讨论可见，电路中大容量的电容器 C 除了是交流信号的耦合电容外，还是功放管 VT_2的供电电源。

例 8.8　设如图 8.43 所示电路中 $R_1=R_4=120\ \Omega$，$R_2=R_3=100\ \Omega$，电源电压 $U_{CC}=3\ V$，负载电阻 $R_L=8\ \Omega$，求静态时 A、B、C 各点的电位值以及在理想情况下输出信号功率的最大值 P_{OM}和电路的转换效率 η。

解：因为静态时，两个功放管均处在导通边缘的截止状态，电源电压通过电阻分压电路对电容器 C 充电。根据电路对称性的特点可得，电容器 C 上的电压值为电源电压的一半，所以静态时 B 点的电位值为 1.5 V，A 点的电位值为 2.2 V，C 点的电位值为 0.8 V。因 B 点的电位值为电源电压值的 1/2，所以输出交流信号的最大值也是电源电压值的一半，即

$$U_{OM}=\frac{U_{CC}}{2}$$

将此结论代入乙类放大器 η 和 P_{OM}的公式(8.32)、式(8.34)可得

$$\eta=\frac{P_o}{P_E}=\frac{\pi}{4}=78.5\%$$

$$P_{OM}=\frac{U_o^2}{R_L}=\left(\frac{U_{CC}}{2\sqrt{2}}\right)^2/R_L=\frac{U_{CC}^2}{8R_L}=0.14\ W$$

8.4.3　集成功率放大电路

随着集成电路技术的发展，集成功率放大电路的产品越来越多，下面以 LM386 型集成功率放大电路为例来讨论集成功率放大电器的内部结构和使用方法。

1. LM386 简介

LM386 是专为低损耗电源所设计的功率放大器集成电路。它的内建增益为 20，通过管脚 1 和管脚 8 之间电容的搭配，增益最高可达 200。LM386 可使用电池供电，输入电压范围为 4 V～12 V，无输入时仅消耗 4 mA 电流，且失真低。LM386 的管脚排列图如图8.44所示，表 8.2 为其电气特性。

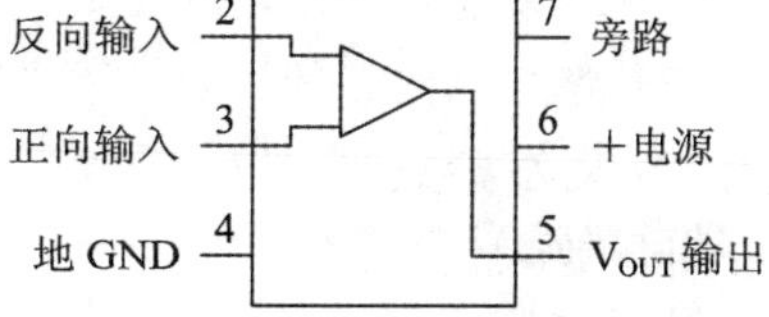

图 8.44　LM386 的管脚分布图

表 8.2 LM386 电气特性

Parameter(参数)	测试条件	最小	典型	最大	单位
Operating Supply Voltage (VS)(工作电源电压) LM386N−1, −3, LM386M−1, LM386MM−1 LM386N−4		 4 5	 — —	 12 18	V
Quiescent Current (IQ)(静态电流)	VS = 6 V, VIN = 0		4	8	mA
Output Power (POUT)(输出功率) LM386N−1, LM386M−1, LM386MM−1 LM386N−3 LM386N−4	 VS=6 V,RL=8 W,THD=10% VS=9 V,RL=8 W,THD=10% VS=16 V,RL=32 W,THD=10%	 250 500 700	 325 700 1000	 — — —	mW
Bandwidth (BW)(带宽)	VS = 6 V, Pins 1 and 8 Open(1、8 引脚断开)	—	300	—	kHz
Input Resistance (RIN)(输入电阻)	—	—	50	—	kΩ
Input Bias Current (IBIAS)(输入偏置电流)	VS = 6 V, Pins 2 and 3 Open(2、3 引脚断开)	—	250	—	nA

2. LM386 的应用

图 8.45 的应用电路是增益为 20 的情形，于管脚 1 及管脚 8 间加一个 10 μF 的电容即可使增益变成 200，如图 8.46 所示。图 8.46 中 10 kΩ 的可变电阻是用来调整扬声器音量大小的。若直接将 Vin 输入，即为音量最大的状态。

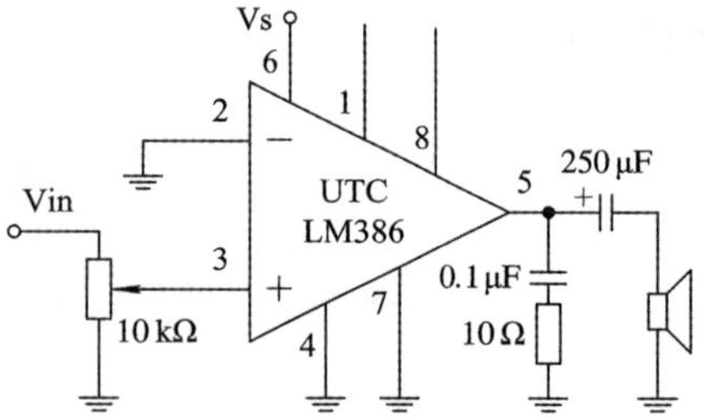

图 8.45 功放电路工作原理

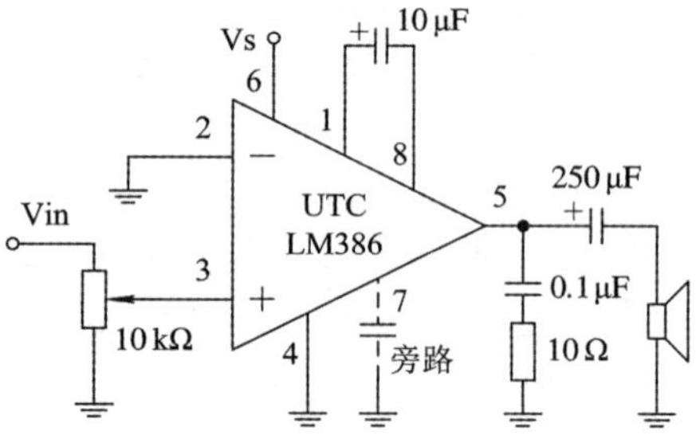

图 8.46 功放增益增大应用

本 章 小 结

通过本章的学习，可以回答教学情境九提出的问题，这也是本章的重点内容：

1. 基本共射放大电路

(1) 放大电路的基本模型。

(2) 静态工作点的计算。

(3) 动态参数的计算。

电压放大倍数：

$$A_u = \frac{u_o}{u_i} = -\beta \frac{R_C /\!/ R_L}{r_{be}}$$

输入电阻：

$$R_i = r_{be}$$

输出电阻：

$$R_o = R_C$$

2. 负反馈放大电路

(1) 四种负反馈放大电路及其作用。

(2) 负反馈电路的作用：

① 直流负反馈能提高静态工作点的稳定性。

② 交流负反馈以降低放大倍数为代价可增加放大倍数的稳定性，改变输入电阻和输出电阻，拓展通频带，减少非线性失真，抑制干扰。

3. 运算放大电路

(1) 运算放大电路的特点。运算放大器具有放大倍数极高、输入电阻极大、输出电阻极小、共模抑制比高等特点。

(2) 运用“虚短”及“虚断”的概念计算运算放大电路。

• $u_P = u_N$：运放电路的两个输入端没有短路，却具有与短路相同的特征，这种情况称为两个输入端“虚短路”，简称“虚短”。

• $i_P = i_N = 0$：因为理想运放电路的输入电阻为无穷大，所以流入理想运放电路的两个输入端的输入电流 i_P 和 i_N 也为零。

4. 功率放大的特点与电路形式

功率放大器的作用是对输入信号的功率进行放大，因为信号的功率不仅与信号的电压有关，还与信号的电流有关，所以功放电路中的功放管往往工作在极限状态下。

功放电路有三种类型。甲类功率放大器：它虽然不存在失真现象，但效率最低，不超过 50%；乙类功率放大器：效率较高，但存在交越失真；甲乙类功率放大器：可消除乙类放大器所存在的交越失真现象，效率也较高，但存在一定的静态功耗。

乙类功率放大器有 OCL 和 OTL 两种类型。OCL 电路用双电源供电，OTL 电路用单电源供电。虽然两种类型的电路供电方式不同，但分析计算使用的公式却是相同的。对于 OCL 电路，在理想情况下输出信号的最大功率为

$$P_{OM} = \frac{U_{CC}^2}{2R_L}$$

最大效率为

$$\eta = \frac{\pi}{4} = 78.5\%$$

因为 OTL 电路和甲类功放电路均采用单电源，所以只要将上式中的 U_{CC} 写成 $U_{CC}/2$ 的形式，即可将计算 OCT 电路的公式转化成计算 OTL 和甲类功放电路的公式。在功放电路中，功放管通常采用复合管。对于集成功放电路，只要按手册所提供的标准接线图接线即可。

习 题 八

一、填空题

1. 基本共射放大电路的输出电压和输入电压相位______。

2. 在放大电路中，输出电阻是衡量______能力的指标。

3. 静态工作点过低会产生______失真。

4. 静态工作点过高会产生______失真。

5. 静态工作点选择不合适，会产生______失真和______失真。

6. 必须设置静态工作点的原因是______。

7. 三极管放大电路中，静态是指输入端______信号。

8. 三极管放大电路中，动态是指输入端______信号。

9. 电压放大电路是______(填大或小)信号放大电路。

10. 在电压放大电路中，希望输入电阻______些好，输出电阻______些好。

11. 画直流通路时，要求______。

12. 放大电路工作点不稳定的原因主要是受到______的影响。

13. 常用稳定工作点的放大电路是______。

14. 硅三极管放大时，be间的电压为______伏；饱和时，ce间的电压为______伏。

15. 锗三极管放大时，be间的电压为______伏；饱和时，ce间的电压为______伏。

16. 在固定偏置电路中，输入、输出端的两个电容所起的作用是通______，阻______。

17. 反馈是指______。

18. 放大电路加入负反馈能提高增益的______。

19. 放大电路加入负反馈能减少______和______。

20. 放大电路加入负反馈能调整______电阻和______电阻。

21. 串联电流负反馈具有稳定放大电路的输出______的作用，反馈信号与输入信号在放大电路的输入端总是______联的；负反馈虽然会使电路的放大倍数下降，但它会提高放大倍数的______性，改善波形的______。

22. 放大实质上是______。

23. 正反馈是指______；负反馈是指______。

24. 电路有无反馈取决于______。

25. 理想运放的放大倍数为______，输入电阻为______。

26. 集成运放电路级间采用______耦合。

27. 理想集成运放两输入端电位______，输入端电流______。

28. 模拟电路是处理变化的______信号电路。

29. 模拟电路中，三极管用作______器件；而在数字电路中，三极管用作______器件。

30. 差动放大电路能有效放大______信号，抑制______信号。

31. 集成运放电路主要由输入级、______、______和偏置电路构成。

32. 功放电路常处于多级放大器的______级，属于______(填大或小)信号放大电路。

33. 功率放大电路讨论的主要指标是______和______；电压放大电路讨论的主要指标是______。

34. 常用能量控制器件是______。

35. 甲类放大优点是______；甲类放大缺点是______。

36. 乙类放大优点是______；乙类放大缺点是______。

37. 功率放大电路是____________________(填大或小)信号放大电路。

二、选择题

1. 电压放大倍数定义为(　　)。

A) $A_i = i_o / i_i$　　B) $A_u = u_o / u_i$

C) $A_r = u_o / i_i$　　D) $A_g = i_o / u_i$

2. 下列关于输入电阻 R_i 的说法中，错误的是(　　)。

A) R_i 是从放大电路输入端看进去的等效电阻

B) 对于输入电压来说，R_i 越大越好

C) 对于输入电压来说，R_i 越大越好，因为 R_i 越大，i_i 就越大，从信号源索取的电流越大

D) 对于输入电压来说，R_i 越大越好，因为当信号源有内阻时，R_i 越大，u_i 就越接近 u_s

3. 下列关于输出电阻 R_o 的说法中，错误的是(　　)。

A) R_o 是从放大电路输出端看进去的等效电阻

B) 对于放大电路的输出电压来讲，输出电阻表明放大电路带负载的能力

C) 对于放大电路的输出电压来讲，R_o 越小，放大电路带负载的能力越强，反之则越差

D) 因为在输出电路中，R_o 与 R_L 是分压关系，所以 R_o 越小，负载上得到的电压越小

4. 下列关于基本放大电路各元件作用的说法中，错误的是(　　)。

A) 三极管 V 是该电路的核心放大器件，起到放大电流和能量放大的作用

B) R_b 的作用就是给三极管的 b、e 之间提供一个合适的预偏置电压 U_{BE}

C) 电阻 R_c 起到将电流的放大转化为电压的放大的作用

D) 电容 C_1、C_2 称为耦合电容，起到隔直流、通交流的作用

5. 下列关于电压放大电路的性能指标的说法中，错误的是(　　)。

A) 放大倍数越大越好　　B) 输入电阻越大越好

C) 输出电阻越小越好　　D) 静态工作点越稳定越好

6. 下列关于基本放大电路的技术参数的说法中，错误的是(　　)。

A) 放大倍数与 β 成正比

B) 放大倍数是负值

C) 输入电阻由晶体管的输入电阻决定

D) 输出电阻 $R_o = R_c$

7. 静态工作点过高会产生(　　)失真。

A) 交越　　B) 饱和　　C) 截止

8. 静态工作点过低会产生(　　)失真。

A) 交越　　B) 饱和　　C) 截止

9. 电路如图 8.47 所示，晶体管 V 的电流放大系数 $\beta = 50$，$R_B = 300\ \text{k}\Omega$，$R_E = 3\ \text{k}\Omega$，晶体管 V 处于(　　)。

A) 放大状态　　B) 截止状态

C) 饱和状态

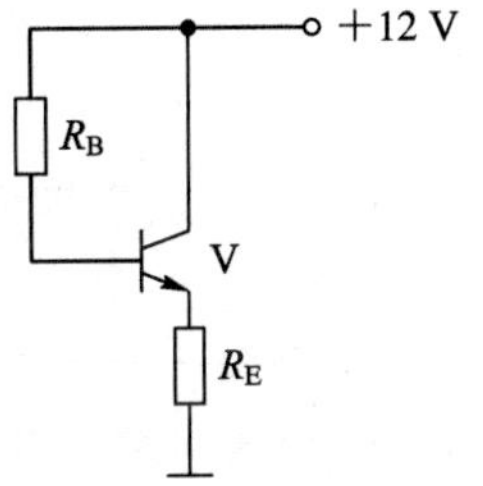

图 8.47　题 9 电路图

10. 在数字电路中晶体管经常应用于下列哪种工作状态(　　)。

A) 放大状态　　B) 饱和状态

C) 击穿状态　　D) 开关状态

11. 关于静态工作点的说法中，错误的是(　　)。

A）静态是动态的基础

B）静态工作点稳定，关系到电路的放大性能和稳定性

C）静态工作点不恰当，可引起放大信号失真

D）静态工作点恰当，可改善信号输入时的失真

12. 对直流通道而言，放大电路中的电容应视为(　　)。

A）直流电源　　B）短路　　C）断路

13. 一个 NPN 管在电路中正常工作，现测得：$U_{BE}>0$，$U_{BC}>0$，$U_{CE}>0$，则此管工作区为(　　)。

A）饱和区　　B）截止区　　C）放大区

14. 一个 NPN 管在电路中正常工作，现测得 $U_{BE}>0$，$U_{BC}<0$，$U_{CE}>0$，则此管工作区为(　　)。

A）饱和区　　B）截止区　　C）放大区

15. 一个 NPN 管在电路中正常工作，现测得 $U_{BE}<0$，$U_{BC}<0$，$U_{CE}>0$，则此管工作区为(　　)。

A）饱和区　　B）截止区　　C）放大区

16. 共射放大电路输出信号和输入信号的相位关系是(　　)。

A）超前　　B）同相　　C）反相

17. 放大电路由于各种原因，都可能造成信号失真，下列说法中错误的是(　　)。

A）工作点不合适引起的失真有两种：截止失真和饱和失真

B）产生截止失真原因：静态工作点设置过低

C）只要静态工作点恰当，就不会产生失真

D）产生饱和失真原因：静态工作点设置过高。

18. 下列关于反馈放大电路的说法中，错误的是(　　)。

A）含有反馈网络的放大电路称为反馈放大电路

B）反馈网络一般由非线性元件组成

C）反馈放大电路由基本放大电路和反馈网络构成一个闭环系统

D）反馈放大电路被称为闭环放大电路，而把基本放大电路称为开环放大电路

19. 关于 $Af=\dfrac{A}{1+AF}$，下列说法中错误的是(　　)。

A）称为反馈放大电路的基本关系式

B）它表明了闭环放大倍数与开环放大倍数、反馈系数之间的关系

C）F 称为反馈系数，A 是闭环放大倍数

D）$1+AF$ 称为反馈深度

20. 下列关于负反馈的说法中，错误的是(　　)。

A）提高放大电路的增益

B）使放大电路的工作稳定度变好

C）使放大电路的失真度变小

D）使放大电路的频率特性等性能显著改善

21. 下列关于直流反馈与交流反馈的说法中，错误的是(　　)。

A) 若反馈信号只含有直流量，则称为直流反馈

B) 若反馈信号含有交流量，则称为交流反馈

C) 直流负反馈影响放大电路的直流性能，常用以稳定静态工作点

D) 交流负反馈影响放大电路的交流性能，常用以改善放大电路的动态性能

22. 基本放大电路引入负反馈后，虽然使闭环放大倍数下降，却能使放大器的性能得到改善。下列说明中错误的是(　　)。

A) 提高放大倍数的稳定性　　B) 减小非线性失真

C) 使放大电路的通频带展宽　　D) 使输入电阻和输出阻抗变大

23. 下列关于电压串联负反馈的说法中不正确的是(　　)。

A) 反馈取样量是电压　　B) 输入量与反馈量在输入端串联

C) 可提高电压增益　　D) 电压增益会下降

24. 关于理想运放电路的主要参数，下列说明中错误的是(　　)。

A) 开环差模增益(放大倍数)$A_{od}=\infty$

B) 差模输入电阻 $R_{id}=\infty$

C) 共模抑制比为 0

D) 输出电阻 $R_o=0$

25. 关于运放电路工作在线性区域的两个基本特性，下列说法中错误的是(　　)。

A) 运放电路的两个输入端短路，因而输入电流很大

B) $u_P=u_N$

C) 集成运放电路的两个输入端没有断路，却具有与断路相同的特征

D) $i_P=i_N=0$

26. 关于功率放大电路的特殊问题，下列说法中错误的是(　　)。

A) 功率放大电路要求尽量大的输出功率

B) 功率放大电路要求功放管的电压和电流都要有足够大的输出幅度

C) 尽量提高功率转换的效率，要考虑功放管的散热问题

D) 在极限的状态下不允许适当的非线性失真

27. 基本放大电路处于下列(　　)状态。

A) 甲类　　B) 甲乙类　　C) 乙类　　D)丙类

28. 功率放大电路中，效率最高的工作方式是(　　)。

A) 甲类　　B) 乙类　　C) 甲乙类

29. 功率放大电路中，效率最低的工作方式是(　　)。

A) 甲类　　B) 乙类　　C) 甲乙类

30. 功率放大电路中，波形失真大的工作方式是(　　)。

A) 甲类　　B) 乙类　　C) 甲乙类

31. 功率放大电路中，波形不失真的工作方式是(　　)。

A) 甲类　　B) 乙类　　C) 甲乙类

三、计算题

1. 电路如图8.48所示，已知$\beta=100$，$U_{BE}=0.7$ V，求：(1) 静态工作点；(2) A_u、R_i、R_o。

2. 画出基本共射放大电路图及直流通路电路。若信号出现饱和失真，应调整电路中哪个元件？如何调整？

3. 电路如图8.49所示。问：

(1) 电路是否有反馈？若有，请说明类型。

(2) 电路是否能稳定静态工作点？试分析说明。

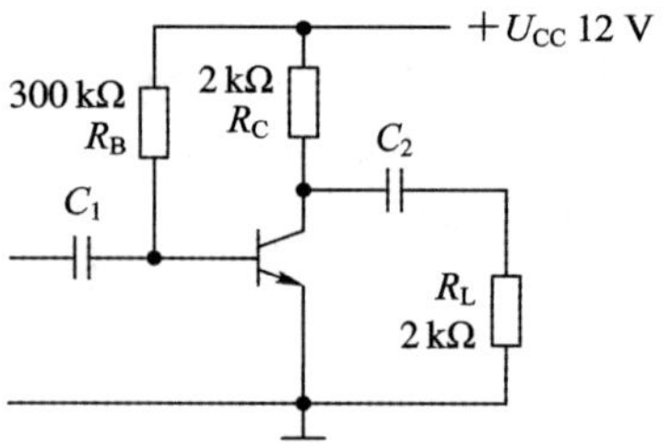

图8.48 题1电路

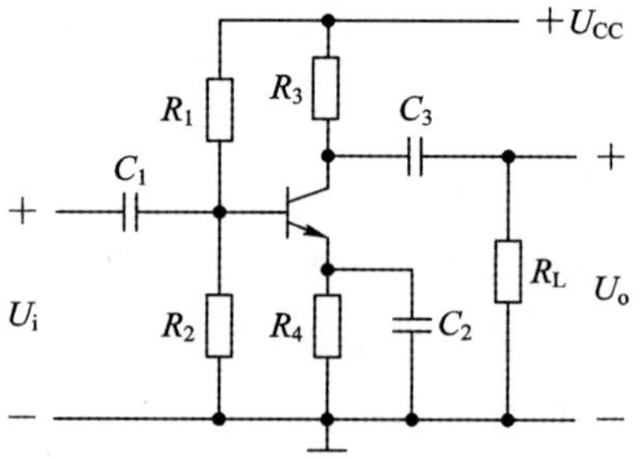

图8.49 题3、4电路

4. 电路如图8.49所示。

(1) 计算静态工作点，并说明如工作点偏高会有何后果及如何改进。

(2) 计算A_u、R_i、R_o。

5. 电路如图8.50所示，分析计算输出电压的值。

6. 电路如图8.51所示，分析计算输出电压的值。

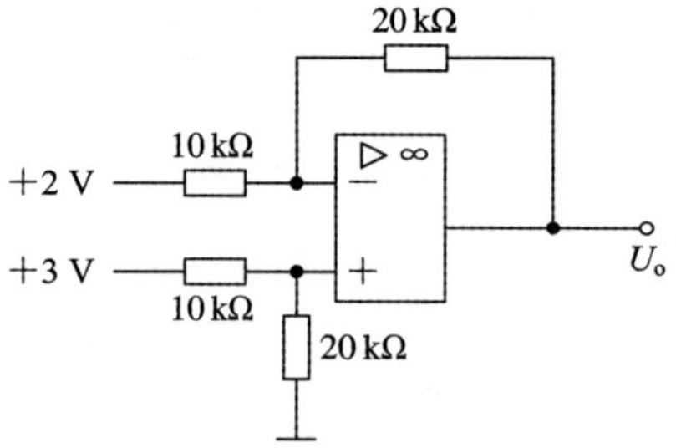

图8.50 题5电路

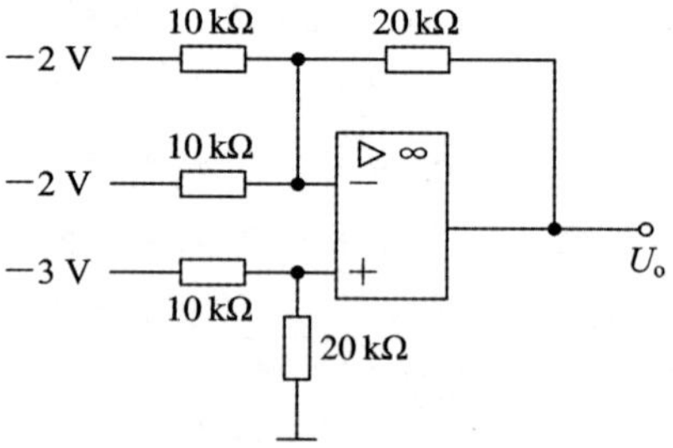

图8.51 题6电路

7. 已知双电源乙类互补对称电路$U_{CC}=12$ V，$R_L=16$ Ω，输入为正弦波，求：

(1) 最大输出功率$P_{OM}(U_{CES}=0)$；

(2) 每个管子的管耗P_{CM}。

8. 画出输出电压和输出电流满足关系式$U_o/U_i=-1$的集成运放电路。

9. 电路如图8.52所示，M为一块量程为100 μA的直流微安表，图中电阻$R=100$ Ω，要求：

(1) 计算从微安表上读出最大值时的u_1；

(2) 若换一块量程仍为 100 μA 的微安表，但内阻比原来的那块大一倍，电阻 R 不变，问输入被测电压的最大值 u_1 有无变化，并说明原因。

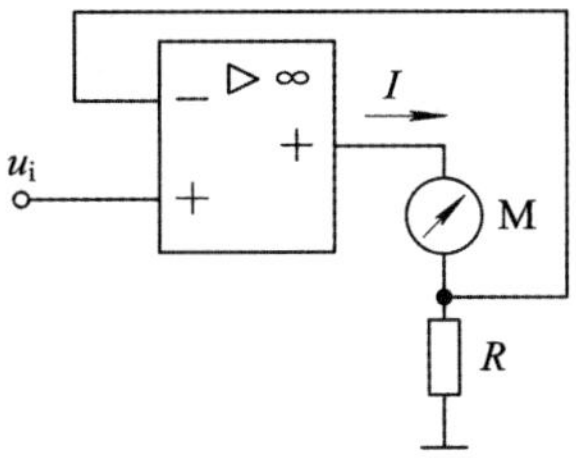

图 8.52　题 9 电路

10. 放大电路及晶体管输出特性曲线如图 8.53 所示，u_{BE} 忽略不计。欲使 $i_C=2$ mA，则 R_B应调至多大阻值？

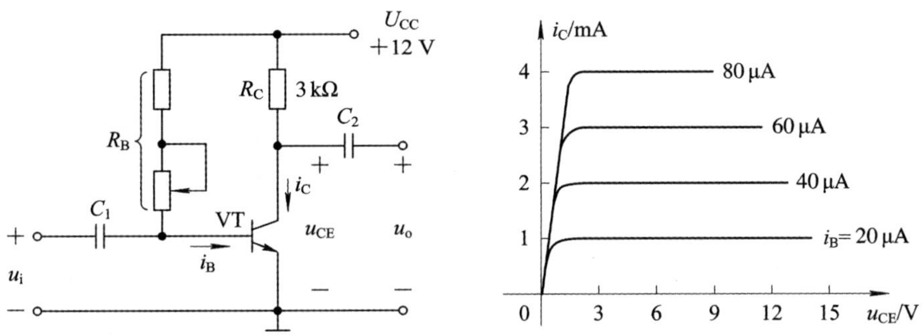

图 8.53　题 10 电路图及特性曲线

11. 放大电路如图 8.54 所示，已知：$R_B=240$ kΩ，$R_C=3$ kΩ，晶体管 $\beta=40$，$U_{CC}=12$ V。现该电路中的三极管损坏，换上一个 $\beta=80$ 的新管子，若要保持原来的静态电流 I_C 不变且忽略 u_{BE}，应把 R_B 调整为多少？

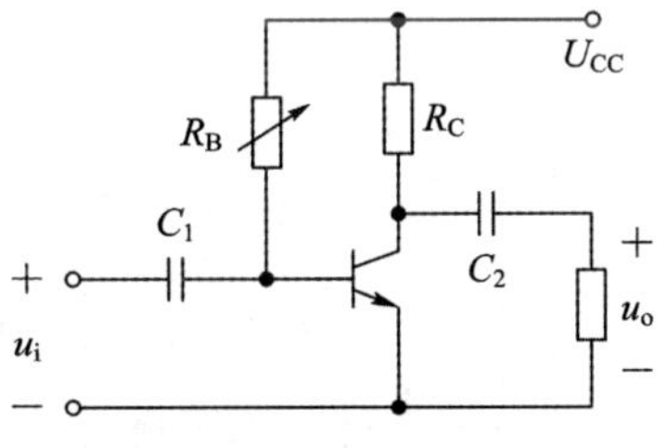

图 8.54　题 11 电路

12. 电路如图 8.55 所示，$R_1=10$ kΩ，$R_2=20$ kΩ，$R_F=100$ kΩ，$u_{i1}=0.2$ V，$u_{i2}=-0.5$ V，求输出电压 u_o。

13. 运算放大器电路如图 8.56 所示，$R_F=40$ kΩ，$R_1=R_2=10$ kΩ，$u_i=1$ V，求：

(1) 输出电压 u_o等于多少？

(2) 输入电阻 $r_i=u_i/i_i=$？

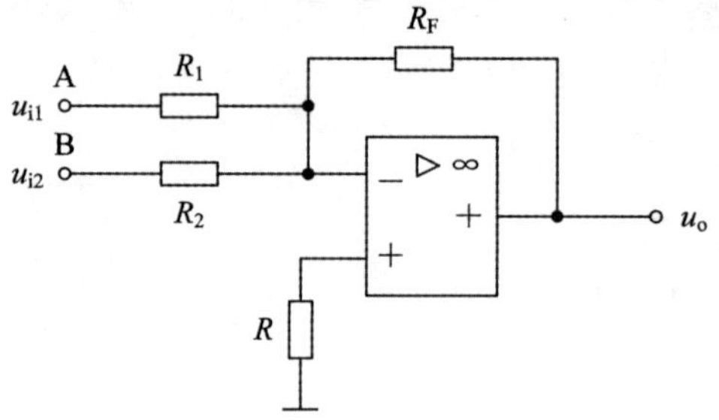

图 8.55 题 12 电路

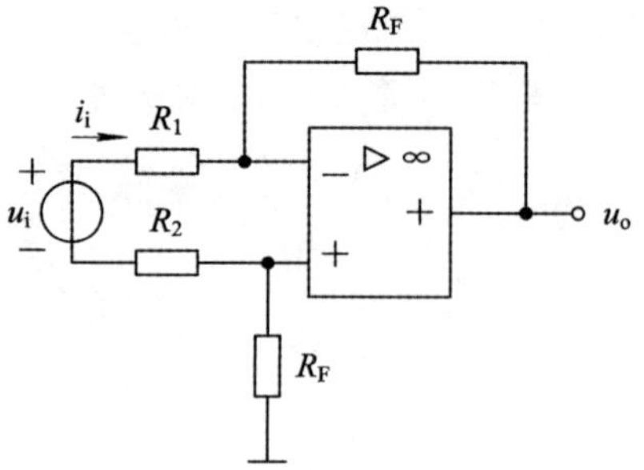

图 8.56 题 13 电路

14. 在图 8.57 所示运算放大器电路中，已知 $u_{i1}=1$ V，$u_{i2}=2$ V，$u_{i3}=3$ V，$u_{i4}=4$ V，$R_1=R_2=2$ kΩ，$R_3=R_4=R_F=1$ kΩ，求 u_o。

15. 如图 8.58 所示的运放电路，已知 $u_i=0.5$ V，$R_1=R_2=10$ kΩ，$R_3=2$ kΩ，求 $u_o=$？

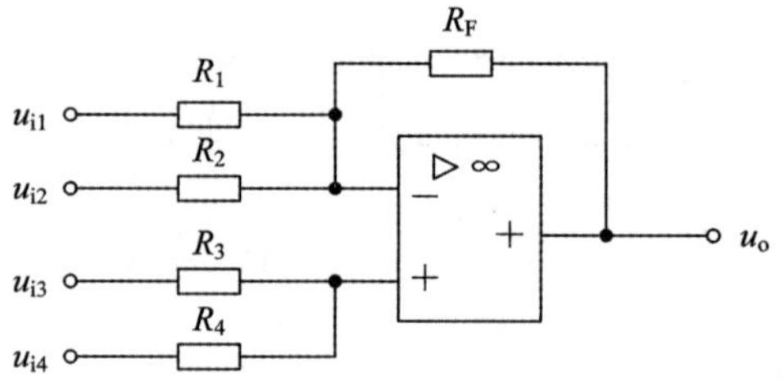

图 8.57 题 14 电路

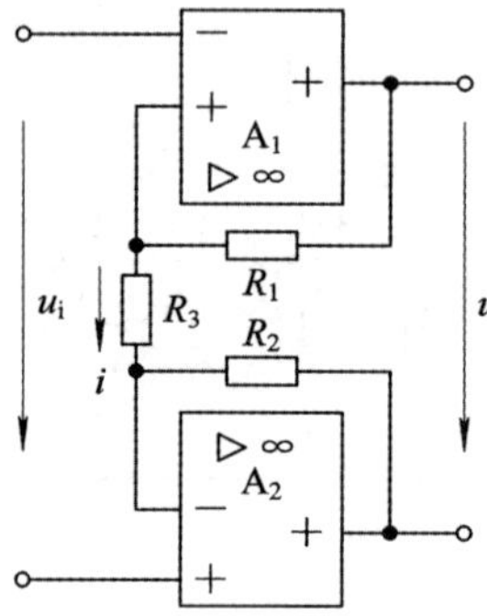

图 8.58 题 15 电路

16. 如图 8.59 所示运放电路，求 $u_o=$？

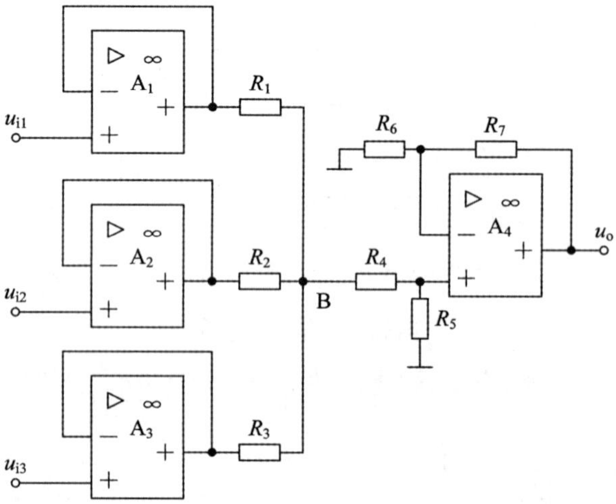

图 8.59 题 16 电路

17. 图 8.60 是集电极-基极偏置放大电路。

(1) 试说明其稳定静态工作点的物理过程；

(2) 设 $U_{CC}=20$ V，$R_C=10$ kΩ，$R_B=330$ kΩ，$\beta=50$，试求其静态值。

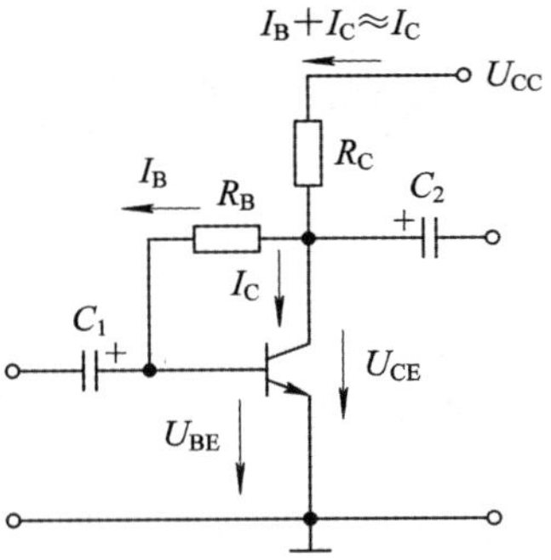

图 8.60　题 17 电路

18. 为达到下述三种效果，应引入什么反馈？标明反馈支路的路径。

(1) 仅希望稳定静态工作点；

(2) 稳定电路的输出电压；

(3) 减小电路的输入电阻。

19. 工作在乙类的 OCL 电路如图 8.61 所示，已知 $U_{CC}=12$ V，$R_L=8$ Ω，u_i 为正弦电压。

(1) 求在 $U_{CES}\approx 0$ 的情况下，电路的输出功率 P_{OM}、效率 η 和管耗 P_T；

(2) 求每个管子的最大允许管耗 P_{CM}；

(3) 说明 OCL 电路中晶体管的一般选择原则。

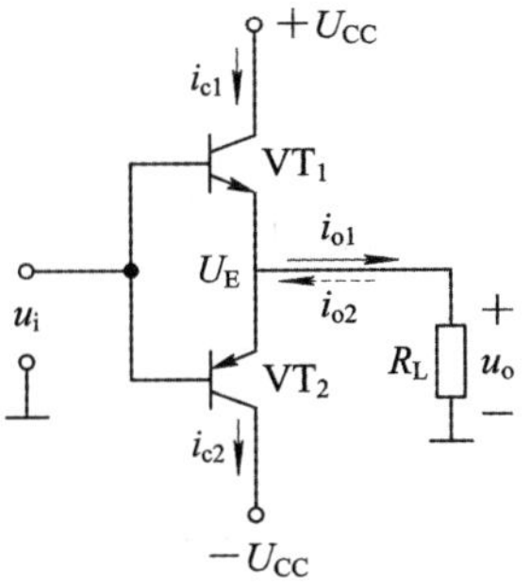

图 8.61　题 19 电路

20. 试说明图 8.62 中各电路对交流信号能否放大。

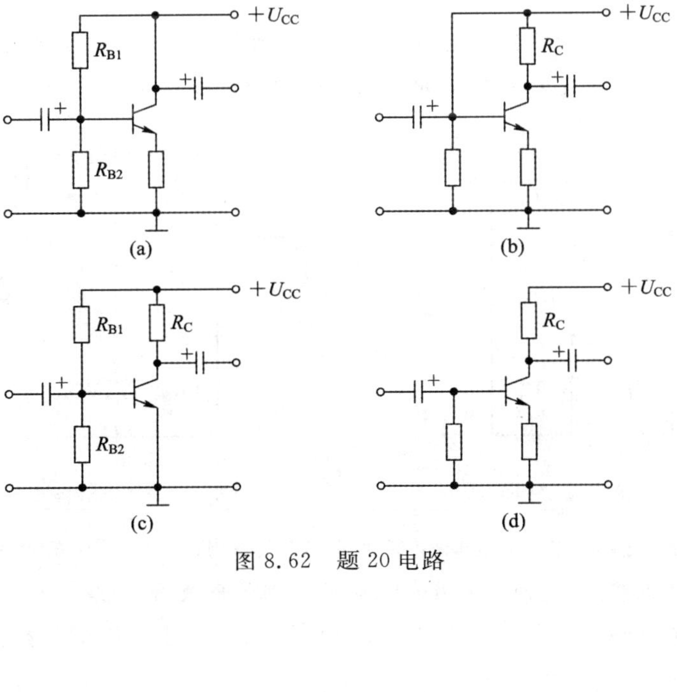

图 8.62　题 20 电路

第九章 直流稳压电源与电子识图

学习引导(课堂学时：6～8学时)

学习目标	掌握整流、滤波电路的工作原理；理解稳压原理；掌握电子识图基本方法与技巧 能计算整流、滤波电路的问题；能组装直流稳压电源；能看懂收音机电路图并组装收音机 养成统合各方面知识的习惯；巩固理论联系实际的习惯
重点	1. 桥式整流电路、电容滤波电路 2. 电子读图方法
难点	装配技能的习得；识读电子电路图
预备知识	放大电路、Protel
学习方法	通过组装和测试直流稳压电源，建立直流稳压电源的感性认识；重点学习桥式整流电路；通过组装直流稳压电源及收音机来提高电子装配技能并训练识图能力

教学情境十 直流稳压电路实验

情境描述：按图9.1所示搭接电路。检查无误后接通电源。用示波器观察 u_2、负载 R_L 两端波形，并用直流电压表测量负载 R_L 两端的电压 U_o。

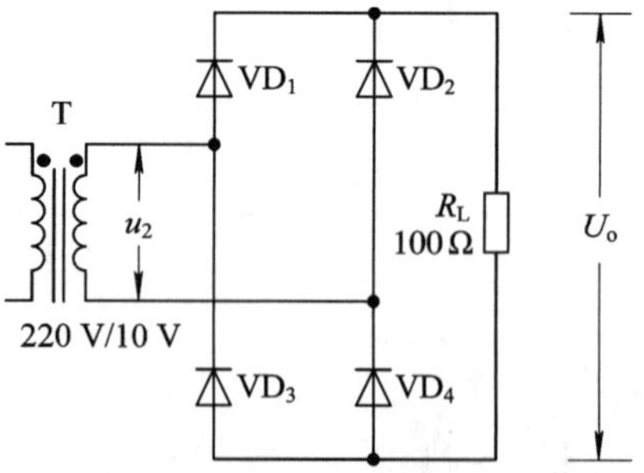

图9.1 整流电路实验电路

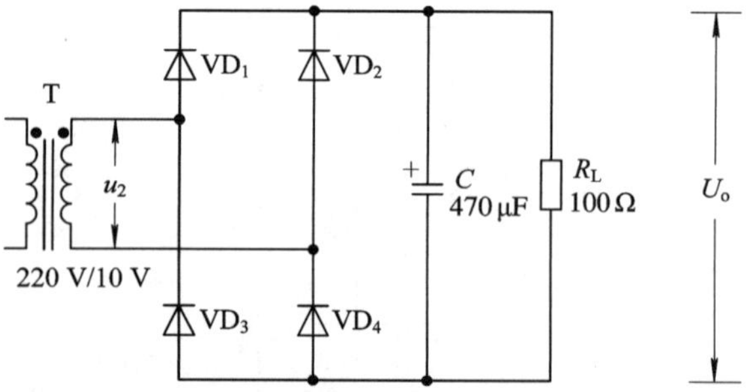

图9.2 整流滤波电路实验电路

在图9.1所示整流电路基础上加上滤波电容 C，构成图9.2所示整流滤波电路。用示波器观察 u_2、负载 R_L 两端波形，并用直流电压表测量负载 R_L 两端电压 U_o。

情境分析：这两个电路输入的是220 V的交流电，输出却变成了直流电，变换过程是怎样的？电路参数如何选取？还有哪些电路可以将交流电变为直流电？本章重点讨论如何将交流电变为稳定的直流电的问题；另外，电子识图训练也是本章的重要任务。

9.1 直流稳压电源

直流稳压电源电路将交流电变成直流电，其组成结构有变压、整流、滤波、稳压四个环节。为了更深刻地认识各个环节的组成结构及功能，下面对相关知识进行介绍。

9.1.1 整流电路

1. 单相半波整流电路

1）工作原理

单相半波整流电路是最基本的整流电路，其电路图如图 9.3 所示。

整流电路工作时，利用整流二极管的单向导电特性，将其作为开关使用。

正半周时，二极管 VD 导通，在负载电阻上得到正弦波的正半周。负半周时，二极管 VD 截止，在负载电阻上没有电流通过。因此加在负载电阻上的电压仅是半个正弦波，是同一个方向的半波脉动电压，其波形见图 9.4。

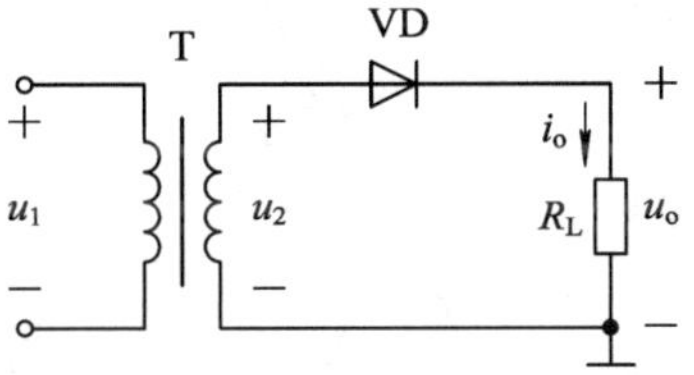

图 9.3　单相半波整流电路

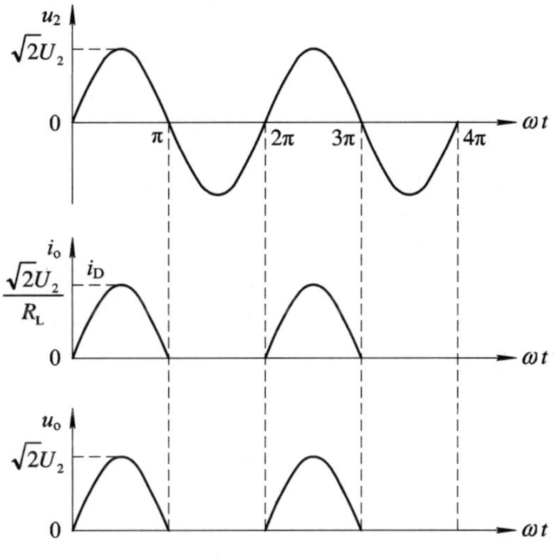

图 9.4　单相半波整流电路的电流与电压波形

2）参数计算

根据图 9.4 可知，在一个周期内，只是正半周导电，在负载上得到的是半个正弦波。

设 $u_2=\sqrt{2}U_2\sin(\omega t+0^\circ)$，则负载上的输出平均电压为

$$U_o=U_L=\frac{1}{2\pi}\int_0^{\pi}\sqrt{2}U_2\sin(\omega t)\,d(\omega t)=\frac{\sqrt{2}}{\pi}U_2\approx 0.45U_2 \tag{9.1}$$

流过负载和二极管的平均电流为

$$I_D=I_L=\frac{\sqrt{2}U_2}{\pi R_L}=\frac{0.45U_2}{R_L} \tag{9.2}$$

二极管所承受的最大反向电压为

$$U_{R\max} = \sqrt{2}U_2 \tag{9.3}$$

2. 单相桥式整流电路

1）工作原理

单相桥式整流电路是工程上最常用的单相整流电路，如图 9.5 所示。

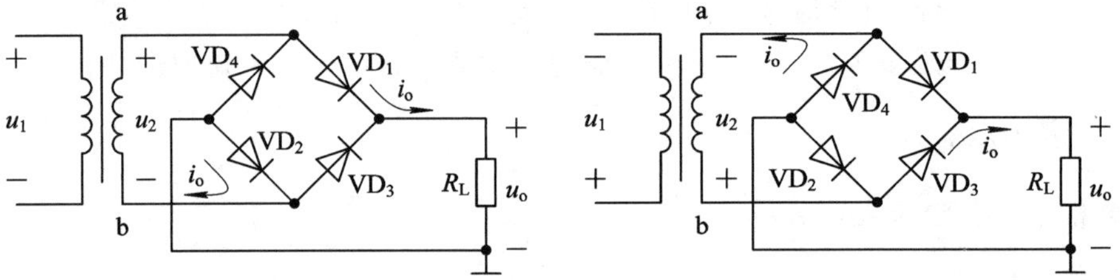

图 9.5 单相桥式整流电路

整流电路在工作时，电路中的四只二极管都作为开关运用。根据图 9.5 的电路图可知：

正半周时，二极管 VD_1、VD_2 导通（VD_3、VD_4 截止），在负载电阻上得到正弦波的正半周；

负半周时，二极管 VD_3、VD_4 导通（VD_1、VD_2 截止），在负载电阻上得到正弦波的负半周。

在负载电阻上经过正、负半周合成，得到的是同一个方向的单向脉动电压。单相桥式整流电路的电流与电压波形见图 9.6。

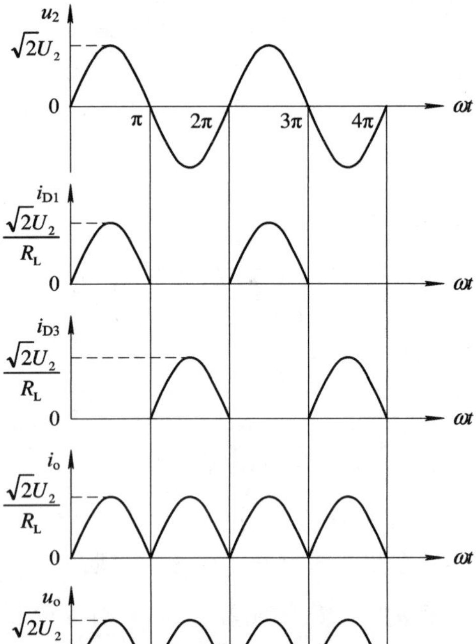

图 9.6 单相桥式整流电路波形

2）参数计算

根据图 9.6 可知，输出电压是单相脉动电压，通常用它的平均值与直流电压等效。其输出平均电压为

$$\begin{aligned} U_o &= U_L \\ &= \frac{1}{\pi}\int_0^{\pi} \sqrt{2}U_2 \sin(\omega t)\ \mathrm{d}(\omega t) \\ &= \frac{2\sqrt{2}}{\pi}U_2 = 0.9U_2 \end{aligned} \tag{9.4}$$

流过负载的平均电流为

$$I_L = \frac{2\sqrt{2}U_2}{\pi R_L} = \frac{0.9U_2}{R_L} \tag{9.5}$$

流过二极管的平均电流为

$$I_D = \frac{I_L}{2} = \frac{\sqrt{2}U_2}{\pi R_L} = \frac{0.45U_2}{R_L} \tag{9.6}$$

二极管所承受的最大反向电压为

$$U_{R\max} = \sqrt{2}U_2 \tag{9.7}$$

9.1.2　滤波电路

滤波电路利用电抗性元件对交、直流阻抗的不同，来实现滤波。电容器 C 对直流开路，对交流阻抗小，所以 C 应该并联在负载两端。电感器 L 对直流阻抗小，对交流阻抗大，因此 L 应与负载串联。信号经过滤波电路后，既可保留直流分量，又可滤掉一部分交流分量，改变了交、直流成分的比例，减小了电路的脉动系数，改善了直流电压的质量。

1. 电容滤波电路

下面以单相桥式整流电容滤波电路为例，分析电容滤波的工作原理，电路如图 9.7 所示。显然，该电路只是在桥式整流的负载电阻上并联了一个滤波电容 C。

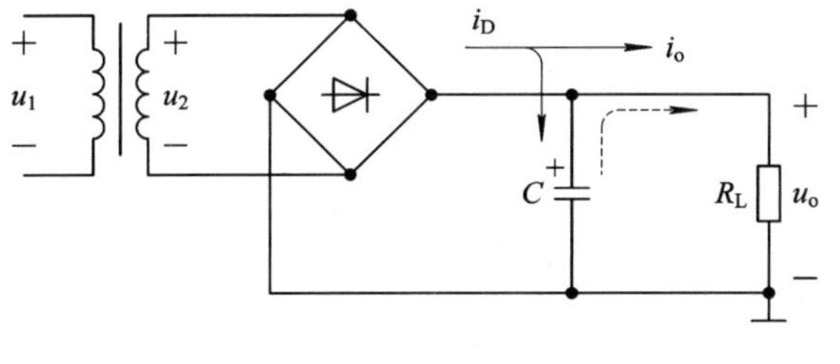

图 9.7　电容滤波电路

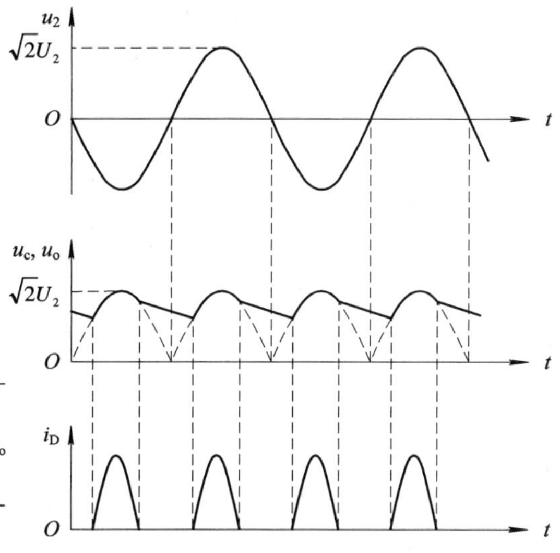

图 9.8　电容滤波电路波形

1）工作原理

电容滤波电路波形见图 9.8。

显然。当 R_L 很小，即 I_L 很大时，电容滤波的效果不好。所以电容滤波适合输出电流较小的场合。

2）参数计算

输出电压的平均值一般常采用以下近似估算法计算：在 $R_LC=(3\sim5)T/2$ 的条件下，近似认为

$$U_o = 1.2U_2(\text{桥式}) \tag{9.8}$$

$$U_o = U_2(\text{半波}) \tag{9.9}$$

截止二极管上的最高反向电压 $U_{R\max}$ 为

$$U_{R\max} = \sqrt{2}U_2(\text{桥式}) \tag{9.10}$$

$$U_{R\max} = 2\sqrt{2}U_2(\text{全波}) \tag{9.11}$$

2. 电感滤波电路

桥式整流电感滤波电路如图 9.9 所示。

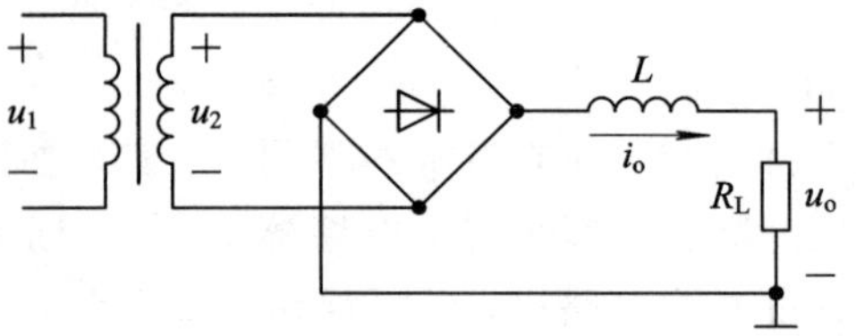

图 9.9 电感滤波电路

滤波元件 L 串在整流输出与负载 R_L 之间(电感滤波一般不与半波整流搭配)。其滤波原理可用电磁感应原理来解释。当电感中通过交变电流时，电感两端便产生出一反电动势阻碍电流的变化：当电流增大时，反电动势会阻碍电流的增大，并将一部分能量转化为磁场能量储存起来；当电流减小时，反电动势会阻碍电流的减小，电感释放出储存的能量。这就大大减小了输出电流的变化，使其变得平滑，达到了滤波目的。当忽略 L 的直流电阻时，R_L 上的直流电压 U_o 与不加滤波时负载上的电压相同，即

$$U_o = 0.9U_2 \tag{9.12}$$

与电容滤波相比，电感滤波有以下特点：

(1) 电感滤波的外特性和脉动特性比较平坦；

(2) 电感滤波电路中整流二极管的导通角 $\theta=\pi$；

(3) 电感滤波的输出电压较电容滤波为低。故一般电感滤波适用于输出电压不高，输出电流较大及负载变化较大的场合。

图 9.10 是 LC 滤波电路。具有 LC 滤波器的整流电路适用于输出电流较大、输出电压脉动很小的场合。

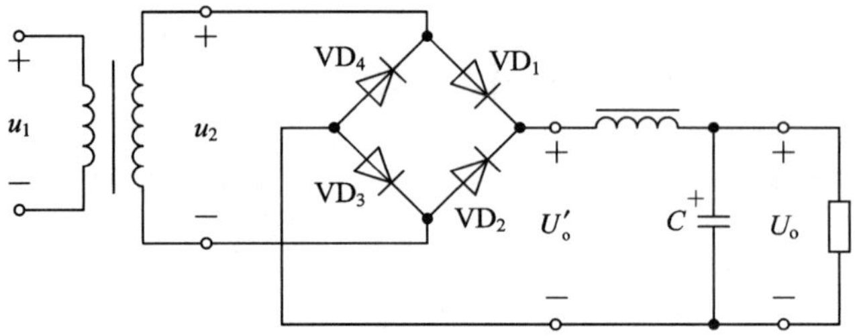

图 9.10 电感电容滤波电路

3. π 型滤波器(*CLC* 滤波器、*CRC* 滤波器)

图 9.11 为 CLC π 型滤波电路，用于要求输出电压脉动更小的场合。但此电路对整流二极管的冲击电流较大。图 9.12 为 CRC π 型滤波电路，它适用于负载电流较小而又要求输出电压脉动小的场合。

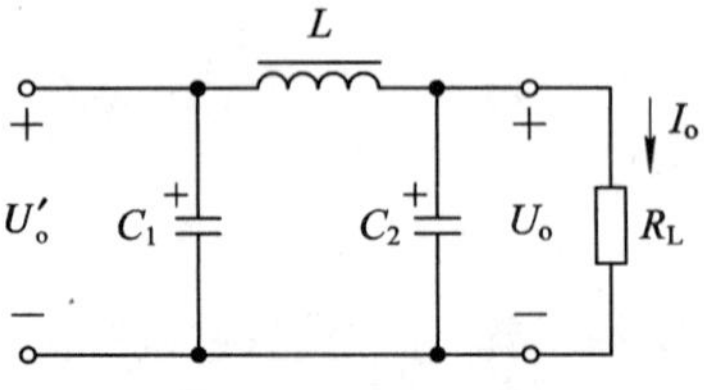

图 9.11 CLC π 型滤波

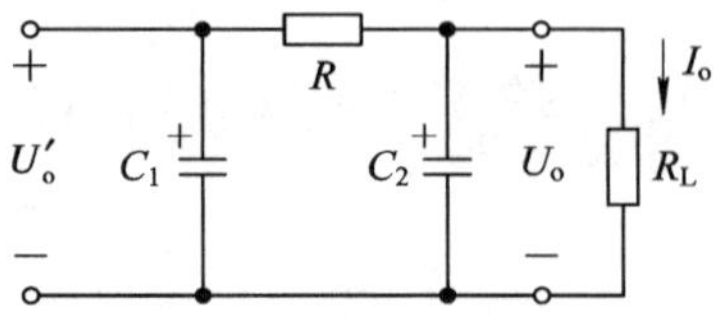

图 9.12 CRC π 型滤波

9.1.3　稳压电路

经整流滤波后输出的直流电压，虽然平滑程度较好，但其稳定性是比较差的。其原因主要有以下几个方面：

(1) 由于输入电压(市电)不稳定(通常交流电网允许有±10%的波动)而导致整流滤波电路输出直流电压不稳定；

(2) 当负载 R_L 变化(即负载电流 I_L 变化)时，整流滤波电路存在一定的内阻，使得输出直流电压发生变化；

(3) 当环境温度发生变化时，引起电路元件(特别是半导体器件)参数发生变化，导致输出电压发生变化。

所以，经整流滤波后的直流电压，必须采取一定的稳压措施，才能适合电子设备的需要。常用的稳压电路有稳压管稳压电路、串联型稳压电路和开关稳压电路等。

稳压二极管的缺点是工作电流较小，稳定电压值不能连续调节。线性串联型稳压电路的工作电流较大，输出电压一般可连续调节，稳压性能优越。目前这种稳压电路已经制成单片集成电路，广泛应用在各种电子仪器和电子电路之中。线性串联型稳压电路的缺点是损耗较大、效率低。

1. 串联型稳压电路

1) 组成框图

串联型稳压电路的组成框图如图 9.13 所示。它由取样电路、基准电压源、调整电路(三极管)和比较放大电路(误差放大器)组成。

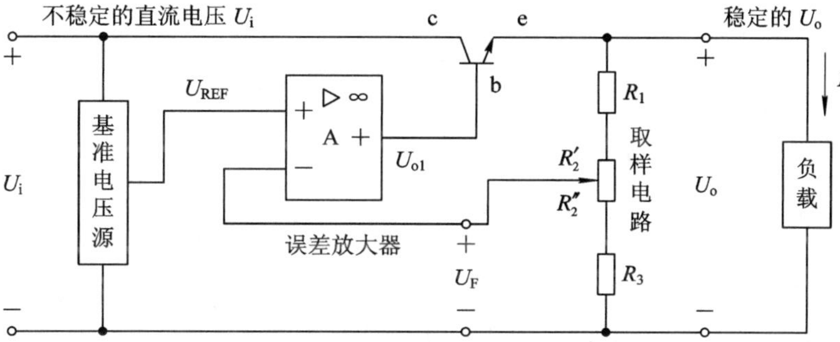

图 9.13　串联型稳压电路框图

基准电压源由电阻和二极管串联组成，电阻接 U_i 正端，二极管接 U_i 负端，U_{REF} 从二极管两端取出，故 U_{REF} 为二极管两端的电压，因稳压二极管两端的电压 U_Z 恒定不变，故 U_{REF} 也恒定不变。

反馈电压 U_F 通过取样电路取样于输出电压 U_o，加到集成运放反相端，基准电压 U_{REF} 加到集成运放同相端，电路接成电压串联负反馈的形式。

2) 稳压原理

设输入电压变化，负载电流保持不变。输入电压 U_i 的增加，必然会使输出电压 U_o 有所增加，输出电压经过取样电路取出一部分信号 U_F 与基准源电压 U_{REF} 比较，获得误差信号 ΔU，因 U_{REF} 恒定不变，故 ΔU 减小，U_{o1} 减小，用 U_{o1} 控制调整管的管压降，则 U_{CE} 增加，

U_o下降，从而抵消输入电压增加的影响，其稳压过程如图 9.14 所示。

$$U_i\uparrow \to U_o\uparrow \to U_F\uparrow \to U_{o1}\downarrow \to U_{CE}\uparrow \to U_o\downarrow$$

图 9.14 串联型稳压电路的稳压过程

读者可以用同样的方法来讨论当负载电流变化而输入电压保持不变时的情况。

3）输出电压调节范围的计算

根据图 9.13 可知

$$U_F \approx U_{REF}$$

$$U_o \approx U_{o1} = \left(1+\frac{R_1+R_2'}{R_3+R_2''}\right)U_{REF} \tag{9.13}$$

调节 R_2 显然可以改变输出电压。

4）三端集成稳压电路

将线性串联稳压电路和各种保护电路集成在一起就得到了集成稳压器。早期的集成稳压器外引线较多，现在的集成稳压器只有三个外引线：输入端、输出端和公共端。它的电路符号及外形如图 9.15 所示。要特别注意，不同型号、不同封装的集成稳压器，它的三个电极的位置是不同的，要查手册确定。

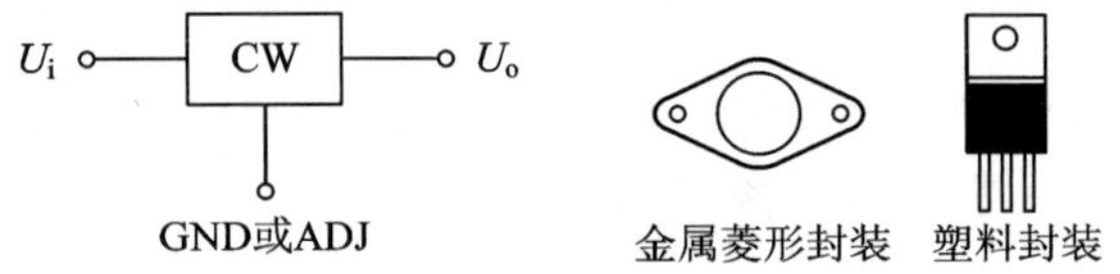

图 9.15 集成稳压器符号及外形

三端固定输出集成稳压器的典型应用电路如图 9.16 所示。三端可调输出集成稳压器的典型应用电路如图 9.17 所示。

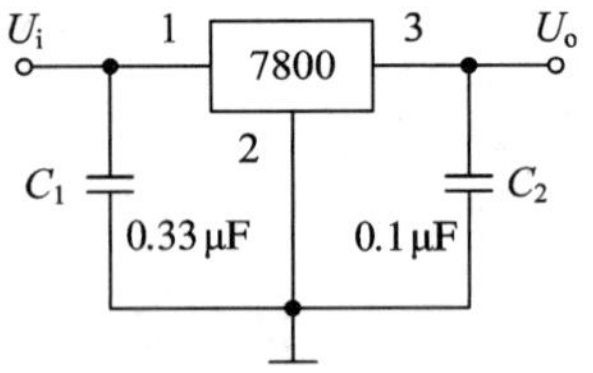

图 9.16 三端固定输出集成稳压器应用电路

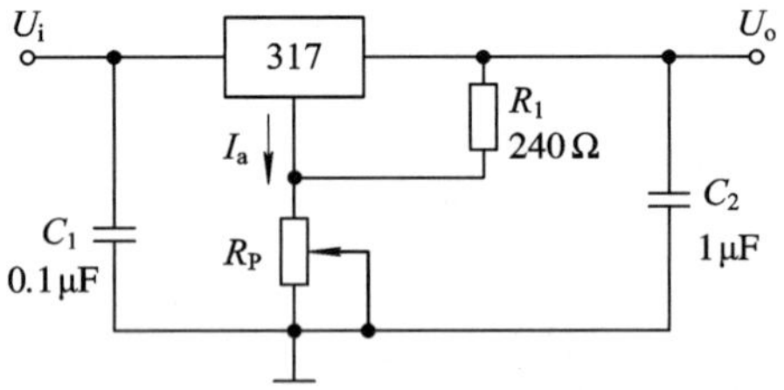

图 9.17 三端可调输出集成稳压器应用电路

在三端可调输出集成稳压器的内部，输出端和公共端之间是 1.25 V 的参考源，因此输出电压可通过电位器调节：

$$U_o = U_{REF} + \frac{U_{REF}}{R_1}R_P + I_a R_P \approx 1.25\times\left(1+\frac{R_P}{R_1}\right) \tag{9.14}$$

2. 开关稳压电路

由于线性稳压器的调整元件必须工作在线性放大区，因而其管压降大、管耗大、效率低，特别是在输入电压升高、负载电流很大时，这些缺陷更为明显。当调整管工作于截止、饱和两种状态时，其管耗很小，效率可高达 80%～90%，且几乎不受输入电压大小的影响，因而有较宽的稳压范围。其存在的主要问题是纹波系数大。但因其优点显著，因而获得较快的发展及应用。

1）组成框图

图 9.18 为串联开关稳压电路的基本组成框图。图中 V_1 为开关元件(调整管)，V_2 为续流二极管；L、C 构成 L 型滤波电路；R_1 和 R_2 组成取样电路，A 为误差放大器，C 为电压比较器，它们与基准电压源、三角波发生器组成开关调整管的控制电路。取样电压为 u_F，基准电压为 U_{REF}，三角波电压为 u_T。u_T 决定着电源开关的频率。比较器的输出 u_B 控制着调整管的导通和截止。u_B、u_T、u_A 的波形分别如图 9.19(a)、(b)所示。

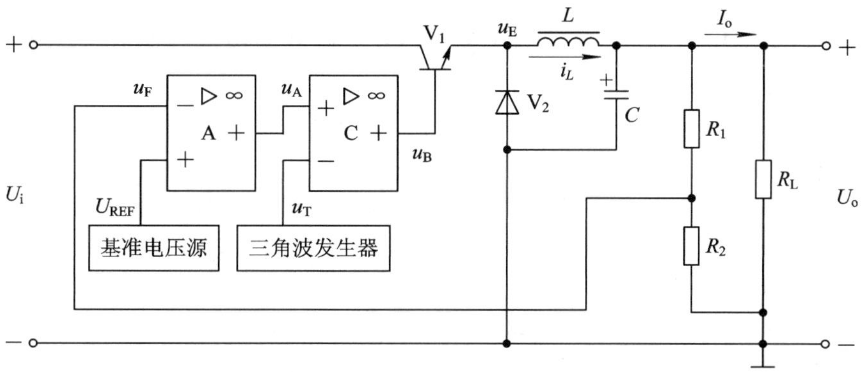

图 9.18　串联开关稳压电路框图

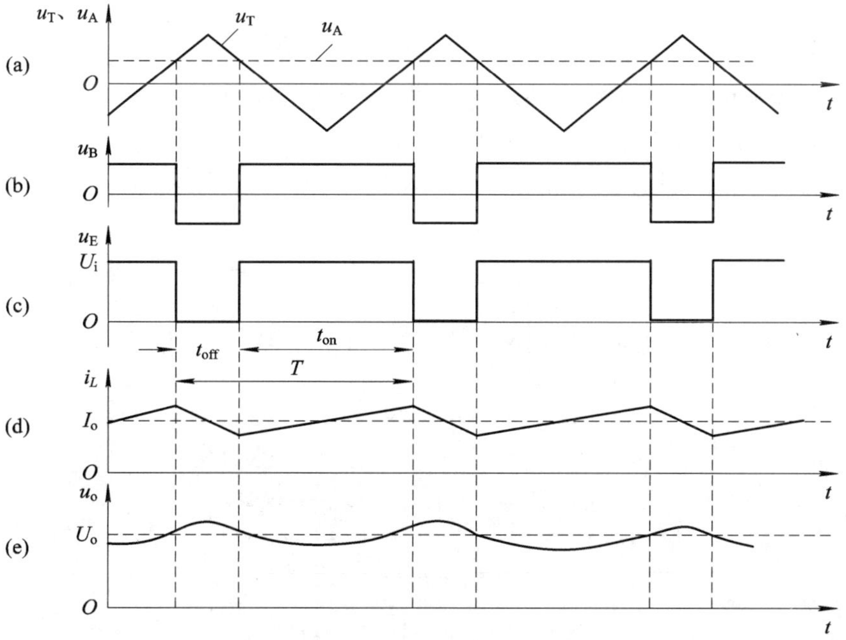

图 9.19　开关稳压电路的电流、电压波形

2）原理分析

当 u_B 为高电平时，V_1 饱和导通，$u_E=U_i$，V_2 截止，u_E 通过电感 L 为负载 R_L 提供电流。电感 L 中的电流 i_L 随时间线性增长，同时 L 将储能，当 $i_L>I_o$ 时，电容 C 亦被充电，输出电压 u_o 略有增大。

当 u_B 为低电平时，V_1 截止，$u_E=0$，电感 L 将产生与电流 i_L 同方向的自感电动势，经 V_2 构成回路而续流。此时，负载 R_L 所获得的电能来自于电感 L 的储能，因此电流 i_L 将随时间线性下降。当 $i_L<I_o$ 时，电容 C 放电，输出电压 u_o 略有下降。u_E、i_L、u_o 波形分别如图 9.19(c)、(d)、(e)所示。图中的 I_o、U_o 分别为稳压电路输出电流、电压的平均值。由此可见，开关型稳压电源能获得平稳直流电压输出的关键在于二极管 V_2 的续流和 L、C 的滤波作用。

3）计算关系

在忽略滤波器电感的直流压降、开关管的饱和压降及二极管的导通压降时，输出电压的平均值将正比于脉冲的占空比：

$$U_o \approx \frac{t_{on}}{T}U_i = DU_i \tag{9.15}$$

由于输出电压的大小与脉冲的宽度成正比，故而又将此电路称为脉宽调制式(PWM)开关稳压电路。

4）集成开关稳压器及其应用

集成开关稳压器的种类较多，如 CW1524/2524/3524、CW4960/4962 及 CW2575/2576 等。在这里，我们着重介绍 CW1524 系列的特点、性能和应用。

CW1524 系列是采用双极型工艺制作的模拟、数字混合集成电路，其内部电路包括基准电压源、误差放大器、振荡器、脉宽调制器、触发器、两只输出功率晶体管及过流过热保护电路等。

CW1524 的工作结温为 −55℃ ～ +150℃，CW2524/3524 的工作结温为 0℃ ～ +125℃；最大输入电压为 40 V；最高工作频率为 100 kHz；内部基准电压为 5 V；能承受的负载电流为 50 mA；每路输出电流为 100 mA。

CW1524 系列采用直插式 16 脚封装。管脚排列如图 9.20 所示。各脚的功能为：

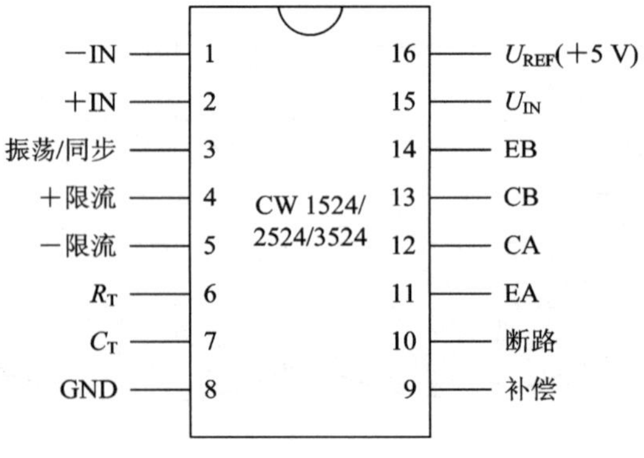

图 9.20 CW1524 的管脚排列

1、2 脚分别为误差放大器的反相和同相输入端，脚 1 接取样电压，脚 2 接基准电压。

3 脚为振荡器输出端，可输出方波电压，6、7 脚分别为振荡器外接定时电阻 R_T 端和定时电容 C_T 端。振荡频率 $f_0=1.15/(R_T \cdot C_T)$，一般取 $R_T=(1.8\sim100)\ \text{k}\Omega$，$C_T=(0.01\sim0.1)\ \mu\text{F}$。

4、5 脚为外接限流取样端，8 脚是地端，9 脚是补偿端，10 脚为关闭控制端。通过控制 10 脚的电位，可以控制脉宽调制器的输出，直至使输出电压为零。

11、12 脚分别为输出管 A 的发射极和集电极，13、14 分别是输出管 B 的集电极和发射极。输出管 A 和 B 内均设有限流保护电路，峰值电流限制在 100 mA 左右。

15 脚为输入电压端。16 脚是基准电压端，可提供 50 mA、5 V 的稳定基准电压源。该电源具有短路电流保护。

由 CW1524 构成的开关稳压电源实例如图 9.21 所示。外接开关管 V_1、V_2 可实现扩流。12 和 13 脚、11 和 14 脚连接在一起，将芯片内输出管 A 和 B 并联作为外接复合调整管 V_1、V_2 的驱动级。6、7 脚分别接入 R_5 和 C_2，故振荡频率 $f_0=1.15/(3\times10^3\ \Omega\times0.02\times10^{-6})=19.2\ \text{kHz}$。由 16 脚输出的 5 V 基准电压经 R_3、R_4 的分压得 2.5 V，送到误差放大器的同相输入端 2 脚。稳压电源的输出电压 U_o 经取样电路 R_1、R_2 的分压，获得 $U_F=U_oR_2/(R_1+R_2)$，送到误差放大器的反相输入端 1 脚。根据 $U_F=U_{REF}$，可求得输出电压 $U_o=5\ \text{V}$（因为 $R_1\sim R_4$ 均为 5 kΩ）。在 4 与 5 脚之间接的电阻 R_0 为限流保护取样电阻，用于防止 V_1、V_2 因过载而损坏。9 脚外接 R_6、C_3 用于防止产生寄生振荡。

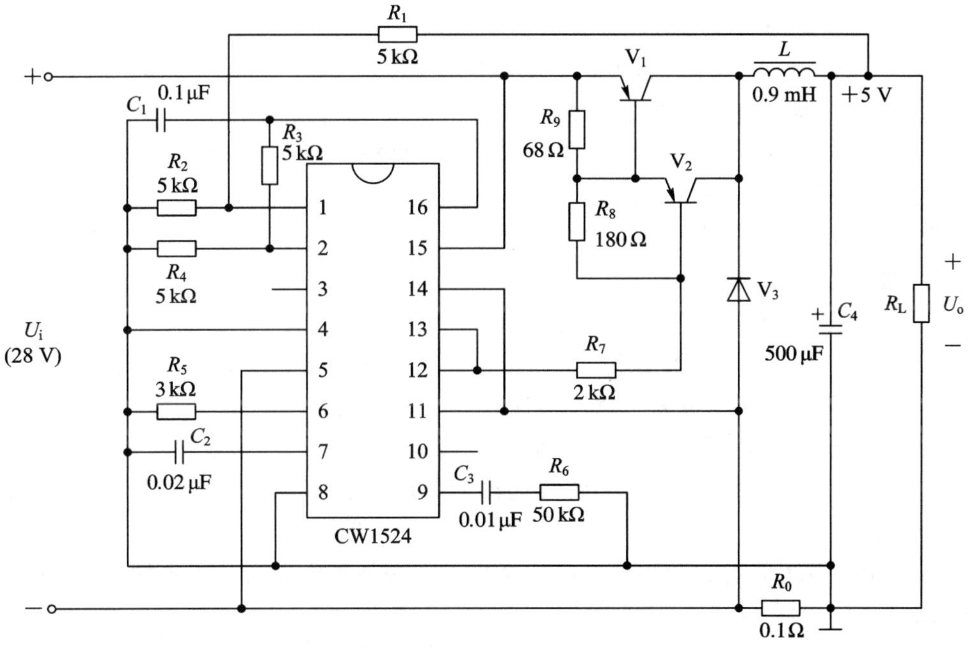

图 9.21　CW1524 开关稳压电源实例

9.2　电子识图

电子识图即看懂电子电路图。能看懂电子电路图是学习电子技术的重要目标之一，也是“电工电子技术”课程的核心技能之一。不能只从方法上谈如何识图，而应通过贯穿于整个课程学习过程中的识图训练来不断提高电子识图能力。当然电子识图也是有一些原则和技巧的，要学会运用各种技巧识读每一个电路图，不断提高识图能力。

9.2.1 电子电路识图方法简介

1. 电路图的认识与分析

要想看懂一张电路图所能实现的功能，必须从以下几方面入手：

(1) 了解电路中各元器件的功能，重点是二极管、三极管及各种集成电路，这些元器件是电路的核心。

(2) 围绕主要元器件、集成电路，分析元器件、集成电路在该电路中的作用。

(3) 将信号分为两大类：电源类和线路信号类，以此进一步分析电路中各元器件的作用。

(4) 抓住线路信号的走向、变化及影响。

(5) 将复杂电路分割成多个单元电路，先进行单元电路的分析，再将各部分综合。

2. 印刷电路图的作用和特点

(1) 印刷电路图的作用。印刷电路图是专门为元器件装配和机器修理服务的图，它与各种电路图有着本质上的不同。印刷电路图的主要作用如下：

① 通过印刷电路图可以方便地在实际电路板上找到电原理图中某个元器件的具体位置，没有印刷电路图时查找就很不方便。

② 印刷电路图将电原理图和实际电路板联系起来，是方便维修工作不可缺少的资料之一。没有印刷电路图将影响维修速度，甚至妨碍正常检修思路的顺利展开。

③ 印刷电路图表示了电原理图中各元器件在电路板上的分布状况和具体的位置，给出了各元器件管脚之间连线(铜箔线路)的走向。

④ 印刷电路图是一种十分重要的修理资料，它通常将电路板上的情况 1∶1 地画在印刷电路图上。

(2) 印刷电路图的特点。印刷电路图具体有下列一些特点：

① 从印刷电路设计的效果出发，电路板上的元器件排列、分布不像电原理图那么有规律，这给印刷电路图的识图带来了诸多不便。

② 印刷电路图表示元器件时用电路符号，表示各元器件之间连接关系时不用线条而用铜箔线路，有些铜箔线路之间还用跨线连接，有时又用线条连接，所以印刷电路图看起来很“乱”，这些都影响识图。

③ 印刷电路图上画有各种引线，而且这些引线的绘画形式没有固定的规律，这给看图造成不便。

④ 铜箔线路排布、走向比较“乱”，而且经常会遇到几条铜箔线路并行排列的情况，给观察铜箔线路的走向造成不便。

3. 印刷电路图识图方法和技巧

(1) 识图方法和技巧。由于印刷电路图比较“乱”，采用下列一些方法和技巧可以提高识图速度：

① 根据一些元器件的外形特征可以比较方便地找到这些元器件。外形比较容易辨认的元器件有集成电路、功率放大管、开关件、变压器等。

② 对于集成电路而言，根据集成电路上的型号可以找到某个具体的集成电路。尽管元器件的分布、排列没有什么规律可言，但是同一个单元电路中的元器件相对而言还是集中在一起的。

③ 一些单元电路比较有特征，根据这些特征可以方便地找到元器件。如整流电路中的二极管比较多，功率放大管上有散热片，滤波电容的容量最大、体积最大等。

④ 电路板上大面积铜箔线路即是地线。一块电路板上的地线处处相连。另外，一些元器件的金属外壳接地。找地线时，上述任何一处都可以作为地线使用。在一些机器的各块电路板之间，地线也是相连接的，但是当每块之间的接插件没有接通时，各块电路板之间的地线是不通的，这一点在检修时要注意。

⑤ 印刷电路图与实际电路板对照过程中，可在印刷电路图和电路板上分别标出看图方向，使得印刷电路图与电路板有相同的看图方向，省去每次都要对照看图方向的麻烦，这样可以大大方便看图。

⑥ 观察电路板上元器件与铜箔线路连接情况以及铜箔线路走向时，可以用灯照着。如图 9.22 所示，将灯放置在有铜箔线路的一面，在装有元器件的一面可以清晰、方便地观察到铜箔线路与各元器件的连接情况，这样可以不用翻转电路板。不断翻转电路板不但麻烦，而且容易折断电路板上的引线。

(2) 举例说明。要寻找某个电阻器或电容器时，不要直接去找，因为电路中的电阻器、电容器很多，寻找不方便，可以采用间接方式寻找。方法是先找到与它们相连的三极管或集成电路，顺着线路就可以找到它们了。或者根据电阻器、电容器所在单元电路的特征，先找到该单元电路，再寻找电阻器和电容器。

如图 9.23 所示，要寻找电路中的电阻 R_1，可以先找到集成电路 A_1，因为电路中的集成电路较少，找到集成电路 A_1 比较快捷。然后，利用集成电路的管脚分布规律找到 2 脚，2 脚与地之间的电阻就是 R_1。

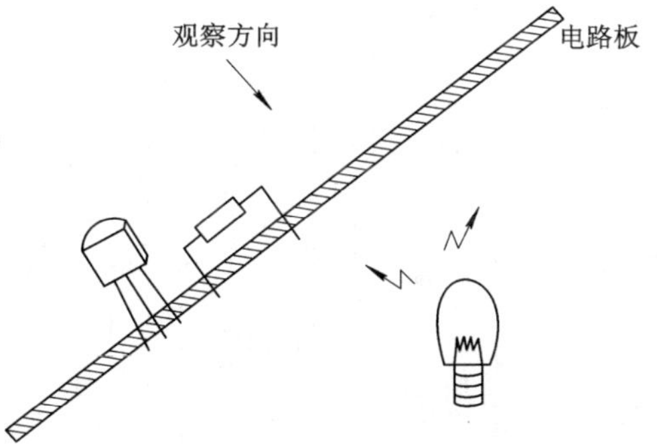

图 9.22　观察电路板示意图

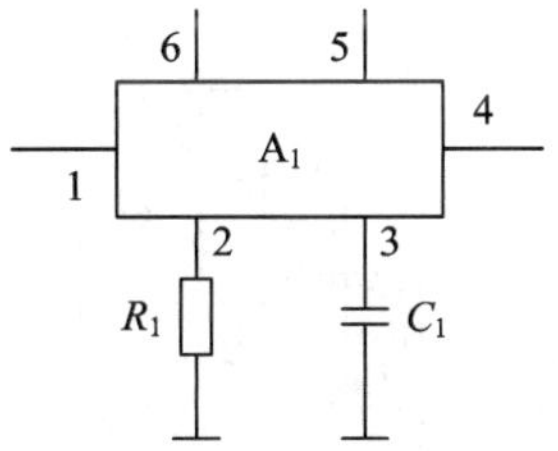

图 9.23　寻找元器件示意图

9.2.2　超外差式收音机的识图与装配

1. 电路组成

1) 收音机的元器件清单

收音机的元器件清单如表 9.1 所示。

表 9.1 袖珍式六管超外差式收音机的元器件清单

器件		参数及数量
电阻类	固定电阻	150 kΩ×3、2.7 kΩ×1、510 Ω×1、680 Ω×1、30 kΩ×1、100 Ω×1、170 Ω×1
	带开关电位器	5 kΩ×1
电容类	固定电容	瓷片：103×5、223×1、104×1；涤纶：103×1
	电解电容	100 μF×1、10 μF×2、0.047 μF×1
	双连可变电容	5/127×2
电感、变压器类	磁棒天线	扁磁棒×1、天线线圈×1
	本振线圈	LF10－1(黑色)×1
	中频变压器	TF10－1(白色)×1、TF10－2(绿色)×1
	输入变压器	绿色、铁芯变压器×1
	输出变压器	黄色、铁芯变压器×1
晶体管	三极管	9018×3、9014×1、9013×2×1
	二极管	1N4148×1
扬声器	动圈式	8 Ω/0.5 W×1
其他	耳塞插座	ϕ 2.5 mm×1
	塑胶件	机壳×1、音量轮×1、调谐轮×1、刻度盘×1、磁棒天线支架×1
	金属件	电池弹簧×2、金属片×2、螺丝×1 套

2）收音机原理图

收音机的原理图如图 9.24 所示。由于电路中使用了六个三极管，所以称为六管收音机。

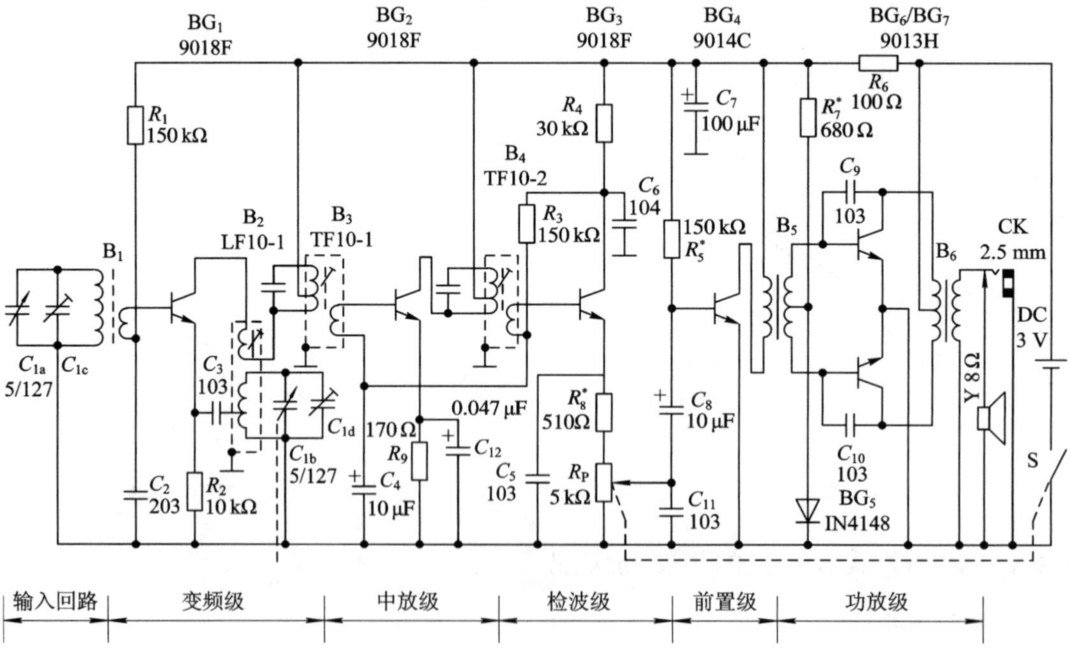

图 9.24 六管超外差式收音机原理图

2. 收音机电路安装

收音机的装配图如图 9.25 所示。

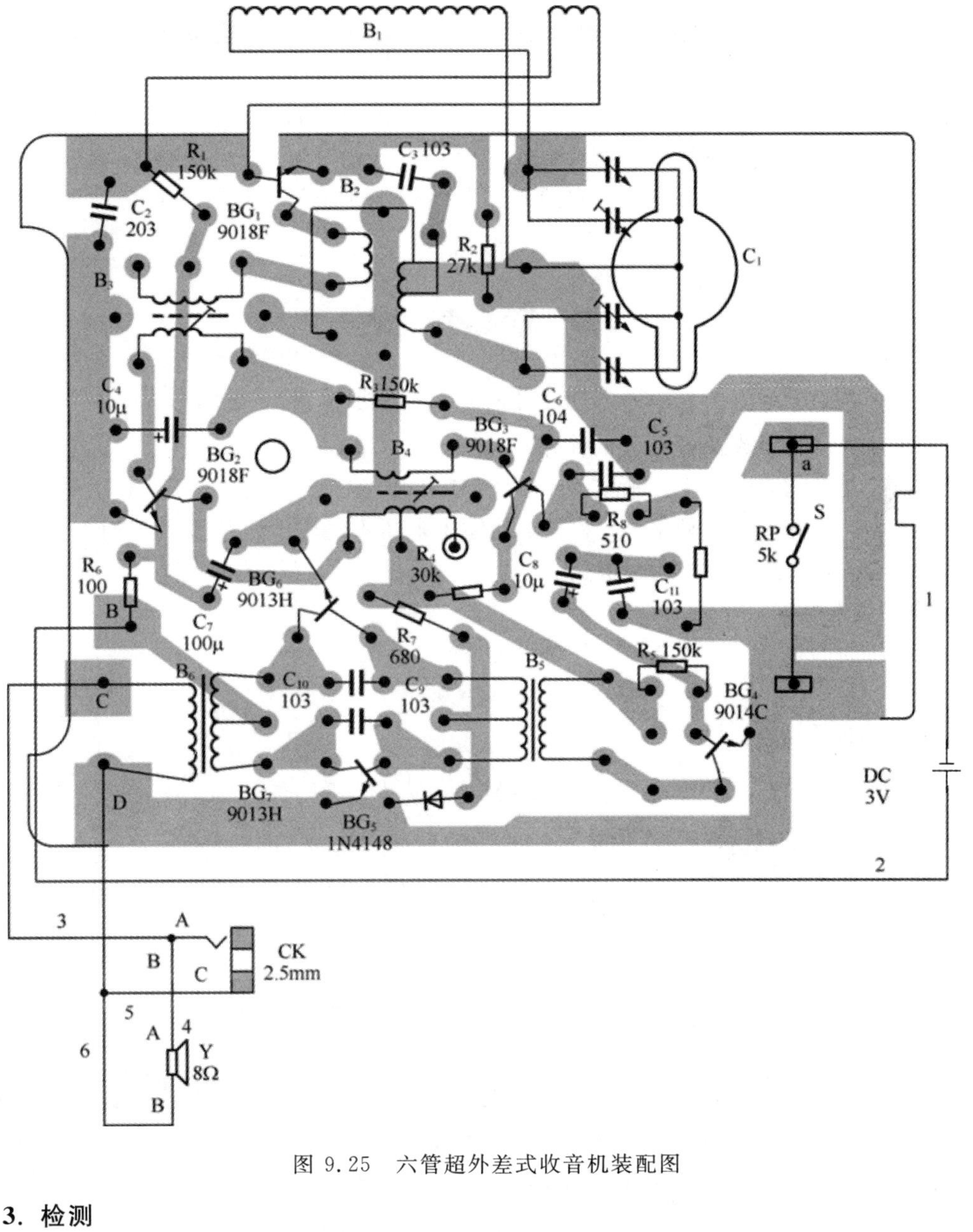

图 9.25　六管超外差式收音机装配图

3. 检测

1）前提

安装正确。元器件无缺焊、错焊，连接无误，印刷板焊点无虚焊、桥接等。

2）要领

耐心细致、冷静有序。检测按步骤进行，一般由后级向前检测，先判定故障位置（信号注入法），再查找故障点（电位法），循序渐进，排除故障。

忌讳乱调乱拆，盲目烫焊，导致越修越坏。

3）方法

(1) 信号注入法。收音机是一个信号捕捉处理、放大系统，通过注入信号可以判定故障位置。

① 用万用表 R×10 Ω 电阻挡，红表笔接电池负极(地)，黑表笔碰触放大器输入端(一般为三极管基极)，此时扬声器可听到"咯咯"声。

② 用手握住改锥的金属部分去碰触放大器输入端，从扬声器听反应，此法简单易行，但响应信号微弱，不经三极管放大听不到。

(2) 电位法。用万用表测各级放大器或元器件的工作电压，可具体判定出现故障的元器件。

本章小结

通过本章学习，可以回答学习情境十中提出的问题，这也是本章的重点内容。

(1) 直流电源的组成及各部分的作用。

变压：将电源交流电压变为所需要的交流电压；整流：将交流电变为脉动直流电；滤波：滤除脉动直流电中的脉动信号；稳压：使输出电压不随输入电压及负载而变化。

(2) 桥式整流电路、电容滤波电路。

① 桥式整流电路。

输出电压为

$$U_o = U_L = 0.9U_2$$

流过负载的平均电流为

$$I_L = \frac{U_o}{R_L} = \frac{0.9U_2}{R_L}$$

流过二极管的平均电流为

$$I_D = \frac{I_L}{2} = \frac{0.45U_2}{R_L}$$

二极管所承受的最大反向电压为

$$U_{R\max} = \sqrt{2}U_2$$

② 滤波电路。

在 $R_LC=(3\sim5)T/2$ 的条件下，近似认为

$$U_o = 1.2U_2\text{(桥式)}$$

截止二极管上的最高反向电压 $U_{R\max}$ 为

$$U_{R\max} = \sqrt{2}U_2\text{(桥式)}$$

(3) 电子识图。

习 题 九

一、填空题

1. 整流是把______变成______。

2. 完整电源电路由变压______、______、______组成。

3. 在直流稳压电源中，滤波把______变成______。

4. 整流采用的器件是______。

5. 稳压块7805的输出电压为______V，7906的输出电压为______V。

二、选择题

1. 直流稳压电源电路要将交流变成直流，下列环节中不是其组成结构的是(　　)。

A) 变压　　B) 整流　　C) 滤波　　D) 放大　　E)稳压

2. 以下关于直流稳压电源的说法中，错误的是(　　)。

A) 直流电源是一种将正弦信号转换为直流信号的波形变化电路

B) 直流电源是一种能量转换电路，它将交流能量转换成直流能量

C) 在变压器副边电压和负载电阻相同的情况下，桥式整流电路的输出电流是半波整流电路输出电流的2倍

D) 直流稳压电源的效率一般很高

3. 关于直流稳压电源中的整流电路，下列说法中错误的是(　　)。

A) 整流电路工作时，利用整流二极管的单向导电特性将其作为开关使用

B) 包括单相半波整流电路

C) 包括单相桥式整流电路

D) 整流电路的输入、输出都是交流信号

4. 关于直流稳压电源中的整流电路，下列说法中错误的是(　　)。

A) 一般情况下，开关型稳压电路比线性稳压电路的效率高

B) 整流电路可将正弦电压变为脉动的直流电压

C) 整流的目的是将高频电流变为低频电流

D) 在单相桥式整流电容滤波电路中，若有一只整流管断开，则输出电压平均值变为原来的一半

5. 整流采用的器件是(　　)。

A) 二极管　　B) 三极管　　C) 场效应管

6. 以下不正确的是(　　)。

A) 直流稳压电源中滤波电路的目的是将交流变为直流

B) 开关型直流电源比线性直流电源效率高的原因是调整管工作在开关状态

C) 并联型稳压电源是将稳压二极管与负载电阻并联

D) 串联型稳压电源是将稳压二极管与负载电阻串联

7. 下列关于滤波电路的说法中，错误的是(　　)。

A) 滤波电路利用电抗性元件对交、直流阻抗的不同，实现滤波

B) 滤波电路没有改变交、直流成分的比例

C) 滤波电路减小了电路的脉动系数，改善了直流电压的质量

D) 经过滤波电路后，信号既可保留直流分量，又可滤掉一部分交流分量

8. 经整流滤波后输出的直流电压，虽然平滑程度较好，但其稳定性是比较差的。其主要原因中，错误的是(　　)。

A) 由于输入电压(市电)不稳定(通常交流电网允许有±10%的波动)而导致整流滤波

电路输出直流电压不稳定

B) 通过稳压电路后，输出信号的稳压性变差

C) 当负载电阻 R_L 变化时，输出直流电压发生变化

D) 当环境温度发生变化时，电路元件(特别是半导体器件)参数发生变化，导致输出电压发生变化

9. 在下列电路中，不属于常用的稳压电路的是(　　)。

A) 稳压管稳压电路　　　B) 基本放大电路

C) 开关稳压电路　　　D) 串联型稳压电路

10. 对于一个电子设备而言，下列说法中正确的是(　　)。

A) 按照原理图的连接一模一样地将元器件装配在电路板上

B) 将原理图变换为 PCB 后，将各种器件装配到 PCB 上

C) 将原理图变换成装配图后，用导线、螺丝等通过机械工具将元器件装配起来

D) 将原理图简化后，再将元器件装配在电路板上

三、计算题

1. 带滤波器的桥式整流电路如图 9.26 所示，$U_2=20$ V，现在用直流电压表测量 R_L 两端电压 U_o，出现下列几种情况，试分析哪些是合理的，哪些发生了故障，并指明原因。

(1) $U_o=28$ V；(2) $U_o=18$ V；(3) $U_o=24$ V；(4) $U_o=9$ V。

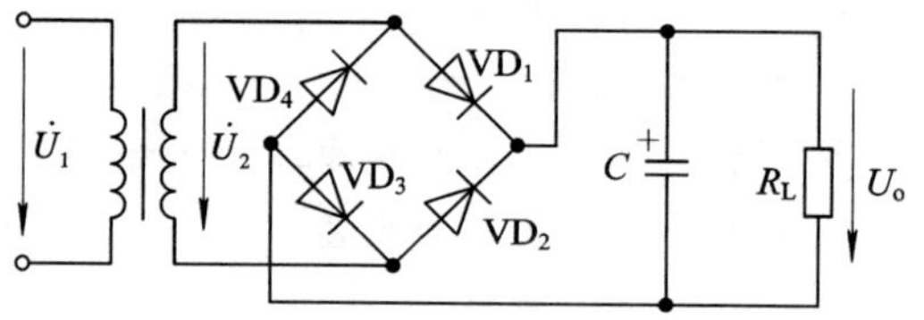

图 9.26　题 1 电路

2. 设计一个桥式整流滤波电路，要求输出电压 $U_o=20$ V，输出电流 $I_o=600$ mA。交流电源电压为 220 V，频率为 50 Hz。

3. 稳压管稳压电路中负载 $R_L=600\ \Omega$，要求输出直流电压 $U_L=6$ V，桥式整流、电容滤波后的电压为 18 V。(1) 画出此桥式整流、电容滤波、稳压管稳压电路图；(2) 若稳压管稳定电流 $I_Z=10$ mA，求限流电阻的值；(3) 求整流元件的整流电流 I_D及最高反向电压 U_{DRM}。

4. 电路如图 9.27 所示。已知 $U_Z=6$ V，$R_1=2$ kΩ，$R_2=1$ kΩ，$R_3=2$ kΩ，$U_i=30$ V，VT 的电流放大系数 $\beta=50$。试求：(1) 电压输出范围；(2) 当 $U_o=15$ V、$R_L=150\ \Omega$ 时，调整管 VT 的管耗和运算放大器的输出电流。

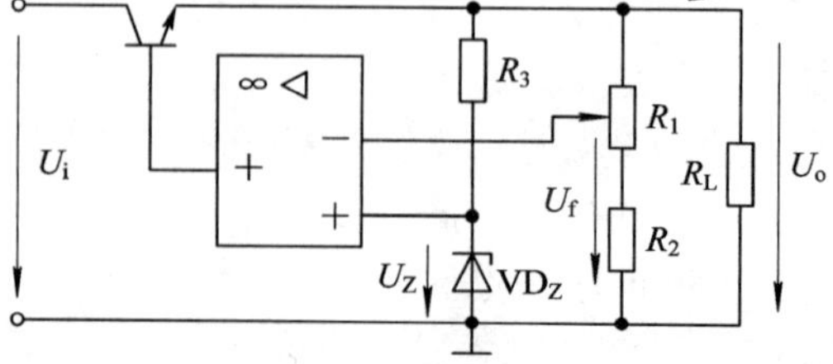

图 9.27　题 4 电路

5. 图 9.28 所示为由三端集成稳压器组成的恒流源电路。已知 W7805 芯片管脚 3、2 间的电压为 5 V，$I_W=4.5$ mA。求电阻 $R=100\ \Omega$、$R_L=200\ \Omega$ 时，负载 R_L 上的电流 I_o 和输出电压 U_o 值。

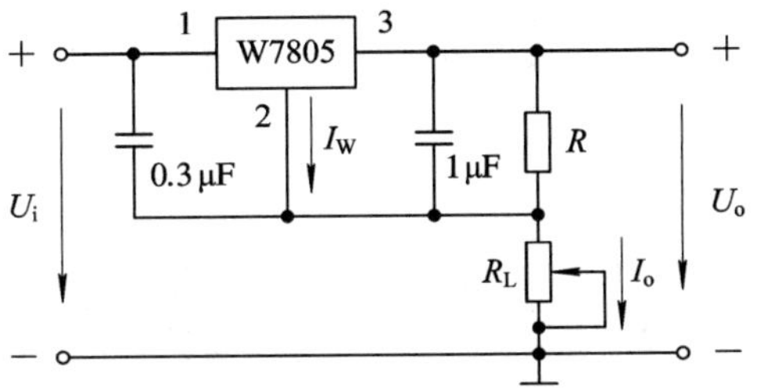

图 9.28　题 5 电路

6. 采用三端集成稳压器 W7805 组成如图 9.29 所示的电路。

(1) 说明图中三端稳压器在使用时应注意哪些问题；

(2) 分析电路中电容 $C_1\sim C_4$ 的作用。

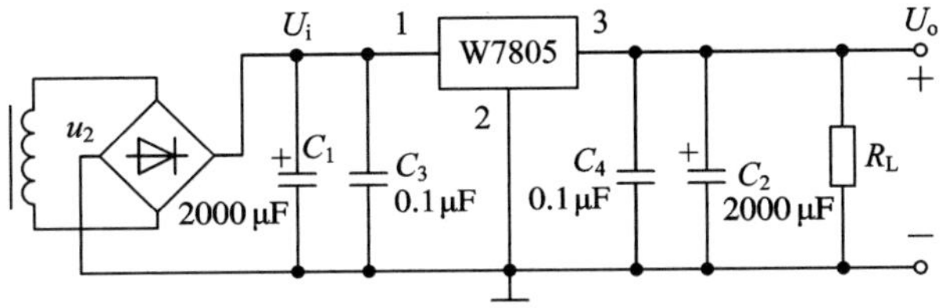

图 9.29　题 6 电路

7. 三端集成稳压器 W7815 和 W7915 组成的直流稳压电路如图 9.30 所示，已知副边电压 $u_{21}=u_{22}=20\sqrt{2}\sin\omega t$ V。7900 系列稳压器为负电压输出。

(1) 在图中标明电容的极性；

(2) 确定 U_{o1}、U_{o2} 的值；

(3) 当负载 R_{L1}、R_{L2} 上电流 I_{L1}、I_{L2} 均为 1 A 时，估算稳压器上的功耗 P_{CM} 值。

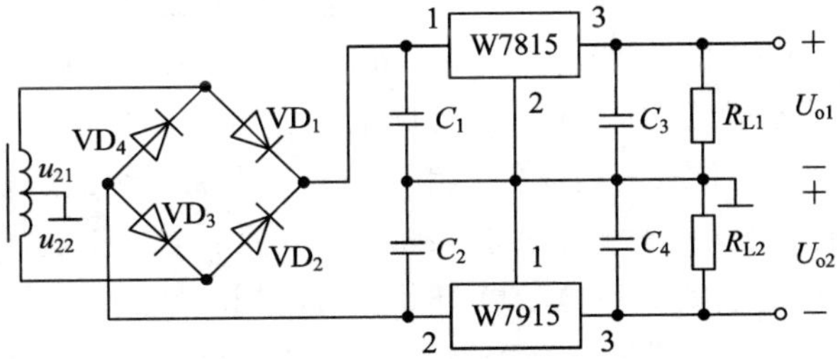

图 9.30　题 7 电路

参考文献

[1] 邓香生. 电工基础与电气测量. 北京：北京理工大学出版社，2009.

[2] 王明洋. 实用电子技术(模拟部分). 北京：北京理工大学出版社，2009.

[3] 雷建龙. 实用电子技术(数字部分). 北京：北京理工大学出版社，2009.

[4] 康华光. 电子技术基础. 北京：高等教育出版社，2002.

[5] 朱达斌，张宝玉，张文骏. 模拟集成电路的特性与应用. 北京：航空工业出版社，1994.

[6] 胡宴如. 电子技术基础. 北京：中国电力出版社，1999.

[7] 金国砥. 电子线路识读入门. 杭州：浙江科学技术出版社，2004.

[8] 张志良. 模拟电子技术基础. 北京：机械工业出版社，2006.

[9] 李秀玲. 电子技术基本项目教程. 北京：电子工业出版社，2008.

[10] 郭培源. 电子电路及电子器件. 北京：高等教育出版社，2000.

[11] 阮立志，裴咏枝. 电子技术基础. 北京：机械工业出版社，2007.

[12] 蒋卓勤，邓玉元. Multisim2001 及其在电子设计中的应用. 西安：西安电子科技大学出版社，2003.

[13] 陈其纯. 电子线路. 北京：高等教育出版社，2001.

[14] 朱晓红. 模拟电子电路. 北京：机械工业出版社，2007.

[15] 肖鹏旭. 电子技术实训教程. 南京：东南大学出版社，2003.

[16] 康华光. 电子技术基础(数字电路部分). 4 版. 北京：高等教育出版社，2000.

[17] 阎石. 数字电子技术基础. 4 版. 北京：高等教育出版社，1998.

[18] 刘守义. 数字电子技术. 2 版. 西安：西安电子科技大学出版社，2007.

[19] 郭勇. EDA 技术基础. 2 版. 北京：机械工业出版社，2008.

[20] 赵春华. 虚拟电子实验与实用操作指南. 山东：石油大学出版社，2003.

[21] 华永平. 模拟电子线路：理论、实验与仿真. 北京：电子工业出版社，2005.

[22] 周凯. EWB 虚拟电子实验室电子电路设计与应用. 北京：电子工业出版社，2005.

[23] 秦曾煌. 电工学. 5 版. 北京：高等教育出版社，2004.

[24] 姜大源. 学科体系的解构与行动体系的重构. 中国职业技术教育，2006(7).